智慧综合能源装备与工程技术

ZHIHUI ZONGHE NENGYUAN ZHUANGBEI YU GONGCHENG JISHU

曹团结　主编

中国电力出版社
CHINA ELECTRIC POWER PRESS

内容提要

本书以作者团队技术研究、装备研发和工程建设的实际经验为基础，总结了智慧综合能源装备与工程技术现状、特点和发展方向，深入介绍了智慧综合能源主要装备的原理、结构、功能和应用，详细介绍了智慧综合能源工程规划设计技术，并给出了典型示范工程应用实例。全书共8章，包括：概述、热力学与暖通专业基础、热能的源网荷储设备、电能的源网荷储设备、燃气冷热电三联供设备、智慧综合能源集成管控系统、智慧综合能源系统规划和智慧综合能源系统工程。

本书可供从事智慧综合能源工程的设计、施工、运行和管理人员，从事电力工程、建筑工程、暖通工程的技术管理人员和智慧综合能源设备生产、制造、研发技术人员使用；也可供高校综合能源、新能源、电气、热工、暖通等专业方向本科、研究生及教师参考。

图书在版编目（CIP）数据

智慧综合能源装备与工程技术 / 曹团结主编. —北京：中国电力出版社，2022.10
ISBN 978-7-5198-6920-5

Ⅰ. ①智… Ⅱ. ①曹… Ⅲ. ①能源—装备 ②能源—动力工程 Ⅳ. ① TK01

中国版本图书馆 CIP 数据核字（2022）第 123985 号

出版发行：中国电力出版社
地　　址：北京市东城区北京站西街 19 号（邮政编码 100005）
网　　址：http://www.cepp.sgcc.com.cn
责任编辑：岳　璐（010-63412339） 马雪倩
责任校对：黄　蓓　李　楠
装帧设计：张俊霞
责任印制：石　雷

印　　刷：三河市万龙印装有限公司
版　　次：2022 年 10 月第一版
印　　次：2022 年 10 月北京第一次印刷
开　　本：889 毫米 ×1194 毫米　16 开本
印　　张：20.5
字　　数：426 千字
印　　数：0001—1500 册
定　　价：110.00 元

《智慧综合能源装备与工程技术》编委会

主　　编　曹团结

副 主 编　于海波　张晓龙　张世帅

编写组成员　向　驰　王　银　王开杰　王靖韬　谢　莉　滕振山　王志光
左　高　李　欣　赵　维　管文汇　胡魁琦　张　鑫　周　静
单　露　柳宇航　陈永华　李　渊　孔　震　杜　刚　陈爱明
杨　鑫　赵永凯　江绍辉　劳大实　胡永建　陈毓春　周华良
李晓星　鲁丽萍　邓小元　王霄楠　陈立民　葛　飞　施良伟
邓祖强　金荣江　葛卫梁　王　彤　张　超　刘庆祎

序

preface

我国当前正着力推进实现“双碳”目标，着力实施能源“双控”，要求持续加强清洁能源开发利用，进一步控制能源消费总量，提高能源利用效率，降低碳排放强度。建设应用智慧综合能源、开展综合能源服务是助力国家“双碳”目标实现和能源安全新战略落地的重要抓手，也是支撑新型电力系统构建的重要举措。智慧综合能源可促进能源清洁开发和高效利用，助力降低化石能源消费，提高能源利用效能，加快新技术新模式创新，可在多能协同互补、微电网建设应用等方面发挥积极作用，推动源网荷储协同互动，提高终端消费电气化水平，有利于电力系统安全高效运行。

目前智慧综合能源还在快速发展中，在核心技术、关键装备、整体解决方案、行业标准、商业模式等方面还有很大的进步空间，各类行业参与主体正积极开展探索和实践。国家电网公司等大型能源和电网企业，也在大力拓展综合能源服务，面向能源消费侧，以清洁化、高效化、智能化为发展方向，通过多种能源的开发利用和集成优化，满足客户多元用能需求。广大从业人员对智慧综合能源装备和技术的学习需求比较旺盛。

本书的出版，恰逢其时，有助于相关技术人员系统地了解重点装备和工程技术。我看本书，主要有以下几个特点：一是综合性和系统性较强，涵盖了智慧综合能源涉及的多个专业方向，在多专业融合方面做了有益的探索。二是针对性和实用性较强，重点介绍园区级智慧综合能源系统，这是消费侧能源综合利用的主要场景，书中内容主要来源于研发和工程应用实践，从工程技术角度看，非常实用。三是有作者团队的研究心得和经验总结，书中强调的子站型、轻量级智慧能源管控系统等技术路线，很有推广意义，示范工程的建设经验等很有参考价值。

本书适应读者范围较宽，可供从事智慧综合能源工程设计、施工、运行和管理的技术人员及从事智慧综合能源技术研究、装备研发和生产制造的技术人员使用，也可供高校相关专业方向的本科生、研究生及教师参考。

智能电网保护和运行控制国家重点实验室主任

2022 年 6 月

前言

preface

智慧综合能源是未来能源消费和生产的重要形态之一。建设智慧综合能源系统、开展综合能源服务有利于落实国家能源战略，推动全社会节能减排，支撑实现“双碳”目标，带动相关产业发展。当前，智慧综合能源产业正蓬勃兴起，展现强大生命力。

智慧综合能源具有装备种类多、专业覆盖面广、系统综合性强、集成难度大、技术内容新、发展速度快的特点。既包括新能源发电、储能、电动汽车充电、微电网及其控制保护等电能的源网荷储设备，也包括冷机、热泵、水蓄能、冰蓄冷、电锅炉等热能的源网荷储设备；既包括能源电力装备技术、工业控制技术和信息通信技术，也包括系统规划、工程设计、施工建设和运行维护技术。由于上述特点，智慧综合能源工程建设和发展面临不少困难，广大工程技术人员和相关从业者迫切需要学习和掌握相关技术知识。但目前综合性、系统化介绍智慧综合能源装备与工程技术的专业书籍还不多。

为助力相关技术人员和从业者学习了解实用的装备和工程技术，推动智慧综合能源装备与工程技术发展、应用和普及，本书编委会撰写了此书。编委由北京南瑞数字技术有限公司、国电南瑞科技股份有限公司南瑞研究院（能源互联网研究中心）、南瑞电力设计有限公司、中元国际工程设计研究院有限公司等单位从事智慧综合能源装备研发、工程建设、系统规划和工程设计的专家组成，涵盖了各个相关专业方向。各章节内容是他们长期工程实践和装备研发的经验总结。

全书分为 8 章。第 1 章总体介绍智慧综合能源行业发展背景、工程技术特点和发展趋势；第 2 章介绍热力学与暖通专业基础，方便电气专业背景技术人员扩充相关基础知识；第 3 章介绍热能的源网荷储设备；第 4 章介绍电能的源网荷储设备；第 5 章介绍燃气冷热电三联供设备；第 6 章介绍智慧综合能源集成管控系统；第 7 章介绍智慧综合能源系统规划技术和辅助软件工具；第 8 章介绍智慧综合能源系统工程设计技术和示范工程项目。

感谢智能电网保护和运行控制国家重点实验室主任、南瑞集团有限公司（国网电力科学研究院）郑玉平教授对本书研究工作和示范工程建设的支持、指导并审阅全书。感谢南瑞集团朱金大、王小红、杨志宏、王伟、滕贤亮等专家和领导对项目的支持、指导和帮助。感谢中国电力出版社编辑们的辛勤工作，为本书出版付出了艰苦努力。感谢参考文献的作者们和为本书提供参考资料的朋友们。

编委会投入了巨大精力，力争将此书撰写得实用、全面、系统并且深入浅出，期望可用作培训教材，使读者一书在手，基本可以了解智慧综合能源装备与工程技术的全貌。但现实能力和理想目标之间存在着不小的差距，作者深感本书在讲透关键技术方面、在叙述由浅入深方面、在跨专业技术融合方面、在装备技术介绍深度一致性方面还存在不少的缺点。由于作者水平所限，书中可能还存在其他错误或不足之处，真诚地期待广大读者和专家朋友们批评指正。

编　者

2022 年 7 月

目录

CONTENTS

1

概　述

1.1 智慧综合能源行业发展背景与现状

1.1.1 常用名词术语的基本概念

首先明确几个常见常用名词术语的基本概念，以方便后续讨论。

（1）综合能源、综合能源服务、综合能源系统。“综合能源”一词含义较为宽泛，在不同的语境中可能是对“综合能源服务”或“综合能源系统”的简称，也可能指“多种能源互补，集成优化利用”，或者具有更泛化的含义。

“综合能源服务”是指一种新型的为满足终端客户多元化能源生产与消费的能源服务方式。“综合能源服务”指向性较为清晰，内容也较为广泛。在国内，国家电网有限公司开展综合能源服务业务最早，涉及最全面，最具代表性。国家电网有限公司将综合能源服务业务归纳为综合能效服务、多能供应服务、清洁能源服务和新兴用能服务共四大重点领域，各领域中又包括多种细分业务。国家电网有限公司“综合能源服务”重点领域及主要业务范围详见表 1–1。

表 1–1　　国家电网有限公司“综合能源服务”重点领域及主要业务范围

重点领域	成熟业务	新兴业务
综合能效服务	能源托管	高温、高压干熄焦发电
	能效诊断与评估	窑炉富氧燃烧
	智能运维	蓄热式燃烧
	余热余压余气利用	余热螺杆发电
	楼宇用能优化	高效换热
	企业综合能效提升	—
	配用电节能	—
	市场化售电	—
多能供应服务	热泵	区域能源供应
	蓄热电锅炉	综合梯次利用
	余热供暖	光热补偿供冷供热
	一体化冷热（暖）供应	动态水力平衡
	热电联产	管网与末端负荷优化

续表

重点领域	成熟业务	新兴业务
清洁能源服务	分布式光伏	储能
	分散式风电	生物质发电热电联产改造
	生物质发电	海上风电
	—	沼气发电
	—	垃圾发电
新兴用能服务	专属充电站设计建设运营服务	氢能开发利用
	车联网平台服务	电动汽车有序充放电
	需求响应	—

由表 1–1 可见，“综合能源服务”指综合性的、能源领域的服务业务，是一种与单纯产品销售相对应一种业务形式。综合能源服务的特点是业务种类多、涉及多种能源，而非仅电能。

服务是无形的活动，装备是有形的产品。开展综合能源服务，需要具备人力、资金、信息、资质、管理等服务能力软要素，更需要服务工具和相关装备。表 1–1 中列出的综合能源服务重点领域及主要业务，每一项都要求具备相应的综合能源装备和综合能源服务工具。“综合能源装备”是供最终用户使用的设备，包括电、气、冷、热等能源生产、传输、存储和利用设备以及相应的计量、测量、监测、控制系统等；“综合能源服务工具”是供综合能源服务商使用的设备，包括省级综合能源服务平台、综合能源规划设计辅助软件等。综合能源服务商有了服务工具，可以更好地掌握终端用能客户信息，为客户提供所需服务。综合能源服务工具也是有形的产品，容易被误解为综合能源装备。

“综合能源系统”是一种存在多种能源交互的能源综合网络，是目前能源领域发展的重要形态。综合能源系统不同于传统的电力、热力和燃气等相互独立的能源系统，是电、冷、热、气等多能源耦合的多能流系统。综合能源系统通过将多种能源综合规划、协调控制、智能调度和多元互动，能够显著提高能源利用效率和分布式可再生能源的就地消纳能力。

综合能源装备构成综合能源系统，综合能源系统是开展综合能源服务的载体之一。综合能源服务业务中的“多能供应服务”主要内容就是综合能源系统的规划、设计、建设、运行和维护。

（2）智慧能源、“互联网 +”智慧能源、能源互联网。关于“智慧能源”的正式文献最早出现于国务院《关于积极推进“互联网 +”行动的指导意见》（国发〔2015〕40 号）中，《关于积极推进“互联网 +”行动的指导意见》（国发〔2015〕40 号）提出的重点行动中包括了“互联网＋”智慧能源，其内涵是：“通过互联网促进能源系统扁平化，推进能源生产与消费模式革命，提高能源利用效率，推动节能减排。加强分布式能源网络建设，提高可再生能源占比，促进能源利用结构优化。加快发电设施、用电设施和电网智能化改造，提高电力系统的安全性、稳定性和可靠性。”

随后，国家发展和改革委员会、国家能源局、工业和信息化部联合发布了《关于推进“互联网＋”智慧能源发展的指导意见》（发改能源〔2016〕392号）。《关于推进“互联网＋”智慧能源发展的指导意见》（发改能源〔2016〕392号）指出：“互联网＋”智慧能源（以下简称能源互联网）是一种互联网与能源生产、传输、存储、消费以及能源市场深度融合的能源产业发展新形态，具有设备智能、多能协同、信息对称、供需分散、系统扁平、交易开放等主要特征。

由上可知，“互联网＋”智慧能源意指有互联网技术要素加入的、具有高度智能化特征的能源系统，可简称为“智慧能源”。根据文件表述，“互联网＋”智慧能源又可简称为“能源互联网”。

能源互联网显然有覆盖范围之分，有广域网、区域网或类似局域网的更小范围。国家电网有限公司提出“建设具有中国特色国际领先的能源互联网企业”，其中能源互联网即指广域能源互联网，是广域智能电网的提升和拓展；各类工业、商业园区的智慧能源，是区域级或最小覆盖范围的能源互联网。实际上，“智慧能源”一词，很大程度上就是指一定区域内（园区、大型建筑等）的能源互联网。

（3）综合智慧能源、智慧综合能源。鉴于综合能源、智慧能源等术语的含义存在重叠和交叉，最近两年，“综合智慧能源”一词频频出现，如中国华电集团有限公司、国家电力投资集团公司分别成立了综合智慧能源公司，中国电力技术市场协会成立了综合智慧能源专业委员会，国内多家单位联合成立了“中国综合智慧能源平台组织联合体”等。“综合智慧能源”的含义，参照相关方观点，是针对区域内的能源用户，改变原有的不同能源品种、不同供应环节单独规划、单独设计、单独运行的传统模式，以电为核心，提供电、热、冷、气、水等能源一体化的解决方案，通过中央智能控制服务平台，实现横向能源多品种之间、纵向“源－网－荷－储－用”能源供应环节之间的协同和互动，是能源革命的一种实现形式。

由上可知，无论是综合能源、智慧能源、综合智慧能源，其中的“综合”都强调能源一体化解决方案，是多种能源品种的融合；而“智慧”体现为：每个能源元件的智能化；通过信息通信和互联网技术把综合的能源系统有机联系；不同能源品种之间、不同环节之间优化控制，实现多个维度的互补协同。

从构词的角度，可以认为，“智慧综合能源”比“综合智慧能源”更准确，首先是“综合＋能源”，体现了多能互补这一基本性质；然后是“智慧＋综合能源”，体现了在多能互补基础上的数字化、自动化和智能化，是更进一步的要求。本书约定，“智慧综合能源”一词单独使用时是指技术，对应的实物则有智慧综合能源系统、智慧综合能源装备等，后文将主要使用这一术语。

“智慧综合能源系统”具有四个鲜明特征：一是横向的多种能源互补集成优化；二是纵向的源网荷储协调互动；三是基于信息通信技术达到高度的数字化、自动化和智能化；四是靠近终端用户，覆盖有限的范围，具有区域性、分布式和就地化特征。

如图 1–1 示给出了一个典型的智慧综合能源系统的组成结构，其中包括：①热能的源网荷储设备，含地源热泵、空气源热泵、热力管网、冷热负荷及水蓄能设备等；②电能的源网荷储设备，含光伏发电、微电网、电动汽车充电设施、普通电负荷及储能设备等；③冷热电三联供设备，既是热源，也是电源，将电能的源网荷储和电能的源网荷储紧密耦合，是多能互补的重要途径。图 1–1 中所有的热能设备都需要用电，都是电负荷，这是多能互补的另一条途径。

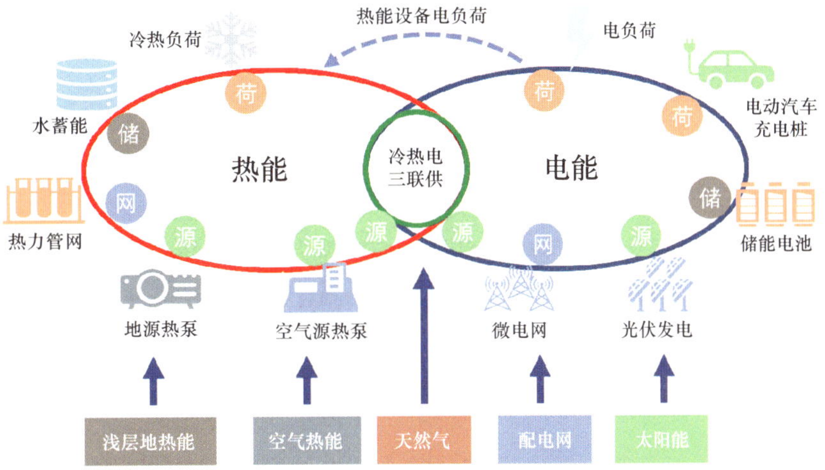

图 1–1　智慧综合能源系统（电 – 热耦合能源互联网）示意图

由上可知，如图 1–1 所示的智慧综合能源系统就是一个电 – 热耦合的能源互联网。这个能源互联网吸收利用太阳能、空气热能、浅层地热能、外部电源和天然气源等多种能源，通过多能互补集成优化与源网荷储协调互动，同时满足电、冷、热负荷需求。

1.1.2　智慧综合能源产业正蓬勃兴起展现强大生命力

智慧综合能源是未来能源消费和生产的重要形态。建设智慧综合能源系统、开展综合能源服务有利于落实国家能源发展战略，推动全社会节能减排，支撑实现“双碳”目标，有利于巩固电网企业售电市场、拓展业务范围、提升服务客户新能力，有利于带动相关产业发展，培育新的市场业态，增加新的效益增长点。

2017 年 10 月，国家电网有限公司发布了《关于在各省公司开展综合能源服务业务的意见》，明确将综合能源服务作为公司主营业务，并将各省节能服务公司改组为省综合能源服务公司。此后国家电网有限公司成立了 28 家省级综合能源服务公司（含雄安公司）和国网综合能源服务集团，由此构建起了集团化的综合能源服务业务体系。

自国家电网有限公司正式提出这一概念至今，吸引了各类市场主体参与，带动电网公司、发电企业、油气公司、热力公司、节能服务公司、设备制造商、互联网企业等各类企业纷纷布局、转型。据工商注册信息粗略统计，仅 2020 年，共约有 500 家综合能源服务业务相关企业注册成立。经有关机构测算，2020~2025 年，我国综合能源服务产业进入快速增长期，市场潜力规模可能达到 0.8 万亿 ~1.2 万亿元；到 2035 年，可能达到 1.3 万亿 ~1.8 万亿元。

1.1.3 行业发展存在困难和挑战

近五年来，行业发展取得积极进展，一大批重点项目建设完成，但总体来看示范项目多，规模化推广少，厂家参与多，终端客户参与少。业务推进仍存在不少困难。

从大型综合能源服务商角度来看，以客户为中心的理念和商业模式仍未取得突破，企业对终端用户的能源需求理解认知程度不够，未形成典型成熟的商业模式；综合能源服务种类繁杂、业务繁多，这一特点决定了其更适合定制化客户，对于长于以规模效益取胜的大型国企形成挑战；综合能源存在一定融合冲突，综合能源系统投资建设完成后未必能达到多能利用最优，各种能源品种规划各自独立，很难在更高层面开展大系统优化。

从参与综合能源业务的中小型企业来看，生存压力迫使其专注于短期利益最大化，难以在新兴业务探索方面进行大的投入。当前发展阶段，大多选择短期内有利可图的数字平台建设项目，但质量和效果良莠不齐。一些中小型企业通过参与增量配电网项目、微电网项目、售电等拓展综合能源服务业务，但由于增量配电网进展缓慢，电力现货市场尚不成熟，“售电 + 综合能源服务”模式也难以实现。几种效应叠加，导致综合能源服务在中小型企业也很难取得进展。

工程推广应用还没有形成规模效应；工程设计、施工、运行、维护各环节综合性专业技术人才匮乏，供不应求；装备成本较高，工程项目经济性和收益率有待提升；快速发展中的新设备新技术还不够成熟。

为推进智慧综合能源装备、技术和服务行业取得突破，在工作思路上迫切要做出转变。一是要将“以电力系统、燃气公司需求为中心”的理念，调整为“以终端用能客户需求为中心”。研制的技术装备要精准锚定终端用能客户痛点，贴合用户真实需求；研制的综合能源服务工具，虽然直接用户是综合能源服务商，但最终目标还是要服务于终端用能客户，否则服务商的业务也难以为继。二是要加强直接面向终端用能客户的市场开拓。加快面向社会的非工业园区（医院、学校、交通枢纽、数据中心、企业总部等）和商、企、政、公建筑楼宇等市场拓展。

三是要加快形成一批典型产品和成套解决方案，以集成管控系统为重点，加快提升智慧综合能源装备与工程技术水平。

目前行业内对于综合能源服务、理念、商业模式方面的研究、探讨和总结得较多，但对装备研制和工程应用、工程建设技术的总结还不多。本书将结合自身技术研究、装备研发和工程建设的实际经验，系统性介绍智慧综合能源装备技术和工程技术的特点与发展方向，详细介绍主要装备和系统的结构和原理，总结示范工程规划设计和建设运行经验，并提出作者团队的技术路线主张，希望对工程技术人员有所裨益，促进行业更加快速健康发展。

1.2 智慧综合能源装备与工程技术特点

智慧综合能源系统具有装备种类多、专业覆盖面广，系统综合性强、集成难度大，技术内容新、发展速度快等特点。正是这些特点决定了智慧综合能源装备和技术发展面临不小的挑战。

（1）装备种类多，专业覆盖面广。智慧综合能源领域装备种类多，涵盖电能的源网荷储设备、热能的源网荷储设备、燃气输配用设备，以及计量、监测、控制、保护等二次装置和集成管控系统等众多传统和新型设备，工程技术涵盖项目规划、工程设计、建设施工和运行维护等全链条。涉及的专业领域包括电气工程、热力工程和燃气工程，其中电气工程主要涉及中低电压一次和二次专业，热力工程涉及热工学和暖通专业，燃气工程涉及领域相对较少，主要是配气和用气。智慧综合能源主要装备见表 1–2。

表 1–2 智慧综合能源主要装备

专业领域	主设备 / 一次系统	二次设备	自动化系统与辅助工具
电气工程	光伏发电（光伏组件、逆变器）	电能表	智慧综合能源集成管控系统、规划决策辅助软件
	风力发电（机组、变流器）	测量控制装置	
	配电网（中低压断路器、配电变压器、配电柜）	保护装置	
	微电网	同期装置	
	建筑电气	传感器	
	智能用电	监测装置	
	电动汽车充电	通信装置	
	车辆到电网（vehicle to grid，V2G）	单元控制装置	
	电储能（电池、BMS、PCS、消防）	微电网控制装置	

续表

专业领域	主设备 / 一次系统	二次设备	自动化系统与辅助工具
热能工程	溴化锂空调机组	温度、压力、能量表计	智慧综合能源集成管控系统、规划决策辅助软件
	地源热泵	测控装置	
	空气源热泵		
	热力管网（管道、泵、阀、介质）	传感器	
	冰蓄冷	监测装置	
	水蓄能	通信装置	
	电锅炉	单元控制装置	
	燃气锅炉		
燃气工程	燃气输配系统	燃气表计（压力、温度、流量）	
	建筑燃气供应系统	燃气泄漏监测仪	
	燃气用具		
	燃气冷热电三联供系统	电力、热力、燃气表计、测控装置	
电气工程 热能工程 燃气工程	发电机	电力、热力、燃气	
	燃气轮机	传感器、监测装置	
	微型燃气轮机	通信装置	
	内燃机	发电机组保护、同期、控制装置	
	烟气余热锅炉	溴化锂机组控制器	
	溴化锂冷温机组	三联供单元控制	

表 1–2 中列出的设备和技术，对各细分专业来说，相当一部分是比较成熟的，但智慧综合能源工程对跨专业融合较高，对传统上专业分工比较细窄的工程技术人员来说，可能是一种挑战。

（2）系统综合性强，集成难度大。如图 1–2 所示给出了一个典型的智慧综合能源系统结构和主要组成部分。

图 1–2 中，风力电机和光伏电池属于清洁能源机组，利用自然界的能量发电；燃气锅炉、微型燃气轮机和燃料电池利用天然气燃烧做功提供能量；微型燃气轮机和溴冷机组成了冷热电联产系统，可以对发电时的高温烟气进行回收利用；燃气锅炉作为冷（热）负荷的辅助供应设备，当冷（热）功率供应不足时再调用其补足缺额；地源热泵能够在电能驱动下实现制冷制热；储能单元包括蓄电池、蓄冷和蓄热水罐三部分；微电网系统的电压等级为 380 V，通过公共连接点（PCC）与 10 kV 中压配电网相连接。

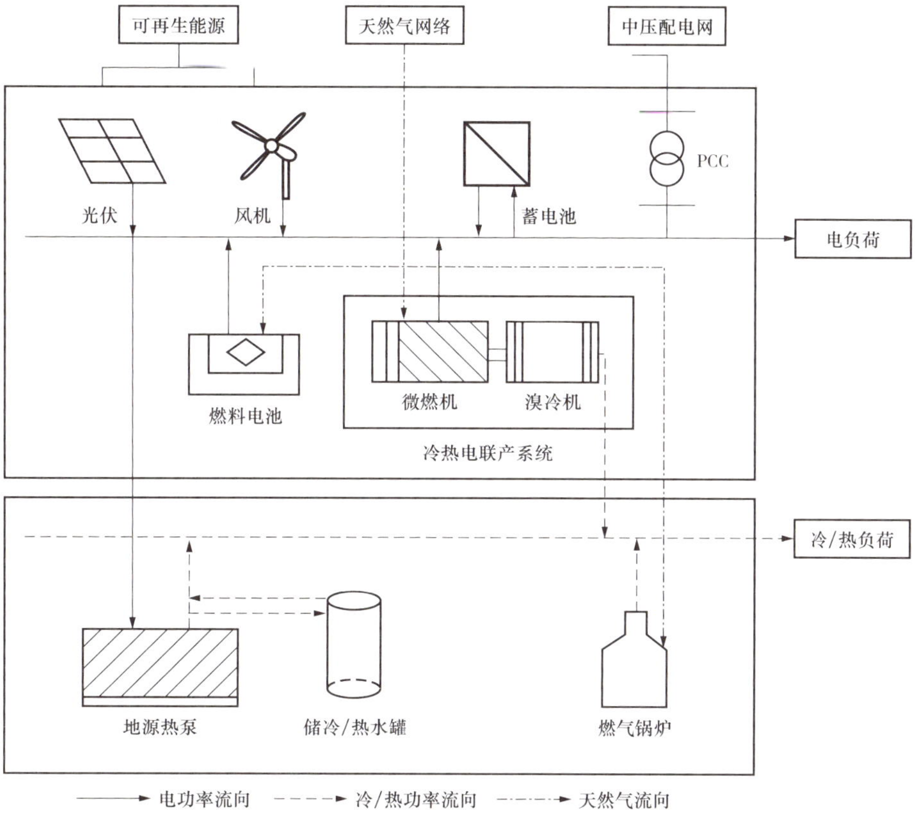

图 1-2 智慧综合能源系统组成结构简图

由此可见，智慧综合能源系统是一种多层次的复杂耦合系统，是多种能源输入、转换、输出和利用的集成。由于装备种类很多，专业覆盖面较广，跨专业协同和配合多，智慧综合能源系统的统一规划和设计难度大，系统的在线实时运行控制难度同样很大，必须依赖数字化、自动化、智能化的集成管控系统。这将是本书重点阐述的部分。

（3）技术内容新，发展速度快。智慧综合能源是近年来新兴的技术，已经取得了显著的进步，工程应用推广持续加大，目前仍处于快速发展过程中。其中既有单体技术也有集成技术。单体式技术聚焦智慧综合能源细分领域的单一解决方案，如分布式光伏、电动汽车充电桩等。集成技术聚焦一体化解决方案和集成管控系统等。单体技术中新技术、新设备不断汇入，集成技术也在快速发展，功能性能不断提高。

在燃气冷热电三联供、地源热泵、电动汽车有序充电等新设备新技术还未被更多的人了解之际，智慧综合能源规划设计辅助软件、子站型集成管控系统、储能电池监测与消防等新技术又不断涌现。随着我国“2030 年碳达峰、2060 年碳中和”目标的提出，智慧综合能源技术对“双碳”目标的支撑功能及相关的碳监测等技术又焕然兴起。

1.3 智慧综合能源装备与工程技术发展趋势

1.3.1 行业发展形势

（1）宏观形势利好，政策逐步完善。中国向世界承诺的“双碳”目标，倒逼能源加快绿色低碳转型，节能减排和提质增效的理念加速向各领域渗透。2021 年 3 月 15 日中央财经委员会第九次会议提出：“构建清洁低碳安全高效的能源体系，控制化石能源总量，着力提高利用效能，实施可再生能源替代行动，深化电力体制改革，构建以新能源为主体的新型电力系统。”智慧综合能源系统是能源电力清洁低碳转型的重要支撑，将迎来历史发展新机遇。

近年来国家、地方政府高度关注智慧综合能源发展，出台多项政策鼓励多能互补一体化发展。新一轮电力体制改革、输配电价改革、石油天然气体制改革等相关政策将进一步完善，不同能源间的壁垒有望逐步打破，促进终端能源系统的融合，推动综合能效提升和能源服务升级。可再生能源、储能、电动汽车等相关产业规划日益完善，将进一步促进智慧综合能源产业投资与技术进步，也将有助于智慧综合能源产业规划的研究制定，助推本行业的快速发展。

（2）新形势催生新需求，新需求推动新发展。随着宏观经济进入高质量发展阶段，用户对高品质能源服务的需求日益迫切。分布式电源、储能等新元素大量出现，用户能源管理复杂性显著提升，要求“一揽子”能源解决方案；用户用能需求具有明显的属地化、个性化特点，要求能源供应依托先进技术，提供定制化服务；新型基础设施建设作为智慧综合能源服务新对象，包括 5G 基站、数据中心等，具有能耗高、用能需求综合化等特征，为能效提升、多能供应等综合能源服务细分领域带来了潜在需求。未来随着经济形势变化、服务对象拓展，智慧综合能源新需求将不断涌现，驱动市场潜力持续释放。

（3）业务模式不断创新，行业生态快速构建。智慧综合能源产业链条长、市场主体众多，通过充分融入互联网思维，可打造行业新模式、新业态。构建新业态的核心是围绕用户能源消费“提质、增效、降本、赋能”需求，依托互联网技术，打造跨界融合、线上 / 线下结合，集能量、信息、金融等要素于一体的新业务组织形态。目前各类主体积极探索通过互联网平台实现线上信息交换和供需匹配对接，通过产业联盟、混合所有制等方法实现线下资源整合和业务落地开展，共同打造“共建、共享、共赢”的智慧综合能源行业生态。

1.3.2 技术发展趋势

（1）数字化、自动化、智能化水平持续提升。智慧综合能源关于多种能源互补利用的理念，已经被越来越多的人接受，但在如何实现系统集成优化和协同互动方面，存在很多不足。这迫切需要加快提升综合能源系统的数字化、自动化、智能化水平。一是通过配置数字量测、智能分析设备实现能源元件的智能化；二是通过信息通信技术将综合能源系统有机联系，构建一体化集成系统；三是集成系统算法升级，在不同能源品种之间、不同环节之间优化控制，实现多个维度的互补协同。以上都需要更加智慧的综合能源集成管控系统。

在此基础上，深化应用“云大物移智链”等现代信息技术，进一步提升能源生产、配送、使用的智能化水平，为能源消费者提供可选择、高附加值的能源增值服务。未来值得重点关注的技术包括能源区块链技术、大数据技术和云平台技术。

1）能源区块链技术。在支撑高比例新能源顺利消纳方面，区块链技术可支撑多类多个主体间点对点、实时、自主的微平衡交易，推动清洁能源新型商业模式创新发展，促进高比例新能源消纳；依托“多链”技术可实现综合能源系统内各主体内部可信协同自治，确保主体间信息公开、可信互联，保障综合能源服务的可追溯性和安全高效性；在电力市场智能化交易方面，区块链信息共享技术可推动实现电力市场交易合同形成、执行、结算全过程智能化，提升用户参与电力市场的便捷性。

2）大数据技术。在系统安全稳定运行方面，依托数据分析、数字模型构建助力实现能源系统在线预测、实时监测、设备预警和故障诊断，为异质能源调度、交易以及需求响应等提供重要决策依据；在消费端能效提升方面，依托大数据聚类、特征画像等技术，可实现对用户负荷特性的精确感知，为动态优化方案及综合能效提升提供数据支撑；在源网荷储协同方面，可洞悉源网荷储间的能源流、业务流、信息流的流向，揭示多元主体间“三流”交互机理，推动源网荷储协调优化，提升异质能源网络的可靠性与经济性。

3）云平台技术。在用能服务精细化管理方面，云平台可实现对用户身份、用能数据等信息的储存与管理，支撑跨应用、跨部门、跨系统的信息通信、共享和协同，实现能源大数据的标准化与精细化管理；在终端智能化监控方面，依托云平台开放包容的技术特点，可推动多元主体及设备的广泛接入，实现多元终端的状态监测及遥控、遥调，以支撑系统的实时动态优化。

（2）综合规划，集散管控，解耦运行。综合规划是智慧综合能源系统的出发点和本质要求。集中与分散相结合的管控方式是工业控制领域行之有效的经典控制方式。未来，在对多能互补优化利用和源网荷储系统互动方面，还应重点研究如何将多能源耦合系统以解耦的方式运行控制。

智慧综合能源系统是电、热、冷、气等多能源耦合的多能流集成系统，其规划涉及多能源源端、管网、变电站、调压站选址、定容，需要考虑经济性、可靠性和节能、减排、低碳等多重目标，较传统规划方法更为复杂。目前关键规划技术已经取得突破，并且已经有可工程使用的规划设计辅助软件，后期将持续完善提升。

智慧综合能源集成管控系统实现多能流系统的信息采集和集中监控，是综合智慧能源系统的核心部分，较单一的电厂、变电站、调压站监控系统更加复杂，对功能和性能的要求更高。在物理架构和功能架构上，目前不少集成管控系统还存在不少的问题或误区，如有的采用电网调控主站模式，系统庞大而昂贵；有的滥用云平台构建，可靠性低且实用性差。未来，智慧综合能源管控系统一定会大量应用厂站型轻量级的工控系统，采用经典的“集中 + 分散式”系统架构会是主要的发展方向。

对复杂系统的运行控制，一定要分区、分层；要满足用户定制化、多样化需求，一定要模块化、可组态。智慧综合能源系统要灵活、可靠运行，一定要实现功能上的解耦。一是一次系统的热和电的解耦，如通过增加储热装置摆脱热电机组“以热定电”的约束、通过优化设计和单元控制实现三联供机组的冷、热、电出力解耦等；二是热能的源网荷储运行分析控制与电能的源网荷储运行分析控制的解耦，两者运动速度和时间尺度差异太大，完全可以解耦，解耦后难度大大降低；三是运行管控系统的软件模块、应用功能的解耦，应采用独立封装、可组态设计。通过上述三个层面的解耦，综合能源运行管控的难度可大幅降低，同时灵活性、可靠性显著提高。

（3）若干重点单项技术有望取得突破。如前所述，单项技术是支撑智慧综合能源系统的某一细分领域技术。依托基础理论、关键材料上的不断突破，各单项技术将向着更高效率、更低成本、更安全可靠的方向发展。值得重点关注的技术包括高安全大容量储电、电转气（power to gas，P2G）和微型燃气轮机技术。

1）高安全大容量电化学储能技术。电化学储能技术对促进可再生能源消纳，提升能源系统调节能力具有重要意义。但目前，电化学储能的容量、安全性、使用寿命、充放电灵活性等方面仍待突破提升，需要在离子交换膜和电极材料、电解液组成、有序充放电等方面进行攻关。未来，随着材料、成本方面的进步，大容量、高安全的电化学储能的应用规模将会持续上升。

2）电转气技术。P2G 技术包含电制氢、电制甲烷等技术。P2G 技术是实现异质能源网络深度耦合的关键，同时是推动整个能源系统脱碳的重要举措。目前 P2G 技术面临制气效率低、储气密度不足以及储气设备使用寿命短等问题，亟须在催化剂以及储气材料方面进行攻关。随着质子交换膜电解水制氢等电解水技术逐渐成熟以及新能源发电成本持续下降，P2G 技术得到提升的同时成本也将持续降低，未来相关领域将快速发展。

3）微型燃气轮机技术。微型燃气轮机技术是提升特定用户能源系统可靠性的核心技术，国内微型燃气轮机的研制起步较晚，仍处于系统研发、产品研制与示范阶段。重点需要在关键元器件、整机制造、燃料高效清洁燃烧等方面进行攻关，提高部件材料的耐高温能力、压气机的性能以及燃烧室的效率等，支撑天然气在智慧综合能源系统中的高效利用。

（4）装备和技术标准化进程不断推进。装备和技术水平发展到一定阶段，必然需要统一的规范和标准，以利于工程应用和大规模推广。对于复杂和灵活的系统如智慧综合能源系统来说，更是如此，当前阶段，智慧综合能源装备和工程技术总体上处于从起步到快速发展的阶段，随着工程应用的不断扩大和深化，技术标准化的要求将越来越强烈。下一步，行业内将会加快建立智慧综合能源标准体系，制定智慧综合能源装备和工程技术相关规范与标准；结合相关能源法律法规的修编，加快建立设备、设计、施工、验收、运行和评估等技术标准，统一和规范已有单一的团体、协会标准，建立系列化的行业标准、国家标准。

2

热力学与暖通专业基础

本章主要介绍智慧综合能源工程中常见常用的热力学名词术语、基本概念和基本原理，作为非热工专业人员的技术领域拓展，在阅读相关设备技术资料时查阅参考，熟悉的专业人士可以略过。另外补充了能源消耗与碳排放的一些基础知识，作为后续章节研究和讨论的知识起点。

2.1　常用物理量与名词术语

2.1.1　常用物理量及其单位

（1）温度。温度用于标志物体冷、热程度，反映了物质内部大量分子平均移动动能的强烈程度，分为热力学温度（T）和摄氏温度（t）。

热力学温度（T），也称作绝对温度，单位为 K（开尔文）。选取水的三相点（纯冰、纯水和水蒸气三相平衡共存状态）为基准点，并定义其温度为 273.16 K。

摄氏温度（t），单位为℃（摄氏度文），规定 0.101325 MPa（1 个标准大气压）下纯水的冰点为 0℃，其热力学温度为 273.15 K，比纯水的三相点热力学温度低 0.01 K。

热力学温度计的刻度间隔与摄氏温度计上的刻度间隔相一致，每变化 1 ℃相当于变化 1 K；但两种温标的起始点不同，摄氏温度以冰水混合物的温度为起点，而热力学温度是以绝对零度作为计算起点，即 −273.15℃=0 K。热力学温度和摄氏温度的换算关系为：T（K）= t（℃）+ 273.15 K。

（2）压强。压强（p）表示为物体所受压力（F）的大小与受力面积（S）之比。压强的计算公式为：$p = F/S$，国际单位为 Pa（帕斯卡），简称帕，1 Pa=1 N/m^2。

Pa 这个单位非常小，不便于计算，实际应用中常使用 kPa（千帕）、MPa（兆帕）、atm（标准大气压）、mmHg（毫米汞柱）等替代。另外，bar（巴）也是一个常见的压强单位，早先气象学中常用 mbar（毫巴），后改用等值的国际单位百帕。

各压强单位的换算关系如下：

1）1 MPa=1000 kPa=1000000 Pa。

2）1 atm=0.1 MPa=100 kPa=1 bar=10 m 水柱=1 kg/cm^2。

3）1 kPa=0.01 bar=10 mbar=7.5 mm Hg。

4）1 bar=100000 Pa=100 kPa。

5）1 mbar=0.001 bar=0.1 kPa。

工程应用中还有用公斤作为压强单位，1 公斤力压力是指 1kg 的物体对支撑物体的压力，1 公斤力=1 kg/cm^2。与其他压强单位的换算关系为：1 MPa=10 公斤力=10 kg/cm^2=10 个标准大气压=1000 kPa=1000000 Pa=10 bar。

（3）标准立方米。标准立方米是气体流量计测量单位，常称为仿质量单位，因为标准立方米看似体积单位，其实为质量单位，与使用地点的压力、温度没有任何关系，一般用于化工行业来计算参与化学反应气体的摩尔量或是质量。标准状态中的压力，无论国内外均为标准大气压，即 101.325 kPa，但国内外标准状态中的温度标准不尽相同。标准状态分以下三种：

1）1954 年第十届国际计量大会（General Conference of Weights & Measures，CGPM）协议的标准状态是：温度 273.15 K（0℃），压力 101.325 kPa。世界各国科技领域广泛采用这一标态。

2）国际标准化组织和美国国家标准规定以温度 288.15 K（15℃），压力 101.325 kPa 作为计量气体体积流量的标态。

3）SY/T 6143《天然气流量的标准孔板计算方法》规定以温度 293.15 K（20℃），压力 101.325 kPa 作为计量气体体积流量的标准状态，例如：

空气：1 标准立方米空气为 1.2041 kg（标准状态为 101.325 kPa，20℃），流量 100 m^3/h（标准状态）为 120.41 kg/h。

天然气：设天然气相对（空气）密度 $d=0.6$，则 1 标准立方米天然气为 0.7225 kg，流量 100 m^3/h（标准状态）为 72.25 kg/h。

可以看到，在用于计算特有气体的质量时有不同的温度标准，按照标准对应得出在该温度下空气的密度，最终计算得到气体的重量。因此，气体的标准立方米与气体的标准状态有较大关系。

（4）密度、比体积。密度（ρ），单位为 kg/m^3，是对特定体积内质量的度量。密度的倒数称为比体积（v），也称为比容，单位为 m^3/kg，指单位质量工质所占有的体积。如果质量为 m 的工质占有的体积为 V，则工质的比体积为：$v=\frac{V}{m}$。比体积与压力、温度有关。当压力一定时，物质在不同温度下有不同比体积；当温度一定时，在不同压力下也有不同比体积。

（5）能量、功、热量。能量（E），单位 J（焦耳）或 kJ（千焦）。能量是表征物理系统做功的本领的量度。能量以多种不同的形式存在，可分为核能、机械能、化学能、内能（热能）、电能、辐射能、光能、生物能等。

功（W），单位 J（焦耳）或 kJ（千焦）。功是热力系统与外界存在不平衡时，系统通过边界与外界之间相互传递的能量。由气态工质组成的热力系统，当进行压缩或膨胀时，与外界交换的功称为压缩功或膨胀功，统称为容积功。

热量（Q），单位 J（焦耳）或 kJ（千焦）。热量是能量的一种形式，是热力系统与外界之间存在温差时，系统通过边界与外界之间相互传递的非“功”形式能量。

能量、功、热量三者单位相同，意义不同。它们三者之间的关系，可以用热力学第一定律公式表示，即当系统与外界进行功和热量变换时，必将引起系统总能量的变化：即加给系统的热量 Q，等于系统总能量的增量 ΔE 及对外所做功（W）之和。

（6）功率。功率（P），单位 W（瓦）、kW（千瓦）或 J/s（焦耳 / 秒）。功率是指物体在单位时间内所做功的多少，是描述做功快慢程度的物理量。功的数量一定，时间越短，功率值就越大。功率的计算公式：$P=W/t$。

（7）比热容。比热容（c），单位 J/（kg·K）[焦耳 /（千克·开尔文）] 或 J/（kg·℃）[焦耳 /（千克·摄氏度）]，是单位质量工质在温度每变化 1 K（1℃）时所吸收或放出的热量。物质的比热容与相对分子量、分子结构特征、状态参数温度和压力有关以及所进行的过程（定压过程、定容过程）有关。水的比热容是 4.2×10^3 J/（kg·℃）。

（8）低位发热量（低位热值）。单位质量的燃料在完全燃烧时所发出的热量称为燃料的发热量。

高位发热量是指 1kg 燃料完全燃烧时放出的全部热量，包括烟气中的水蒸气已凝结成水所放出的汽化潜热；从燃料的高位发热量中扣除烟气中水蒸气的汽化潜热时，称燃料的低位发热量，低位发热量因最接近工业锅炉等燃烧时的实际发热量，常用于设计计算。高位发热量、低位发热量也称为高位（发）热值、低位（发）热值。

燃气的高、低位热值通常相差为 10% 左右。燃气燃烧时要产生水蒸气，这些水蒸气要冷却到燃烧前的燃气温度时，不但要放出温差间的热量，而且要放出水蒸气的冷凝热，所以，高位热值减去水蒸气的冷凝热就是低位热值。

日本和大多数北美国家习惯于使用燃气的高位热值，我国和大多数欧洲国家习惯于用低位热值。

常用化石燃料的平均低位发热值见表 2–1。

表 2–1 常用化石燃料相关参数缺省值

能源名称	平均低位发热值（kJ/kg）	单位热值含碳量（tC/TJ）	碳氧化率（%）
燃煤			98②
原油	41816③	20.08②	
燃料油	41816③	21.0②	
汽油	43070③	18.9②	98②
柴油	42652③	20.2②	
炼厂干气	45998③	18.2②	
天然气	38931③	15.32②	
焦炉煤气	12726~17981③	13.58②	99②
其他煤气	52270①	12.2②	

①上述数据来源《中国温室气体清单研究》(2007)。
②《省级温室气体清单编制指南（试行）》。
③《中国能源统计年鉴》(2011)。

2.1.2 常见名词术语

本节内容挑选了热力学中常见的一些名词术语，从系统、工质、热力过程三个方面进行简单介绍，并对综合能源系统装备涉及的制冷技术、热泵技术的循环过程做了描述，以便于非热工专业人员的技术领域拓展和查阅参考。

（1）热力系统。热力系统是人为分割出来的作为热力学分析的对象，分析对象的周围物体统称为外界；系统和外界之间的分界面叫作边界。热力系统如果和外界只有热或功的能量交换而无物质的变换时，则称为闭口系统，闭口系统内的质量保持恒定不变；如果热力系统和外界不仅有能量交换而且有物质的交换时，则称为开口系统；当热力系统和外界既无能量交换又无物质的交换时，则称为孤立系统；当热力系统和外界间的作用仅限于无热量的交换时，则称为绝热系统。

（2）工质。工质是指在循环过程中参与热功交换的媒介物质，各种热机或设备依靠工质的状态变化实现热能与机械能相互转化。常见的有燃烧气体、水蒸气、制冷剂以及空气等。热能与机械功的相互转换是通过工质一系列的状态变化来实现的。

（3）热力循环。系统或工作物质（工质）经历一系列状态变化过程又回到初始状态，这一周而复始的变化过程称为热力循环，简称循环，如图 2–1 所示。循环为准静态过程，在状态图中对应闭合曲线。根据循环所产生的不同效果，可分为正循环和逆循环。正循环是把热能转换为机械能的循环，如图 2–1（a）所示，蒸汽动力装置循环、内燃机及燃气轮机装置循环等是正循环；逆循环是消耗一定量的机械能，迫使高温热源的热量流向低温热源的循环，如图 2–1（b）所示，制冷循环、供热循环（热泵）是逆循环。

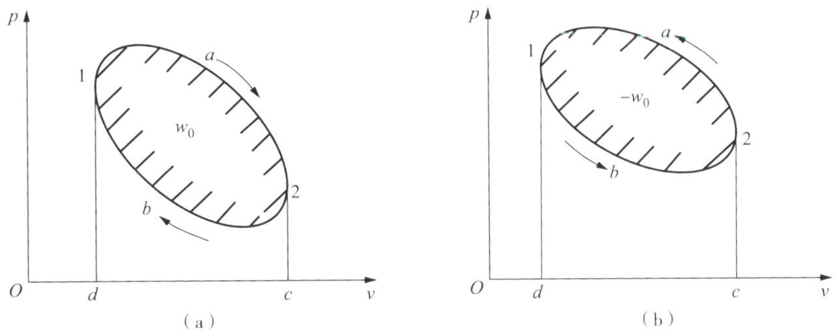

图 2–1 热力循环

（a）正循环；（b）逆循环

p—压强，v—体积

（4）热力过程、可逆过程、不可逆过程。系统从初始状态变至终了状态所经历的全部状态，称为热力过程。系统中物质的总量可以保持恒定或发生变化。系统状态的变化，意味着原平衡状态被破坏，一切实际过程都是不平衡的。

如果系统完成一个热力过程之后，能使系统沿着过程进行的反方向，依次经历原过程中的一切状态而回复到原状态，且参与过程变化的外界也能恢复到原状态，而且不留下任何变化的痕迹，这样的过程称为可逆过程；如果反向过程能回到初态，但却给外界留下影响，或者不能回复到初态，这样的过程称为不可逆过程。

实现可逆过程的必要条件是热力系统内部和外界恒处于平衡状态，做机械运动时无摩擦，传热时无温差。可逆过程在实际上是不存在的。实践中，都是将实际过程当作可逆过程进行分析，然后采用经验系数来修正引起的偏差。

（5）卡诺循环、逆卡诺循环。卡诺循环是由两个可逆的等温过程和两个可逆的绝热过程所组成的理想循环，是法国工程师尼古拉·莱昂纳尔·萨迪·卡诺于 1824 年提出的，用以分析热机的工作过程。卡诺循环过程中，工质只能与两个热源（一个高温热源温度和一个低温热源温度）交换热量；而逆卡诺循环就是与卡诺循环相反的循环，利用做功把热量从低温物质转移到高温物质，是制冷循环理论的基础。

（6）热力学第一定律。根据能量守恒与转换定律，任何一个热力系统都可表示为：“系统收入能量 - 系统支出能量 = 系统储存能量的增量”。当系统与外界进行功（W）和热量（Q）变换时，必将引起系统总能量（E）的变化。

$$Q = \Delta E + W = E_2 - E_1 + W \tag{2-1}$$

式中 Q ——系统的热量；

ΔE ——系统总能量的变化；

E_1、E_2——功和热量交换前后的能量；

W ——系统与外界做功。

即加给系统的热量 Q 等于系统总能量的增量 ΔE（$=E_2-E_1$）及对外所做功（W）之和。

系统吸热时 Q 为正，放热时为负；系统对外做功时 W 为正，反之为负；系统总能量增加时 ΔE 为正，减少时为负。热能转换为机械能，通常是通过工质的膨胀实现的，膨胀功与 $p-v$（压强 - 体积）图如图 2-2 所示。

当气缸中单位质量气体被缓慢加热时，气体逐渐膨胀、压力下降、比体积增加，过程由初状态 1 变化至终状态 2。设过程为可逆过程，则在 $p-v$（压强 - 体积）图上通过的途径为 1-a-2。

如果活塞面积为 A，则任一瞬间气体在压力 F 的作用下，推动活塞移动距离 ds 所做的膨胀功为

$$\delta w = F\mathrm{d}s = pA\mathrm{d}s \tag{2-2}$$

而 $A\mathrm{d}s = \mathrm{d}v$，故 $\delta w = p\mathrm{d}v$；则系统做的膨胀功为

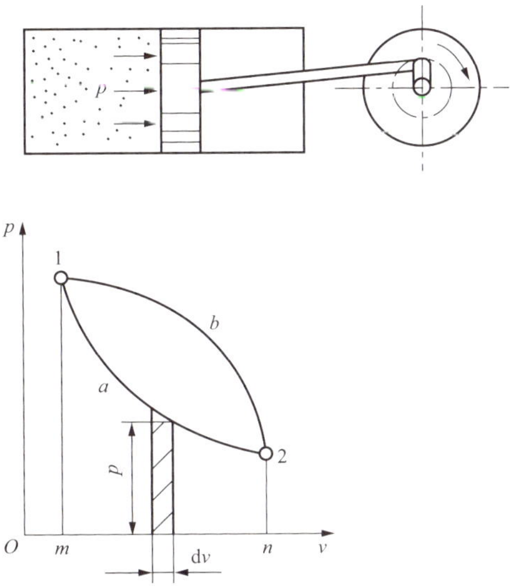

图 2-2 膨胀功与 p–v（压强 – 体积）图

$$w_{12}=\int_1^2 \delta w=\int_1^2 p\mathrm{d}v \tag{2-3}$$

由图 2-2 可知，工质在可逆过程中所做的功，可以用 p–v 图上过程曲线 1–a–2 线下的面积来表示，即 $W_{12}=\int_1^2 p\mathrm{d}v=$ 面积 $1a2nm1$。

（7）热力学第二定律。热力学第二定律主要有以下两种表述方式：

1）克劳修斯表述法：热量不可能自发地、不付代价地从低温物体传到高温物体。克劳修斯表述法阐明了热量传递的方向，即热量总是自发地、没有任何限制地从高温物体传到低温物体。非自发过程（热量自低温传向高温）的进行，必须同时伴随一个自发过程（机械能转变为热能）作为代价和补充条件。

2）开尔文 · 普朗克表述法：不可能制造出从一个热源取得热量，使之完全变成机械能而不引起其他变化的循环发动机，即第二类永动机不可能实现。

第二类永动机效率为 100%，虽然不违反能量守恒定律，但大量事实证明，在任何情况下，热机都不可能只有一个热源，热机要不断地把吸取的热量变成有用的功，就不可避免地将一部分热量传给低温物体，因此效率不会达到 100%。第二类永动机违反了热力学第二定律。

2.2 蒸汽压缩式制冷技术

制冷，是用人工的方法通过某种装置或设备从被冷却空间或流体中吸取热量，并将该热量排放到环境介质中去，使该空间或流体的温度降到环境温度以下，并保持这个低温。完成制冷的方法有多种，包括：通过制冷剂循环制冷，如蒸汽压缩循环式、吸收式、吸附式、蒸汽喷射式和空气膨胀式制冷；通过流体分子能量相互作用制冷，如脉管式和涡流管式制冷；通过电效应、磁效应和声效应等制冷，如热电制冷、磁制冷、热声制冷和磁流体循环制冷等。本节主要介绍常用的蒸汽压缩循环式、吸收式制冷方法。

2.2.1 工作原理

工质液体在气化过程中吸收热量而使其周围温度降低，可以利用该原理获取所要求的低温。蒸汽压缩式制冷就是利用这种液体气化吸热的原理实现的。

如图 2–3 所示为蒸汽压缩式制冷系统流程，主要由压缩机、冷凝器、膨胀（节流）阀（或其他节流膨胀装置）和蒸发器等四大部件及其连接管路组成，管路系统内充注制冷剂。

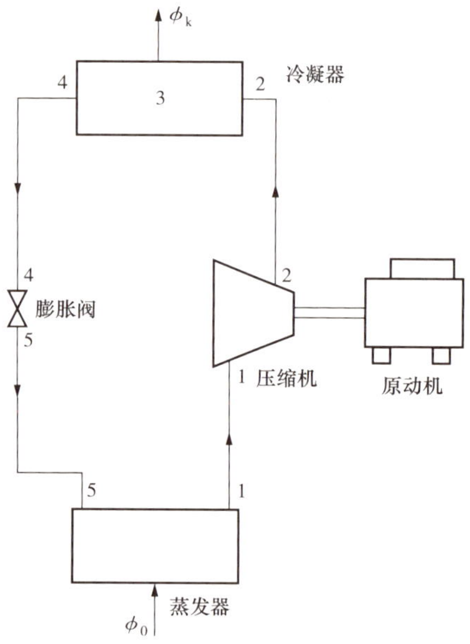

图 2–3 蒸汽压缩式制冷系统流程图

压缩机将从蒸发器出口的低压制冷剂蒸汽进行压缩，变成高温高压蒸汽后，进入冷凝器，受到冷却剂（空气或水）的冷却，放出热量并凝结成高压液体，再经膨胀阀节流后变成低压低温的气液两相工质，进入蒸发器进行气化吸热制冷，得到所要求的低温和所需要的冷量。吸热汽化后的低压制冷剂再进入压缩机，继续进行下一个制冷循环，故称为蒸汽压缩式制冷。

2.2.2 制冷工质

一、制冷剂

制冷剂也称制冷工质、冷媒，是制冷装置中的循环工作介质，通过自身热力状态的循环变化完成与外界的能量转换和传递，实现制冷目的。只有在工作温度范围内能够汽化和凝结的物质，才能作为制冷剂。制冷剂在蒸发器内吸收被冷却介质（水或空气等）的热量而汽化，在冷凝器中将热量传递给周围空气或水而冷凝。制冷剂的性质影响制冷装置的结构、工作参数、运行经济性与可靠性。

制冷剂根据分子结构可分为无机化合物和有机化合物两类，根据组成可分为单一制冷剂和混合制冷剂。常用的无机化合物制冷剂有：氨（R717）、氮气（N_2）、二氧化碳（CO_2）、空气、二氧化硫等。常用的有机化合物制冷剂有卤代烃（R12、R22、R134a、R32 等）、碳氢化合物（R600a、R290、R50 等）及其混合制冷剂混合物（R407 C、R404 A、R410 A、R507 A）等。

（1）对制冷剂的热力学性质要求。

1）制冷效率要高。制冷效率高即理论循环制冷系数与考虑了传热温差的理想制冷循环制冷系数的比值要高。

2）临界温度要高。临界温度高便于用一般冷却水或空气进行冷凝液化；且制冷循环的工作区域越远离临界点、制冷循环越接近逆卡诺循环，节流损失越小，制冷系数较高。

3）适宜的饱和蒸汽压力。蒸发压力不宜低于大气压力，以避免空气渗入制冷系统；冷凝压力也不宜过高，过高会对制冷设备的强度要求高，且会引起压缩机的消耗功率增加；此外，较小的压缩比和压力差比，有利于减小压缩机的功耗、降低排气温度和提高压缩机的实际吸气量。

4）凝固温度低。凝固温度低可以制取较低的蒸发温度。

5）汽化潜热要大。相同制冷量时，汽化潜热大可以减少制冷剂的充注量，有利于环境友好。

6）对制冷剂单位容积制冷量的要求应按压缩机的形式不同分别对待。如大、中型制冷压缩机，单位容积制冷量希望尽可能大，可以减小压缩机的尺寸；但对于小型压缩机或离心式压缩机，有时压缩机尺寸过小反而引起制造上的困难，此时要求单位容积制冷量小些。

7）绝热指数小。绝热指数越小，压缩机排气温度越低，还可以降低其消耗功率量。

（2）物理化学性质。

1）制冷剂的导热系数、放热系数要高，可以提高热交换效率，减少蒸发器、冷凝器等换热设备的传热面积。

2）制冷剂的密度、黏度要小，可减少制冷剂在系统中的流动阻力，降低电压缩机的功耗或减少管路直径。

3）制冷剂对金属和其他材料（如橡胶等）应无腐蚀和侵蚀作用。

4）制冷剂的热化学稳定性要好，在高温下不应分解。

5）有良好的电绝缘性。

6）制冷剂有一定的吸水性。

7）制冷剂与润滑油的溶解性，分为无限溶解和有限溶解。无限溶解和有限溶解各有优缺点，综合比较认为有限溶解的制冷剂要好些。

（3）安全性和环境友好性。安全性和环境友好性指制冷剂在工作范围内，应不燃烧、不爆炸；无毒或低毒，同时具有易检漏的特点。环境友好性体现在消耗臭氧潜值与全球变暖潜值要小。

（4）经济性。经济性指制冷剂应价格便宜、易于制得。

二、载冷剂

载冷剂是将被冷却系统（物体或空间）的热量传递给制冷剂，用以传递制冷装置冷量的中间介质。载冷剂在蒸发器中被制冷剂冷却后送到冷却设备或蓄冷装置中，吸收被冷却物体或空间的热量，再返回蒸发器，重新被冷却，如此循环，以实现冷量的传递。

对载冷剂的性质要求包括：

（1）在使用温度范围内不凝固、不气化。

（2）密度小、黏度小，以降低流动阻力，减小能耗。

（3）比热大，在使用过程中可减少载冷剂的循环量，同时载冷剂的温度变化不大。

（4）导热系数大，以减少换热设备的传热面积。

（5）无臭、无毒、不燃烧、不爆炸、化学稳定性好，对金属不腐蚀、不污染环境。

（6）价格低廉并容易获得。

常用的载冷剂有空气、水、盐水、有机化合物及其水溶液等。

空气和水作为载冷剂有很多优点，尤其是价格低廉和容易获得。但空气的比热小，导热系数低，影响了其使用范围；水广泛用于各种空调系统中，但只能用在高于0℃的工况，若要求低于0℃时，需采用盐水或有机化合物的水溶液。盐水溶液常用氯化钠和氯化钙水溶液，对金属有强烈的腐蚀作用，需采取措施减少腐蚀性；由于盐水溶液对金属有强烈腐蚀作用，因此可采用腐蚀性小的有机化合物水溶液，如乙烯乙二醇、丙二醇、乙醇、甲醇、丙三醇等水溶液。由于系统运转时，有可能不断吸收空气中的水分，盐水溶液和有机化合物水溶液浓度降低，凝固温度提高，在运行中需定期用密度计测定密度，维持要求的浓度。

2.2.3　热力状态图

在蒸汽压缩制冷循环中，制冷剂经历了压缩、放热、节流、吸热等热力过程，制冷剂的状态也在不断发生变化。为便于表示制冷循环中的各个过程及过程之间的关系，便于计算、分析和比较循环的性能、制冷剂的状态参数变化，因此引入制冷剂热力状态图，如温熵图（T–s 图）和压焓图（p–h 图）。分析蒸汽压缩制冷循环过程，常使用温熵图（T–s 图），T–s 图中热力过程线下面的面积即为该过程所交换的热量，方便直观，便于简化和分析各个过程。

2.2.4 理想制冷循环

逆卡诺循环利用做功把热量从低温物质转移到高温物质，是制冷循环理论的基础。而卡诺循环是分析热机的工作过程，与本书主要内容相关性较小，本章节不再展开描述。

一、逆卡诺循环

卡诺循环分为正卡诺循环和逆卡诺循环，均是由两个定温和两个绝热过程组成，是理想循环。逆卡诺循环是理想制冷循环，如图 2–4 所示的 1–2–3–4–1。逆卡诺循环中，制冷剂沿绝热线 3–4 膨胀，温度由热源温度 T_k' 降低至冷源温度 T_0'；然后沿等压、等温线 4–1 蒸发，在该过程中，1kg 制冷剂在 T_0' 温度下从被冷却物体吸收热量 q_0（kJ/kg）；制冷剂再从状态 1 被绝热压缩至状态 2，温度从 T_0' 升高至 T_k'；最后沿等温线 2–3 冷凝压缩，在冷凝过程中，制冷剂在 T_k' 温度下向冷却剂放出热量 q_k（kJ/kg）。在 3–4–1 的膨胀过程中，对外做膨胀功 ω_e（kJ/kg）；1–2–3 压缩过程中消耗功 ω_c（kJ/kg），循环中 1kg 的工质消耗功 $\sum\omega=\omega_c-\omega_e$。根据热平衡原理，$q_k=q_0+\sum\omega$。

制冷循环的性能指标用制冷系数 ε 表示，制冷系数为单位消耗功率量所能获取的冷量，即

$$\varepsilon = q_0 / \sum\omega \qquad (2\text{–}4)$$

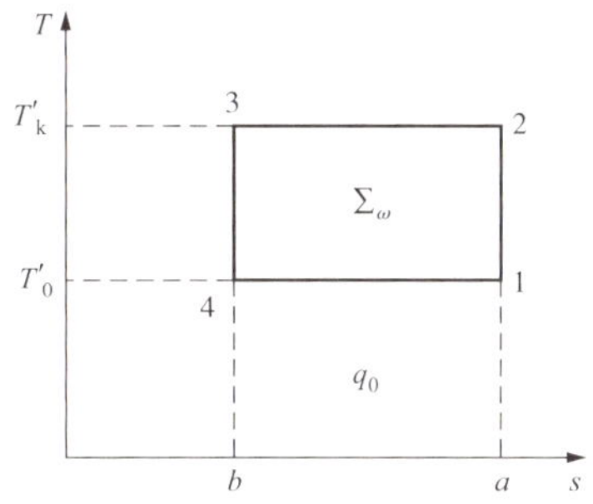

图 2–4 逆卡诺循环

对于逆卡诺循环，有

$$q_0 = T_0'(s_1 - s_4) \qquad (2\text{–}5)$$

$$q_k = T_k'(s_1 - s_4) \qquad (2\text{–}6)$$

$$\sum\omega = q_k - q_0 = (T_k' - T_0')(s_1 - s_4) \qquad (2\text{–}7)$$

$$\varepsilon_c = T_0'(s_1 - s_4)/(T_k' - T_0')(s_1 - s_4) = T_0'/(T_k' - T_0') \qquad (2\text{–}8)$$

式中 s_1——状态点 1（或 2）的比熵，kJ/（kg · K）；

s_4——4（或 3）的比熵，kJ/（kg · K）。

逆卡诺循环的制冷系数 ε_c 与制冷剂性质无关，仅取决于冷热源温度 T_0' 和 T_k'，T_0' 越高、T_k' 越低，ε_c 越高，且 T_0' 的影响大于 T_k'。

二、湿蒸汽区的逆卡诺循环

对于蒸汽压缩式制冷系统，蒸发器中的沸腾气化过程是个等压、等温过程，冷凝器中的凝结过程也是个等压、等温过程，所以在湿蒸汽区域进行制冷循环有可能易于实现逆卡诺循环，蒸汽压缩式制冷的理想循环如图 2–5 所示。

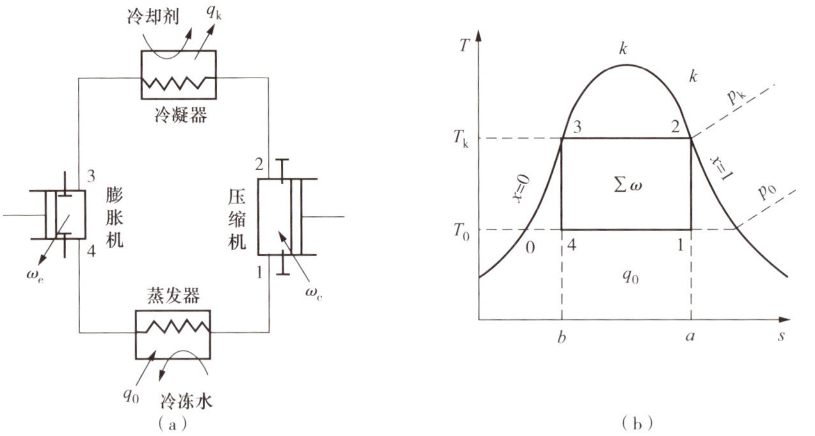

图 2–5 蒸汽压缩式制冷的理想循环

（a）工质流程；（b）在 T–s 图上的表示

1–2 为绝热压缩过程，在压缩机中完成，消耗功 ω_c（面积 1–2–3–0–4–1）；2–3 为等压、等温的凝结过程，在冷凝器中完成，放出热量 q_k；3–4 为绝热膨胀过程，在膨胀机中完成，获得膨胀功 ω_e（面积 3–0–4–3）；4–1 为等压、等温的气化过程，在蒸发器中完成，吸收热量（制冷量）q_0。该循环是由两个等温过程和两个绝热过程组成的逆卡诺循环，但所有过程都是在湿蒸汽区中进行的，因此称为湿蒸汽区的逆卡诺循环。

2.2.5 理论制冷循环

蒸汽压缩式制冷的理论循环由两个定压过程、一个绝热过程和一个节流过程组成，如图 2–6 所示。与理想循环相比，有以下三个特点：两个传热过程为定压过程并具有传热温差；用膨胀阀代替膨胀机；蒸汽的压缩用干压缩代替湿压缩。

（1）传热温差。理想制冷循环的制冷剂与被冷却物（低温热源）和冷却剂（高温热源）之间必须在无温差情况下相互传热，但实际的热交换过程总会存在传热温差。

如图 2–7 所示为有传热温差的制冷循环，其中 T_0'、T_k' 分别为蒸发器中被冷却物和冷凝器中冷却剂的平均温度，无传热温差时，逆卡诺循环可用图 2–7 中的 1′–2′–3′–4′–1′ 表示。由于存在传热温差，蒸发器中制冷剂的蒸发温度 T_0 应低于 T_0'；冷凝器中制冷剂的冷凝温度 T_k 应高于 T_k'。为了使 q_0 相等，图 2–7 中的 b–4′–1′–a'–b 应等于面积 b–4–1–a–b，此时有传热温差的制冷循环 1–2–3–4–1 的消耗功率量为面积 1–2–3–4–1，比逆卡诺循环 1′–2′–3′–4′–1′ 多消耗的

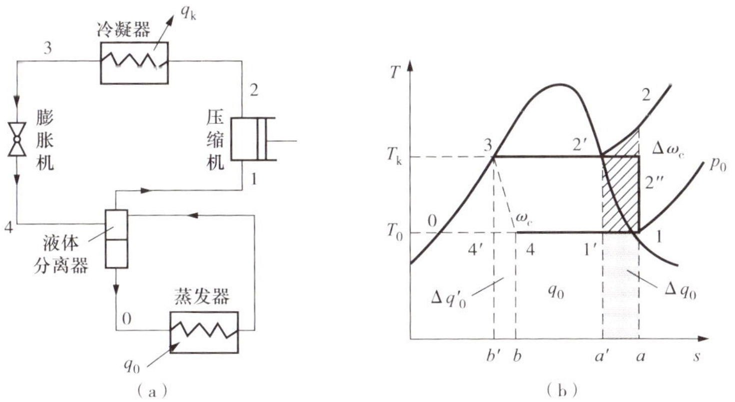

图 2–6　蒸汽压缩式制冷的理论循环

(a) 工质流程；(b) 在 T–s 图上的表示

消耗功率量为阴影部分面积。这种在有传热温差条件下由两个定温过程和两个绝热过程所组成的制冷循环称为“传热温差的逆卡诺循环”。

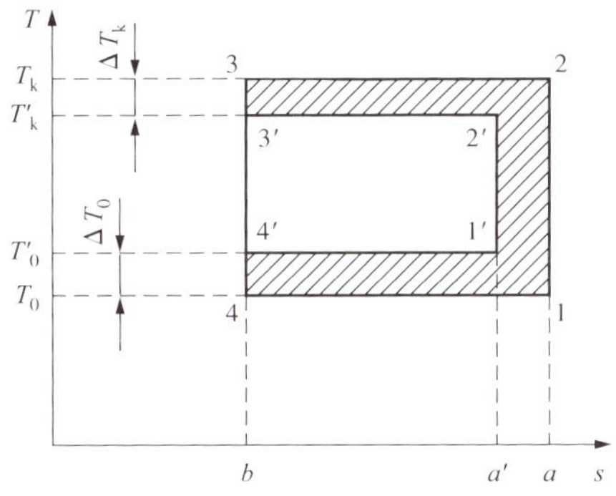

图 2–7　有传热温差的制冷循环

(2) 膨胀阀代替膨胀机。膨胀阀的节流过程是不可逆过程，节流前后的比焓相等，在节流过程中有摩擦损失和涡流损失，这部分机械损失转变为热量，加热制冷剂，减少了制冷量。从图 2–6 中可以看出，在同样的蒸发温度和冷凝温度下，用节流阀的循环 1′–2′–3–4–1′ 与用膨胀机的理想循环 1′–2′–3–4′–1′ 相比，有以下两部分损失：

1) 由于节流过程降低了有效制冷量，减少了 $\Delta q'_0$，即为图中 4–4′–b'–b–4。

2) 损失了膨胀功 ω_e，可用图中 0–3–4′–0 表示。

(3) 干压缩代替湿压缩。蒸汽压缩式制冷理论循环，为了实现两个定温过程，压缩机吸入的是湿蒸汽，这种压缩称为湿压缩。湿压缩有如下缺点：

1) 压缩机吸入的低温湿蒸汽与热的气缸壁之间发生强烈热交换，特别是落在缸壁上的液珠，迅速蒸发并占据气缸的有效空间，使压缩机吸入的制冷剂质量减少，制冷量显著降低。

2) 过多的液体进入压缩机气缸后，很难全部气化，导致压缩机的润滑被破坏，并造成液击，损坏压缩机。

因此，蒸汽压缩式制冷装置在实际运行中严禁发生湿压缩，要求进入压缩机的制冷剂为干饱和蒸汽或过热蒸汽，干压缩是制冷机正常工作的一个重要标志。为实现干压缩，可在蒸发器出口（或在蒸发器上）增设一个液体分离器，如图 2–6（a）所示。分离器上部的干饱和蒸汽被压缩机吸走，保证了干压缩，进入压缩机的制冷剂状态点位于饱和蒸汽线上，如图 2–6（b）中的 1 点。制冷剂的绝热压缩过程在过热蒸汽区进行，即从状态点 1 起，直至与冷凝压力线相交，压缩终了状态点 2 是过热蒸汽。因此，制冷剂在冷凝器中并非定温过程，而是定压过程。

2.3 吸收式制冷技术

2.3.1 吸收式制冷循环

吸收式制冷机主要有 4 个热交换设备组成，即发生器、冷凝器、蒸发器和吸收器，如图 2–8 所示。4 个热交换设备组成两个循环环路：制冷剂循环与吸收剂循环。

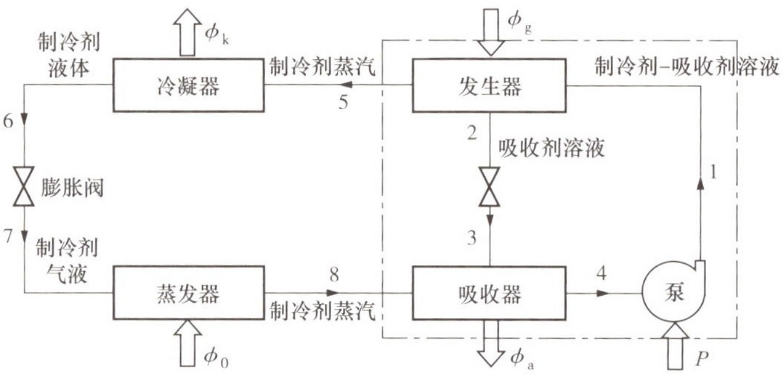

图 2–8　吸收式制冷系统

在图 2–8 中的左半部是制冷剂循环，由冷凝器、节流装置和蒸发器组成。高压气态制冷剂在冷凝器中向冷却介质放热，被凝结为液态，然后经节流装置减压降温进入蒸发器；在蒸发器内，该液体被气化为低压气体，同时吸收被冷却介质的热量产生制冷效应。这些过程与蒸汽压缩式制冷是完全一样的。

在图 2–8 中的右半部为吸收剂循环，主要由吸收器、发生器和溶液泵组成，相当于蒸汽压缩式制冷的压缩机。在吸收器中，用液态吸收剂不断吸收蒸发器产生的低压气态制冷剂，以达到维持蒸发器内低压的目的；吸收剂吸收制冷剂蒸汽而形成的制冷剂 – 吸收剂溶液，经溶液泵升压后进入发生器。在发生器中该溶液被加热、沸腾，其中沸点低的制冷剂气化形成高压气态制冷剂，与吸收剂分离；然后制冷剂蒸汽进入冷凝器被液化、节流进行制冷，吸收剂（浓溶液）则返回吸收器再次吸收低压气态制冷剂。

由上可见，吸收式制冷是液体气化制冷的另一种形式，和蒸汽压缩式制冷一样，是利用液态制冷剂在低温低压下气化以达到制冷的目的。吸收器、发生器和溶液泵类比于“热力压缩机”，吸收器相当于压缩机的吸入侧，发生器相当于压缩机的压出侧。吸收剂可视为将已产生制冷效应的制冷剂蒸汽从循环的低压侧输送到高压侧的运载液体。吸收过程是将冷剂蒸汽转化为液体的过程，和冷凝过程一样为放热过程，故需要由冷却介质带走其吸收热。

吸收式制冷与压缩式制冷的区别在于：

（1）能量补偿方式不同。按照热力学第二定律，把低温物体的热量传递给高温物体需要消耗一定的外界能量来作为补偿。蒸汽压缩式制冷靠消耗电能转变为机械功来作为能量补偿；吸收式制冷则是靠消耗热能来完成这种非自发过程。因此，在热源廉价、取用方便，特别是有废热可利用的地方，吸收式制冷具有很大的优势。

（2）使用工质不同。蒸汽压缩式制冷是由工质的相变完成的，所使用的工质中，除了混合工质外，均是属单一物质，如 R717、R744、R134a 制冷剂等。吸收式制冷的工质则由两种沸点不同的物质组成的二元混合物。

吸收式制冷循环以一次能源热能为驱动能源，可以利用高、低品位热能（例如：余热、废气热、废水热）；节约电耗；运转部件少，噪声低；机组在真空状态下运行，无高压危险，安全可靠；采用冷热电联产的运行模式时，可以有效地提高能源利用效率。

吸收式制冷剂的经济性常以热力系数作为评价指标。热力系数ξ是吸收式制冷机中获得的制冷量 φ_0 与消耗的热量 φ_g 之比，即

$$\xi = \frac{\varphi_0}{\varphi_g} \tag{2-9}$$

最大热力系数为

$$\xi_{max} = T_0(T_g - T_e)/\left[T_g(T_e - T_0)\right] = \varepsilon_c \eta_c \tag{2-10}$$

式中 T_g——发生器中热媒温度，K；

T_0——蒸发器中被冷却物温度，K；

T_e——环境温度，K；

ε_c——工作在 T_0 和 T_e 之间的逆卡诺循环的制冷系数；

η_c——工作在 T_e 和 T_g 之间的卡诺循环的热效率。

热力系数与最大热力系数之比称为热力完善度，即

$$\eta_d = \xi / \xi_{max} \tag{2-11}$$

可以看到，最大热力系数随热媒温度 T_g 的升高、环境温度 T_e 的降低以及被冷却物质温度 T_0 的升高而增大。

2.3.2 常见吸收式制冷工质

吸收式制冷的工质不同于蒸汽压缩式制冷工质，是由两种沸点不同的物质组成的二元混合物。二元混合物中，低沸点的物质叫制冷剂，高沸点的物质叫吸收剂，称为“制冷剂—吸收剂工质对”，常用的工质对有：“氨—水工质对”和“溴化锂—水工质对”。氨—水工质对适用于低温生产工艺制冷，溴化锂—水工质对常用于空调制冷，也称为溴化锂水溶液。

溴化锂（分子式：LiBr）是无色粒状结晶物，其性质和食盐相似，化学稳定性好，在大气中不会变质、分解或挥发，极易溶解于水。此外，溴化锂无毒，有镇静作用，对皮肤无刺激。无水溴化锂的主要成分为 7.99% 的锂，92.01% 的溴，熔点为 549℃，沸点为 1265℃。固体溴化锂中通常会含有一个或两个结晶水，分子式为 $LiBr \cdot H_2O$ 或 $LiBr \cdot 2H_2O$。

溴化锂具有极强的吸水性，对水制冷剂来说是良好的吸收剂。当温度 20℃时，溴化锂在水中的溶解度为 111.2 g/100 gH_2O。溴化锂水溶液对一般金属有腐蚀性。

2.4 热泵技术

2.4.1 热泵工作原理

热泵是利用外部能源从低位热源（如空气、水、岩土等）向高位热源转移的制热装置，即以冷凝器放出的热量来供热的制冷系统或是用作供热的制冷机称为热泵。智慧综合能源工程中常用到空气源热泵、地源热泵、水源热泵等。

从热力学或工作原理上讲，热泵就是制冷机，热泵循环就是制冷循环。两者区别在于：①两者的目的不同，如果目的是为获得高温（制热），着重向高温部分放热，那就是热泵；如果目的是为获得低温（制冷），着重低温热源吸热，那就是制冷机。②两者的工作温度区间不同，高温热源或低温热源都是相对环境温度而言的，由于制冷机和热泵的目的不同，热泵是把环境温度作为低温热源，而制冷机则是将环境温度作为高温热源，那么对同一环境温度来说，热泵的工作温度区明显高于制冷机。

对于能同时实现制热与制冷功能的装置，即该装置运行时，冷凝器放出的热量用来制热，而蒸发器的吸热用来制冷，这种装置既可称热泵，也可称制冷机。

从原理上讲，热泵循环与制冷循环是相同的。因此，工程热力学中的理想制冷循环（如逆卡诺循环）、蒸汽压缩制冷循环均属于热泵循环，热力学分析也适用，这里不再赘述。

2.4.2 热泵性能系数

制冷系数用来衡量制冷循环的优劣，而热泵循环则用制热性能系数（简称制热系数或供热系数）来衡量热泵循环性能的优劣。

对于蒸汽压缩式热泵循环，热泵性能系数 COP 常用制热系数 ε_h 表示，即制热量 Φ_h 与消耗功率量 P 之比：

$$\varepsilon_h = \Phi_h / P \tag{2-12}$$

由于制冷系数为

$$\varepsilon = \Phi_0 / P \tag{2-13}$$

由热力学第一定律可得

$$COP = \varepsilon_h = \Phi_h / P = (\Phi_0 + P)/P = \varepsilon + 1 \tag{2-14}$$

对于热能驱动的热泵循环，热泵性能系数 COP 常用热力系数 ξ 来反映，即供热量 Φ_h 与输入热量 Φ_g 的比值：

$$COP = \Phi_h / \Phi_g = \xi + 1 \tag{2-15}$$

可以看到，热泵性能系数 COP 恒大于 1。因此热泵的热力学经济比消耗电能或燃料燃烧进行直接供热要高。

2.5 能源消耗与碳排放

2.5.1 化石能源消耗的碳排放

煤炭、石油、天然气等化石能源燃烧产生温室气体排放。温室气体包括二氧化碳（CO_2）、甲烷（CH_4）、氧化亚氮（N_2O）、氢氟碳化合物（HFCs）、全氟碳化合物（PFCs）、六氟化硫（SF_6）六种，其中二氧化碳（CO_2）是最主要的温室气体。

二氧化碳（CO_2）分子量为 44，按照二氧化碳中碳原子量和二氧化碳分子量之比（12 ∶ 44=1 ∶ 3.67），可以计算出 1kg 碳在氧气中完全燃烧后能产生大约 3.67kg 二氧化碳。

化石燃料的二氧化碳排放取决于化石燃料的消耗量、元素组成和燃烧效率，一般计算方法为

$$E_{CO_2} = E_{燃料} \times CF_{燃料} \times OF_{燃料} \times 3.67 \tag{2-16}$$

式中 E_{CO_2} ——二氧化碳排放量，t；

$E_{燃料}$ ——化石燃料消耗量，t；

$CF_{燃料}$——燃料的含碳量，%；

$OF_{燃料}$——燃料的碳氧化率，%。

一、标准煤与燃煤碳排放

煤的主要成分有碳、氢、氧、氮、硫、水分、灰分，其中碳和氢是燃料中基本可燃元素。煤中碳含量（质量分数）一般占煤成分的 20%~70%，氢含量（质量分数）一般占煤成分的 3%~5%。通常，煤的含碳量越多，着火与燃烧越困难，但发热量越大。根据成分构成，煤一般可以分为三大类：无烟煤、烟煤、褐煤。

无烟煤为煤化程度最深的煤，含碳量最多，一般碳含量大于 50%，最高可达 95%，发热量可达 25000~32500 kJ/kg；烟煤的煤化程度低于无烟煤，含碳量一般为 40%~60%，个别可达 75%，其发热量一般为 20000~30000 kJ/kg；褐煤含碳量 40%~50%，水分和灰分含量较高，因而发热量较低，一般为 10000~21000 kJ/kg。

在工业上规定以低位发热量为 29300 kJ/kg 的燃料作为标准煤，即每产生 29300 kJ 的热量，可算成 1kg 的标准煤。火力发电厂的煤耗就是按每发 1 kWh 的电，所消耗标准煤的质量来计算的。以标准煤的发热量为计算基准，根据实际用煤的低位发热量及标准煤煤耗量，可计算实际煤耗量。

以烟煤为例，估算其碳排放。

假设某烟煤低位发热量为 28000 kJ/kg，碳含量 55%，燃烧过程碳氧化率 95%，供电标煤煤耗 308g/kWh，则

$$E_{烟煤}=E_{标煤}\times\frac{NCV_{标煤}}{NCV_{烟煤}}=308\,\mathrm{g/kWh}\times\frac{29300\,\mathrm{kJ/kg}}{28000\,\mathrm{kJ/kg}}=322\,(\mathrm{g/kWh}) \tag{2-17}$$

$$E_{CO_2}=E_{烟煤}\times CF_{烟煤}\times OF_{烟煤}\times 3.67=322\,\mathrm{g/kWh}\times 55\%\times 95\%\times 3.67=617\,(\mathrm{g/kWh}) \tag{2-18}$$

式中 $E_{烟煤}$ ——例中烟煤的度电煤耗，g/kWh；

E_{CO_2} ——二氧化碳排放量，g/kWh；

$E_{标煤}$ ——标准煤耗，g/kWh；

$NCV_{标煤}$——烟煤的低位发热量，kJ/kg；

$NCV_{烟煤}$——标准煤的低位发热量，kJ/kg；

$CF_{烟煤}$ ——例中烟煤的含碳量，%；

$OF_{烟煤}$ ——例中烟煤的碳氧化率，%。

二、燃油碳排放

与煤相比，油类燃料的主要成分也是碳、氢、氧、氮、硫、水分、灰分，但油的碳和氢含量较高。油类燃料中碳含量达 83%~88%，氢含量达 11%~14%。

常用油质燃料主要可以分为汽油、煤油、柴油和重油四类。汽油和煤油一般不作为锅炉燃料来使用，本节仅介绍智慧综合能源工程中常见的柴油和重油。

柴油是压燃式内燃机的燃料，也能作为锅炉的燃料。柴油按用途划分，通常可分为轻柴油

和重柴油两类。轻柴油适用于高速柴油发动机，一般作为火力发电厂锅炉的点火燃料，当前也成为小型燃油锅炉的主要用油。重柴油主要用于中、低速柴油发动机，也可作为锅炉的燃料。重油是原油提取轻质馏分后的残余油，成分中碳、氢、氮、硫等含量均比原油高，其中碳的质量分数约 85%，氢的质量分数约 12%，这两种可燃元素合计含量超过 95%，因此热值较高，为 39300~44000 kJ/kg，具有很好的燃烧性能。

以重油为例，估算其碳排放。

假设某重油低位发热量为 42000 kJ/kg，碳含量 85%，燃烧过程碳氧化率 98%。设燃煤锅炉热效率 88%，燃油锅炉热效率 85%，燃煤锅炉供电标煤煤耗 308g/kWh，则

$$E_{标煤,\ oil}=E_{标煤,\ coal}\times\frac{\eta_{coal}}{\eta_{oil}}=308\,g/kWh\times\frac{88\%}{85\%}=319(g/kWh) \tag{2–19}$$

$$E_{CO_2}=E_{标煤,\ oil}\times\frac{NCV_{标煤}}{NCV_{重油}}\times CF_{重油}\times OF_{重油}\times 3.67=319\,g/kWh\times\frac{29300\,kJ/kg}{42000\,kJ/kg}\times 85\%\times 98\%\times 3.67$$
$$=680(g/kWh) \tag{2–20}$$

式中 $E_{标煤,\ oil}$——例中燃油锅炉的标准煤耗，g/kWh；

E_{CO_2}——二氧化碳排放量，g/kWh；

$E_{标煤,\ coal}$——例中燃煤锅炉的标准煤耗，g/kWh；

η_{coal}——燃煤锅炉效率，%；

η_{oil}——燃油锅炉效率，%；

$NCV_{标煤}$——标准煤的低位发热量，kJ/kg；

$NCV_{重油}$——例中重油的低位发热量，kJ/kg；

$CF_{重油}$——例中重油的含碳量，%；

$OF_{重油}$——例中重油的碳氧化率，%。

三、燃气碳排放

气体燃料一般由多种气体混合组成，其中包括可燃成分与不可燃成分。可燃气体成分主要有甲烷（CH_4）、乙烷（C_2H_6）、氢气（H_2）、一氧化碳（CO）、乙烯（C_2H_4）、硫化氢（H_2S）等；不可燃气体成分有二氧化碳（CO_2）、氮气（N_2）和少量的氧气（O_2）。气体燃料有天然气和人造气两类，本节仅介绍天然气。

天然气是指从自然界直接收集和开采得到的，不需经过再加工，即可投入使用的气体燃料，按贮藏特点，可分为气田气、油田气、煤田气三类。

（1）气田气是储集在地下岩石孔隙和裂缝中的纯气藏。气田气主要成分是甲烷，体积分数大于 90%，还含有少量的乙烷、丙烷、丁烷和非烃气体。气田气的热值较高，标准状态下低位热值为 35000~39000 kJ/m^3。

（2）油田气是与原油共存或是石油开采过程中压力降低析出的气体，又称为油田伴生气。油田气的主要成分甲烷的体积分数为 80% 左右，另外还含有一些其他烃类。油田伴生气标准状态下低位热值为 39000~44000 kJ/m^3，一般高于气田气。

（3）煤田气是在采煤过程中从煤层或岩层内释放出的可燃气体，通常称为矿井瓦斯或矿井气。甲烷的体积分数为 50% 左右，其余为氢气、氧气和二氧化碳。它的热值较低，标准状态下低位热值为 13000~19000 kJ/m^3。

下面以气田天然气为例，估算其碳排放。

假设某气田气低位发热量为 38000 kJ/kg，碳含量 65%，燃烧过程碳氧化率 99%。一般燃气采用燃气轮机联合循环发电，其总体发电效率较高，可达 60%，根据经验数据：

$$E_{\text{标煤, gas}} = 223\,\text{g/kWh} \tag{2-21}$$

$$\begin{aligned} E_{CO_2} &= E_{\text{标煤, gas}} \times \frac{NCV_{\text{标煤}}}{NCV_{\text{气田气}}} \times CF_{\text{气田气}} \times OF_{\text{气田气}} \times 3.67 \\ &= 223\,\text{g/kWh} \times \frac{29300\,\text{kJ/kg}}{38000\,\text{kJ/kg}} \times 65\% \times 99\% \times 3.67 \\ &= 406(\text{g/kWh}) \end{aligned} \tag{2-22}$$

式中 $E_{\text{标煤, gas}}$ ——例中燃气锅炉的标准煤耗，g/kWh；

E_{CO_2} ——二氧化碳排放量，g/kWh；

$NCV_{\text{标煤}}$ ——标准煤的低位发热量，kJ/kg；

$NCV_{\text{气田气}}$ ——例中气田天然气的低位发热量，kJ/kg；

$CF_{\text{气田气}}$ ——例中气田天然气的含碳量，%；

$OF_{\text{气田气}}$ ——例中气田天然气的碳氧化率，%。

2.5.2 碳排放监测方法

碳排放监测是对国家、地区、企业或电力、热力设施在一定时间内产生的二氧化碳排放总量进行监测。本书侧重介绍对发电设施的碳排放监测，原理方法适用于综合能源系统及其中的供能设施。

监测碳排放的目前方法主要有核算法和测量法两种。核算法通过统计化石燃料消耗量来间接计算二氧化碳排放量，而测量法通过烟气排放连续监测系统（continuous emission monitoring system，CEMS）/ 二氧化碳排放在线监测系统（carbon dioxide emissions monitoring system，CDEMS）直接测量二氧化碳排放量。

一、核算法

发电企业、发电设施温室气体排放核算工作内容一般包括：确定核算边界和排放源、核算化石燃料燃烧排放、核算购入电力排放、汇总计算排放总量、获取生产数据信息的计算方法和技术要求，以及编制实施监测计划、开展数据质量管理和定期完成排放报告工作。下面以发电设施为例介绍主要内容。

发电设施排放源包括机组化石燃料燃烧产生的二氧化碳排放和机组购入的电力产生的二氧化碳排放。

（1）化石燃料燃烧排放核算。

1）化石燃料燃烧排放量。化石燃料燃烧导致的二氧化碳排放量是核算年度内机组各种化石燃料燃烧产生的二氧化碳排放量的加总，采用式（2–23）计算。

$$E_{燃烧}=\sum_{i=1}^{n}(AD_i\times EF_i) \tag{2–23}$$

式中 $E_{燃烧}$——化石燃料燃烧排放量，tCO_2；

AD_i——第 i 种化石燃料的活动数据，GJ；

EF_i——第 i 种化石燃料的二氧化碳排放因子，tCO_2/GJ；

i——化石燃料类型代号。

2）化石燃料活动数据。式（2–23）中的化石燃料活动数据 AD_i 是核算年度内燃料的消耗量与其低位发热量的乘积，采用式（2–24）计算。

$$AD_i=NCV_i\times FC_i \tag{2–24}$$

式中 AD_i——第 i 种化石燃料的活动数据，GJ；

FC_i——第 i 种化石燃料在标准状态下的净消耗量，$t/10^4m^3$；

NCV_i——第 i 种化石燃料的低位发热量，GJ/t 或 $GJ/10^4Nm^3$。

3）化石燃料燃烧二氧化碳排放因子。式（2–23）中的化石燃料燃烧二氧化碳排放因子 EF_i 采用式（2–25）计算。

$$EF_i=CC_i\times OF_i\times\frac{44}{12} \tag{2–25}$$

式中 EF_i——第 i 种化石燃料的二氧化碳排放因子，tCO_2/GJ；

CC_i——第 i 种化石燃料的单位热值含碳量，tC/GJ；

OF_i——第 i 种化石燃料的碳氧化率，%；

44/12——二氧化碳与碳的相对分子质量之比。

式（2–25）中，第 i 种化石燃料的单位热值含碳量 CC_i，以燃煤为例，其单位热值含碳量采用式（2–26）计算。

$$CC_{煤}=\frac{C_{煤}}{NCV_{煤}} \tag{2–26}$$

式中 $CC_{煤}$——燃煤的单位热值含碳量，tC/GJ；

$NCV_{煤}$——燃煤的低位发热量，GJ/t；

$C_{煤}$——燃煤的元素碳含量，tC/t。

式（2–25）中，第 i 种化石燃料的碳氧化率 OF_i，以燃煤为例，其碳氧化率采用式（2–

27）计算。

$$OF_{煤}=1-\frac{G_{渣}\times C_{渣}+G_{灰}\times C_{灰}\div\eta_{除尘}}{FC_{煤}\times NCV_{煤}\times CC_{煤}} \tag{2-27}$$

式中 $OF_{煤}$——燃煤的碳氧化率，%；

$G_{渣}$——炉渣产量，t；

$C_{渣}$——炉渣的平均含碳量，tC/t；

$G_{灰}$——飞灰产量，t；

$C_{灰}$——飞灰的平均含碳量，tC/t；

$\eta_{除尘}$——除尘系统平均除尘效率，%；

$FC_{煤}$——燃煤的消耗量，t；

$NCV_{煤}$——燃煤的平均低位发热量，GJ/t；

$CC_{煤}$——燃煤单位热值含碳量，tC/GJ。

4）常用化石燃料相关参数缺省值。燃煤、燃油、燃气的低位发热量、单位热值含碳量等参数应每月或每批次测量。无实测时也可采用相关标准给出的缺省值，常用化石燃料相关参数缺省值见表 2-2。

表 2-2 常用化石燃料相关参数缺省值

能源名称	计量单位	低位热值发热量（GJ/t，GJ/10^4m^3）	单位热值含碳量（tC/GJ）	碳氧化率（%）
原油	t	41.816[a]	0.0201[b]	98%[b]
燃料油	t	41.816[a]	0.0201[b]	
汽油	t	43.070[a]	0.0189[b]	
炼油	t	43.070[a]	0.0196[b]	
柴油	t	42.652[a]	0.0202[b]	
液化石油气	t	50.179[a]	0.0172[c]	
炼厂干气	t	45.998[a]	0.0182[b]	
天然气	10^4m^3	389.31[a]	0.0153[b]	99%[b]
焦炉煤气	10^4m^3	173.54[c]	0.0121[c]	
高炉煤气	10^4m^3	33.00[c]	0.0708[c]	
其他煤气	10^4m^3	52.27[a]	0.0122[c]	

注 计算发热量时，千卡与焦耳的转换系数可采用：1 千卡（kcal）=4.1816 千焦（kJ）。
[a] 数据取值来源为《中国能源统计年鉴 2018》。
[b] 数据取值来源为《省级温室气体清单编制指南（试行）》。
[c] 数据取值来源为《2006 年 IPCC 国家温室气体清单指南》。

（2）购入电力排放核算。对于发电设施（或企业）从电网购入电力产生的二氧化碳排放，用购入电量乘以电网排放因子得出，采用式（2–28）计算。

$$E_{电} = AD_{电} \times EF_{电} \tag{2–28}$$

式中 $E_{电}$ ——购入使用电力产生的二氧化碳排放量，tCO_2；

$AD_{电}$——购入使用电量，MWh；

$EF_{电}$——电网排放因子，即某电网的单位发电量的二氧化碳排放量统计值，tCO_2/MWh。

电网排放因子应根据企业生产地址及目前的东北、华北、华东、华中、西北、南方电网划分，选用国家主管部门（生态环境部、国家气候战略中心）最近年份公布的相应区域电网排放因子进行计算。有些各地区发布了更为具体的地方标准，如北京地区 2019 年电网排放因子推荐值为 0.604 tCO_2/MWh。

电网排放因子的计算原理并不复杂，但一套严格规范的计算方法和统计数据来源，本节不再展开叙述。

（3）排放量汇总计算。发电设施二氧化碳排放总量等于机组化石燃料燃烧排放量和机组从电网购入的电力产生的排放量之和，采用式（2–29）计算。

$$E = E_{燃烧} + E_{电} \tag{2–29}$$

式中 E ——二氧化碳排放总量，tCO_2；

$E_{燃烧}$——机组化石燃料燃烧排放量，tCO_2；

$E_{电}$ ——机组购入的电力产生的排放量，tCO_2。

二、测量法

核算法由于各种类型锅炉燃煤效率不同、可能的人为干扰多等因素，存在一定的误差。使用二氧化碳排放在线监测系统（carbon dioxide emissions monitoring system，CDEMS），直接测量烟气流速、CO_2 浓度和湿度等参数，即可得到碳排放量。相关研究表明，相较核算法，直接测量法数据精确度有明显提升。

火力发电企业的二氧化碳排放在线监测可参照 T/CAS 454—2020《火力发电企业二氧化碳排放在线监测技术要求》。该标准规定了火力发电企业烟气二氧化碳排放在线监测系统（CDEMS）中的主要监测项目、性能指标、安装要求、数据采集处理方式、数据记录格式以及质量保证。采用化石燃料为能源的分布式电源、能源站、锅炉等的二氧化碳排放量在线监测也可参照该标准。

CDEMS 由参数测量系统和数据采集与处理系统组成，二氧化碳排放在线监测系统组成示意图如图 2–9 所示。

参数测量系统包括大气压力测量模块、流速测量模块、压力测量模块、温度测量模块、湿度测量模块、O_2 含量测量模块、CO_2 及 CO 含量测量模块、外购电量测量模块，分别测量大气压力、烟气流速、烟气表压、烟气温度、烟气湿度、烟气中氧含量、烟气中 CO_2 及 CO 含量、外购电量。

数据采集与处理系统包括：数据采集与控制系统、数据处理系统、远程通信系统。数据采集与控制系统控制采样与测量的频率并存储数据；数据处理系统计算烟气中二氧化碳排放浓度和累计排放量；远程通信系统将数据和图文传输至数据监控中心。

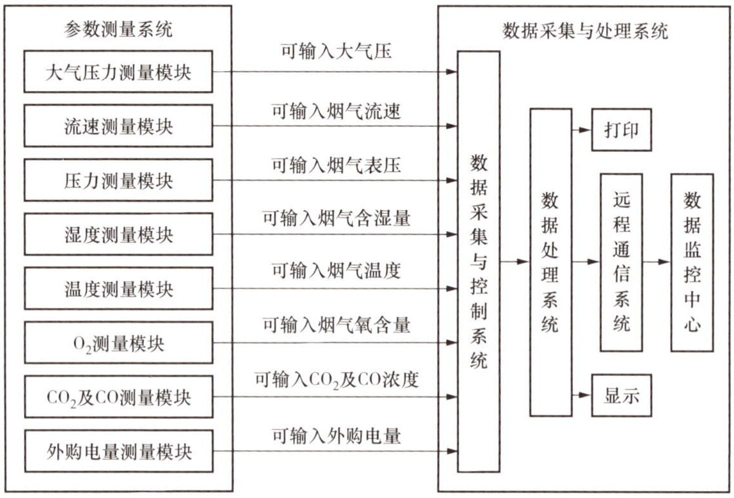

图 2-9　二氧化碳排放在线监测系统组成示意图

CDEMS 系统应按照 HJ 75—2017《固定污染源烟气（CO_2、NO_x、颗粒物）排放连续监测技术规范》规定，安装在能准确可靠地连续监测烟气中二氧化碳排放状况的位置上（一般为烟囱）。具体安装要求包括：应位于除尘、脱硫脱硝设备下游；应优先选择在垂直管段和烟道负压；测定位置尽可能选择在气流稳定的断面，避开烟道弯头和断面急剧变化的部位；测量点应位于或接近烟道断面的矩心区；在每个烟道上或总排气管上安装监测性能相同的二氧化碳排放在线监测设备。

原则上要求一个固定二氧化碳排放源安装一套二氧化碳排放在线监测系统。二氧化碳排放烟囱或烟道设置的采样平台和爬梯应符合 HJ 75—2017《固定污染源烟气（CO_2、NO_x、颗粒物）排放连续监测技术规范》的相关要求，采样平台应易于达到，有足够的工作空间，安全且便于操作；应牢固并有符合要求的安全措施。采样平台设置在高空时，应有通往平台的折梯、旋梯或升降梯。

2.5.3　清洁能源发电的碳减排量

光伏、风电、水电等清洁能源的发电过程不产生因消耗化石燃料导致的碳排放。以分布式光伏为例，其碳减排量就是若不使用分布式光伏发电而使用电网供电所产生的二氧化碳排放量。

一、简单估算

清洁能源发电的碳减排量可根据清洁能源发电量及全国火电平均碳排放量计算。

根据中国电力企业联合会发布的《中国电力行业年度发展报告 2021》统计数据，2020 年全国 600 MW 及以上火电厂供电标准煤耗 304.9 g/kWh，全国单位火电发电量的二氧化碳排放约为 832 g/kWh。折算至光伏发电，每发 1 kWh 电理论上可节约标准煤 304.9 g，减少二氧化碳排放量 832 g。

由于各地火电厂容量和效率的不同，每发 1 kWh 电所消耗的标准煤量是不同的，每年的数据还有下降趋势。上述数据只是一般意义上的平均值。

二、规范计算

规范计算光伏发电的碳减排量，需要使用“区域电网基准线排放因子”。核算周期以自然年为计算单位。碳减排量计算公式为

$$ER_y = EB_y = \text{活动水平数据} \times \text{综合减排因子} = EG_{\text{PJ},\ y} \times EF_{\text{grid},\ \text{CM},\ y} \quad (2\text{–}30)$$

式中 ER_y ——分布式光伏发电系统在第 y 年的减排量，tCO_2/r；

BE_y ——第 y 年的基准线排放量，tCO_2/r；

$EG_{\text{PJ},\ y}$ ——第 y 年光伏发电量，MWh/r；

$EF_{\text{grid},\ \text{CM},\ y}$ ——第 y 年区域电网组合边际 CO_2 排放因子，tCO_2/MWh。

根据指导碳排放核算的《CM-001-V02 可再生能源并网发电方法学》，组合边际 CO_2 排放因子 $EF_{\text{grid},\ \text{CM},\ y}$ 计算方法如下：

$$EF_{\text{grid},\ \text{OM},\ y}=EF_{\text{grid},\ \text{BM},\ y} \times W_{\text{OM}}+EF_{\text{grid},\ \text{BM},\ y} \times W_{\text{BM}} \quad (2\text{–}31)$$

式中 $EF_{\text{grid},\ \text{OM},\ y}$ 和 $EF_{\text{grid},\ \text{BM},\ y}$ ——第 y 年的电量边际排放因子和容量边际排放因子，tCO_2/MWh，采用生态环境部最新公布的区域电网基准线排放因子；

W_{OM} 和 W_{BM} ——电量边际排放因子和容量边际排放因子的权重。对于光伏发电项目，$W_{\text{OM}}=0.75$，$W_{\text{BM}}=0.25$。

查阅生态环境部发布的《2019 年度减排项目中国区域电网基准线排放因子结果》，见表 2–3。

表 2–3 2019 年度减排项目中国区域电网基准线排放因子结果

电网名称	$EF_{\text{grid, OM},y}$（tCO_2/MWh）	$EF_{\text{grid, BM},y}$（tCO_2/MWh）
华北区域电网	0.9419	0.4819
东北区域电网	1.0826	0.2399
华东区域电网	0.7921	0.3870
华中区域电网	0.8587	0.2854
西北区域电网	0.8922	0.4407
南方区域电网	0.8042	0.2135

注 1. 表中 OM 为 2015—2017 年电量边际排放因子的加权平均值；BM 为截至 2017 年统计数据的容量边际排放因子。
2. 本结果以公开的上网电厂的汇总数据为基础计算得出。

以北京地区某 100 kW 光伏电站为例。北京市属于华北区域电网，其组合边际 CO_2 排放因

子计算为

$$EF_{\text{grid,CM},y} = 0.9419 \times 0.75 + 0.4819 \times 0.25 = 0.8269(\text{tCO}_2/\text{MWh}) \quad (2\text{–}32)$$

若光伏电站的首年发电量为 121.4 MWh，25 年运营期年均发电量为 108.10 MWh，25 年总发电量为 2702.3 MWh。按照式（2–28）计算，该光伏电站的首年碳减排量为 121.4 × 0.8269 = 100.4 tCO_2；年均碳减排量为 108.10 × 0.8269 = 89.4 tCO_2；25 年总减排量为 2702.3 × 0.8269 = 2234.5 tCO_2。

顺便指出，条件具备时，分布式光伏产生的碳减排量可以作为国家核证自愿减排量（CCER），进入碳市场进行交易。

3

热能的源网荷储设备

本章介绍智慧综合能源工程中常见的制冷（热）、蓄冷（热）设备、空调水系统及其中主要设备，简要介绍它们的工作原理、结构组成和关键技术指标等。这些设备构成了热能的源网荷储系统。本章内容可供非暖通空调专业读者学习此方面基础知识。

3.1　溴化锂吸收式冷（热）水机组

溴化锂吸收式冷热水机组，以燃气轮机或内燃机等外部设备排放的废热作为驱动热源，同时也可以燃油、燃气的燃烧热或其他热源如废蒸汽、市政蒸汽作为辅助驱动热源，以水为制冷剂，溴化锂水溶液为吸收剂，利用水在低压真空环境下蒸发吸热、溴化锂溶液极易吸收水蒸气的特性，在真空状态下制取空调或生产工艺使用的冷、热水。常见溴化锂机组如图 3–1 所示。

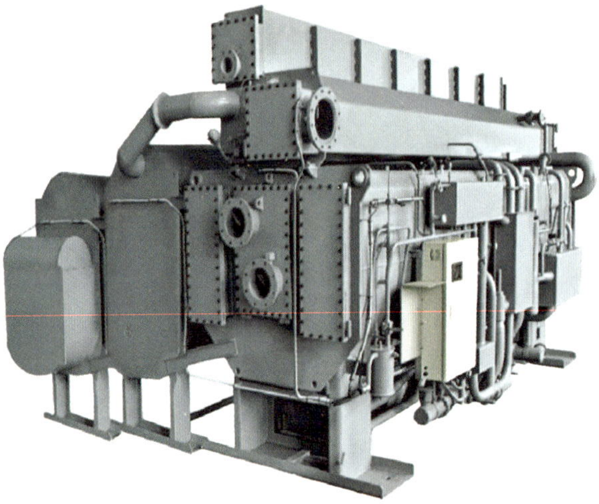

图 3–1　常见溴化锂机组

3.1.1　工作原理

溴化锂吸收式机组通常由发生器、冷凝器、蒸发器和吸收器四大热交换装置构成。这四大热交换装置，配套节流阀、冷剂泵、溶液泵等附属设备，构成吸收式制冷 / 制热机组。

冷凝器的作用是把气态制冷剂（水）冷凝成液体，进入节流装置和蒸发器中，而蒸发器的作用是将节流降压后的液态制冷剂汽化，吸取载冷剂的热负荷使其降温达到制冷目的。发生器的作用是把制冷剂（水）从溶液中汽化变为蒸汽，而吸收器的作用是把制冷剂（水）蒸汽更新输送回溴化锂溶液中，该过程通过溶液泵完成。

溴化锂机组热力学技术原理参见第 2 章第 2.3 节。本节结合具体设备进一步介绍。

一、制冷循环

某型机组结构如图 3–2 所示。制冷时，溶液泵将吸收器中的稀溶液抽出，经溶液热交换器初步升温后进入发生器；在发生器中被驱动热源加热，浓缩成浓溶液，同时产生高温冷剂蒸汽；浓溶液加热稀溶液温度降低后，回到吸收器；发生器产生的高温冷剂蒸汽进入冷凝器，被冷却水带走热量冷凝成冷剂水后，进入蒸发器；随后被冷剂泵抽出喷淋在蒸发器传热管表面，吸收流经传热管内冷水的热量而沸腾蒸发，成为冷剂蒸汽；随后进入吸收器，被浓溶液吸收成为稀溶液。该过程循环往复，冷水在热量被带走后温度降低，循环在用户和机组之间，达到制冷的效果。

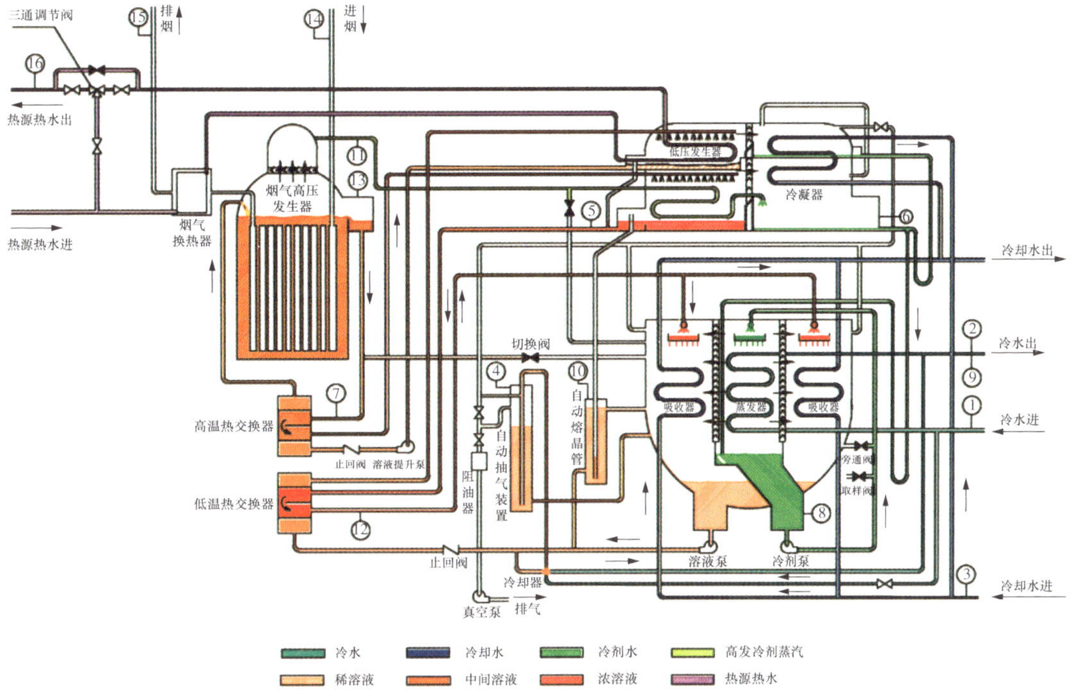

图 3-2　溴化锂机组制冷循环

二、制热循环

制热时，利用驱动热源加热发生器的溴化锂溶液产生的高温冷剂蒸汽，直接进入蒸发器，在传热管表面凝结放热，使管内热水温度升高，冷剂凝水进入吸收器与浓溶液混合成稀溶液。随后再由溶液泵将稀溶液送往发生器加热。该过程循环往复，达到制热的效果。溴化锂机组制热循环如图 3-3 所示。

3.1.2　溴化锂机组类型及特点

一、溴化锂机组分类

由于吸收式溴化锂机组是以热源为主要动力，故通常可按热源种类来进行机组分类。

常见类型机组有烟气型、热水型、蒸汽型、直燃型等，以及多种热源耦合型，如烟气热水型、补燃型等。

考虑到热源的品质有高低，通常机组还可分为单效型与双效型。双效型机组相较于单效型

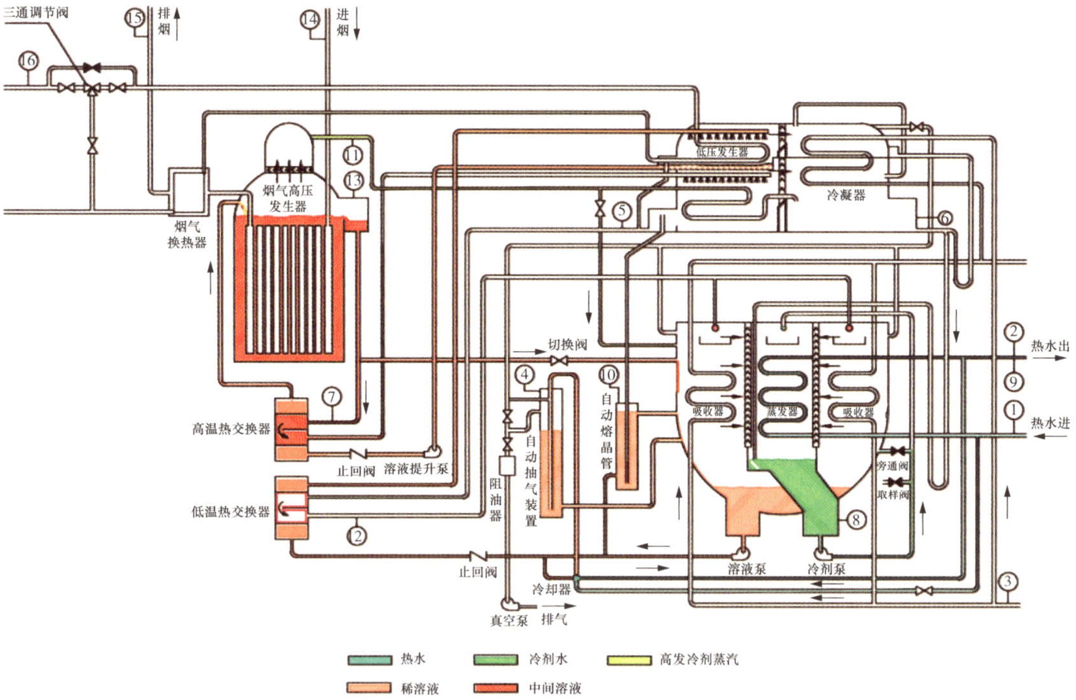

图 3–3　溴化锂机组制热循环

机组，增加了一个高压发生器、高温换热器及凝水回热器，使热力系数得到显著提升，有利于降低能耗。

烟气型机组热源为高温烟气，通常烟气温度为 130~250 ℃时，可选择烟气单效型机组；烟气温度大于 250 ℃时，可选择烟气双效型机组。烟气型机组要求烟气洁净、无黑烟及粉尘、无腐蚀性介质，适用于有高温烟气和空调需求的场所，如冷热电分布式能源系统、工业窑炉烟气余热利用、燃气轮机进气冷却等。

热水型机组热源为高温热水，通常热水温度在 90~105 ℃时，可选择热水单效型机组；热水温度高于 110℃，可选择热水双效型机组。热水型机组适用于有废热水的化工、冶金、轻工业等企业。

蒸汽型机组热源为带压蒸汽，通常蒸汽压力在 0.01~0.15 MPa 时，可选择蒸汽单效型机组；蒸汽压力大于 0.25 MPa 时，可选择蒸汽双效型机组。蒸汽型机组适用于有蒸汽供应的场所，如冷热电分布式能源系统、冶金焦化行业以及有集中供热的工厂。

直燃型机组热源为直燃天然气，通常均为双效型机组，适用于无余热但有天然气稳定供应的场所。

复合型机组，如烟气热水型、烟气补燃型等，均是在上述单热源的基础上耦合高压发生器而得，适用于有多种热源输入的场景。

二、溴化锂机组的优势与特点

相对于蒸汽压缩式制冷机组等空调系统，溴化锂机组具有如下优势和特点：

（1）以水为制冷剂，溴化锂溶液作吸收剂，无臭无味无毒，对人体无危害。

（2）对热源要求不高。一般的低电压蒸汽及80℃以上热水均能满足要求，特别适用于有低品位废热能的企业作热能综合利用。

（3）整个装置基本上是换热器的组合体，除泵外无其他运动部件，振动、噪声都很小，运转平稳，对土建专业要求不高，可在露天甚至楼顶安装，适用范围广。

（4）机组能在10%~100%范围进行制冷/热量的自动无级调节，而且在部分负荷运行时，机组的效率下降并不明显。

（5）采用水作为制冷剂，故一般只能制取5℃以上的冷水，多用于空气调节及一些生产工艺用冷冻水。

3.1.3 机组的关键指标

（1）机组制冷COP能效比。COP能效比是指额定制冷量与输入功率（输入热量与耗用电量之和）的比值。通常要求热水单效型溴化锂机组COP大于0.8，热水双效型溴化锂机组COP大于1；要求蒸汽单效型溴化锂机组COP大于0.8，蒸汽双效型溴化锂机组COP大于1.35；要求烟气单效型溴化锂机组COP大于0.8，烟气双效型溴化锂机组COP大于1.4。

（2）机组的真空度。由于溴化锂溶液对金属，尤其是对黑色金属有强烈的腐蚀性，特别在有空气存在的情况下更为严重，因此对机组的密封性要求非常严格，通常要求整机泄漏率小于或等于1×10^{-10} Pa·m^3/s。

（3）蒸发器、热交换器的结构形式。蒸发器和热交换器的结构形式、处理工艺直接影响机组的传热效果。蒸发器、热交换器采用合理的逆流结构、淋激结构，可降低端部换热温差，增强传热效果，提高机组的效率和可靠性，降低机组能耗。

由于溴化锂溶液对金属，尤其是对黑色金属有强烈的腐蚀性，特别在有空气存在的情况下更为严重，因此对机组的密封性要求非常严格。通常要求整机泄漏率小于或等于1×10^{-10} Pa·m^3/s。

3.1.4 机组的运行控制和安全保护

一、机组控制系统功能

溴化锂吸收式机组控制系统有自动、手动两种方式，一般情况下均采用自动控制方式，手动控制仅在机组调试及处理故障时采用。

机组控制系统具有按程序自动启停机组、参数设定、冷却水进口温度限度控制、溶液浓度限度控制、负荷自动调节、溶液循环量自动调节及运行参数实时检测和显示、故障自动报警、数据记忆、资料存储等功能，实现对机组运行的高效和全自动控制。

溴化锂机组还可通过合适的规约上传至上位监控系统进行集中监控。根据工程经验，通常溴化锂机组的远程控制包括远程启停、温度设定等功能。

二、机组安全保护功能

溴化锂机组在控制系统中设有安全保护参数，当机组运行超出设定值时，自动报警或停机。常见会引起报警异常故障有：冷凝器高温、高发溶液高温、高发压力高、排烟高温、冷却水低温、熔晶管高温、热水高温等。当出现上述故障时，机组会首先停止燃烧器，关闭进口烟气阀及热水阀，若 10min 异常不消除，立即报警，转入稀释运行后，自动停机；当出现冷水低温、冷（热）水断水、冷剂水低温等问题时，机组立即报警，紧急停机。

3.2 地源热泵

地源热泵系统是一种以岩土体、地下水或地表水为低温热源，由地源热泵机组、地热能交换系统、建筑物内末端设备组成的空调系统。采用逆卡诺循环原理，地源热泵机组通过少量的电能输入，实现低位热能（地层）向高位热能转移，是既可供热又可制冷的高效、环保、节能的可再生能源利用技术。与传统的冷水机组结合锅炉供冷供暖的方式相比，地源热泵系统可减少向大气的排热量，减缓城市“热岛”效应；除使用少量电能以外，不使用一次化石能源，可减少污染物的排放量。

热泵基本技术原理参见第 2 章，本节结合具体设备进一步介绍。

常见地源热泵机组例如螺杆式地源热泵机组如图 3-4 所示，离心式地源热泵机组如图 3-5 所示。根据地热能交换系统形式的不同，地源热泵系统主要分为地下水地源热泵系统和地埋管地源热泵系统等。

图 3-4　螺杆式地源热泵机组

图 3-5　离心式地源热泵机组

3.2.1　地下水地源热泵

地下水地源热泵系统，是一种以浅层水体为低位热源，利用地下水式地源热泵机组为空调系统提供冷、热水，再通过末端设备实现房间空气调节的系统形式。低位热源包括温度合适的地下水、地表水（包括海水、湖水、江河水等）、再生水（城市生活污水、工业废水、矿山废水、油田废水和热电厂冷却水等人工利用后排放且经过处理的水源）等。

一、工作原理

地下水式地源热泵机组，包括压缩机、蒸发器、冷凝器、膨胀阀等部件，具有制冷或制热功能。地源热泵系统流程图如图 3-6 所示，夏季制冷时，水源水进入热泵机组冷凝器，吸热升温后排出；空调回水进入机组蒸发器，放热降温后供到空调末端设备，为房间供冷。冬季制热时，水源水进入机组蒸发器，放热降温后排出；空调回水进入机组冷凝器，吸热升温后供到空调末端设备，为房间供暖。

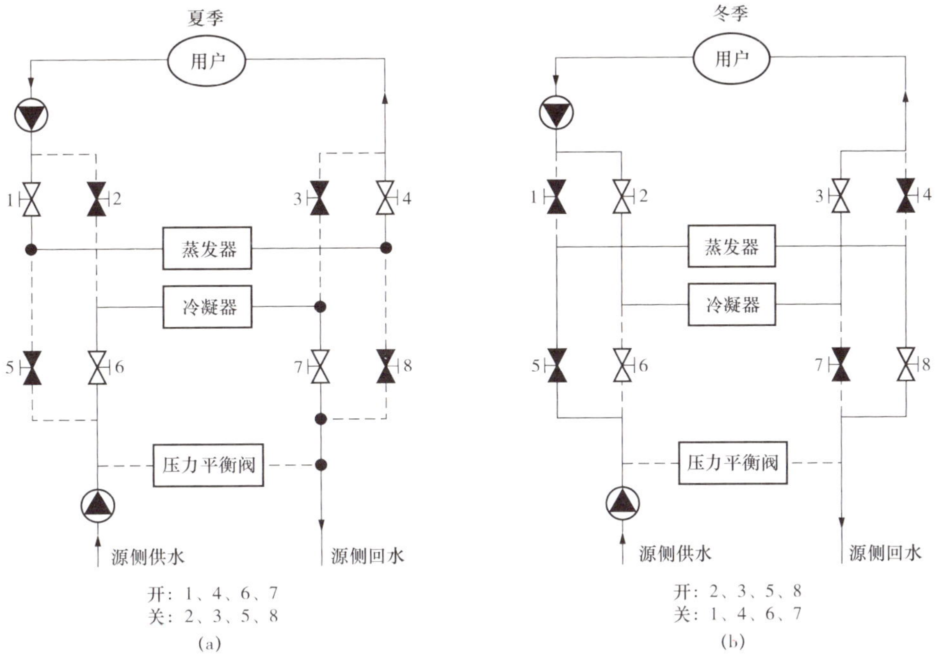

图 3-6　地源热泵系统流程图

（a）夏季工况；（b）冬季工况

二、机组类型

地下水式地源热泵机组，有以下几种分类方法：

（1）按水源类别，分为地下水型、地表水型（海水、湖水、江河水等）、再生水（污水、废水和热电厂冷却水等人工利用后排放且经过处理的水源）等。

（2）按热泵转换形式，分为内转换式、外转换式等。内转换式是制冷、制热由机组内部四通阀切换，一般用于小型热泵机组；外转换式是制冷、制热由外部水系统上的阀门实现切换，适用于中、大型热泵机组。

（3）按冷凝热回收式，分为热回收型、普通型。有生活热水需求时，可采用带有冷凝热回收装置的热泵机组。

（4）按制热供水温度，分为高温型、标准型。一般末端供热时，供水温度在40~60℃时，可采用标准型机组；若末端设备供水温度要求较高时，例如水温60℃以上，则需要选择高温型机组。

（5）按压缩机型式，分为涡旋式、活塞式、螺杆式、离心式等。

（6）按机组热输配对象，分为冷热风型、冷热水型。

三、系统特点

地下水式地源热泵机组作为高效、环保、节能的可再生能源技术，有诸多优点：

（1）节能。节能指系统能效比高，可以充分利用温度较为稳定的地下水、地表水、可再生水等低品位能源。

（2）环保。环保指不向空气排放热量，缓解城市热岛效应、无污染物排放。

（3）功能多。功能多指可按需要制冷、制热、制取生活热水。

（4）运行稳定。运行稳定指系统运行时，主机运行工况变化较小。

（5）运行费用低。运行费用低指耗电量少，运行费用相比于传统热源可大大降低。

地下水式地源热泵机组因其自身特点，与传统的冷水机组加锅炉等形式的冷热源系统相比，有以下缺点：

（1）投资大。投资大指在水源获取不易、取水构筑物需要增加投资的情况下，系统的初投资较大。

（2）水质需要处理。水质需要处理指当水源水质较差时，水质处理比较复杂。

（3）系统设计复杂。系统设计复杂指水源可能存在温度变化较大、水量不稳定、水质较差、腐蚀性严重、易产生藻类、易产生附着生物等情况，需要考虑保证水质、水量、温度的稳定性。

（4）取水构筑物烦琐。取水构筑物烦琐指地下水打井、地表水取水构筑物受地质条件约束较大，施工难度大。

（5）地下水回灌难度大。地下水回灌难度大指当采用地下水时，地下水回灌须针对不同的地质情况，采用相应的保证回灌的措施。

四、适用条件

考虑采用地下水式地热泵系统时，应注意以下几点：

（1）应符合当地的水资源管理政策并经水源主管部门批准。

（2）须确保当地的水文资料，如水源的水量、水温、水质等条件应符合和满足热泵机组的使用要求。

（3）对取水构筑物和水源系统所增加的初投资和空调系统所带来的效益进行技术、经济比较，确定空调系统的合理性。

（4）使用地下水作为水源时，应严格根据水文地质勘察资料进行设计，同时，必须采取可靠的回灌措施，确保置换冷量或热量后的地下水能全部回灌到同一含水层，不得对地下水资源造成浪费及污染。系统投入运行后，应对抽水量、回灌量、水质进行有效的监测。

3.2.2 地埋管地源热泵

地埋管地源热泵系统由地埋管换热器、地源热泵机组和室内空调末端系统三部分组成。一般来说，地埋管地源热泵系统常指浅层地源热泵系统。地埋管地源热泵工作原理如图 3-6 所示，利用地热能（岩土体、地层土壤等）进行冷热交换作为地源热泵的冷热源，冬季把岩土体或土壤的地能“取”出来，供给室内供暖，此时地能为“热源”；夏季把室内热量取出来，释放到岩土体或土壤中，此时地能为“冷源”；通过合理设计和运行控制策略，要求全年向地能取热和排热相对平衡，保证地下温度场均衡。

特别地，近年来，在北方及西北地区一些项目采用了新型的中深层地源热泵系统。中深层地源热泵系统与上述浅层地源热泵系统冬季工况的原理非常相似，有些资料将中深层地源热泵也归入地源热泵系统一类。本节主要介绍常用的浅层地源热泵系统。

一、工作原理

夏季，空调水吸收房间热量，通过水系统进入热泵机组蒸发器侧，蒸发器吸收热量，降温后的空调水再次通过水泵送至空调末端设备，对房间进行供冷；地埋管内的传热介质（水或防冻液）通过水泵送入热泵机组冷凝器侧，将机组排放的热量带走并释放给土壤（向土壤释热）。冬季，热泵机组蒸发器侧通过地埋管吸收土壤的热量（向土壤取热），空调水进入机组冷凝器侧进行热交换，升温后的空调水通过循环水泵送至空调末端设备，对房间进行供暖。地源热泵夏季制冷原理如图 3-7 所示，地源热泵冬季制热原理如图 3-8 所示。

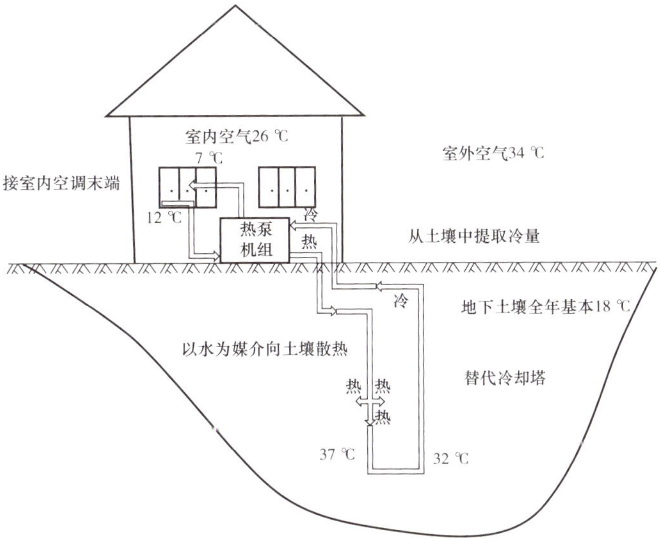

图 3-7 地源热泵夏季制冷原理

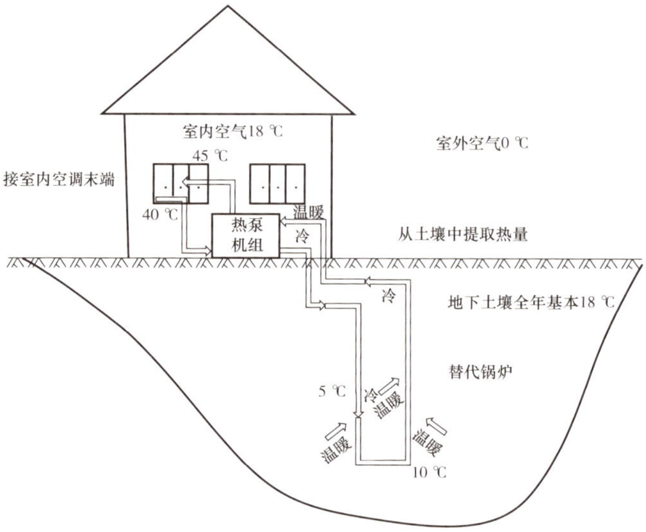

图 3-8　地源热泵冬季制热原理

地埋管式地源热泵机组类型可参考 3.2.1 第二小节机组类型，两类机组主要区别在于机组地下水源工况与土壤源工况不同。

二、埋管类型

地埋管换热器简称地埋管，有水平和垂直两种埋管方式。水平地埋管换热器是在浅地层中水平埋设，垂直地埋管换热器是在地层中垂直钻孔埋设。若建筑物周围有较大可利用的地表面积，或浅层岩土体的温度与热物性受气候、雨水、埋设深度影响较小，或受地质构造限制时可采用水平埋管方式，大多数项目采用垂直埋管方式。

（1）水平埋管。

1）形式：水平地埋管的敷设方式，通常有单或双环路、双或四环路、三或六环路及垂直排圈式、水平排圈式、水平螺旋式等形式。

2）特点：埋深浅，一般仅 3~15m；地下岩土冬夏热平衡好，可充分利用地层的自然恢复能力，保持地层温度的稳定；初投资低，开挖费用及埋管费用均低于垂直埋管系统；占地面积大。

（2）垂直埋管。

1）形式：垂直埋管通常有单 U 形管、双 U 形管、小直径螺旋管、大直径螺旋管、立柱状、蜘蛛状和全管式等形式。

2）特点：根据埋管深度，竖直地埋管可分为浅埋型（埋深 $H \leqslant 30$m）、中埋型（埋深 H=31~80m）、深埋型（埋深 $H > 80$m）。当室外用地面积受限时，垂直地埋管换热器可以利用建筑物的混凝土基桩埋设，将 U 形管捆扎在基桩的钢筋网架上，然后浇灌混凝土，使 U 形管固定在基桩内。

由于 U 形管换热器占地少、施工简单、换热性能好、管路接头少、不易泄漏等原因，一般常使用单 U 形管和双 U 形管。同样工程条件下，双 U 形管比单 U 形管换热性能高 15%~30%，可以减少钻井成本和占地面积，在工程中应用广泛。

三、系统特点

地埋管地源热泵机组同样也是高效、环保、节能的可再生能源技术，有诸多优点：

（1）可再生。利用地层地热作冷热源，夏季蓄热、冬季蓄冷，属于可再生能源。

（2）节能。系统能效比高，节能性好；地层温度稳定，夏季地温比大气温度低，冬季地温比大气温度高，供冷供热成本低，在寒冷地区和严寒地区供热时优势更明显；末端盘若采用辐射供暖 / 冷系统，夏天末端供水温度较高、冬季较低，可进一步提高机组和系统的能效比。

（3）环保。与地层间接换热，对环境没有污染；与燃油燃气锅炉相比，可减少污染物的排放。

（4）系统寿命长。地埋管寿命可达 50 年以上。

地埋管地源热泵机组主要缺点是：

（1）占地大。地源热泵系统需要有可利用的埋设地下换热器的空间，如道路、绿化地带、基础下空间位置等。

（2）初投资略高。室外埋管涉及土方开挖、钻孔以及地下埋设的地埋管管材和管件、回填料等费用较高。

四、适用条件

考虑采用地埋管地热泵系统时，应注意以下几点：

（1）地埋管地源热泵系统设计前，必须对工程现场进行详细的调查，并对岩土体地质条件进行勘察，取得岩土层的结构、热物性、温度、地下水静水位、水温、水质及分布、地下水径流方向、速度以及冻土层厚度等资料。

（2）建筑物周围或新建项目基础下有可供埋设地下换热器的较大面积的绿地或其他空间。

（3）建筑物全年有稳定供冷和供热需求，且冬、夏季的负荷相差不大，地埋管换热系统全年的总释热量和总吸热量应基本平衡；如建筑物冷热负荷相差较大，应有其他辅助补热或排热措施，保证土壤热平衡。

3.2.3 机组的关键指标

水（地）源热泵机组在额定制冷工况和额定制热工况下满负荷运行时的能效，与多个典型城市的办公建筑按制冷、制热时间比例进行综合加权而来的全年性能系数，用 *ACOP* 表示，见式（3-1）。

$$ACOP = 0.56\,EER + 0.44COP \tag{3-1}$$

式中 *EER*——水（地）源热泵机组在额定制冷工况下满负荷运行的能效；

COP——水（地）源热泵机组在额定制热工况下满负荷运行的能效。

0.56 和 0.44 ——加权系数，选择北京、哈尔滨、武汉、南京和广州五个典型城市的办公建筑制冷、制热时间分别占办公建筑中的空调时间的比例。

GB/T 19409—2013《水（地）源热泵机组》规定，冷热风型和冷热水型机组名义工况时的机组能效比和性能系数不应低于表 3-1 中的数值。

表 3-1　冷热风型和冷热水型机组名义工况时的机组能效比和性能系数表

类型	名义制冷量 *CC*（kW）		热泵型机组综合性能系数 *ACOP*	单冷型机组 *EER*	单热型 *COP*
冷热风型	地下水式		3.8	4.1	—
	地埋管式		3.5	3.8	
	地表水式		3.5	3.8	
冷热水型	地下水式	$CC \leq 150$	3.9	4.3	4.0
		$CC > 150$	4.4	4.8	4.4
	地埋管式	$CC \leq 150$	3.8	4.1	4.2
		$CC > 150$	4.0	4.3	4.4
	地表水式	$CC \leq 150$	3.8	4.1	4.2
		$CC > 150$	4.0	4.3	4.4

3.2.4　机组的运行控制

地源热泵机组本体厂商一般配备可独立工作的微处理控制系统，该系统集成于地源热泵机组控制柜中，通过监控机组关键变量，预测机组运行趋势，实现对机组的精确控制，并支持通过 MODBUS 等通信协议实现对机组的远程控制。

地源热泵微处理控制系统一般具备以下监测和控制功能：①冷冻水温控制；②安全保护控制，包括压缩机吸气压力过低、排气压力过高，冷凝器冷凝压力过高，电机绕组温度过高，电动机过载，系统油位过低等；③按设定程序完成启动和停机等必需的安全检测和润滑以及与地源热泵机组本体工作相关设备的控制，如自动联锁水泵等（机组与水泵对应联锁，机组在冷冻冷却水泵开启、水流开关发出流动信号后延时启动）。另外，系统还具备分级报警功能以及报警的存储、复位功能。

工程应用中，一般通过自控系统实现对地源热泵系统的控制调节。自控系统以可编程逻辑控制器（programmable logic controller，PLC）为核心，以触摸屏作为监控操作界面，集成机组自带的微处理控制系统和公用系统工控仪表，如压力、温度、流量等，实现对机组、循环水泵和阀门等设备的运行控制，确保系统节能高效运行。

在智慧综合能源系统工程中，通常设计有集成管控系统或中央空调监控管理系统或。地源热泵 PLC 控制柜可以通过 BACNET、LONWORKS 通信协议、标准 RS485 通信接口等形式接入集成管控系统或中央空调监控管理系统，实现更为全面的管理和运行策略优化。地源热泵系统通信网络拓扑图如图 3–9 所示。

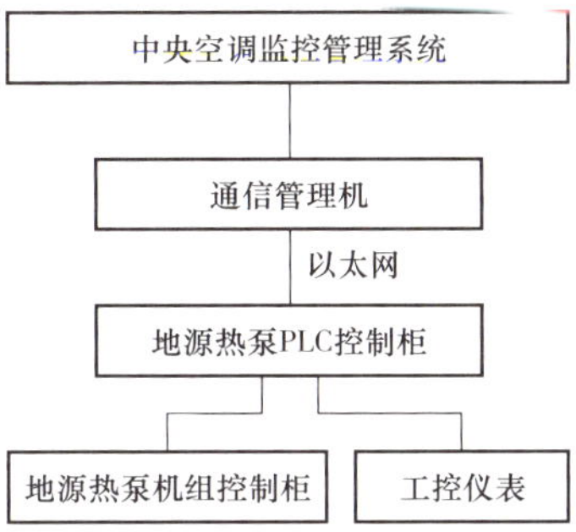

图 3–9　地源热泵系统通信网络拓扑图

地源热泵自控系统的设计包括系统原理、控制逻辑、主要设备功能、系统布线等，其一般具备以下监测点位和控制功能，地源热泵控制系统测点见表 3–2。

表 3–2　地源热泵控制系统测点

序号	测点举例	I/O 类型	序号	测点举例	I/O 类型
1	地源热泵供水管		3.7	远程 / 本地	DI
1.1	压力	AI	3.8	变频给定	AO
1.2	温度	RTD	3.9	变频反馈	AI
1.3	流量	通信 / 电源	3.10	电动机电流	AI
2	地埋管系统供水管		4	机房内各类电动阀	电源
2.1	压力	AI	4.1	开阀控制	DO
2.2	温度	RTD	4.2	关阀控制	DO
2.3	流量	通信 / 电源	4.3	阀开限位	DI
2	地埋管系统补水管		4.4	阀关限位	DI
2.1	压力	AI	4.5	故障	DI
2.2	温度	RTD	4.6	远程 / 本地	DI
2.3	流量	通信 / 电源		……	
3	地源热泵空调侧 / 地埋侧循环泵		5	地源热泵机组控制柜	
3.1	泵前 / 后压力	AI	5.1	地源热泵启动	DO
3.2	泵前 / 后温度	RTD	5.2	地源热泵模式转换	DO
3.3	启动	DO	5.3	地源热泵运行	DI
3.4	停止	DO	5.4	地源热泵故障	DI
3.5	运行	DI	5.5	水泵运行	DI
3.6	故障	DI		……	

3.3 空气源热泵

空气源热泵具有节能、冷热兼供、无须冷却水系统和锅炉房等优点，适合于夏热冬冷地区空调系统的冷热源。近年来，随着热泵技术进一步发展，其在低温环境工况下适用性越来越好，在寒冷地区的应用也逐渐广泛，是新建和改造热源的主流技术路线之一。空气源热泵基本技术原理参见第 2 章，本节结合具体设备进一步介绍。常见类型的空气源热泵机组比如涡旋式空气源热泵模块机外观如图 3–10 所示，涡旋式空气源热泵如图 3–14 所示，螺杆式空气源热泵如图 3–12 所示，户式变频空气源热泵如图 3–13 所示，变制冷剂流量多联分体式机组如图 3–14 所示。

图 3–10　涡旋式空气源热泵模块机

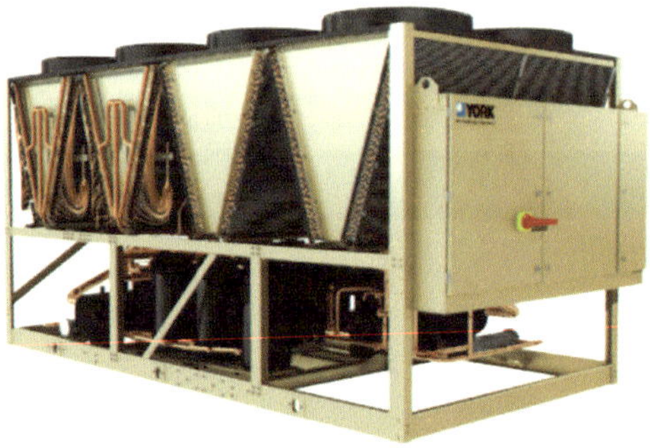

图 3–11　涡旋式空气源热泵

图 3–12　螺杆式空气源热泵

图 3–13　户式变频空气源热泵

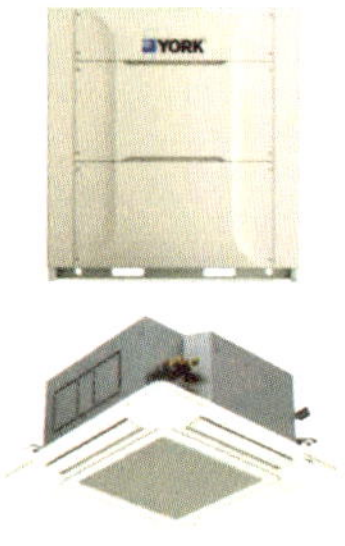

图 3–14　变制冷剂流量多联分体式机组

3.3.1　工作原理

蒸汽压缩式空气源热泵机组流程图如图 3–15 所示，空气源热泵是由电动机驱动，利用蒸汽压缩制冷循环工作原理，以环境空气为冷（热）源制取冷（热）风或者冷（热）水的设备，主要部件包括蒸发器、冷凝器、压缩机、膨胀阀等。空气源热泵利用空气中的热量作为低温热源，经过冷凝器或蒸发器进行热交换，然后通过制冷剂循环系统，提取或释放热能，利用空调

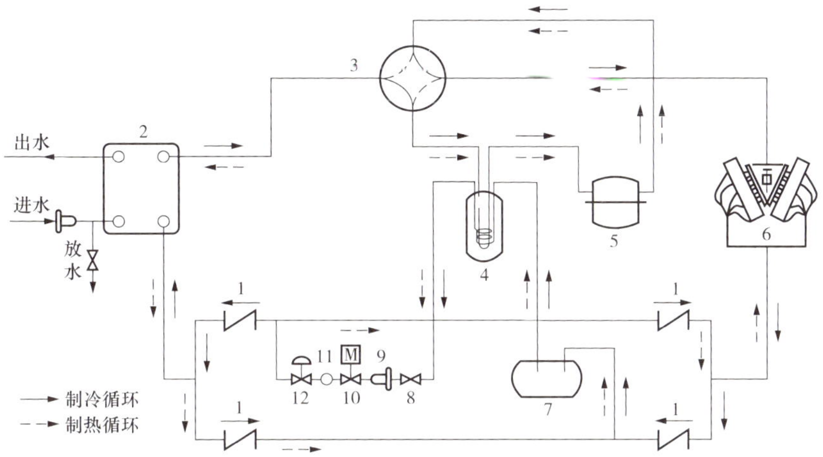

图 3-15 蒸汽压缩式空气源热泵机组流程图

1—止回阀；2—板式换热器；3—四通换向阀；4—回热型气液分离器；5—压缩机；6—空气侧换热器；7—储液器；8—截止阀；9—干燥过滤器；10—电磁阀；11—视液镜；12—单向膨胀阀

侧循环水系统将能量转移到建筑物内，满足用户对生活热水或空调等需求。

冬季空气源热泵利用环境空气作热源，依靠空气侧换热器（此时作蒸发器用）吸取室外空气中的热量，通过制冷剂循环系统，将热量传输至水侧换热器（此时作冷凝器用），制备热水作为供暖热媒；夏季则利用空气侧换热器（此时作冷凝器用）向外排热，在水侧换热器（此时作蒸发器用）制备冷水。机组内通过四通换向阀的切换，改变制冷剂在制冷环路中的流动方向，实现冬夏季的工况转换。

3.3.2 机组类型及特点

一、机组类型

空气源热泵种类繁多，一般有以下几种分类方法：

（1）按照压缩机类型划分。按照压缩机类型主要有往复式、涡旋式、螺杆式三种形式。往复式由电动机或发动机驱动，通过活塞的往复式运动吸入和压缩制冷剂气体，适用于中、小容量的热泵机组；螺杆式压缩机转速高、允许压缩比高、容积效率高，适用于大、中容量的热泵机组；涡旋式压缩机有多个压缩室，依靠各压缩室的容积不断变化来压缩制冷剂气体，适用于小容量的热泵机组。目前热泵压缩机较多采用涡旋式和螺杆式压缩机。

（2）按照热输配对象划分。按照热输配对象的不同，可分为有空气－空气热泵和空气－水热泵两种，空气－空气热泵室内外换热器的换热介质均是空气，如一般的分体式家用空调、商用分体式空调器、变制冷剂流量多联分体式机组、屋顶式空调器，广泛应用于住宅、学校、商场、写字间等中小型建筑物；空气－水热泵的室内换热器换热介质是水，当室内需要供暖制冷时，用户所需的热量和冷量由系统产生的冷热水来提供。

（3）按照使用功能划分。按照使用功能的不同，可分为一般功能的空气源热泵机组、热回收式的空气源热泵机组等。

（4）按照环境温度划分。按工作环境温度的不同，可分为低温型空气源热泵、普通型空气源热泵。低温型空气源热泵常用于冬季环境温度较低的地区，如寒冷地区。普通型空气源热泵常用于夏热冬冷地区。

（5）按热泵供水温度划分。根据供水温度不同，可分为高温出水型空气源热泵（供水温度55 ℃，有的甚至60℃）、普通型空气源热泵（供水温度 45 ℃）。

二、机组特点

空气源热泵是高效、环保、节能的可再生能源技术，有以下特点：

（1）整体性好，安装方便，可安装在室外，如屋顶、裙房、室外地面等，不占用有效建筑面积；一机两用，冷热源兼用，省去了锅炉房。

（2）机组能效比高，节能优势明显。

（3）夏季采用空气冷却，无须冷却水系统，即冷却塔、冷却水泵、管路及相关的附属设备。

（4）机组的安全保护和自动控制集成度较高，运行可靠，管理方便。

（5）由于机组常年暴露在室外，运行环境较差，使用寿命比水冷机组短。

（6）机组的噪声与振动易对环境形成污染。

（7）机组的制冷制热性能随室外环境温度变化明显。制冷量随室外气温升高而降低，制热量随室外气温降低而减少；冬季需要校核机组制热量。

（8）冬季室外温度处于 -5~5℃范围内时，蒸发器容易结霜，需进行融霜，供热能力会下降，需要校核机组制热量。

3.3.3 机组的关键指标

（1）热泵机组容量修正。空气源热泵机组的容量，应根据空调系统的冷、热负荷综合考虑后确定，一般取决于冷、热负荷中的较大者。考虑到上节所述空气源热泵机组的特点，机组的实际供冷量、供热量不仅与环境空气温度有密切关系，还与除霜情况有关。因此需要对室外空调计算温度和机组融霜频率进行修正，得到机组的实际制热量 Q。

$$Q=qK_1K_2 \tag{3-2}$$

式中 q ——机组的名义制热量，kW；

K_1——使用地区的室外空调计算干球温度的修正系数，按产品样本选取；

K_2——机组容霜修正系数，每小时容霜一次取 0.9，两次取 0.8。

（2）*EER*、*COP*、*IPLV*。制冷能效比 *EER*、热泵性能系数 *COP* 用来考量热泵机组制冷和制热性能系数的大小，是热泵机组的关键性能参数。详见第 2 章相关描述。

综合部分负荷性能系数 *IPLV*，用一个单一数值表示机组的部分负荷效率指标，按机组在规定的工况下、特定负荷下运行时间的加权因素，通过式（3–3）和式（3–4）获得。

$$制冷时：IPLV（C）=1.2\% \times A+32.8\% \times B+39.7\% \times C+26.3\% \times D \quad (3\text{–}3)$$

$$制热时：IPLV（H）=8.3\% \times A+40.3\% \times B+38.6\% \times C+12.9\% \times D \quad (3\text{–}4)$$

式中 *A*——100% 负荷时的性能系数；

B——75% 负荷时的性能系数；

C——50% 负荷时的性能系数；

D——25% 负荷时的性能系数。

IPLV 公式中各工况权重系数是指 4 部分负荷工况的累积负荷百分比，不能误解为部分负荷对应的运行时间百分比。这些权重基于我国各气候区内 21 个典型城市的 6 类常用冷水机组作冷源的典型公共建筑为模型数据库，统计分析后得到。模型数据库包括了各类典型公共建筑的基本信息、气象条件、使用特点、建筑负荷分布以及运行时间、主要冷水机组生产厂家的冷机性能及销售价格等数据。机组的部分负荷工况条件见表 3–3。

表 3–3　　机组的部分负荷工况表

项目	负荷（%）	使用侧		热源侧	
		水流量［m^3/（h·kW）］	出口水温（℃）	干球温度（℃）	湿球温度（℃）
制热	100	0.172	41	–12	–14
	75			–6	–8
	50			0	–3
	25			7	6
制冷	100		7	35	
	75			31.5	
	50			28	
	25			24.5	

注　在所有工况下，机组换热器水侧污垢系数为 0.018 m^2·℃/kW。新机组换热器水侧应被认为是清洁的，测试时污垢系数应考虑为 0 m^2·℃/kW，性能测试时，应按标准规定进行温差修正。

热泵性能系数 *COP* 值、综合部分负荷性能系数 *IPLV* 值能效等级参照 GB 19577—2015《冷水机组能效限定值及能效等级》中要求，见表 3–4。

低温热泵机组能效 *IPLV*（H）和 COP_h 值参照 GB 37480—2019《低环境温度空气源热泵（冷水）机组能效限定值及能效等级》中要求，见表 3–5。

热泵热水机、单元式空调机组、房间空气调节器、多联式空调机组等形式的热泵机组在综

表 3-4　热泵机组能效 *IPLV* 和 *COP* 值能效等级

类型	名义制冷量 *CC*（kW）	能效等级 *IPLV/COP*（W/W）		
		1	2	3
		IPLV/COP	*IPLV/COP*	*IPLV/COP*
风冷式或蒸发冷却式	$CC \leqslant 50$	3.8/3.2	3.6/3.0	2.8/2.5
	$CC > 50$	4.0/3.4	3.7/3.2	2.9/2.7

注　1. 机组的实测 *IPLV* 和 *COP* 值应同时大于或等于表中 3 级所对应的指示值。
2. 节能评价值应满足对应的能效等级 2 级中 *IPLV* 或 *COP* 的指标值。
3. *IPLV* 值是冷水机组单机测试数据。

表 3-5　低温热泵机组能效 *IPLV*（H）和 COP_h 值能效等级

名义制热量 *H* 或名义制冷量 *CC*（kW）	额定出水温度（℃）	能效等级			
		1	2	3	
		综合部分负荷性能系数 *IPLV*（H）（W/W）	综合部分负荷性能系数 *IPLV*（H）（W/W）	综合部分负荷性能系数 *IPLV*（H）（W/W）	制热性能系数 COP_h（W/W）
$H \leqslant 35$（或 $CC \leqslant 50$）	35[a]	3.40	3.20	3.00	2.40
	41[b]	3.20	2.80	2.60	2.10
	55[c]	2.30	1.90	1.70	1.60
$H > 35$（或 $CC > 50$）	35	3.40	3.20	3.00	2.40
	41	3.00	2.80	2.60	2.30
	55	2.10	1.90	1.70	1.60

[a] 主要适用于低温辐射采暖末端，如地板采暖等。
[b] 主要适用于强制对流采暖末端，如风机盘管、强制对流低温散热器等。
[c] 主要适用于自然对流和辐射结合的采暖末端，如风机盘管、低温散热器等。

合能源源网荷储工程应用中相对较少，此处不再截取能效限定表格，读者可翻阅相应机组设备的能效限定标准和规范，如：热泵热水机组能效等级应符合 GB 29541—2013《热泵热水机能效限定值和能效等级》，单元式空调机组能效应符合 GB 19576—2019《单元式空气调节机能效限定值及能源效率等级》，热泵型房间空气调节器能效应符合 GB 21455—2019《房间空气调节器能效限定值及能效等级》，多联式空调热泵机组能效等级应符合 GB 21454—2008《多联式空调（热泵）机组能效限定值及能效等级》等。

3.3.4　机组运行控制

空气源热泵主机本体配备可独立工作的微处理控制系统，该系统集成于空气源热泵机组控制柜中，也称标准集控器，便于组合和集成，可实现多个热泵机组集成。集控器通常自带

RS485 等接口，开放 MODBUS 等协议，可接入楼宇自控系统，也可实现与联网型温控器手拉手通信线连接，实现远程控制主机开关的功能，接线简单方便，控制灵活。

机组自带多种远程控制干接点，可以实现远程开关、远程热冷模式切换、与末端温控器开关联动、远程报警等功能，应用灵活。集控器除了可以实现 3.2.4 与地源热泵机组控制系统相似功能外，还能实现制冷、制热温度控制、制热除霜、制热防冻控制等功能。

多冷热源工程应用中，若空气源热泵作为子系统之一，一般可通过自控系统实现对空气源热泵系统的控制调节。自控系统以可编程逻辑控制器（PLC）为核心，通过空气源热泵 PLC 控制柜集成主机自带的微处理控制系统（集控器或控制柜）和公用系统工控仪表，如压力、温度、流量等，实现对机组、循环水泵和阀门等设备的运行控制，确保系统节能高效运行。

在综合能源系统工程中，通常设计有集成管控系统或中央空调监控管理系统。类似其他冷热源子系统，空气源热泵 PLC 控制柜通过 BACNET、LONWORKS 通信协议、标准 RS485 通信接口等形式接入集成管控系统或中央空调监控管理系统，实现更为全面的管理和运行策略优化，系统网络拓扑图如图 3–16 所示。

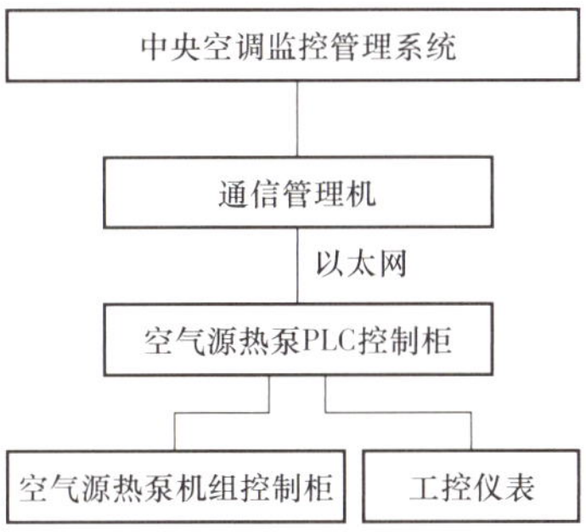

图 3–16　空气源热泵系统网络拓扑图

空气源热泵自控系统的设计也包括系统原理、控制逻辑、主要设备功能、系统布线等，其一般具备以下监测点位和控制功能，空气源热泵控制系统测点见表 3–6。

表 3–6　空气源热泵控制系统测点

序号	测点举例	I/O 类型	序号	测点举例	I/O 类型
1	空气源热泵供水管		2.1	压力	AI
1.1	压力	AI	2.2	温度	RTD
1.2	温度	RTD	3	空气源热泵循环泵	
1.3	流量	通信 / 电源	3.1	泵前 / 后压力	AI
2	空气源热泵回水管		3.2	泵前 / 后温度	RTD

续表

序号	测点举例	I/O 类型	序号	测点举例	I/O 类型
3.3	启动	DO	4.4	阀关限位	DI
3.4	停止	DO	4.5	故障	DI
3.5	运行	DI	4.6	远程 / 本地	DI
3.6	故障	DI		……	
3.7	远程 / 本地	DI	5	空气源热泵控制柜	
3.8	变频给定	AO	5.1	启动	DO
3.9	变频反馈	AI	5.2	模式转换	DO
3.10	电动机电流	AI	5.3	运行	DI
4	电动阀	电源	5.4	故障	DI
4.1	开阀控制	DO	5.5	远程 / 本地	DI
4.2	关阀控制	DO		……	
4.3	阀开限位	DI			

3.4 电锅炉

电锅炉也称电加热锅炉、电热锅炉，顾名思义，是以电力为能源并将其转化成为热能，进而经过锅炉转换，向外输出具有一定热能的蒸汽、高温水或有机热载体的锅炉设备。电锅炉根据电源的不同可分为低电压电热管锅炉、高压电极锅炉及工频感应电磁锅炉。电锅炉工作原理各不相同，以下按类型分别介绍。

3.4.1 低电压电热锅炉

低电压电热锅炉由电锅炉钢制壳体、电脑控制系统、低电压电气系统、电加热装置、进出水管及检测仪表等组成。低电压电热锅炉本体结构如图 3-17 所示，高阻性电阻丝通电后发热，热量通过绝缘的热良导体将热传到电热管管壁，电热管管壁换热将热量传递给水。

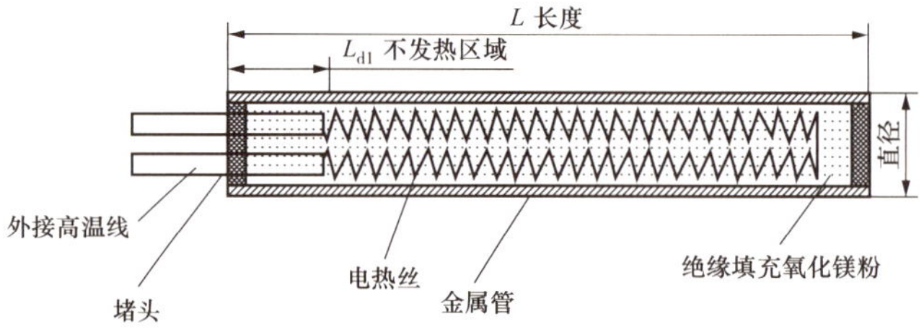

图 3-17 低电压电热锅炉示意图

低电压电热锅炉主要特点是：

（1）纯阻性负载，功率因数为 1，电 - 热转换效率高。

（2）锅炉启动、停止速度快，运行负荷调节范围大，调节速度快，操作简单。

（3）电热管的电锅炉由于长时间处于高温状态，寿命相对较短，容易出现损坏情况。

（4）电热管锅炉在使用一段时间后加热管上会出现一些杂质，降低锅炉热效率。

3.4.2 高压电极锅炉

高压电极锅炉，是利用水的高热阻性，用高电压电极加热水，交流电以电解质作为导体，从一相电极通过中性导线到达零位电极，直接将电能转换为热能，产生蒸汽或热水。

高压电极锅炉优点：

（1）电压等级 10~110 kV，通过调节电极在水中的高度或与水的接触面积改变功率，单炉功率可达 50 MW 以上。

（2）热效率高，一般均大于或等于 99.5%，并且能在短时间内达到满负荷运行，锅炉功率调节范围为 10%~100%，实现无级能量调节，具备快速调节性能。

（3）运行安静、清洁零排放，无噪声。

（4）通过锅炉配备的自动控制装置，实现程序控制、自动加热、过热保护、负荷调整、停机、故障报警、历史数据记录等过程自动化，可实现无人值守运行。

高压电极锅炉主要分为浸没式电极锅炉（全浸没式、半浸没式）和喷射式电极锅炉两类，全浸没式高压电极锅炉内部构造如图 3–18 所示，半浸没式高压电极锅炉内部构造如图 3–19

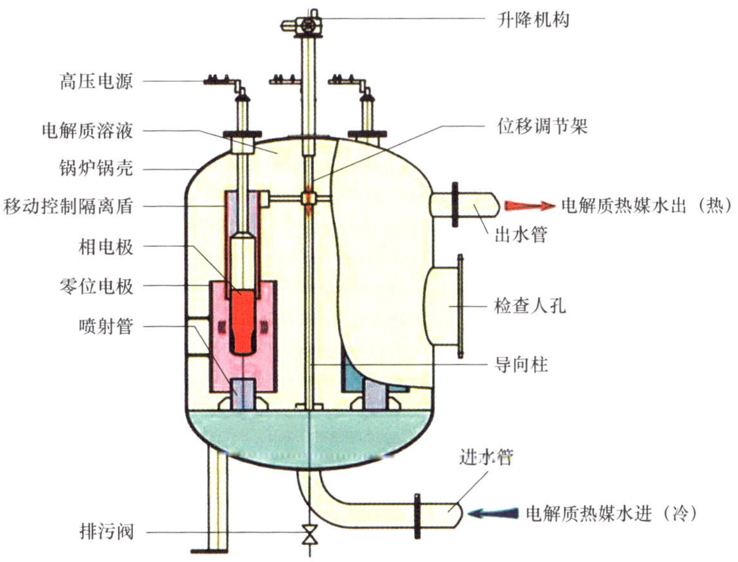

图 3–18 全浸没式高压电极锅炉

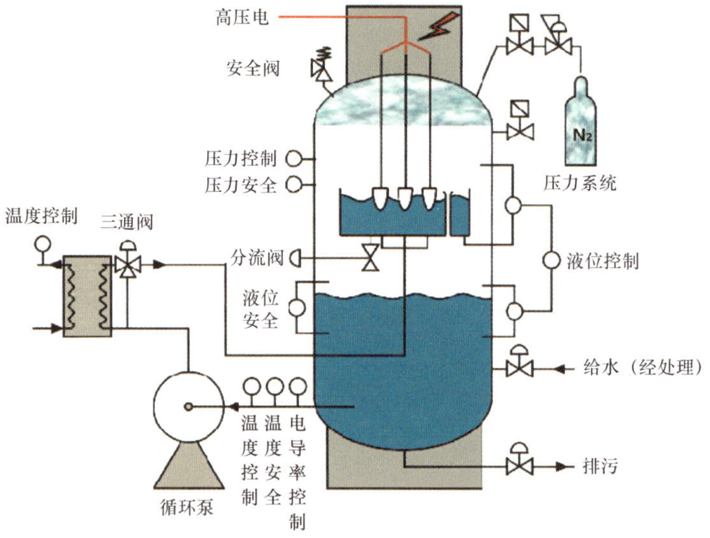

图 3-19　半浸没式高压电极锅炉

所示，喷射式高压电极锅炉如图 3-20 所示。

（1）全浸没式电极锅炉：电极浸没在水中，通过调节水与电极的接触面积，控制锅炉运行功率。按照驱动连杆的连接方式，全浸没式电极锅炉分为硬连接式与软连接式。全浸没式电极锅炉有以下特点：炉内充满锅水，通过隔离盾的上下移动，改变电极与零位电极的相对面积来调节功率；功率按比例调节，调峰比较稳定；功率调节通过丝杆传动实现，功率调节没有波动；三相电流比较平衡，不会造成电网跳闸；锅炉始终满水状态下运行，为全封闭系统，不会汽化；适用区域比较广，包括高原区域。

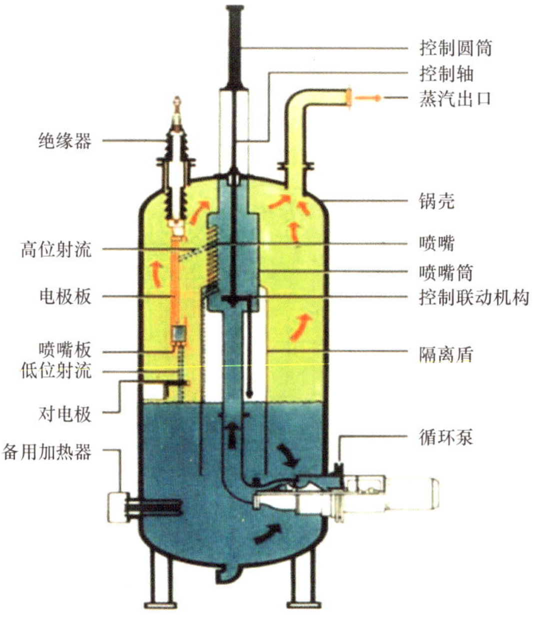

图 3-20　喷射式高压电极锅炉

（2）半浸没式电极锅炉：通过改变电极与水的覆盖面积（水位高度）控制锅炉出力及温度。半浸没式电极锅炉有以下特点：内筒壁为中性点，中性点不接地；内筒与外筒均绝缘，与电极没有接触，只有在水和电解质混合后，覆盖电极（内筒）后才会有电流产生；伺服电机带动控制管以控制水位高低；内筒水位与锅炉功率出力呈线性正比，负荷控制简易直观；内筒的水用泵输送时会形成涌泉，三个电极与水接触高度不等，有可能造成三相电流不平衡、零序电流超过设定值，引起高压柜跳闸；不适合高原地区。

（3）喷射式电极锅炉：将炉水喷射到电极上，高压电能转化的热能将炉水瞬间汽化。喷射式电极锅炉有以下特点：常用于蒸汽锅炉，如果需要供应热水，则需要通过汽水换热的方式转化为热水，总体热效率较低；由于产生蒸汽，锅炉内需要不断补水，运行成本较高；由于电热转换速度快，需要达到瞬间汽化，因此炉水电导率很高，一般为浸没式高压电极锅炉的 6~20 倍，会加速锅炉筒体与内部电极部件的老化与侵蚀；高电导率与更快的反应速度，不可避免将产生电解水氢氧分离反应，产生的氢气和氧气有可能造成安全隐患。

3.4.3 工频感应电锅炉

工频感应加热通常有以下三种方式。

（1）短路加热：由感应短路电流产生焦耳效应的一种电加热方式。短路加热工作原理是，根据变压器原副边匝数比，使副边获得低电压大电流，在这里副边为 1 匝，且短接形成回路，故称短路加热。

（2）涡流加热：由感应涡流产生焦耳热效应的一种电加热方式。涡流加热工作原理是，交变的磁力线通过导体在导体内产生涡流与磁滞，其中产生焦耳效应的主要是涡流，故称涡流加热。

（3）短路漏磁：当主机接通三相工频电源，其二次侧外壳感应产生短路大电流和相与相之间及三相间的短路大电流。该主机的短路漏磁穿过介质水与循环水箱形成回路，在循环箱体内产生涡流与磁滞使之成为涡流发热体。

常见工频感应电磁锅炉主要由感应加热的主机、循环水箱、防护外壳组成一体，主机是一种特殊结构的水冷干式短路变压器，设置在循环水箱内。电磁锅炉与 PLC 电控箱安装在同一底座上，固定式结构，工频感应电磁锅炉组成结构如图 3–21 所示。

工频感应电磁锅炉感应加热的主机是一种特殊结构的水冷干式短路变压器，直接设置在循环水中。在这里，与众不同的是主机的是不锈钢防护外壳又是它主发热的副边。运行时，副边感应产生的大电流、原边铜损、铁损、杂散损耗及短路漏磁等有功及无功几乎全部通过介质水转换成热能。

磁化水的物理性能与化学性质也发生了一系列的变化，活性溶解度大大提高，水中的

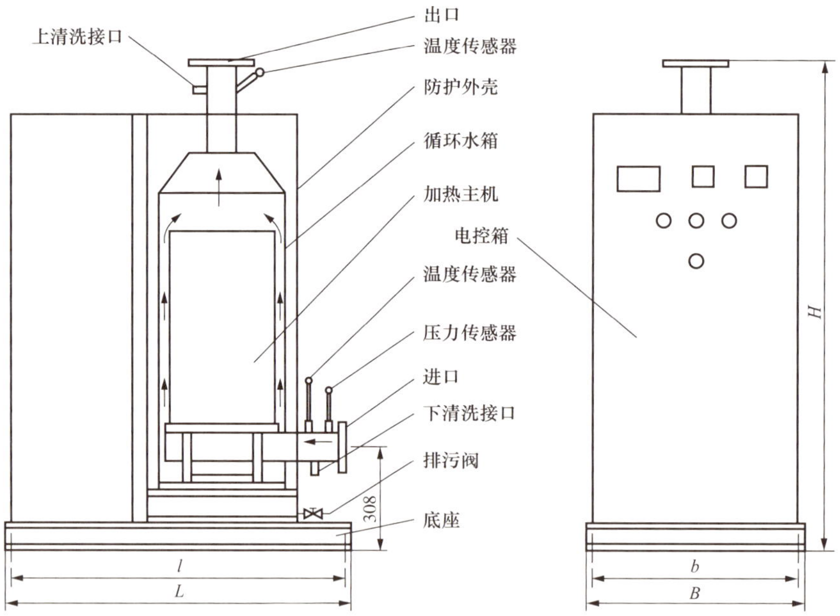

图 3-21　工频感应电磁锅炉组成结构图

$CaCO_3$、$MgCO_3$ 在加热过程中分解成较为松软的 $Ca(HCO_3)_2$、$Mg(HCO_3)_2$，它们不易在壁上积存而被循环的介质水带走；另外，磁化水的聚合度也提高了，被溶解的固态物质成为更细的颗粒，粒子细化后，不易凝结在壁上，从而达到了加热水不结垢的良好效果。

工频感应电磁锅炉机组具有如下特点：

（1）能效比 $\eta > 1.05$。工频感应电磁锅炉在运行时，设置在循环水箱中的主机，其副边短路电流达到 1 万 ~4.6 万 A，它的每相磁场强度达到（1.4~5.2）$\times 10^4$ A/m。如此强大的交变磁场，其漏磁使循环水箱感应产生了很大的涡流，由此，循环水箱成为一副发热体。

简言之，接通电源的是主机，而加热介质水的是短路与涡流两个加热装置，且漏磁属无功功率，因此工频感应电磁锅炉的能效比突破了不大于 1.0 的传统概念。

（2）功率因数 $\cos\phi$ 较高。在铁芯、原边绕组相同的条件下，副边的包覆系数低，$\cos\phi$ 低；包覆系数高，$\cos\phi$ 高。工频感应电磁锅炉的主机利用外壳作为二次侧，包覆系数几乎是百分之百，所以功率因数能达到 0.98。

（3）磁化功能。工频感应电磁锅炉主机在运行时，每相磁场强度达（1.4~5.2）$\times 10^4$ A/m，使流经周围磁场的介质水在被加热的同时被磁化。

3.4.4　电锅炉应用条件

对比冷水机组、热泵机组的能效比，电锅炉的运行效率较低，为合理利用能源、提高能源利用率，电锅炉一般并不作为首选热源。考虑到各地区、各项目的具体情况，电锅炉在只有特殊情况时方可采用。GB 50736—2012《民用建筑供暖通风与空气调节设计规范》及 GB 55015—2021《建筑节能与可再生能源利用通用规范》均对电锅炉使用的特殊场景做了规定和要求，具体规定如下：

对于严寒和寒冷地区居住建筑，只有当符合下列条件之一时，应允许采用电直接加热设备作为供暖热源：

（1）无城市或区域集中供热，采用燃气、煤、油等燃料受到环保或消防限制，且无法利用热泵供暖的建筑。

（2）利用可再生能源发电，其发电量能满足自身电加热用电量需求的建筑。

（3）利用蓄热式电热设备在夜间低谷电进行供暖或蓄热，且不在用电高峰和平段时间启用的建筑。

（4）电力供应充足，且当地电力政策鼓励用电供暖时。

对于公共建筑，只有当符合下列条件之一时，应允许采用电直接加热设备作为供暖热源：

（1）无城市或区域集中供热，采用燃气、煤、油等燃料受到环保或消防限制，且无法利用热泵供暖的建筑。

（2）利用可再生能源发电，其发电量能满足自身电加热用电量需求的建筑。

（3）以供冷为主、供暖负荷非常小，且无法利用热泵或其他方式提供供暖热源的建筑。

（4）以供冷为主、供暖负荷小，无法利用热泵或其他方式提供供暖热源，但可以利用低谷电进行蓄热且电锅炉不在用电高峰和平段时间启用的空调系统。

（5）室内或工作区的温度控制精度小于 0.5℃，或相对湿度控制精度小于 5% 的工艺空调系统。

（6）电力供应充足，且当地电力政策鼓励用电供暖时。

3.4.5 机组运行控制

电锅炉厂商一般配备可独立工作的微处理控制系统，该系统集成于电锅炉机组控制柜中，实现锅炉全自动智能控制及故障保护等功能。

该微处理控制系统采用可编程逻辑控制器（PLC），根据锅炉内水温变化自动调节输出功率，实现温度自动调整与精确控制，可随外界负荷变化，在不同的时段采用采取相应的运行模式。

微处理控制系统还具有故障检测、报警和处理等功能，保证电锅炉安全可靠运行。电锅炉的安全监控功能包括：超高温自动保护、超压自动保护、压力安全阀保护、低水位或缺水保护，漏电、短路及过载保护及故障显示、报警灯；锅炉的运行状态，可以通过通信协议上传至上位系统。电锅炉的自动保护功能包括：当温度或压力超出上限设定值或炉体内部缺水时，控制线路自动切断系统供电电源，并发出报警信号；在温度、压力、水位恢复到正常值时再接通加热电极的电源；若电气系统发生过载、短路、漏电等情况时，安全保护系统自动切断电加热元件的供电电源，直到排除故障并手动复位后系统恢复正常工作。

工程应用中，可通过电锅炉 PLC 控制柜集成电锅炉机组控制柜、公用系统的工控仪表和配电柜，实现系统自动、节能、高效运行。

在智慧综合能源系统工程中，一般还设计有集成管控系统或中央空调监控管理系统。类似其他冷热源子系统，电锅炉 PLC 控制柜以 BACNET、LONWORKS 通信协议、标准 RS485 通信接口等形式接入集成管控系统或中央空调监控管理系统，实现更为全面的管理和运行策略优化，电锅炉系统网络拓扑图如图 3–22 所示。

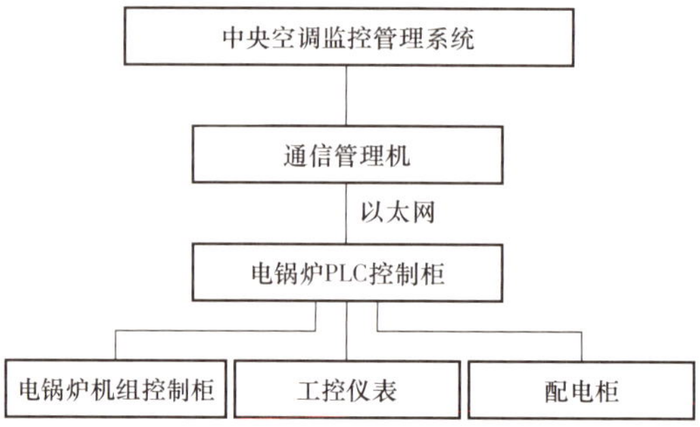

图 3–22　电锅炉系统网络拓扑图

自动控制系统的设计包括系统原理、控制逻辑、主要设备功能、系统布线等，一般具备以下监测点位和控制功能，电锅炉系统控制系统测点见表 3–7。

表 3–7　　电锅炉系统控制系统测点

序号	测点举例	I/O 类型	序号	测点举例	I/O 类型
1	空调侧供水管		3.3	启动	DO
1.1	压力	AI	3.4	停止	DO
1.2	温度	RTD	3.5	运行	DI
1.3	流量	通信 / 电源	3.6	故障	DI
2	空调侧回水管		3.7	远程 / 本地	DI
2.1	压力	AI	3.8	变频给定	AO
2.2	温度	RTD	3.9	变频反馈	AI
3	供热循环泵		3.10	电机电流	AI
3.1	泵前 / 后压力	AI	4	电动阀	电源
3.2	泵前 / 后温度	RTD	4.1	开阀控制	DO

续表

序号	测点举例	I/O 类型	序号	测点举例	I/O 类型
4.2	关阀控制	DO	5.1	启动	DO
4.3	阀开限位	DI	5.2	模式转换	DO
4.4	阀关限位	DI	5.3	运行	DI
4.5	故障	DI	5.4	故障	DI
4.6	远程 / 本地	DI	5.5	远程 / 本地	DI
	……			……	
5	电锅炉控制柜				

3.5 蓄冷（热）设备

某些材料（介质）具有蓄冷（热）特性，利用这种特性并加以合理利用的设备，即为蓄冷（热）设备，通常是一个容器或是一个换热器，用来储存水、冰等蓄冷物质或者镁砖等蓄热介质。蓄能系统根据蓄能介质的蓄能特性，应用蓄能技术，充分利用电网低谷时段的低价电能，使制冷 / 制热主机满负荷充分运转，将空调所需的冷量或是热量以显热或潜热的形式存储于蓄能介质中；在电网峰值电价时段，通过蓄能介质的释能，满足全部或者部分的冷热负荷需求。这样不仅有利于平衡电网负荷，削峰填谷，缓解电力供应的昼夜不平衡，还节约了运行费用，获得较好的经济收益。

3.5.1 蓄冷

一、分类

蓄冷的实现方式较多，根据蓄冷介质不同可分为水蓄冷、冰蓄冷、共晶盐蓄冷三种方式，蓄冷系统分类如图 3–23 所示。不同的方式具有不同的应用特点和范围，应根据实际情况进行选择。

本章将介绍工程应用中最常见的两种蓄冷方式：水蓄冷和冰蓄冷，其中水蓄冷装置可以兼用于蓄热，只需增设热源主机并改变运行工况即可。

水蓄冷与冰蓄冷比较参照见表 3–8，水蓄冷系统选用标准工况制冷主机，在设备选型方面要求较为宽松，同时水蓄冷的控制及操作系统更为简单，在维修及运营方面，对工作人员的要求也相对较低。水蓄冷装置不仅可以在夏季进行蓄冷，还可以在冬季进行蓄热，蓄冷装置的利用率更高。在实际工程中，冬季若不蓄热，水蓄冷可以利用建筑物中有原有的消防水池或者蓄水装置，从而降低初投资，节约占地面积。

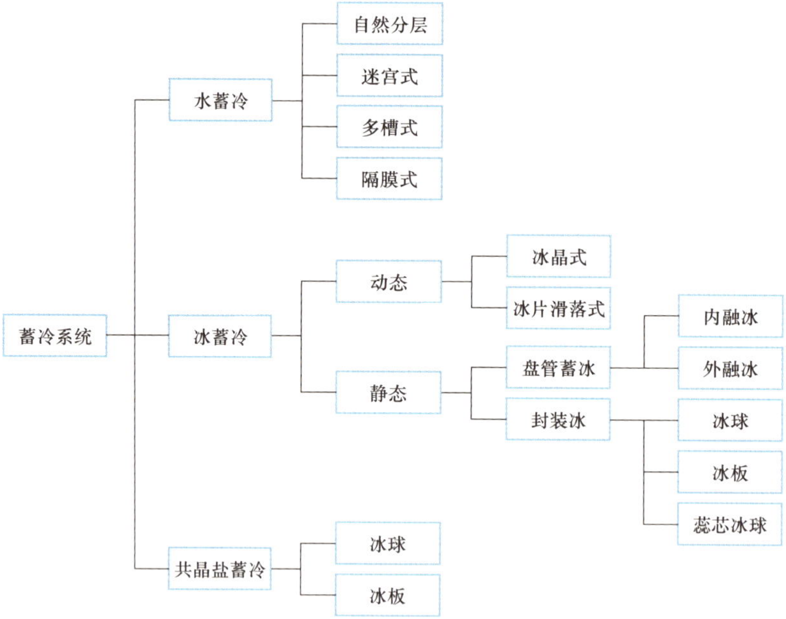

图 3–23　蓄冷系统分类

表 3–8　水蓄冷与冰蓄冷比较

序号	项目	水蓄冷	冰蓄冷
1	蓄冷温度	4~6℃	–9~–4℃
2	冷水温度	5~7℃	1~4℃
3	制冷机类型	标准单工况	直接蒸发式或双工况
4	制冷机 *COP* 值	5.0~5.9	2.5~4.1
5	蓄冷装置容积（m^3/kWh）	0.089~0.169	0.019~0.027
6	蓄冷装置体积比较	较大	较小
7	蓄冷装置冷损失	较大	较小
8	释冷速率	慢	快
9	释冷载冷剂	水	水或二次冷媒
10	蓄冷装置形式	开式	开式
11	蓄冷系统形式	开式	开式或闭式
12	设计难度	较低	较高
13	运行费用	较低	较高
14	对原有建筑的适应性	可用常规制冷机，水池可兼做消防	需增设双工况制冷机及蓄冰槽
15	应用多样性	夏季蓄冷 / 冬季蓄热	夏季蓄冷
16	初投资	较低	较高

较之冰蓄冷，水蓄冷在一些方面也有缺点。由于只利用水的显热储存冷量，水蓄冷装置单位容积所能储存的冷量较冰蓄冷少，容积比蓄冰装置大，对于空间的要求较高；同时水蓄冷为减少装置内冷温水混合、维持装置内稳定的温度分层，保证装置蓄冷效率等，其蓄水装置结构、外形以及内部构件的设计要求较高，考虑因素较多。

二、水蓄冷

水蓄冷系统利用水的显热进行蓄能。制冷主机尽量在夜间谷电运行，制备4~6℃的冷水，将其通入蓄冷装置中储存冷量，在白天用冷高峰时，再将冷水循环出来对外供冷。水蓄冷系统一般以单工况离心机或螺杆机作为冷源，以水箱 / 水槽 / 水罐作为蓄冷装置，加上泵与阀组、控制系统等组成。

（1）水蓄冷分类及特点。蓄冷装置作为系统的主要设备之一，其蓄冷效率影响系统整体能效和经济性。为了提高蓄冷能力和效果，防止系统回水和低温冷水混合，蓄水装置有多种形式：多槽式、迷宫式、隔膜式和自然分层式，其中自然分层式应用较为广泛。

1）多槽式蓄冷。多槽式水蓄冷，顾名思义，是由多个蓄水槽组成的。多槽式蓄冷如图3–24所示。在竖直方向上将较大的水槽间隔成多个槽，每个槽互相连通，形成串联形式，不同的蓄水槽中分别存储温度不同的低温水和高温水，从而保证进入负荷端的水流保持较低的温度状态，在蓄冷、释冷过程开始时，始终保持有一个蓄水槽是空的，水流自某个蓄水槽向另一方向逐个充满。由于多槽式水蓄冷的系统较为复杂，对于控制及管理的要求也相应提高，所以此系统的初投资以及运行维修费用较高。

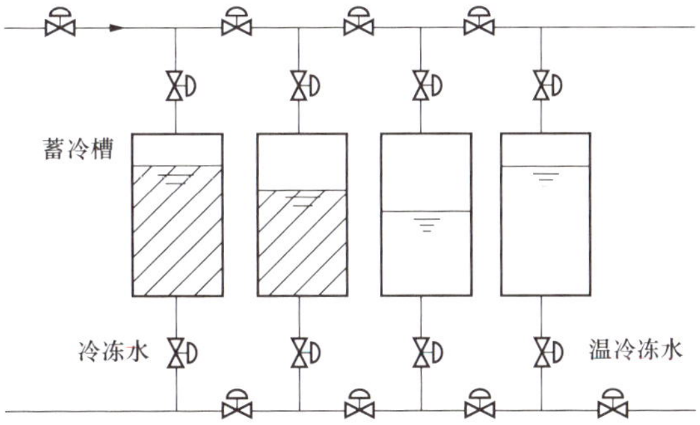

图 3–24　多槽式蓄冷

2）迷宫式蓄冷。迷宫式水蓄冷的方式最早是由日本学者提出的，此种蓄冷槽同时具有许多独立的单元槽，水流按照一定的路线依次流过每个独立的单元槽。迷宫式蓄冷如图3–25所示。迷宫法的优点在于可利用地下层结构的基础槽作为蓄冷水槽，节省初投资及占地面积；缺点是易产生浮升力及流速较高，浮升力和水流速度均对于冷热水的温度分层效果的影响较大，此时如果水流速度过高，那么水流扰动将会很大，冷温水的分层效果将不明显，但流速过

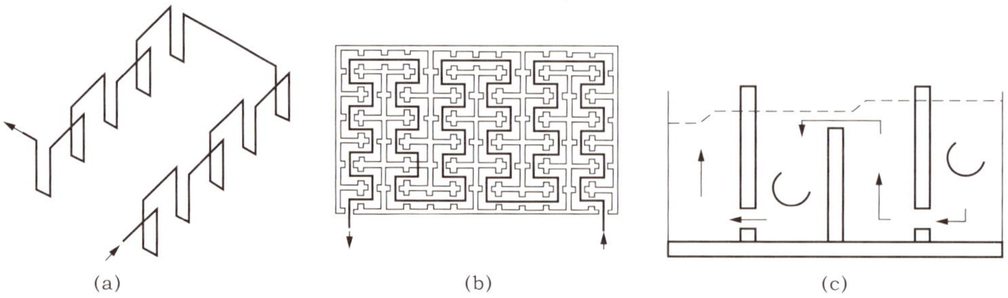

图 3-25 迷宫式蓄冷

（a）水流示意图；（b）平面图；（c）断面图

低时，独立单元槽内有一部分水会静止于槽内，造成死区，从而使冷量无法充分利用，效率降低。

3）隔膜式蓄冷。隔膜式蓄冷方式是在蓄水槽内加一层隔板或柔性隔膜将冷热水分隔开来，使冷热水位于不同空间内，从而实现冷热水的分离。隔膜可垂直放置也可水平放置，通常水平布置隔膜或隔板，此时可替代水槽内的散流器，水平布置隔膜式蓄冷如图 3-26 所示。垂直放置时由于水流前后波动，使隔膜与壁面相接触的表面产生摩擦，由于隔膜表面受力易出现破裂或穿孔，由此造成了较高的运行维护费用，同时隔膜或隔板的初投资较自然分层型蓄冷装置也更高。

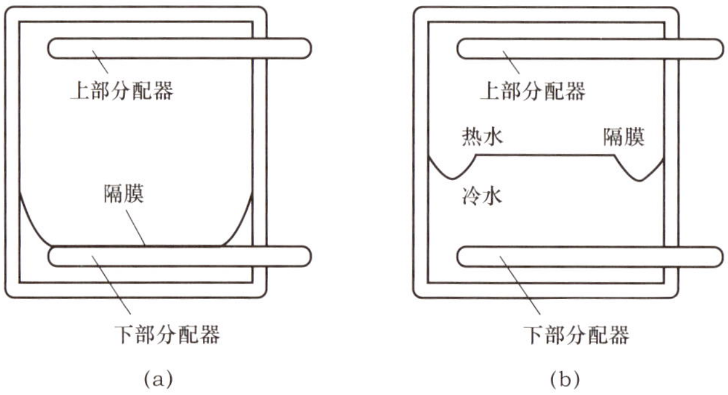

图 3-26 水平布置隔膜式蓄冷

（a）释冷结束时隔膜的位置；（b）释冷中期时隔膜的位置

4）自然分层式水蓄冷。自然分层法是较为有效和经济的水蓄冷方式，也是目前应用比较广泛的一种方法。自然分层法利用了水在不同温度情况下其密度也不相同的特性，水在 3.98℃时密度最大，低于或高于此温度时，水的密度均会随温度的升高或降低而增大。所蓄的冷水由于密度较大所以处于罐体的下部，而回水温度较高，密度小，聚集在水罐的上部，由此就出现了因密度差异而产生的自然分层现象。自然分层式水蓄冷如图 3-27 所示。

在蓄冷装置中下部冷水与上部温水之间由于温差导热会形成温度过渡层即斜温层，清晰而稳定的斜温层能够防止冷水和温水的混合，但同时减少了实际可用冷水容量，降低了蓄冷效率，斜温层一般控制在 0.3~0.5m 为宜。

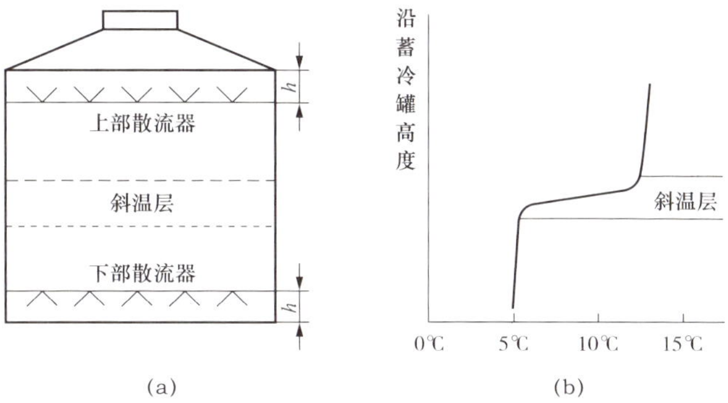

图 3–27　自然分层式水蓄冷

（a）自然分层蓄冷罐原理图；（b）斜温层的概念

自然分层式蓄水装置又可分为槽式蓄水装置和罐式蓄水装置，槽式蓄水装置根据布置形式可分为半地下式和全地下式；罐式蓄水装置常采用地上式，根据罐体材料不同分为混凝土罐和钢罐。

卧式蓄水装置，类似自然分层式储水法，在蓄水装置内部安装一定数量的隔膜或隔板来实现冷热水的分离；立式蓄水装置，提高了高度直径比，能够减小斜温层在罐体中的占比，有利于提高蓄能效率，但这同时限制了散流器的长度，给散流器的设计增加了难度。由于蓄水装置建造方便，可以与建筑物结构结合在一起，节省基建投资，因而得到广泛的使用。

（2）散流器分类及特点。自然分层的蓄冷装置需要用散流器将冷、温水平稳地送入装置中，利用密度差产生沿槽底或槽顶水平分布的重力流，形成一个冷、温水混合作用尽量小的斜温层。散流器的设置及与之相连接的干支管需尽量对称布置，防止干支管水流的偏流，确保散流器单位长度的水流量相等，排出水流速均匀，形成重力流。散流器的设计可以实现良好的分层效果和稳定的斜温层，对蓄冷效率有显著影响。散流器分为水平缝口形、圆盘辐射形、H 形和八边形等。

1）水平缝口形散流器：主要适用于长方体蓄冷装置中，水平缝口形散流器结构示意图如图 3–28 所示。

2）圆盘辐射形散流器：主要适用于圆柱体蓄冷装置中，圆盘辐射形散流器结构示意图如图 3–29 所示。该形式的散流器由两个相距很近的圆盘组成，两圆盘平行安装在蓄冷槽的底部或顶部，自分配管进入盘间的水，通过两盘之间的间隙，呈水平径向辐射状进入蓄冷装置，使

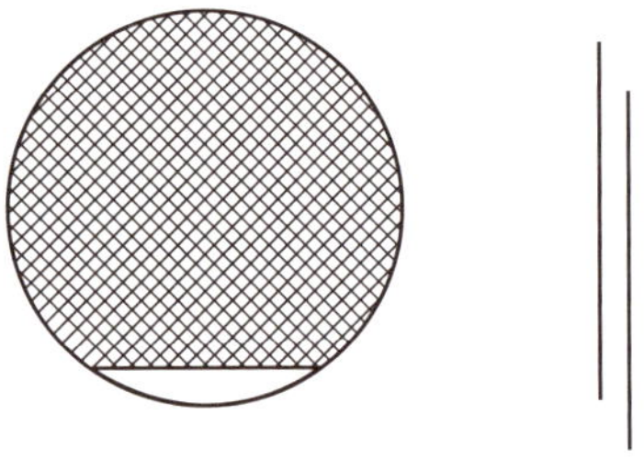

图 3-28　水平缝口形散流器结构示意图

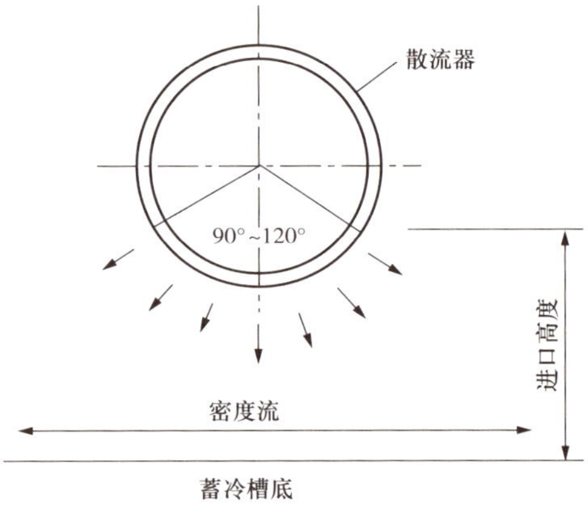

图 3-29　圆盘辐射形散流器结构示意图

水在蓄冷槽中均匀分配。

3）H 形散流器：H 形散流器结构如图 3-30 所示，主要用于长方体或立方体蓄冷装置。

4）八边形散流器：有单八边形和双八边形等形式，是在散流器直管段上开有形状、大小相同、间距相等的开口，较适用于圆柱形蓄冷装置。八边形散流器结构如图 3-31 所示。

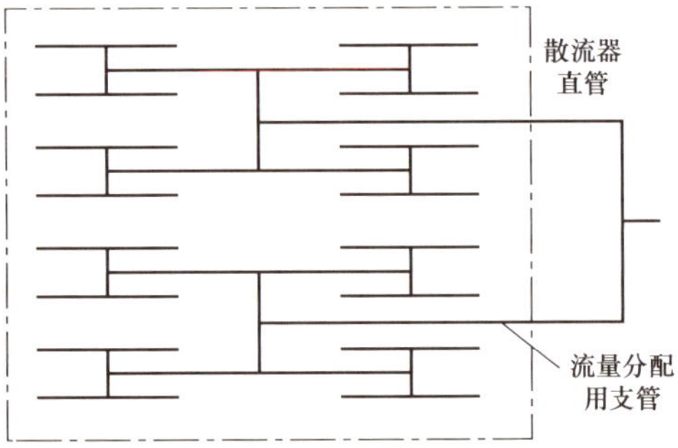

图 3-30　H 形散流器结构示意图

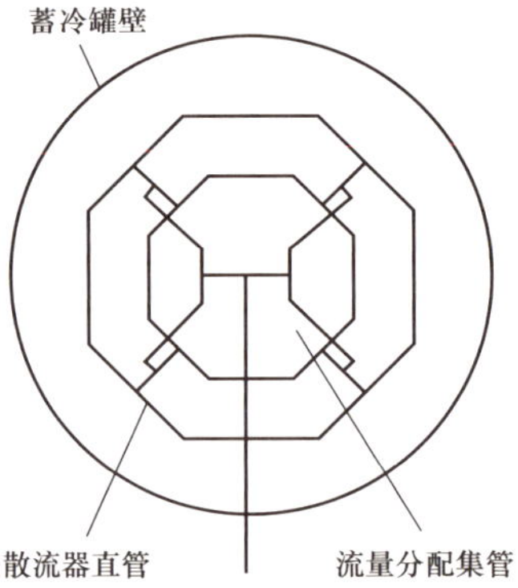

图 3-31　八边形散流器结构示意图

（3）水蓄冷装置性能分析。自然分层水蓄冷装置在蓄冷和释冷过程中的水温变化情况如图 3-32 所示。T_2 和 T_1' 曲线分别代表释冷时蓄冷装置的回水和出水温度特性曲线，T_2' 和 T_1 曲线分别代表在蓄冷过程中蓄冷装置出水和进水温度特性曲线。

在蓄冷过程中，斜温层逐渐上升，当上升到上部散流器时，从上部散流器流出水的温度将逐渐下降；当斜温层中的水全部被抽完时，温度下降得更快。在释冷过程中，斜温层逐渐下降，当斜温层中的水开始被下部散流器抽出时，水温开始升高；同样，当斜温层中的水将近被抽完时，水温迅速上升。一般来说，当释冷出水温度 T_1' 开始升高时，释冷过程也就将近结束；当升高到一定程度，即斜温层中的水快要抽完时，供冷水温就无法满足空调负荷要求了。与此同时，回流温水的温度也因供冷水温度的升高而上升（如图 3-33 中 T_2 曲线所示），此时应停止供冷；这时即可确定蓄冷装置可利用的蓄冷量的大小，蓄冷装置蓄冷水体积百分比一般考虑

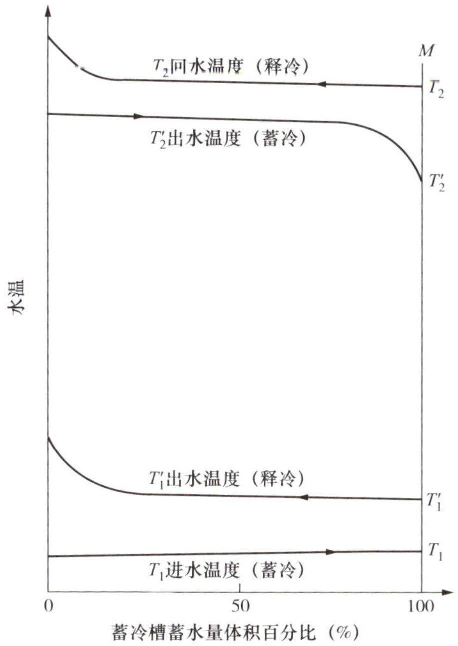

图 3–32　自然分层水蓄冷装置蓄冷释冷特性

在 90% 左右。在释冷过程中，供冷水温度升高的程度取决于蓄能装置中斜温层的厚薄，直接与散流器的设计、水流出散流器的速度、罐内及罐壁的传热有关。

1）蓄冷装置的冷量释放系数。由于在蓄冷装置中不可避免地存在温、冷水混合和通过斜温层的导热等现象，使蓄冷量减少，为了能表示出蓄冷装置的蓄冷性能，引用完善度（figure of merit，FOM）—冷量释放系数的概念。该系数考虑了由于斜温层热传导和混合造成的可用蓄冷量的损失，其定义为从蓄冷装置移走的冷量与理论可用蓄冷量之比。如图 3–33 所示为冷量释放系数的概念，面积 A 是纵坐标、M 线、T_2 曲线和 T_1' 曲线围成的面积，对应于释冷过程中从蓄冷装置中移走的总冷量；面积 B 是纵坐标、M 线、T_1' 曲线和 T_1 曲线围成的面积，对应于释冷过程中冷量损失。面积 A 加上面积 B 对应于根据蓄冷过程入口温度和释冷过程中回水温度得到的理论可用总冷量，因此冷量释放系数可用式（3–5）表示。

$$FOM = \frac{A}{A+B} \times 100\% \tag{3–5}$$

式中　A、B——分别表示围合的面积。

一个好的自然分层水蓄冷装置的释冷系数可达 93%，甚至更高。

蓄冷装置内冷水温升由下列三个因素造成，蓄冷槽冷损失示意图如图 3–34 所示。

a. 自外界传导至装置内的热量 b_1。

b. 由上回水在斜温层界面附近的热质交换所带入的热量 b_2。

c. 由回水的间接换热，回水与冷水交替与罐壁接触，以蓄冷装置构件及其热影响区温度起

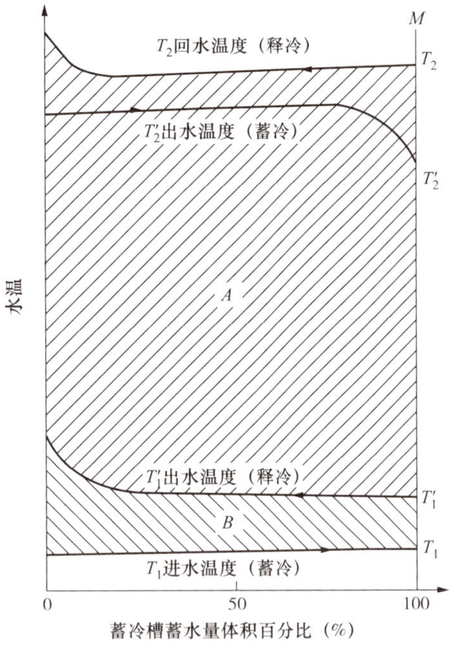

图 3–33　冷量释放系数的概念

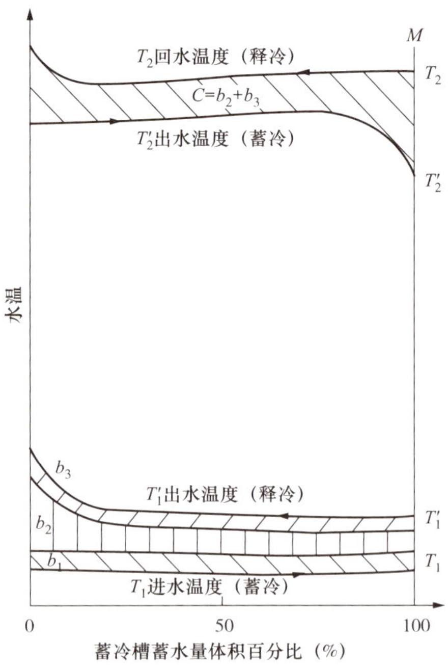

图 3–34　蓄冷槽冷损失示意图

伏为中介由回水导入的热量 b_3。

以上三者是蓄冷装置可供输出的冷量低于其输入冷量的全部原因所在。对照式（3–3）有

$$B=b_1+b_2+b_3 \tag{3-6}$$

$$FOM=\frac{A}{A+B}=1-\frac{B}{A+B}=1-\left(\frac{b_1}{A+B}+\frac{b_2}{A+B}+\frac{b_3}{A+B}\right)=1-(\Delta FOM_1+\Delta FOM_2+\Delta FOM_3) \tag{3-7}$$

式中　ΔFOM_1——由外界导入热量所致的冷量释放系数的降幅；

ΔFOM_2——斜温层界面附近的热质交换所致的冷量释放系数的降幅；

ΔFOM_3——以罐壁热影响区温度起伏为中介导入的热量所致的冷量释放系数的降幅。

2）蓄冷装置的效率和损耗率。尽管回水与冷水的热质交换使蓄冷装置输出的冷量减少，但过程中预冷了回水，使下一周蓄冷装置在充冷时冷水机组的进水温度下降，如图 3–34 所示，进水温度从 T_2 降至 T_2'，使制冷机组提供的冷量减少。因此，蓄冷装置的效率 η 可表示为

$$\eta=\frac{\text{向建筑物供给的冷量}}{\text{由冷水机组提供的冷量}}=\frac{A}{A+B-C} \tag{3-8}$$

由于 $C=b_2+b_3$，$B-C=b_1$，因此

$$\eta=\frac{A}{A+b_1}$$

蓄冷装置的损耗率用 δ 表示，则

$$\delta=\frac{\text{由外界导入蓄冷装置的热量}}{\text{由冷水机组提供的冷量}}=\frac{b_1}{A+B-C}=\frac{b_1}{A+b_1} \tag{3-9}$$

由于$\eta=\frac{A}{A+b_1}=1-\frac{b_1}{A+b_1}=1-\delta$，因此$\eta=1-\delta$。

蓄冷装置效率与冷量释放系数的含义不同，前者与槽内换热无关，而由外界导入的热量和槽内部的换热均可使冷量释放系数下降，因而$\eta > FOM$。

3）水蓄冷性能数值模拟。散流器的设计需要满足理论计算结果外，还可利用软件对其性能进行数值模拟，以验证蓄冷装置的性能。

蓄冷装置数值模拟，主要利用流体力学，将在时间域和空间域上连续的物理量，用一系列离散点上的变量值的集合来替代，并建立起反映这些离散点上场变量之间的代数方程组，然后求解代数方程组获得变量的近似值。可以利用 ANSYS 专业 CFD 软件对基本方程（质量守恒方程、动量守恒方程、能量守恒方程）控制下的流动过程进行数值模拟。

针对具体工程中的蓄冷装置的模拟，需先进行散流器理论计算及设计，然后用软件对蓄冷装置进行三维建模；通过设置直径、筒体长、封头长等参数，以及预设计的散流器，在软件内实现“微”制造蓄冷装置，将其外部及内部结构形象表达出来，蓄冷装置建模如图 3-35 所示，网格划分 1 如图 3-36 所示，网格划分 2 如图 3-37 所示，不同时刻蓄冷模拟过程如图 3-38 所示。

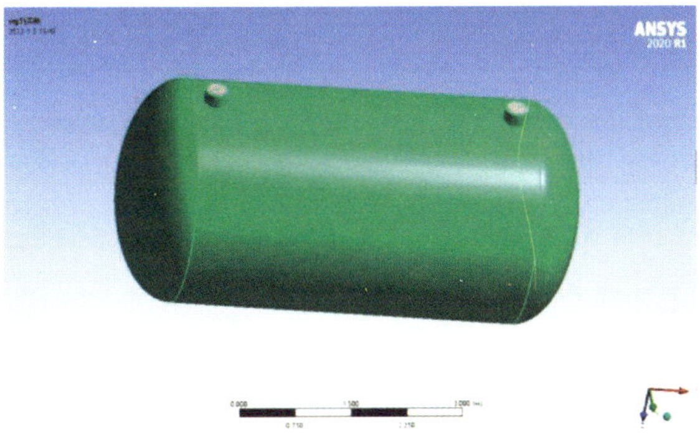

图 3-35　蓄冷装置建模

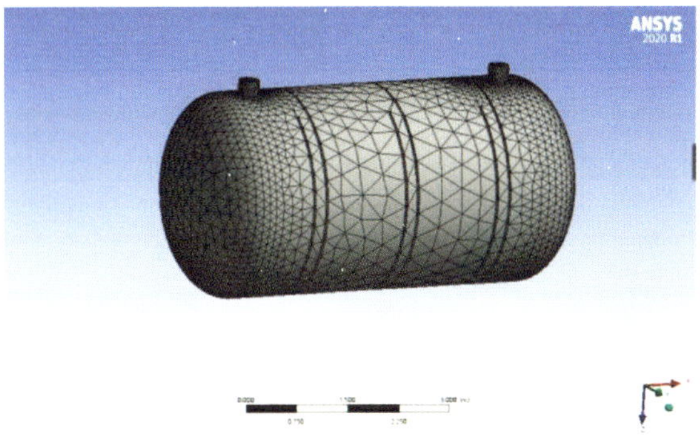

图 3-36　网格划分 1

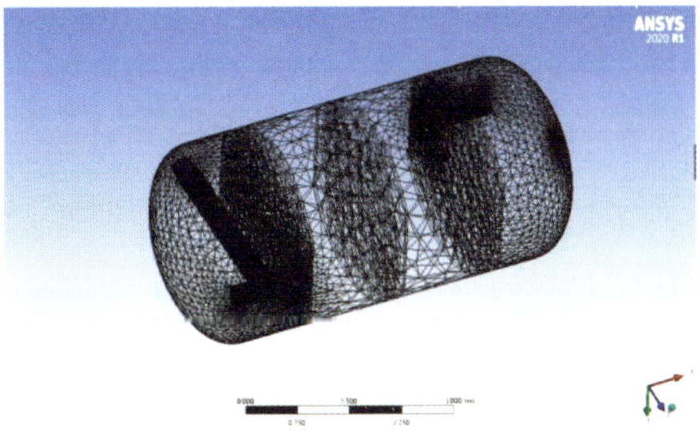

图 3-37　网格划分 2

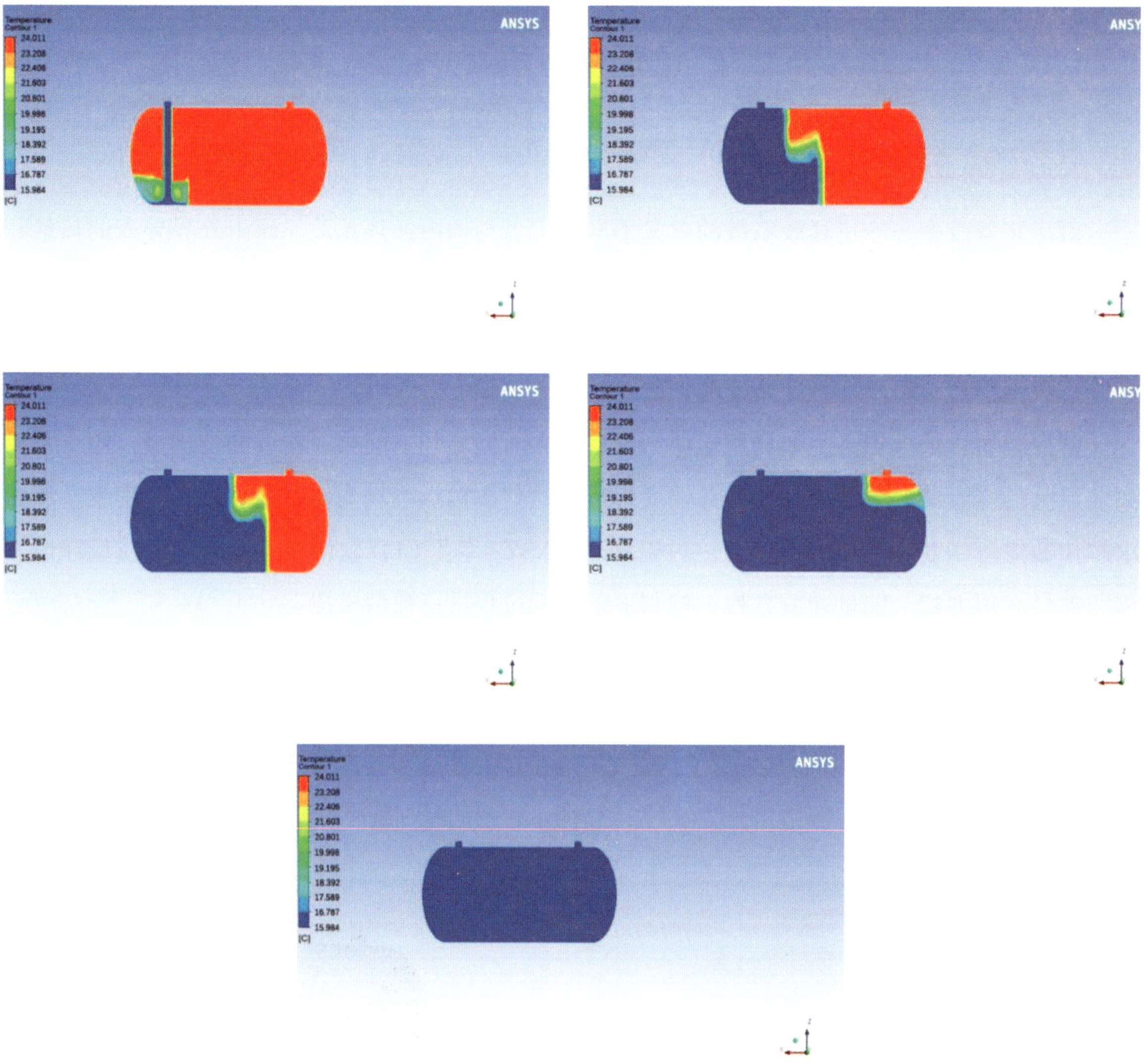

图 3-38　不同时刻蓄冷模拟过程

为方便软件模拟，考虑网格划分、计算等情况，需进行边界条件的设定，然后利用软件对模型进行网格划分。在蓄冷装置设计中，蓄冷装置进出水流量、运行时间等参数已确定，因此在前处理软件时，通过设定这些参数以及进出口边界条件、壁面边界条件等，进行蓄冷装置的“微”计算。

在前处理设定完毕之后，利用软件自行迭代计算，在计算过程中，可以观察其能量、动量变化过程，初步获得蓄冷装置的能量流失、温度分布状况、斜温层的分布状况、厚度及其他相关参数，从而进行蓄冷装置的优化设计，使得在规定的放冷时间下，蓄冷装置中水的流动状态趋于层流状态，且蓄冷装置的冷量利用率满足要求。

（4）水蓄冷系统要点。

1）蓄冷装置宜采用分层法，也可采用多槽法、隔膜法或迷宫法。其中，采用分层法时，如条件允许，蓄冷装置应尽可能加深，水流散流器应设计合理，使供水、回水在蓄冷和放冷循环中在装置内产生重力流，形成并保持一个斜温层，斜温层厚度不宜大于 0.5m。

2）根据自然分层蓄冷装置内的热力特性和蓄冷、放冷时蓄冷装置内水的流态要求，蓄冷装置内的温度以 4℃较合适，因为此时水的比重最大。为减少蓄冷装置建设费用和提高蓄冷密度，在条件允许时，蓄冷装置进水、出水温差应尽量选取较大值。

3）可充分利用工程项目的消防水池，将其改造成蓄冷水池，减少占用建筑面积和空间；蓄冷水池用于冬天蓄热时应另设置消防水池。

4）选择蓄冷装置材料时需要考虑初投资、槽体泄漏的可能性、地下布置的可行性和现场条件等因素。常用的蓄冷装置可以是焊接钢槽、装配式预应力混凝土或现场浇筑混凝土槽。

5）温度自然分层水蓄冷装置一般有圆柱形和长方形两种。其中，在相同蓄水体积时，圆柱形表面积与体积比最小，冷损失较少，投资较低；圆柱形蓄冷装置的高度直径比是设计时需要考虑的形状参数，一般通过技术经济比较来确定；斜温层的厚度与蓄冷装置的尺寸参数无关，提高高度直径之比能够减小斜温层在蓄冷装置中所占的份额，有利于提高蓄冷的效率，但这却又限制了散流器的长度，给散流器的设计增加了难度。由于立方体和长方体的蓄冷装置建造方便，并且可以与建筑物结构结合在一起，节省基建投资，因而也得到广泛的使用。

6）需要重视蓄冷装置的绝热。在进行绝热设计时要考虑蓄冷装置底部、槽壁的绝热。如果由底部传入的热量大于从侧壁导入的热量，则可能形成水温分布的逆转从而诱发对流，破坏分层效果；对于露天布置的蓄冷装置，在绝热层外还需覆盖防潮层、防护层；为减少太阳辐射作用，在防护层外还需施加带有反射效果的涂层。

三、冰蓄冷

冰蓄冷系统利用水与冰的相变潜热（335 kJ/kg）进行蓄冷和释冷。冰蓄冷系统的优点是蓄冷密度大、蓄冷温度几乎恒定，蓄冷槽体积小，占用空间少；缺点是系统需采用制冰和制冷双工况冷水机组，制冰过程蒸发温度较低，冷机能效比 *COP* 降低，系统管路复杂，设备技术要求高。冰蓄冷系统可制取 1~3℃的低温冷冻水，末端可采用低温送风系统，降低能耗。

（1）冰蓄冷分类及特点。冰蓄冷方式有多种，各种冰蓄冷技术在系统形式、性价比、运行维护、空间大小等方面均有差异。因此要进行技术经济综合分析、对比，做出合理选择。

1）动态型冰蓄冷——冰晶或冰泥、片冰滑落式。冰晶式蓄冷装置是将低浓度载冷剂冷却至 0℃以下，产生细小而均匀的冰晶，与载冷剂形成泥浆状的物质蓄存在蓄冷槽内的蓄冷方式。冰晶是直径约为 100μm 的冰粒与水的混合物，类似一种泥浆状的液冰，通常可以采用泵输送。冰晶式如图 3–39 所示。

片冰滑落式又称收冰式、片冰式，是一种采用在制冷机的板式蒸发器表面上不断冻结薄冰片，然后滑落至蓄冰槽内储存冷量的蓄冷方式，片冰滑落式如图 3–40 所示。某些制冰机同时也可以作为冷水机组，在制冷期间将空调回水在进入蓄冰槽之前先经过蒸发器预冷；蓄冰槽内

图 3-39　冰晶式

图 3-40　片冰滑落式

的片状冰可以实现快速融冰，24h 蓄存的冰 30min 可以全部融化，较适用于尖峰空调负荷集中的建筑。

2）盘管外结冰式——外融冰系统、内融冰系统。盘管外结冰式系统分为外融冰系统和内融冰系统。盘管的结冰机理一致，即盘管内低温制冷剂通过与管外温水换热。融冰过程中，若是高温回水直接进入冰槽，盘管外表面冰自外向内逐渐融化，此种系统为盘管外融冰系统；若由高温载冷剂在盘管内循环，盘管外冰自内向外逐渐融化，此种系统为盘管内融冰系统。

根据冻结形式的不同，盘管外结冰式又分成完全冻结式蓄冰盘管和不完全冻结式蓄冰盘管，区别是前者在融冰过程中，冰与盘管之间形成一个水环，随着水环直径的增大，融冰速率下降较快；而后者在融冰过程中始终保持冰与盘管的接触，保证了稳定的融冰速率及稳定的出口温度。

盘管的材质有钢制盘管、导热塑料盘管等，钢制盘管如图 3-41 所示、塑料盘管如图 3-42 所示。钢制盘管导热系数大，采用不完全冻结方式时，释冷速率稳定，缺点是易腐蚀（采用乙烯乙二醇溶液盘管内壁不能镀锌）；导热塑料盘管耐腐蚀性好，结冰冰层厚度薄，结冰时的热工性能与钢盘管相当，但其导热系数小，不适于采用完全冻结式。另外，外融冰盘管融冰性能

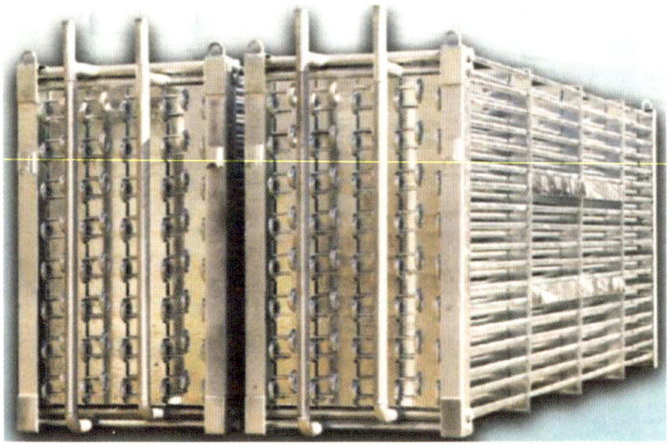

图 3-41　钢制盘管

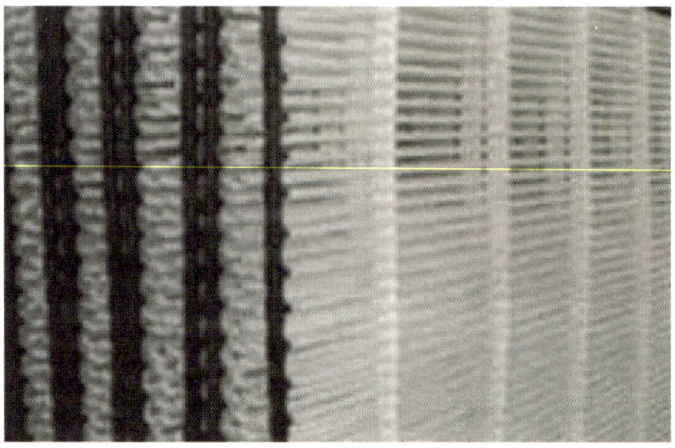

图 3-42　塑料盘管

与盘管的材料无关，融冰时具有同样的换热机理、换热系数基本相同，因此外融冰盘管融冰性能仅取决于换热面积的大小。

3）封装冰式——冰球、冰板、蕊芯冰球。封装式蓄冰是将封闭在一定形状塑料容器内的水制成固态冰的过程。按塑料容器形状可分为圆冰球形和冰板形，冰球又可分为圆形冰球、表面有凹凸波纹形冰球、蕊芯冰球等。凹式蓄冰球如图 3–43 所示，双金属蕊芯冰球如图 3–44 所示。

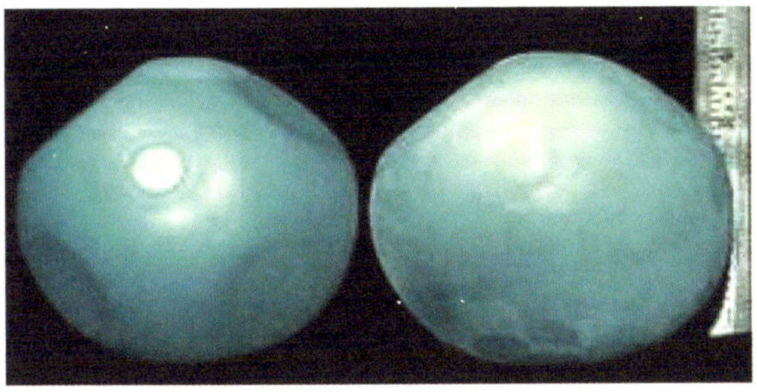

图 3–43 凹式蓄冰球

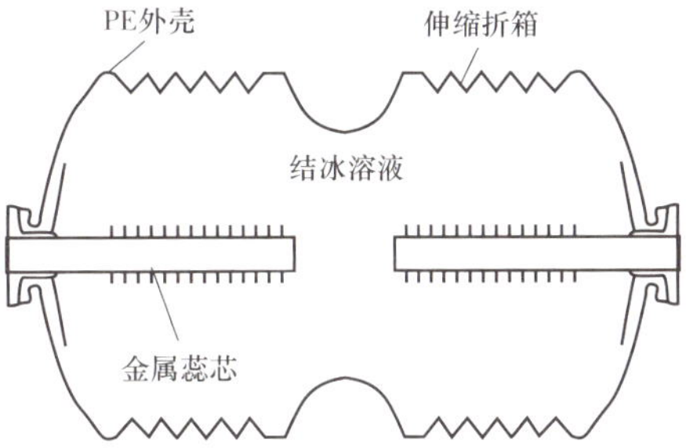

图 3–44 双金属蕊芯冰球

冰球外壳由高密度聚乙烯 HDPE 材料制成，球壳厚度 1.5mm，球内注满去离子水，相变温度一般为 0℃；为了加快结冰和融冰的速度并提高结冰温度，在冰球内的水中通常添加有成核剂；在结冰和融冰过程中，冰球通常浮在槽体内；冰板是由高密度聚乙烯材料制成，里面充满了去离子水，然后像砖块一样整齐地填满在钢制的蓄冰装置内；金属蕊芯冰球外壳是由高密度聚乙烯 PE 材料制成，其球体内置有金属蕊芯的配重，球内液体中 95% 为溶液、5% 为促凝剂（ICAR）；冰球内金属蕊芯的采用，既提高了传热效率，使冰球结冰、融冰速度加快，又可避免了开式系统中冰球结冰后的上浮现象。

（2）冰蓄冷性能指标。

1）制冷系统的蒸发温度。蓄冷空调系统特别是冰蓄冷式空调系统在蓄冷过程中，一般会造成制冷机组的蒸发温度的降低。理论上说蒸发温度每降低 1℃，制冷机组的平均耗电率增加 3%。因此在配置系统、选择蓄冷设备时应尽可能地提高制冷机组的蒸发温度。对于冰蓄冷系统，影响制冷机组的蒸发温度的主要因素是结冰厚度，制冰厚度越薄，蓄冷时所需制冷机组的蒸发温度较高，耗电量较少；但是制冰厚度太薄，则蓄冰设备盘管换热面积增加，槽体体积加大，因此应考虑经济厚度来控制制冷系统的蒸发温度。

2）名义蓄冷量与净可利用蓄冷量。名义蓄冷量是指由蓄冷设备生产厂商所定义的蓄冷设备的理论蓄冷量（一般比净可用蓄冷量大）；净可利用蓄冷量是指在一给定的蓄冷和释冷循环过程中，蓄冷设备在小于或等于可用供冷温度时所能提供的最大实际蓄冷量。

净可利用蓄冷量占名义蓄冷量的百分比例值是衡量蓄冷设备的一个重要指标，此比例值越大，则蓄冷设备的使用率越高，当然此数值受蓄冷系统很多因素的影响，如蓄冷系统的配置，设备的进出口温度等。对于冰蓄冷系统此数值可近似为融冰率。

3）制冰率与融冰率。目前制冰率（IPF）有两种定义，一个是指对于冰蓄冷式系统中，当完成一个蓄冷循环时，蓄冰容器内水量中冰所占的比例，另一个是指蓄冰槽内制冰容积与蓄冰槽容积之比；而融冰率是指在完成一个融冰释冷循环后，蓄冰容器内融化的冰占总结冰量的百分比。制冰率与融冰率这两个概念是冰蓄冷式系统中评价蓄冰设备的两个非常重要的数值，融冰率与系统的配置有关，对于串联式制冷机组下游的系统，蓄冷设备的融冰率较高，反之则较低；而并联系统的融冰率介于两者之间。

4）蓄冷特性与释冷特性。通常蓄冷系统的蓄冷温度取决于蓄冷速率和此刻蓄冷装置的状态特性，对于外融冰式系统，状态特性是指内管壁的结冰量。对于蓄冷时间短的蓄冰系统，需要较高的蓄冷速率，即指较低的（平均）蓄冷温度蓄冷；反之，蓄冷速率慢，蓄冷温度较高。

对于蓄冰式系统，在释冷循环过程中，若释冷温度保持不变，则释冷量会逐渐减少；或当释冷速率保持恒定时，释冷温度会逐渐上升。这对于完全冻结式，容器式蓄冷设备表现特别明显，这是由于盘管外和冰球内的冰在大部分是隔着一层水进行热交换融冰，同时换热面积是在动态变化；而对于制冰滑落式，冷媒盘管式蓄冷设备，温水与冰直接接触融冰，释冷温度相对保持稳定。

实际上，蓄冷设备很少保持释冷速率恒定不变，实际释冷速率取决于空调负荷曲线图，特别是最后几个小时的空调负荷值最为重要，决定了释冷循环中高释冷温度值。因此，对于同种类型的蓄冷设备，在实际释冷速率条件下，保持恒定释冷温度的时间越长的设备性能越好。

5）占地面积。业主与设计者应重点考虑蓄冷设备所占空间，特别是高楼林立的都市地区，寸土即寸金，有时为增加停车位，而放弃采用蓄冷空调系统。因此蓄冷量所占用体积或面积是衡量蓄冷设备的一项重要指标，应优先考虑占用空间少、布置灵活的蓄冷设备。

6）热损失。在设计蓄冷装置时应注意装置必须有足够的强度克服水、冰－水混合物或其他冷媒的静压，装置应做防腐防水处理，同时应防止水的蒸发，对于埋地式蓄冷装置，还须承受泥土和地表水对装置四周的压力。蓄冷装置一般每天有1%~5%的能量损失，其数值大小取决于装置的表面积、传热系数和内外温差，对于埋地式蓄冷装置设计时必须考虑其冷损失。蓄冷装置的材料可选用钢结构、混凝土、玻璃钢或塑料。

7）经济性。蓄冷系统无论是采用部分蓄冷还是全部蓄冷，其初期投资通常均比常规空调系统高，这就要求设计者应正确掌握建筑物空调负荷的时间变化特性，确定合理的蓄冷设备及其系统配置，制定系统运行策略，准确地做出经济分析，尽可能获得较短投资回收期。一般情况下，可以以单位可利用蓄冷量对应所需的费用来衡量蓄冷系统的优劣。

四、蓄冷系统运行控制

以电力制冷的空调工程，当符合下列条件之一，且经技术经济分析合理时，宜采用蓄冷空调系统：①执行分时电价，且空调冷负荷峰值的发生时刻与电力峰值的发生时刻接近、电网低谷时段的冷负荷较小的空调工程；②空调峰谷负荷相差悬殊且峰值负荷出现时段较短，采用常规空调系统时装机容量过大，且大部分时间处于低负荷下运行的空调工程；③电力容量或电力供应受到限制，蓄冷系统才能满足负荷要求的空调工程；④执行分时电价，且需要较低的冷水供水温度时；⑤要求部分时段有备用冷量，或有应急冷源需求的场所，如大型数据中心普遍采用的水蓄冷系统。

（1）蓄冷控制系统组成。蓄冷空调的控制系统比较复杂，与常规空调不同，不但要控制各系统设备的启停，还要控制空调 / 制冰工况的转换和供冷量分配的调节，应尽可能多地利用蓄冷装置内冷量以节约运行费用。控制系统是蓄冷空调经济运行基础，也是其得以广泛应用的关键，因此将控制系统作为蓄冷空调系统基本组成部分。

控制系统由中央管理工作站、通信系统、现场控制机、模拟信号转换接口、传感器、控件和执行机构组成，控制对象主要包括水泵、冷却塔、制冷机组、蓄冷装置、阀门和换热器等。

（2）蓄冷运行控制策略。与普通空调不同，蓄冷空调系统可以由制冷机组和蓄冷装置单独或同时为建筑物供冷，所以要确定在某一时刻，制冷机组与蓄冷装置各承担多少负荷，即针对每个时段各制冷设备间如何分配供冷的问题。以下是蓄冷系统的几种运行策略：

1）制冷机组优先。制冷机组优先的运行策略是指制冷机组优先供冷，而超出制冷机组供冷能力的部分由蓄冷装置提供。这种策略常用于单位制冷机组制冷量所需的费用低于单位蓄冷量所需的费用，通过减小空调尖峰负荷值大幅地减少系统的运行费用。

2）蓄冷装置优先。蓄冷装置优先是指蓄冷装置优先释冷，超过其释冷能力的部分由制冷机组提供。这种运行策略通常用于单位制冷机组制冷量所需费用高于单位需冷量所需的费用的情况。蓄冷装置优先的运行策略在控制上比制冷机组优先更为复杂。在下一个蓄冷过程开始之前，应充分利用可用的蓄冷容量，降低蓄冷系统的运行费用；同时还要避免蓄冷装置在释冷过程的前半段就将储存的大部分冷量释放，而在之后的尖峰负荷出现时，制冷机组和蓄冷装置无法满足空调负荷的现象，因此需合理控制蓄冷装置的剩余冷量。

3）负荷控制式（限制负荷式）。负荷控制式的运行策略是在电力负荷不足时，对制冷机组的供冷量进行限制的一种控制方法。通常情况下，此种方法是在受到电力负荷限制时采用，而超过制冷机组供冷能力的部分由蓄冷装置负责。

4）均衡负荷式。均衡负荷式的运行策略是指在部分蓄冷的系统中，制冷机组在设计日小时内满负荷运行；夜间满载蓄冷，白天当制冷机组产生的冷量大于空调所需冷负荷时，将满足所需冷负荷后剩下的冷量储存起来；当制冷机组的产冷量小于空调所需冷负荷时，不足的负荷由蓄冷装置完成。

5）预测控制。预测控制的运行策略是指对次日的冷负荷进行预测，根据预测结果对制冷机组的运行和蓄冷装置的蓄冷量进行合理的优化分配，使制冷机组在用电高峰期尽量减少运行。这种运行策略是在预测日负荷较小时，前一天在电力低谷期间储存供预测日一天所需的冷量，而不是全部蓄满，在预测日采用单融冷供冷的运行模式；而在预测日负荷较大时，前一天夜间将蓄冷装置全部蓄满，预测日通过优化运行合理分配制冷机组和蓄冷装置的供冷量，使供冷结束时蓄冷装置冷量全部用完，并且运行费用最低。

3.5.2 蓄热

蓄热设备在电、热两个系统之间加入储能（蓄热能）环节，在用电低谷时期启动电锅炉加热蓄热；用电高峰时释热，实现热力系统热负荷与电力系统可控可调的电负荷间的转换，一定程度上可缓解电网调峰和供暖需求之间的矛盾，既保障了供暖，降低了运行费用，又对电网的供电起到一定的削峰填谷作用。

一、蓄热设备分类与工作原理

蓄热电锅炉按照蓄热方式的不同，可以分为水蓄热、固体蓄热及相变蓄热 3 种类型。

（1）水蓄热。水蓄热将热能以高温热水形式储存在蓄热装置（水罐 / 箱）中，蓄热装置容积和蓄热温差决定了蓄能的大小，大容量蓄能需要配备的水罐 / 箱容积较大。水蓄热系统组成如图 3–45 所示。在夜间电力低谷时段，运行电锅炉，电力以热量的形式储存在蓄热装置中，将水加热到 80℃以上，并在白天用能时再将所储存的热量释放出来。蓄热系统利用峰谷电价差，可节省大量运行电费。设计时可以充分利用蓄热温差以减少蓄热装置的容积，并在有条件的情况下选择全量蓄热，即蓄热装置蓄满白天所需热负荷，进一步降低运行电费。

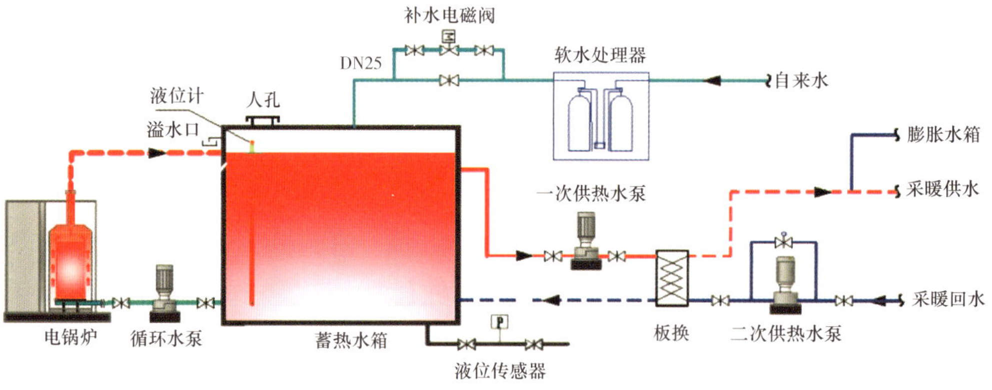

图 3–45 水蓄热系统图

（2）固体蓄热。固体蓄热以固体蓄热材料为储热介质，如氧化镁砖等，通过电发热元件将固体蓄热材料加热，使热能以显热的形式储存在固体蓄热材料中，再通过热风或高温水将热量传递出来，此种方式储热温度高，蓄热装置占地面积小。固体蓄热系统如图 3–46 所示。

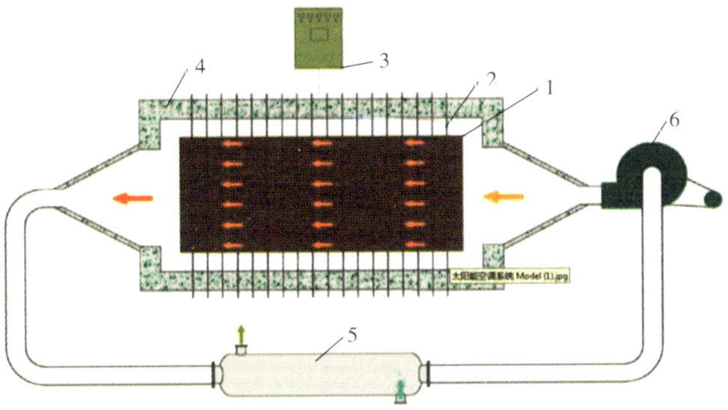

图 3-46　固体蓄热系统图

1—蓄热池；2—加热丝；3—控制柜；4—绝热层；5—换热器（发生器）；6—风机

（3）相变材料蓄热。相变材料蓄热以固液相变材料为储热介质，利用“固、液”变化吸收或释放的相变热进行储热，并通过板式换热器把热量交换到二次侧供向末端。相变蓄热材料密度高，蓄热量大，装置容积较小。相变蓄热系统如图 3–47 所示。

相变材料的蓄热过程如下：循环介质通道与待加热介质通道关闭，电加热装置开启。由电加热装置对蓄热材料进行加热，使蓄热材料逐渐发生相态变化，存储热量。待壳体内的所有蓄热材料均发生了相态变化时，相变蓄热装置的蓄热过程完成。放热过程则相反：电加热装置关闭，循环介质通道与待加热介质通道开启。内部循环介质从相变蓄热材料内经过，蓄热材料发生相态变化，加热内循环介质。内循环介质再经由外部的热交换器，加热待加热介质。当所有蓄热材料的相态变化均结束后，相变蓄热装置放热过程结束。

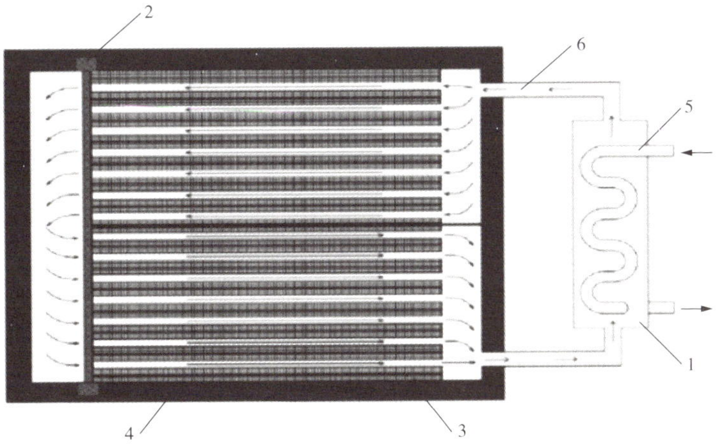

图 3-47　相变蓄热系统图

1—热交换器；2—电加热装置；3—相变蓄热材；4—保温材料，装置壳体；5—待加热介质通道；6—循环介质通道

各类型蓄热电锅炉供热特点对比见表 3–9。

表 3-9　　不同介质蓄热电锅炉对比表

项目	水		相变材料	固体材料
	承压水	常压水		
能量转化路径	电 – 高压热水 – 二次水	电 – 常压热水 – 二次水	电 – 相变材料 – 空气或二次水	电 – 固体 – 热风或高温水 – 二次水
热能转化次数	2	2	2	2
最佳蓄热温度（℃）	≤ 200	≤ 92	≤ 200	≤ 750
最佳取热温度（℃）	≥ 60	≥ 55	≥ 70	≥ 220
取热难度	对流好，传导、辐射较好	对流好，传导、辐射一般	对流好，传导、辐射一般	无对流，传导好、辐射较好
化学稳定性	稳定，有压	稳定，无压	不稳定，易升华	较稳定，热脆性大
性能稳定性	始终稳定不变	始终稳定不变	逐年衰减	逐年衰减
功率级别	电阻式 4MW 以内，电极式可达 100MW 级		MW 级	100MW 级
配套设施初投资	较高	低	较高	较高
蓄热设备容积	小	大	小	小
设备占地面积	小	大	小	小
单位面积投资（元 · m^2）	85~145	80~130	110~150	105~120
单位面积运行费用（元 · m^2）	17~23	13~16	18~25	20~25
性价比	技术较先进性价比较高	技术成熟性价比高	技术新颖稳定性不足	技术较新颖性价比较低
主要运用形式	用户侧煤改电，弃风风电供热火电机组灵活性改造		用户侧电能替代	大容量火电机组灵活性改造

二、蓄热设备运行控制

1. 水蓄热电锅炉运行控制

水蓄热锅炉主要有直供、全蓄热和半蓄热模式三种工作模式。直供模式是指电锅炉产生的热量实时提供给系统进行供热，而不采用蓄热装置储存热量；全蓄热模式指的是在电锅炉开启的时刻，不向系统提供热量，把全部的热量转移至蓄热装置进行储存备用，在热负荷高峰时刻再将其释放；在半蓄热模式下，电锅炉工作时产生的热量一部分直接提供给系统，满足系统的部分热需求，而另一部分则储存至蓄热装置中。

水蓄热电锅炉的优化调度，是以满足用户的电、热等负荷的需求为基本目标，同时以电负荷、热负荷以及可再生能源出力（如有）的日前预测值为基线，基于一定的优化原则，应用优化算法，得到各类电源设备和蓄能设备次日的调度计划。

2. 固体蓄热电锅炉运行控制

电加热固体蓄能供热系统属于大滞后系统，总体控制策略采用串级控制系统，该控制系统可以有效地减小供热系统的容量滞后，提升系统总体的控制品质。

蓄热体在蓄热时间开始时，电加热丝开始工作，在非蓄热时间内电加热丝停止工作，并设置温度的上、下限值，当检测系统采集的蓄热砖温度高于设置的温度上限值时或者达到蓄热时间时，电加热丝停止工作；当温度低于设置的温度下限值时，电加热丝重新启动。

当系统开始运行时，由于系统需要快速进入供暖状态，蓄热装置内变频风机均需工频启动，同时为系统中二次供水温度的目标值设定一个上、下限值，当系统供水温度超过设定上限值时，风机逐台进入变频状态，从而使供水温度保持在一个稳定的范围之内。

蓄热装置内循环泵的工作频率根据室外温度的变化和设计热负荷采用分级量调节控制，在整个供暖期中根据室外温度分成数个阶段，每个阶段对应一个室外温度区间，且在每个温度区间内，循环泵的流量保持不变，调节方式为逐渐改变二次供水温度的质调节。

3.6 冷（热）水系统及其主要设备

3.6.1 空调冷（热）水系统

一、冷（热）水系统

冷、热源设备产生的空调冷、热水通过水泵和相应的水管道，输送至房间或空调区域的末端设备，承担相应的空调负荷，对空调区域进行制冷或供暖。根据水系统的特点，对空调冷（热）水系统所形成的基本形式和构成可进行如下分类：按照空调末端设备的水流程，可分为同程系统和异程系统；按系统水压特征，可分为开式系统和闭式系统；按照冷、热管道的设置方式，可分为两管制系统和四管制系统；按照末端用户侧水流量的特征，可分为定流量系统和变流量系统。

1. 同程系统和异程系统

（1）同程系统：供水与回水管中水的流向相同，流经每个环路的管路长度相同。同程系统优点是水量分配比较均匀，较易水力平衡；但同时由于需设同程管道，管路长度增加，压力损失增大，初投资增加。

（2）异程系统：供水与回水管中水的流向相反，每个环路管路长度不同。异程系统优点是无须设回程管道，初投资相对较低；但系统较大时，水力平衡比较困难，需要增设平衡阀。

2. 开式系统和闭式系统

（1）开式系统：管路系统与大气相通，但系统内的溶解氧多，管网和设备易腐蚀；需要增加克服静水压力的额外能耗，输送能耗较高。

（2）闭式系统：管路系统与大气不相通或仅在膨胀水箱处局部与大气有接触，氧腐蚀的概率较小；不需要克服静水压力，水泵扬程较低，输送能耗较低。

3. 两管制系统和四管制系统

（1）两管制系统：供冷和供热合用同一管网系统，随季节的变化而进行转换。优点是管网系统简单，占用建筑空间小，初投资低；缺点是不适用于需要同时供冷供热的建筑。

（2）四管制系统：供冷与供热分别设置两套管网系统，可以同时进行供冷或供热；缺点是其管路系统复杂，占用建筑空间多，初投资较高。

4. 定流量系统和变流量系统

将空调水系统从位置构成上分为两部分：冷、热源侧水系统和用户侧水系统。对于“定流量系统”与“变流量系统”的区分是针对用户侧而言的：在系统运行时，若用户侧的系统总水量处于实时变化过程，则将此水系统定义为变流量水系统；反之，则称为定流量水系统。

（1）定流量系统：定流量系统是指用户侧的实时系统总水量保持恒定不变（或者总流量只是按照水泵运行台数呈现“阶梯式”的变化）。对于房间的温度等参数控制而言，只能依靠改变末端装置的风量或者通过三通阀改变进入末端装置的水量（而不能实时改变输配管路水流量）等手段来进行控制，或者不进行室内参数控制。

（2）变流量系统：用户侧的系统总水量随着末端装置流量的自动调节而实时变化。

二、冷却水系统

制冷系统需要对冷凝器进行冷却，一般分为风冷冷凝器和水冷冷凝器两种基本形式。采用风冷冷凝器的冷水机组时，通常是以一个整体机组的形式出现，需合理选择整体设备。而采用水冷式冷凝器的冷却水设计要求，其重点是应设计合理的冷却水系统，保证冷水机组的正常运行。

目前水冷式冷凝器在空调系统中主要有两种形式：一种是为集中空调系统提供冷水的冷水机组的冷凝器；另一种是分散设置的直接膨胀式空调机组中的水冷冷凝器（例如：水环式热泵空调机组、机房专用水冷式空调机组等）。通常前者称为“集中空调冷却水系统”，后者称为“用户冷却水系统”。

与空调冷（热）水系统类似，冷却水系统也可以分为开式系统和闭式系统。开式系统由于水与空气存在接触，水中有可能慢慢地积存溶解氧，冷却水中也更容易进入杂质，当用于“用户冷却水系统”时，对于多个用户及管网的维护清洁与正常运行不利，因此开式系统一般多用于“集中空调冷却水系统”；闭式冷却水系统的冷却水与空气处于隔绝状态，在应用上对于“用户冷却水系统”和“集中空调冷却水系统”均适用。在保证冷却效率的情况下，由于闭式冷却塔投资较大，闭式系统的投资通常都高于开式系统。

3.6.2 水系统中的主要设备

一、水泵

（1）常用水泵及其工作原理。水泵是输送液体或使液体增压的机械。水泵将原动机的机械能或其他外部能量传送给液体，使液体能量增加，主要用来输送液体包括水、油、酸碱液、乳化液、悬乳液和液态金属等。也可输送液体、气体混合物以及含悬浮固体物的液体。水泵性能的技术参数有流量、吸程、扬程、轴功率、水功率、效率等；根据不同的工作原理可分为容积水泵、叶片泵等类型。其中，容积泵是利用其工作室容积的变化来传递能量；叶片泵是利用回转叶片与水的相互作用来传递能量，有离心泵、轴流泵和混流泵等类型。

暖通系统中常采用离心泵，主要有端吸泵、双吸泵、管道泵等。端吸泵如图 3–48 所示、双吸泵如图 3–49 所示、管道泵如图 3–50 所示。一般采用管道泵和单级端吸泵，流量大时可采用单级双吸泵；有特定要求高扬程、小流量的情况时，有时采用多级泵。

图 3–48　端吸泵

图 3–49　双吸泵

图 3–50　管道泵

（2）水泵性能曲线。暖通空调常用的离心泵性能曲线一般有三种类型，三种 G–H 性能曲线如图 3–51 所示，分为平坦型、陡降型和驼峰型。其中，平坦型曲线，在流量变化较大时仍能保持基本恒定的扬程；陡降型，流量变化时，扬程的变化相对较大；而驼峰型，当流量增加时，对应的扬程逐渐升高，达到最高值后逐渐下降，在一定运行工况，水泵可能出现不稳定工作。

常用的单级单吸离心泵性能曲线（G–H 曲线）如图 3–52 所示。

水泵流量、扬程、轴功率和转速之间的关系为

$$G_1 / G_2 = n_1 / n_2 \tag{3-10}$$

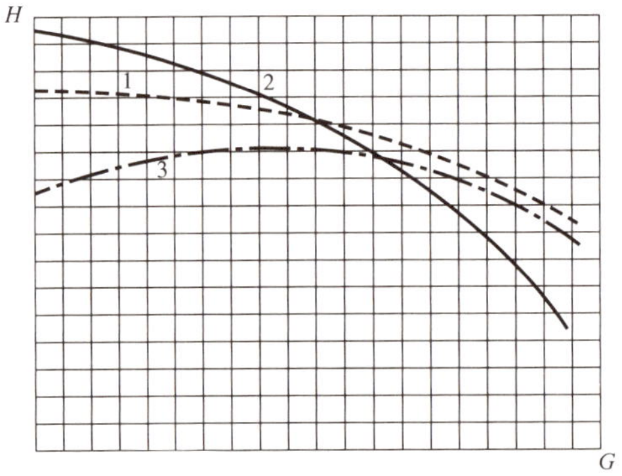

图 3-51　三种 *G–H*（流量 – 扬程）性能曲线

1—平坦型；2—陡降型；3—驼峰型

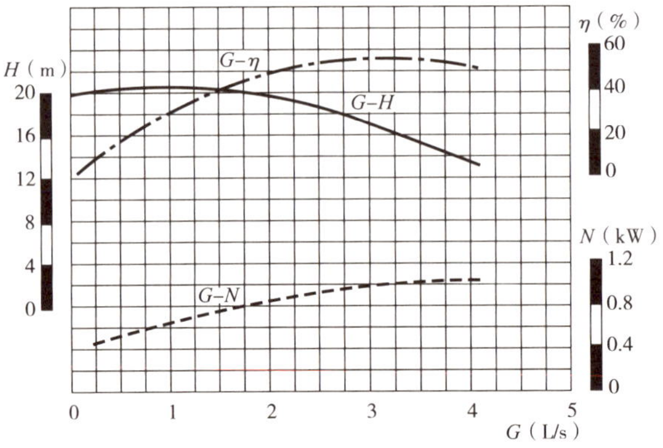

图 3-52　单级单吸离心泵性能曲线

$$H_1 / H_2 = (n_1 / n_2)^2 \quad (3\text{–}11)$$

$$N_1 / N_2 = (n_1 / n_2)^3 \quad (3\text{–}12)$$

式中　G_1——叶轮转速为 n_1（r/min）时的流量，m^3/h；

H_1——叶轮转速为 n_1（r/min）时的扬程，m；

N_1——叶轮转速为 n_1（r/min）时的轴功率，kW；

G_2——叶轮转速为 n_2（r/min）时的流量，m^3/h；

H_2——叶轮转速为 n_2（r/min）时的扬程，m；

N_2——叶轮转速为 n_2（r/min）时的轴功率，kW。

水泵接入管路系统，其工作状态不仅决定于泵本身的性能，还和管路系统的状况有关；将泵的性能曲线和管路特性曲线按比例绘制在一张图上，得到的交点即为泵在管路系统中运行的工作状态点。

（3）空调水系统循环水泵的设计与配置原则：

1）两管制空调水系统，宜分别设置冷水和热水循环泵。

2）若冷水循环泵兼作热水循环泵使用时，冬季输送热水时宜改变水泵的转速，使水泵运行台数、流量、扬程与系统工况相吻合。

3）除采用模块式等小型机组和一次泵（变频）变流量系统的情况外，一次泵系统循环水泵及二次泵系统中的一级冷水泵，应与冷水机组的台数和流量对应。

4）二次泵系统中的二级冷水泵，应按系统的分区和每个分区的流量计运行调节方式确定，每个分区不宜少于 2 台，且应采用变频调速泵。

5）热水循环泵的台数应根据空调热水系统的规模和运行调节方式确定，不应少于 2 台，应考虑备用泵，且宜采用变频调速。

6）耗电输冷（热）比校核。耗电输冷（热）比［$EC(H)R\text{-}a$］是设计工况下，空调冷（热）水系统循环水泵总功耗与设计冷（热）负荷的比值，反映了空调水系统中循环水泵的耗电与建筑冷热负荷的关系，对此值进行限制是为了保证水泵的选择在合理的范围，降低水泵能耗。选择空调水系统循环水泵时，必须根据 GB 50189—2015《公共建筑节能设计标准》有关规定，校核其耗电输冷（热）比，确保符合节能原则。

（4）水泵扬程。

1）一次泵系统：闭式循环系统应按管路和管件阻力、自控阀及过滤器阻力、冷水机组的蒸发器（或换热器）阻力、末端设备的换热器阻力之和计算；开式系统除上述阻力之外，还应包括从蓄水池或蓄冷水池最低水位到末端设备之间的高度差，如设喷淋室，末端设备的换热器阻力应以喷嘴前的必要压头代替。

2）二次泵系统：闭式循环系统一级泵扬程应按冷源侧的管路和管件阻力、自控阀及过滤器阻力、冷水机组的蒸发器阻力之和计算；开式系统一级泵扬程还应包括从蓄水池或蓄冷水池的最低水位到冷水机组的蒸发器之间的高度差；闭式循环系统二级泵扬程应按负荷侧的管路和管件阻力、自控阀与过滤器阻力、末端设备的换热器阻力之和计算；开式系统二级泵扬程还应包括从蓄水池或蓄冷水池最低水位到末端设备的高度差。

3）水泵扬程应增加 5%~10% 的裕量。

二、冷却塔

冷却塔是用水作为循环冷却工质，从系统中吸收热量排放至大气中，以降低水温的装置。冷却塔利用水与空气流动接触后进行冷热交换，降低冷却塔内水的温度，以保证系统的正常运行。

（1）冷却塔的分类。

1）按通风方式分类：自然通风冷却塔、机械通风冷却塔、混合通风冷却塔和引射式冷却塔。

2）按冷却方式分类：直接蒸发式冷却塔、间接蒸发式（闭式）冷却塔和混合冷却式冷却塔。

3）按水与空气的流向分类：逆流式冷却塔、横流式冷却塔和混流式冷却塔。

各类冷却塔的结构原理图如图 3–53~ 图 3–57 所示，其中闭式冷却塔结构原理图如图 3–53

所示，逆流引风式冷却塔结构原理图如图 3–54 所示，逆流鼓风式冷却塔结构原理图如图 3–55 所示，横流式冷却塔结构原理图如图 3–56 所示，引射式冷却塔结构原理图如图 3–57 所示。

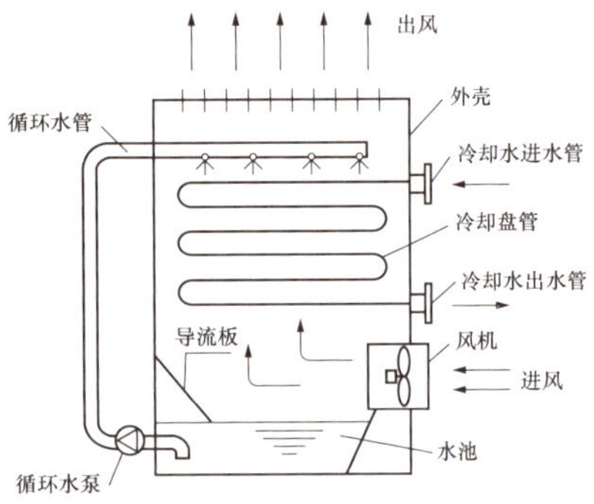

图 3–53　闭式冷却塔结构原理图

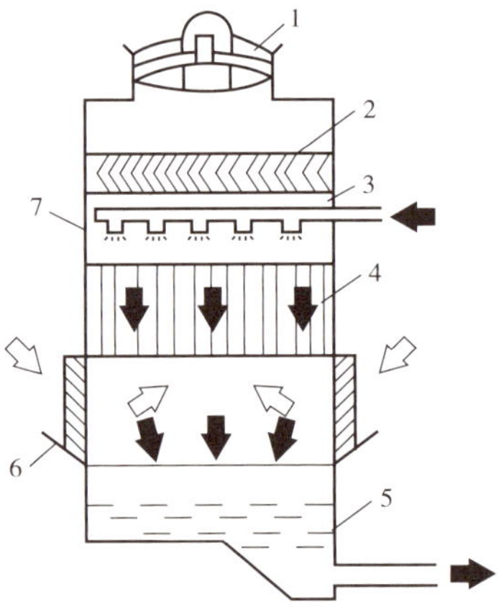

图 3–54　逆流引风式冷却塔结构原理图

1—风机；2—挡水扳；3—洒水装置；4—充填层；5—下部水槽；6—百叶格；7—塔体

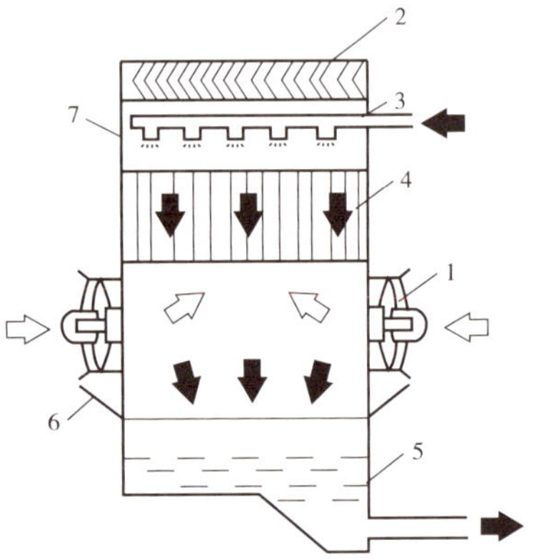

图 3–55　逆流鼓风式冷却塔结构原理图

1—风机；2—挡水扳；3—洒水装置；4—充填层；5—下部水槽；6—百叶格；7—塔体

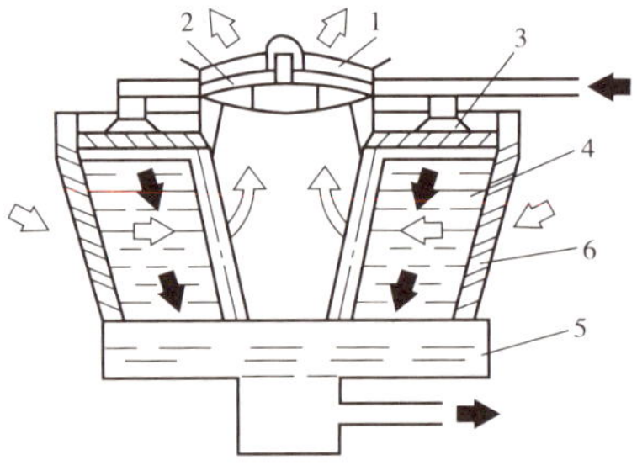

图 3–56　横流式冷却塔结构原理图

1—风机；2—挡水扳；3—洒水装置；4—充填层；5—下部水槽；6—百叶格；7—塔体

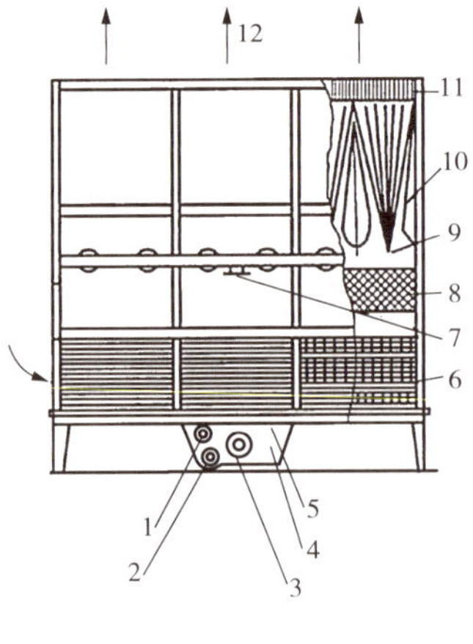

图 3–57　引射式冷却塔结构原理图

1—溢水口；2—排水口；3—冷水出口；4—手动补给水；5—自动补给水口；6—进风口；7—热水出口管；8—散热材料；9—喷管；10—扩散器；11—挡水器；12—空气出口

逆流或横流形式的机械通风直接蒸发式冷却塔较为常用。冷却塔应选用阻燃性材料制作，并符合防火要求。

（2）各类冷却塔的特点。

1）逆流塔（引风式）：空气与水逆向流动，换热得到优化；换热段为负压，气流的分布较均匀；进、出风口的高度差较大，不容易形成出风气流的短路；塔体本身对空气形成了一定的自然对流作用，可以使得同样冷却风量下的风机容量有所减少；进塔水压要求较低，有利于减少冷却泵的扬程；平面尺寸较小，有利于布置。

2）逆流塔（鼓风式）：空气与水逆向流动换热；换热段处于正压，气流的分布存在不均匀情况，且塔体内部略有热风再循环的情况出现；同样冷却风量下的电气安装容量比引风式略高，进塔水压要求较低，有利于减少冷却泵的扬程；平面尺寸较小有利于布置；风机风压可加大适合于安装地点自然通风不良的场所。

3）横流塔：空气与水交叉流动，换热效率低于逆流塔；换热段为负压，气流的分布较均匀；进、出风口的高度差较小，容易形成出风气流的短路；同样冷却风量下的风机容量略大于逆流塔；进塔水压要求较低，有利于减少冷却泵的扬程；平面尺寸相对较小有利于布置；出风口顶部不应有遮挡物以减少短路现象。

4）闭式塔：闭式塔系统有利于保持冷却水的水质；空气与水逆向流动，换热流程较好；换热段处于正压，气流的分布存在不均匀情况；进、出风口的高度差较大，不容易形成进出风气流短路；由于含有风机和蒸发水循环水泵，电气安装容量大；冷却盘管阻力较大因而对进塔水压要求较高，导致冷却泵的扬程需求增加；平面尺寸相对较大，设备多、重量大。闭式塔的应用场所：对冷却水水质要求较严格的系统（例如水环式热泵系统等）以及冷却塔安装位置低于冷水机组的场所。

5）引射塔：利用水喷雾形成的引射作用，诱导空气进入塔内与水进行热交换，因此不需要安装风机。运行噪射声较低、稳定性好；出风口的风速较低，上方稍有遮挡就容易形成出风气流的短路；由于要求的喷水流速较高，因此进塔水压要求高，冷却泵的扬程应加大；平面尺寸相对较大，设备多、重量大。引射塔的应用场所：适用于小型空调系统。

（3）冷却塔的环境影响。

冷却塔作为换热设备，对环境有一定要求，布置时需要考虑良好的换热条件。将冷却塔置于较为空旷的室外场所或屋面上，以保证其进风风量和进风温度。另外，在供暖室外计算温度0℃以下的地区，冬季运行的冷却塔应采取防冻措施，冬季不运行的冷却塔及其室外管道应能排空。

多台冷却塔通过共用供回水总管与制冷机房连接时，应防止部分运行时冷却塔存水盘抽空，可考虑采用提高安装高度、加深存水盘、设置连通管等措施。

冷却塔运行时，会产生一定的噪声，设计布置冷却塔时，必须充分考虑并注意防止产生噪声对环境的污染。

三、水处理设备

对于目前常用的开式冷却水系统，由于水和空气接触、水的蒸发等原因，导致水中溶解氧含量达到饱和、钙离子析出结垢以及灰尘、杂质的增加乃至微生物的滋生，会对金属管道的电化学腐蚀、影响换热器传热等。闭式冷、热水系统中，由于水温的变化、系统的补水，也容易产生溶解氧和结垢的情况。因此，开式和闭式水系统，都应该考虑适当的水处理措施。GB/T 29044—2012《采暖空调系统水质》对冷却水、冷冻水的水质提出了相关要求。

冷却水、冷冻水处理方法有物理水处理法和化学水处理法两大类。

（1）物理水处理法。采用物理水处理法的设备主要有内磁型水处理器、电子型水处理器。物理水处理法的工作原理是装置产生的磁场或电场改变了水分子的物理结构，使水中的钙镁离子无法与碳酸根结合成碳酸钙和碳酸镁，从而达到防垢效果；同时，磁场或电场它们又能破坏垢分子之间的结合力，改变其晶体结构，使垢物疏松、剥落达到除垢目的。物理处理装置使用简单，无须保养、管理，也不占机房面积，在中小工程中应用广泛。

（2）化学水处理法。化学水处理法是利用在水系统中添加化学药物，进行管道初次化学清洗、镀膜，达到缓蚀、阻垢、灭菌灭藻的目的。

水处理的投放药物应根据当地的水质情况，按照同家有关标准的规定实施，并应定期进行水质分析，随时调整药物成分与剂量，可采用膨胀水箱内加药、加药罐旁通加药、自动加药装置加药等。

四、定压设备

定压设备的定压点，即为定压设备与水系统的连接点。定压点需要保证系统内任何一点不出现负压或者气化。定压点的确定既与定压点的位置有关，也与定压压力有关。常用的定压设备主要有开式膨胀水箱和闭式气体定压罐。

（1）开式膨胀水箱。开式膨胀水箱的优点是：结构简单、造价低、对系统的水压稳定性好、补水控制方便，是设计时优选的定压设备；缺点是：设置位置必须高于系统的最高点，且由于与大气有直接接触，对系统水质略有影响。在寒冷和严寒地区，需注意水箱间的防冻问题。

（2）闭式气体定压罐。闭式气体定压罐通常采用隔膜式，空气与水完全分开，系统水质能得到较好的保持；同时，其闭式定压可使其设置位置不受系统高度限制，可设置在冷热源机房内。闭式气体定压罐的缺点是压力的波动较大，造价相对较高，常适用于无法设置膨胀水箱的系统之中。

4

电能的源网荷储设备

光伏发电、电储能、电动汽车充电是智慧综合能源工程最常见的要素，与一般电负荷及配电设备一起可统称为电能的源网荷储设备。光伏发电系统和储能设备可以简单工作于分布式电源模式，也可以与负荷一起构成微电网，按微电网模式运行控制。微电网具有很多优点，在智慧综合能源工程具有良好的应用前景，是未来重要发展方向。

4.1 光伏发电系统

4.1.1 光伏发电系统组成

光伏发电系统由光伏组件、逆变器、组件支架、直交流接线箱及计量、监控等设备构成。光伏发电系统可分为并网型和独立型两种，并网和独立光伏发电系统分别如图 4–1 和图 4–2 所示。

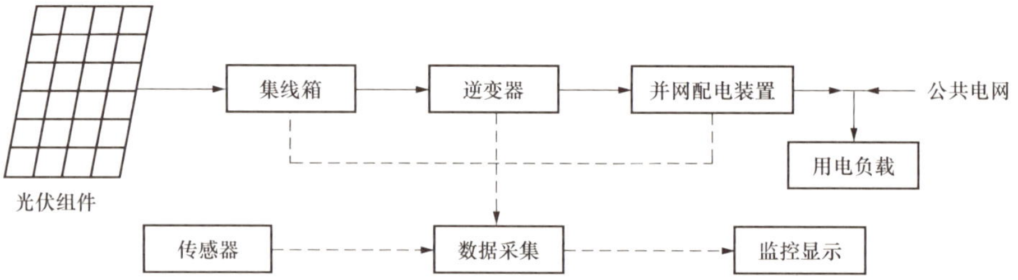

图 4–1　并网光伏发电系统示意图

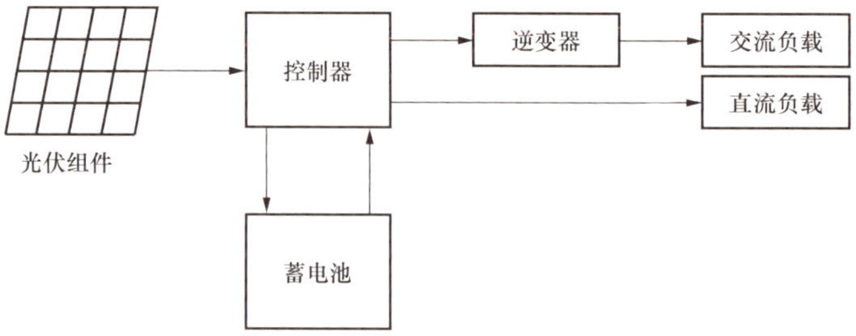

图 4–2　独立光伏发电系统示意图

在图 4–1 中，光伏组件的作用是将太阳的辐射能转换为直流电；逆变器将光伏组件发出的直流电逆变成交流电，然后经并网配电装置并入公共电网；具备一定规模的光伏发电系统，通常还配备有监控系统等设施。综合能源系统工程中的光伏发电系统大部分是并网光伏发电系统。

独立光伏发电系统通常由光伏组件及与之相连的蓄电池组成。独立型光伏系统的供电可靠性受气象、环境、负荷等因素影响很大，稳定性相对较差，一般需要加装蓄电池和控制器，有阳光时，光伏组件给负荷提供功率并给蓄电池充电，其他情况由蓄电池为负荷供电。独立光伏发电系统主要用于偏远地区、海岛等，解决无电网供电问题。

4.1.2 光伏电池与光伏组件

光伏电池（单体）是太阳能光伏发电的最小单元，尺寸一般为 20mm × 20mm 到 210mm × 210mm 不等，输出电压为 0.45~0.5 V，工作电流为 20~25 mA/cm^2，一般不能单独作为电源使用；将光伏电池单体进行串、并联并封装后，成为光伏组件；光伏组件发电功率一般为几瓦至几十瓦、百余瓦；大量的光伏组件在位置上按一定顺序排列布置，在电气上经过串并联，构成光伏组件方阵（光伏阵列）。

一、光电效应

光伏电池发电基本原理是利用光照射于半导体时引起的光电效应。光伏发电基本原理－光电效应如图 4–3 所示。光伏电池的基本特性和二极管类似，可以用简单的 PN 结来说明，当具有适当能量的光子入射于半导体时，光与构成半导体的材料相互作用产生电子和空穴（因失去电子而带正的电荷），如半导体中存在 PN 结，则电子向 N 型半导体扩散，空穴向 P 型半导体扩散，并分别聚集于两个电极部分，即负电荷和正电荷聚集于两端，形成两个电极；如用导线连接这两个电极，就有电荷流动产生电能。

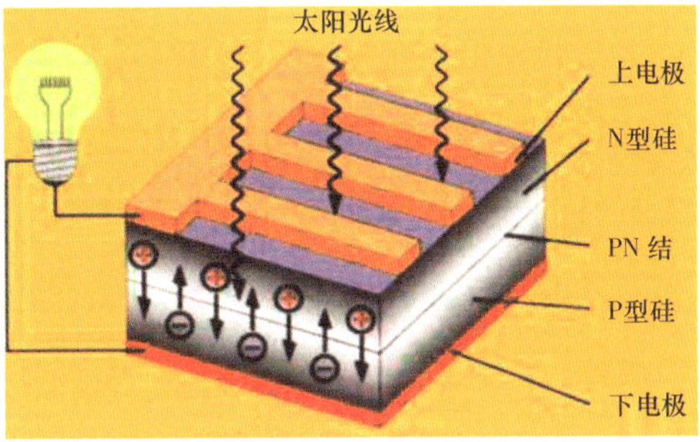

图 4–3　光伏发电基本原理－光电效应

二、光伏电池

光伏发电工程中常见的光伏电池种类很多。按所用材料可分为硅光伏电池和化合物光伏电池两大类，其中硅光伏电池又可分为晶体硅、非晶体硅两种。晶体硅光伏电池还可再分为单晶硅、多晶硅，光伏电池及光伏组件示例如图 4–4 所示，其中多晶硅光伏电池又可分为铸造多

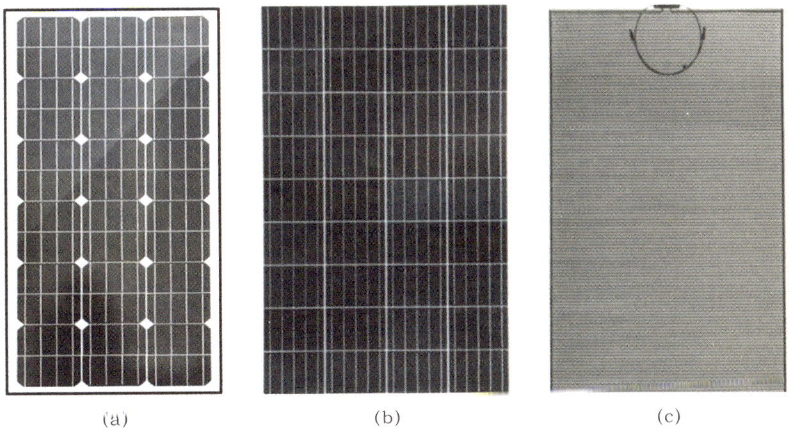

图 4–4　光伏电池及光伏组件示例

（a）单晶硅电池组件；（b）多晶硅电池组件；（c）薄膜电池组件

晶硅、带状多晶硅和薄膜状多晶硅等。光伏电池按构造形式大体可分为片状、薄膜状两种。片状光伏电池包括单晶硅、多晶硅或其他材料的片状光伏电池；薄膜状光伏电池又包括非晶硅电池、化合物光伏电池。

（1）单晶硅光伏电池。单晶硅电池是最早出现，工艺最为成熟的太阳能光伏电池，也是大规模生产的硅基太阳能电池中效率最高的。单晶硅光伏电池以高纯度的单晶硅棒为原料，进行切割、打磨，制成单晶硅片，在单晶硅片上经过印刷电极、封装等流程制成。大规模生产的单晶硅电池效率可以达到 16%~24%。单晶硅棒的生产多采用拉制，形状呈圆柱状，用此制作的光伏电池必须是圆形或圆角方形，在光伏组件上布置时平面利用率较低。另外由于采用了切割、打磨等工艺，也会造成原料的损失。

（2）多晶硅光伏电池。多晶硅光伏电池是以多晶硅材料为基体的光伏电池。多晶硅材料多以浇铸代替单晶硅的拉制过程，生产时间缩短，制造成本降低，成品形状不受限制，可以做成方便光伏组件布置的方形，与单晶硅光伏电池相比，具有一定竞争优势。多晶硅电池发电效率可达到 14%~19%，略低于单晶硅电池的水平；和单晶硅电池相比，多晶硅电池虽然效率有所降低，但是节约能源，节省硅原料，达到工艺成本和效率的平衡。

（3）非晶硅薄膜电池。非晶硅电池在不同衬底上附着非晶态硅晶粒制成，制造过程较单晶硅和多晶硅大大简化，硅材料消耗少，衬底廉价，并且可以方便地制成薄膜。非晶硅薄膜电池主要优点是在弱光条件也能发电，且受高温影响小；存在的主要问题是光电转换效率偏低，国际先进水平为 10% 左右，且不够稳定，随着时间的延长，其转换效率衰减。

（4）多元化合物光伏电池。多元化合物太阳电池不是用单一元素半导体材料制成，而是无机盐，主要包括砷化镓、硫化镉、碲化镉及铜铟硒等，产品形式主要为薄膜电池。硫化镉、碲化镉薄膜电池效率较非晶硅薄膜太阳能电池效率高，成本低，易于大规模生产，但镉有剧毒，会对环境造成严重污染；砷化镓化合物材料具有理想的光学带隙以及较高吸收效率，抗辐照能力强，对热不敏感，电池转换效率可达 28%，但砷化镓材料价格不菲；铜铟硒薄膜电池不存在光致衰退问题，转换效率和多晶硅相当，价格低廉，性能良好，工艺简单，但铟和硒都是比较稀有元素，限制了其发展。

当前光伏电池市场的主流是晶体硅电池，占比在 95% 以上；薄膜电池在市场上占比较少，但未来随着光伏建筑一体化（building integrated photovoltaic，BIPV）的兴起，具有较大发展潜力。

三、光伏组件

单片光伏电池输出电压较低，未封装的电池受环境影响大，可靠性低，电极容易脱落，安装使用不方便，必须将一定数量的单片电池采用串、并联方式密封成电池组件，以避免电池电极和互连线受到腐蚀，也避免了电池碎裂，方便安装；封装质量好坏决定了太阳电池组件的使用寿命及可靠性。光伏组件根据所封装的电池片不同，包括单晶硅电池组件、多晶硅电池组件、非晶硅薄膜电池组件、碲化镉电池组件等多种类型。光伏电池及其组件外观示例如图 4–4 所示。

光伏组件通常由多层材料与封装边框组成，如图 4–5 所示。

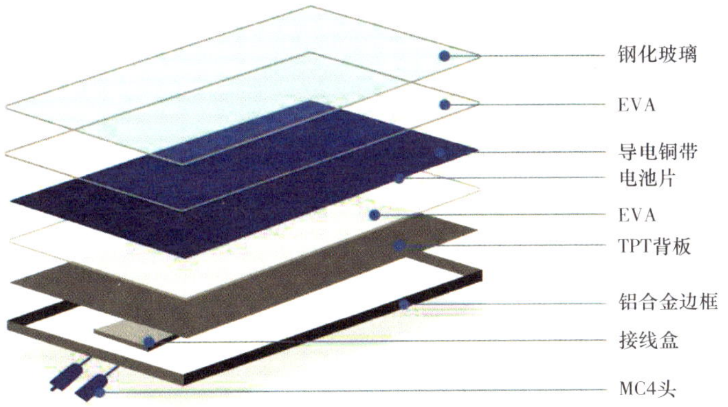

图 4–5 光伏组件结构

在光伏组件结构中，电池片是光伏组件核心部件。电池片一般都比较小，尺寸有 125mm × 125mm、156mm × 156mm、210mm × 210mm 等多种规格，通过串、并联的方式紧密排列；一块组件通常有几十只至上百块电池片。电池片非常脆弱，钢化玻璃具有非常好的透光性以及很高的硬度，可以适应很大的温差以及恶劣的天气环境，覆盖在电池片上面保护电池片。钢化玻璃不能直接附着在电池片上，需要 EVA（乙烯 – 醋酸乙烯酯共聚物）密封胶薄膜在中间起到黏接作用；电池片与背板之间也有 EVA 薄膜起到黏接作用；EVA 薄膜透光性也非常好，但接触空气以后会发黄，影响发电效率，在封装时技术要求非常高；EVA 外面可以再涂一层聚烯烃弹性体（POE）密封胶，POE 耐寒耐高温抗老化，这样就不仅能防水、防尘和阻隔空气，还可以耐寒耐高温和抗老化，进一步提高组件寿命。光伏背板同样起到保护电池片作用，必须密封、绝缘、防水、耐老化，材质一般采用聚氟乙烯复合膜（TPT）或热塑性弹性体（TPE）材质。组件边框一般采用铝合金材质，强度、耐腐蚀性都很好，可以起到支撑和保护整个电池板作用。接线盒相当于电流中转站，当有电池片出现短路时还会自动断开短路的电池串。组件对外的连接器有多种标准接口可选，MC4 头是其中的一种。

近来市场上出现一种双玻组件，背板也采用钢化玻璃或白板网格钢化玻璃。网格可以增加钢化玻璃强度，白板可以反光，将第一次没有被电池片吸收转化成电能的光线，通过反射第二次照射到硅片上去，从而提高硅片的光利用率。这种双玻太阳能电池板透光性更好，发电效率更高，在使用寿命、抗电势诱导衰减（PID）效应、抗隐裂（一种无法通过肉眼直接发现的光伏组件破损现象）、透水率、绝缘性、防火性、抗积灰、耐酸碱性等方面优势明显，可减少因水汽导致的可靠性问题，是光伏组件发展的主流方向。

目前国内市场上主流的太阳能电池产品主要是晶硅型（含单晶和多晶）和非晶硅型。其中，规模化生产的单晶、多晶电池平均转换效率分别为22%、19%左右，未来单晶硅电池效率仍有较大的提升空间，多晶硅电池效率提升空间也已不大；单晶硅组件价格已经与多晶硅价格相当，未来市场占比将逐步增高。非晶硅组件效率只有晶硅组件的40%~50%，同样容量的光伏发电系统，非晶硅的占地、支架和基础数量是晶硅的2~2.5倍。对于屋顶、绿地等较为平整的场地，通常采用晶硅型组件，使土地面积得以充分利用。如果需建设光伏建筑一体化（BIPV）或对造型、透光有一定要求的场合，采用非晶硅薄膜光伏组件较为理想。

四、关键性能参数

光伏组件的关键技术参数包括：最大输出功率 P_{max}（W）、最大功率电压（工作电压）V_{mp}（V）、最大功率电流（工作电流）I_{mp}（A）、开路电压 V_{oc}（V）、短路电流 I_{sc}（A）、光伏组件效率等。

光伏组件性能参数受温度变化影响较大，温度越高，发电效率就会越低，即呈现负温度效应。主要体现在三方面：

（1）温度与开路电压 V_{oc} 的关系。温度越高开路电压越小，温度－开路电压曲线大致上是一个斜率为负值的直线；斜率为电压温度系数 K_v，如某型号单晶光伏组件为 -0.28%/℃。光伏组件额定参数的标准条件是太阳辐射 1000 W/m^2，电池温度 25℃，对应实际温度 t，组件的开路电压 V_{oc}' 可通过式（4-1）计算：

$$V_{oc}'=V_{oc}\left[1+(t-25)\times K_v\right] \tag{4-1}$$

（2）温度与短路电流 I_{sc} 的关系。温度越高短路电流越大，但短路电流升高的趋势小于开路电压下降的趋势。温度－短路电流曲线是一个斜率略微为正值的直线，斜率为电流温度系数，如上述型号单晶光伏组件为 +0.05%/℃。

（3）温度与输出功率 P_{max} 的关系。因温度升高时开路电压下降幅度比短路电流升高幅度要大，光伏组件的输出功率下降，功率温度系数为负值，如上述型号单晶光伏组件为 -0.36%/℃。某型光伏组件在不同温度下的电流、电压曲线如图4-6所示。

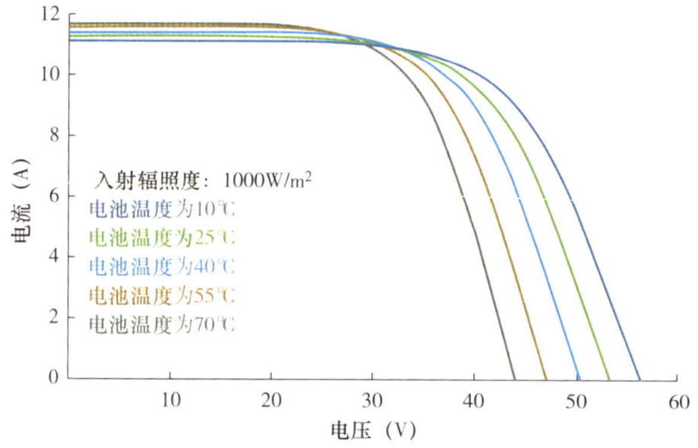

图4-6　不同温度下某型光伏组件的电流、电压曲线

不同材料光伏电池的温度功率系数不同。单晶硅和多晶硅电池的一般为 -0.35%~-0.45%/℃，非晶硅电池的温度功率系数优于晶硅电池，一般是 -0.2%/℃左右。在环境温度为 25℃的晴朗中午，地面太阳能辐射可能达到 1000 W/m^2 左右，此时开放式支架的光伏组件板温将达到 50~60℃，这将导致晶硅光伏组件的输出功率下降 10%~13%。

当温度一定时，光伏组件的输出电流与光照强度基本成正比，而电压可认为保持不变，因此发电功率基本与光照强度成正比。如图 4-7 所示为某型号单晶光伏组件在 25℃时在不同光照强度下的功率电压曲线和电流、电压曲线。

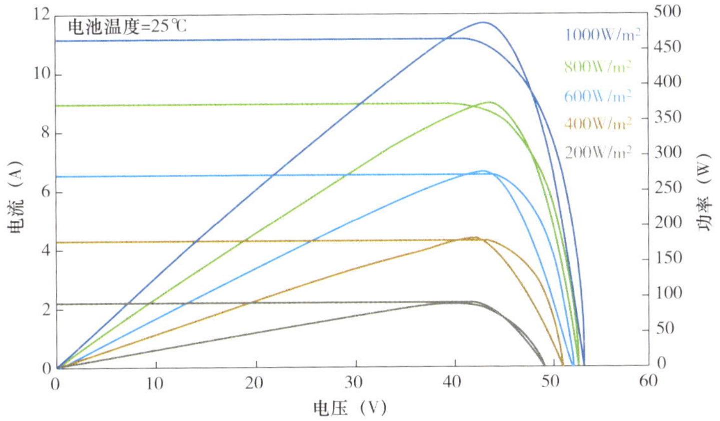

图 4-7　不同辐照度下功率电压曲线和电流、电压曲线

光伏组件的效率是指标准测试条件下，发出的电功率与受到的辐射光功率的比值。如辐照度为 1000 W/m^2 时，1.635m^2 组件上接收的光功率为 1635 W，当输出电功率为 305 W 时，效率为 18.65%；输出电功率为 310 W 时为 18.96%。

晶硅光伏组件的发电效率会随寿命而衰减。一般在安装后暴晒 50~100 天，效率衰减 2%~3%，随后逐步达到稳定并逐年衰减 0.5%~0.8%，20 年平均衰减为 10%~20%。一般认为晶硅光伏电池的平均寿命是 25~30 年，非晶硅光伏电池的寿命也在 15~20 年以上。某型号单晶光伏组件给出了如图 4-8 所示的 25 年线性功率保证。

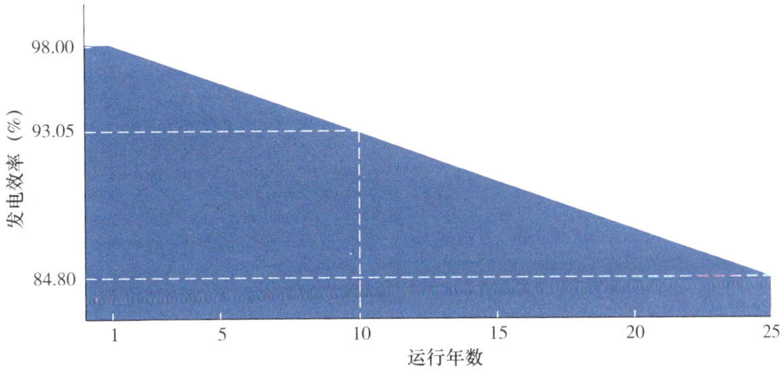

图 4-8　某型号单晶光伏组件 25 年线性功率保证

根据 GB/T 39857—2021《光伏发电效率技术规范》规定，单晶硅光伏组件的初始发电效率不应低于 17.8%，首年效率衰减率不应高于 3%，后续年效率衰减率不应高于 0.7%。

4.1.3 光伏逆变器

一、光伏逆变器分类与结构

光伏并网逆变器是光伏发电系统的核心设备之一，其基本功能是将光伏组件（电池阵列）输出的直流电转换为交流电。常用的并网逆变器可分为集中式、集散式和组串式三种。

（1）集中式逆变器。集中式逆变器是将很多光伏组串经过汇流后连接到逆变器直流输入端，集中完成将直流电转换为交流电的设备。这类逆变器成本较低，可靠性高，控制技术较为成熟，效率在 98% 以上，谐波畸变率可限制在 3% 以下，输出功率因数稳定，在电磁兼容方面表现出较好的抗干扰能力，一定程度上能够有效适应电网电压波动。

目前主流的集中式逆变器产品多采用三相三电平逆变拓扑结构。集中式三相三电平逆变器拓扑结构图如图 4–9 所示。

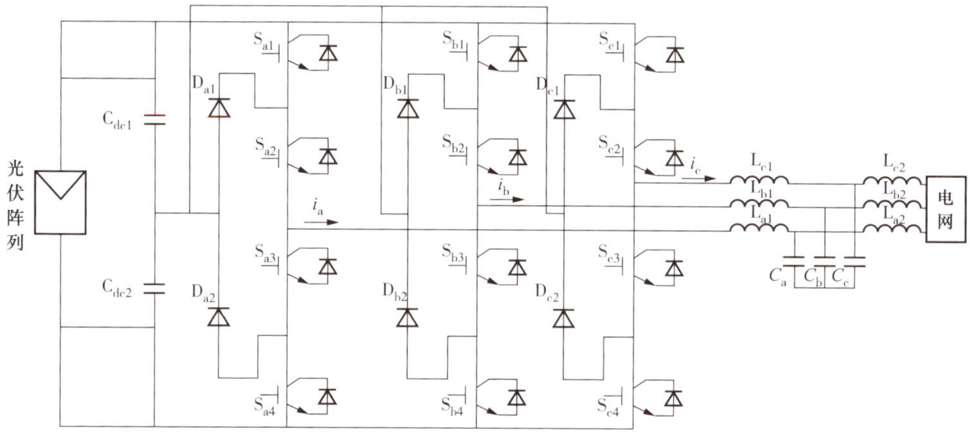

图 4–9　集中式三相三电平逆变器拓扑结构图

集中式三相三电平逆变器由直流侧支撑电容器、逆变主电路和交流侧滤波电路等 3 部分组成。直流侧支撑电容器用于稳定光伏阵列的输出电压；三相三电平逆变主电路通过控制开关管通断，将直流电逆变为交流电，同时实现最大功率点跟踪（maximum power point tracking，MPPT）以及电压频率和相位调制，并设置了防孤岛、低电压穿越等功能；交流侧滤波电路用于滤除谐波，采用 LCL 型电路较有利于用较小电感降低谐波畸变率。

集中式逆变器并网系统主要包括光伏组件、汇流箱、逆变器、升压变压器和监控系统等设备，集中式光伏发电系统并网示意图如图 4–10 所示。大型集中逆变器可直接通过一台中压变压器与中压电网连接，省去低电压变压器，减少逆变器输出交流侧电缆损耗，提高发电效率。这种结构简单，造价低，但灵活性较差，一般适用于大规模光伏电站，逆变器功率一般

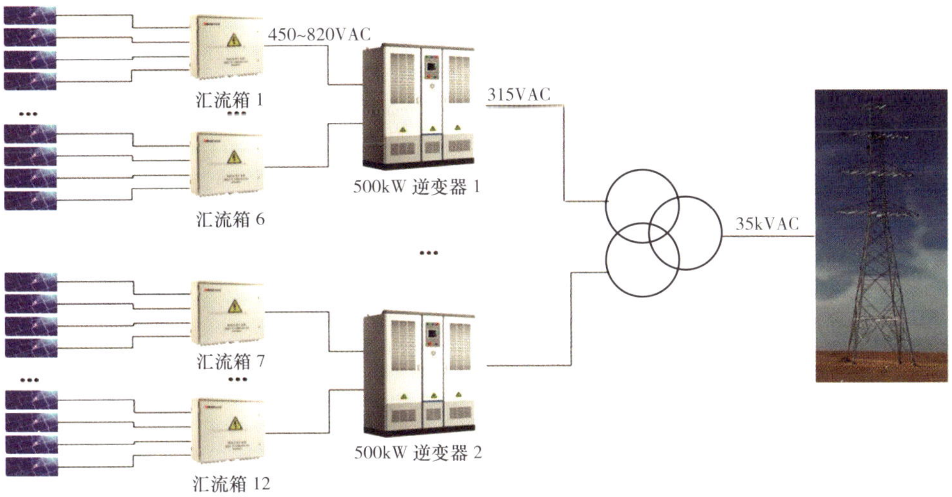

图 4-10　集中式光伏发电系统并网示意图

在 250 kW 以上。

（2）组串式逆变器。组串式逆变器是基于模块化概念，将电池阵列中的每个光伏组串联至指定逆变器的直流输入端，各自完成将直流电转换为交流电的设备。组串式逆变器的直流侧一般由几块或十几块光伏组件串联而成，其光伏电池占地面积相对于集中式逆变系统会小很多，能够更加灵活地满足不同光照片区的发电需求。

组串式逆变器产品一般采用模块化多支路并联形式，组串式模块化多支路逆变器拓扑结构图如图 4-11 所示。

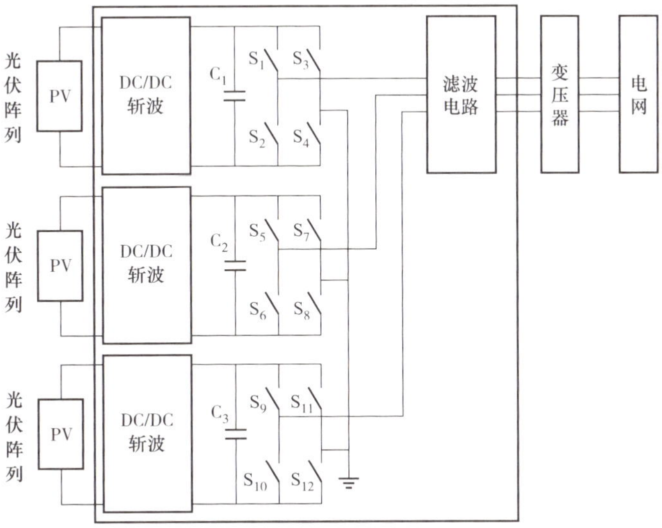

图 4-11　组串式模块化多支路逆变器拓扑结构图

与集中式三相三电平结构逆变器相比，组串式模块化逆变器每个支路在直流电容之前增加了 DC/DC 斩波电路，用于控制光伏组件输出的直流电压升降。与集中式逆变器相比，多支路组串保留了不同组串的最大功率点跟踪（maximum power point tracking，MPPT）控制功能，有利于提高整体发电效率。

组串式逆变器并网系统主要包括光伏组件、逆变器、交流汇流柜、升压变压器和监控系统等设备，组串式光伏发电系统并网示意图如图 4-12 所示。每台组串逆变器一般可以实现多路不同组串的 MPPT，通过交流汇流后经双绕组变压器接入中压电网；对于低电压并网系统，则无须设置升压变压器。

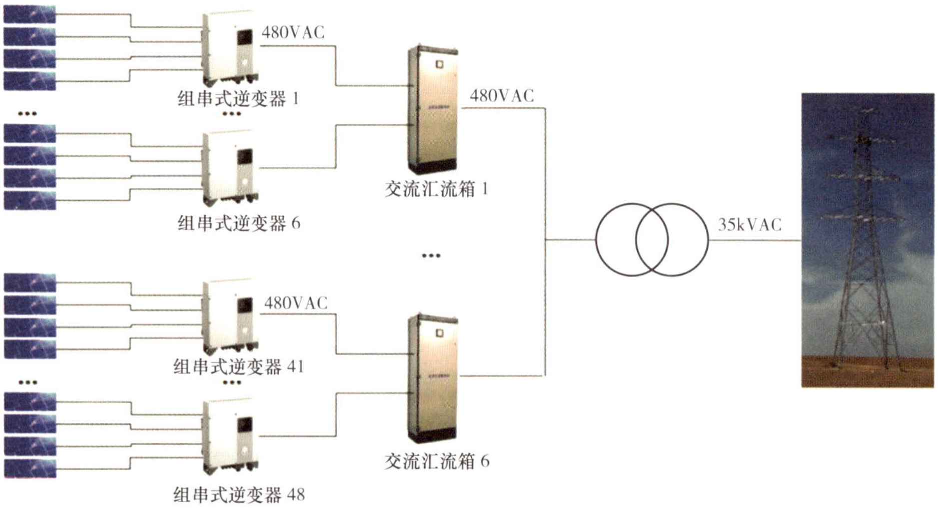

图 4-12　组串式光伏发电系统并网示意图

（3）集散式逆变器。集散式逆变器主要特点是“集中逆变”和“分散 MPPT 跟踪”。集散式逆变器是聚集了集中式和组串式两种逆变器特点的产物，达到了集中式逆变器的低成本和组串式逆变器的高发电量。集散式逆变器拓扑结构如图 4-13 所示。

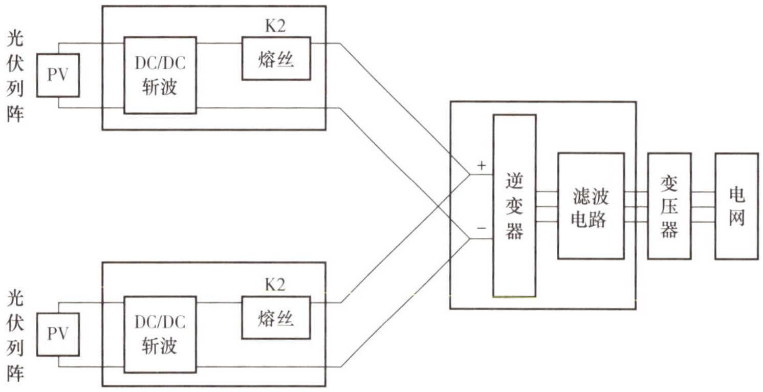

图 4-13　集散式逆变器拓扑结构图

集散式逆变器并网系统主要包括光伏组件、智能汇流箱、集散式逆变器、升压变压器和监控系统等设备。集散式光伏发电系统并网示意图如图 4-14 所示。集散式逆变器将 MPPT 和

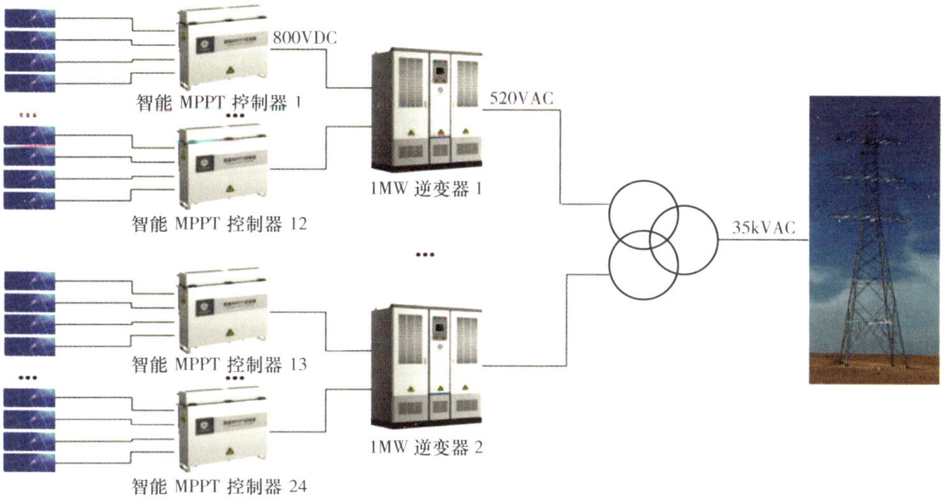

图 4-14　集散式光伏发电系统并网示意图

DC/DC 升压功能集成到智能 MPPT 汇流箱，然后经逆变器集中将升压后的直流电转换为交流电；从智能 MPPT 汇流箱输出电压抬升到 800 V DC，相较组串式逆变器降低了交流线缆损耗，相较集中式逆变器降低了直流线缆损耗。

二、光伏逆变器关键技术

（1）MPPT 技术。MPPT 是光伏发电系统中的一项核心技术，可以根据外界不同的环境温度、光照强度等特性调节光伏阵列的输出功率，使得光伏阵列始终输出最大功率。不同辐照度下的光伏发电功率如图 4-15 所示，在不同的太阳能辐照度条件下，光伏最大功率点不同。不同温度下的光伏发电功率图 4-16 所示，温度不同时，最大功率点也不同，温度越高最大功率点越低。

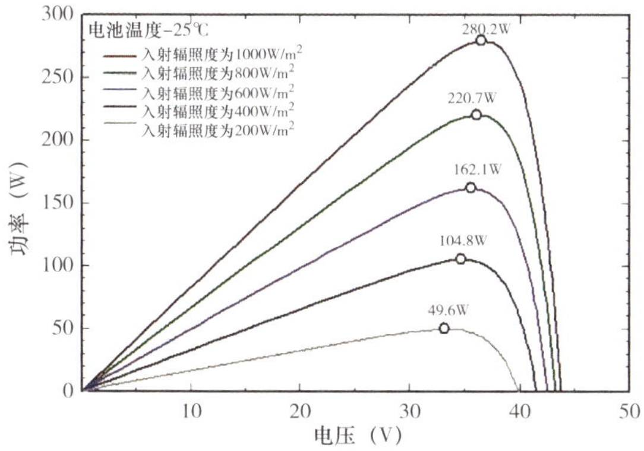

图 4-15　不同辐照度下的光伏发电功率

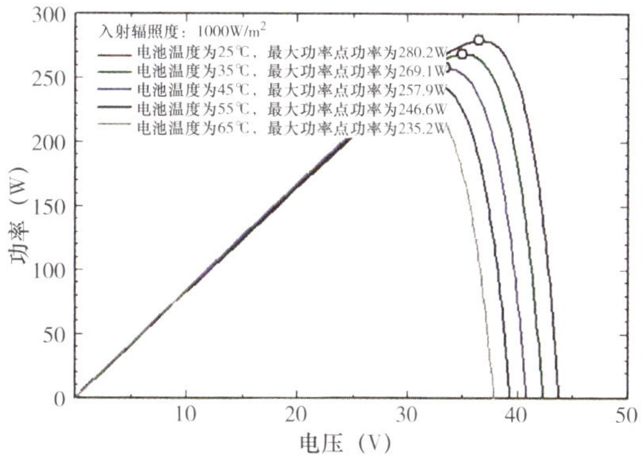

图 4-16　不同温度下的光伏发电功率

光伏阵列在使用过程中易受周围环境（如浮云，建筑物，树木遮阴等）和电池板表面灰尘干扰，导致输出功率减小，输出特性曲线变得复杂并呈现多个极值点。这就使得基于单峰值的最大功率点跟踪算法有可能失效，得不到全局最大功率点，光伏发电系统效率大大降低。假设某光伏电站，其中某一组串在一定时段被屋顶设施遮挡，部分组件又被一片树荫遮挡，一部分电池片被几片树叶遮盖，那就会出现如图 4–17 所示的多个功率峰值，这就需要 MPPT 找到图中的功率最高点。

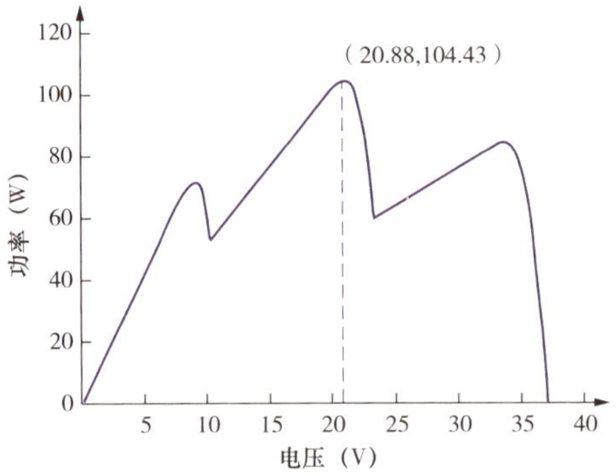

图 4–17　局部遮阴时光伏 *P–V* 曲线多功率峰值示意图

太阳能电池组件有内电阻，当对外连接逆变器和负载时，有外电阻；当某一刻内电阻和外电阻相等时，此刻电池组件就工作在最大功率点。电池组件内阻在发电时对电流有抑制，电阻形成元素包括电池片、内部导线、外部线缆。这些元素有一个共同特性，就是低温时电阻值会变小，所以在同辐射强度下，温度越低内阻越小，发电效果越高；反之，温度越高内阻越大。

太阳能电池阵列的 MPPT 控制一般是通过 DC/DC 变换电路完成，MPPT 系统原理框图如图 4–18 所示。

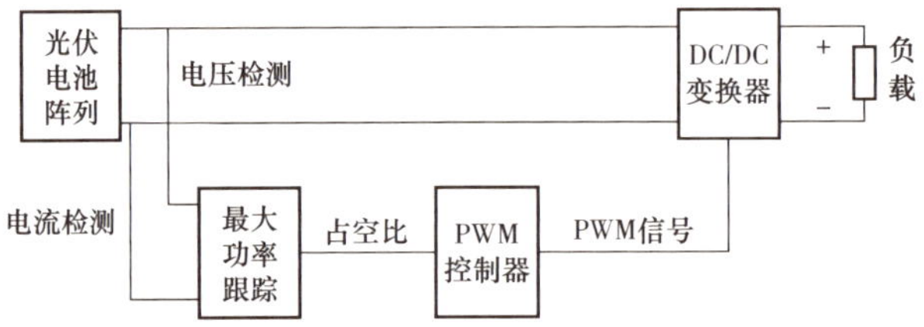

图 4–18　MPPT 系统原理框图

光伏电池阵列与负载通过 DC/DC 电路连接，最大功率跟踪装置不断检测光伏阵列的电流电压变化，并根据其变化对 DC/DC 变换器的 PWM 驱动信号占空比进行调节。光伏电池和 DC/DC 转换电路都是非线性的，但在极短时间内，可作为线性电路处理；对线性电路而言，当负载电阻等于电源内阻时，电源有最大功率输出。

将光伏电池简化为恒压源和内阻 R_1，外部电路简化为负载 R_2，三者串联，如图 4–19 所示。

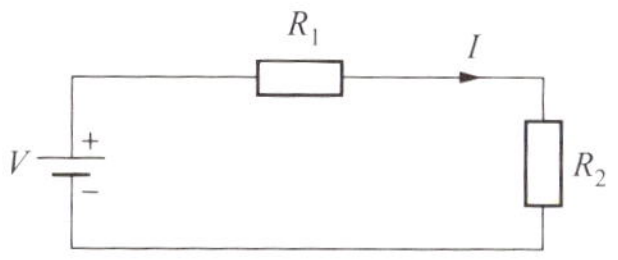

图 4–19　光伏电池与负载简化电路

则负载功率 P 为

$$P = I^2 R_2 = \left(\frac{V}{R_1 + R_2}\right)^2 R_2 \tag{4–2}$$

式中　V——光伏输出电压；

I——负载电流。

对式（4–2）两端求导得

$$\frac{dP}{dR_2} = V\frac{R_1 - R_2}{(R_1 + R_2)^3} \tag{4–3}$$

当 $R_1 = R_2$ 时 P 有最大值。因此，只要调节 DC/DC 转换电路的等效电阻始终等于光伏电池的内阻，就可以实现光伏电池的最大输出，也就实现了光伏电池的 MPPT。

目前实现 MPPT 控制的常用算法有以下几种：恒电压跟踪法、干扰观察法、增量电导法、基于梯度变步长的电导增量法等。限于篇幅，本书不再展开叙述。

（2）防孤岛技术。孤岛效应是指当公共电网线路因故障或维修停电时，停电线路由所连接的并网电源继续供电，且该并网电源连同周围负载构成一个自给供电的电网“孤岛”的现象。孤岛效应看似可维持对孤岛范围内负荷的供电，但如无完备的技术设备保障措施，可能对整个配电系统设备及用户端的设备造成不利的影响，主要包括：孤岛电压与频率不稳定；对电网公司输电线路维修人员产生潜在安全危害；影响配电系统继电保护动作时序；当公网供电恢复时造成孤岛与公网相位不同步。

防止孤岛效应的关键是电网断电的检测，为了快速检测到电网断电，通常需要采用被动式和主动式两种孤岛效应检测方法。被动式孤岛效应检测方法实时检测电网电压的幅值、频率和相位，当电网失电时，会在电压幅值、频率和相位参数上，产生跳变信号，通过检测跳变信号来判断电网是否失电，如过欠电压防孤岛检测法、过欠电压防孤岛检测法、相位突变检测法、电谐波检测法等。被动式检测方法的缺点是存在检测盲区，且相关判据中的阈值难以确定。

主动式孤岛效应检测方法对电网参数产生小干扰信号，通过检测反馈信号来判断电网是否失电，如主动频移反孤岛法等。主动频移反孤岛法通过对输出电流在并网点的频率进行小的扰动，当电网有电时，该扰动对电网电压的频率没有任何影响；当电网失电时，该扰动将会引起电网电压频率发生较大变化，从而判断电网是否失电。主动检测法检测盲区小、检测精度较高，但由于引入了扰动信号，对逆变器输出、电能质量会产生一定不良影响。

主动式、被动式孤岛效应检测方法可结合优化使用，到达更好检测效果。当逆变器检测到电网失电后，在几个波形周期（20ms）内停止运行并与电网断开；当电网恢复供电时，逆变器并不会立即投入运行，而检测电网信号完全正常几分钟后才重新并网。

（3）虚拟同步机（virtual synchronous generator，VSG）技术。虚拟同步机技术通常是指电力电子变流器的控制环节采用同步电机的机电暂态方程，使得采用该技术的光伏（或储能设备）并网运行时具有同步机组并网运行的转动惯量、阻尼特性、有功功率调频、无功功率调压特性等运行外特性的技术。虚拟同步机和真正的同步电机一样，可作为虚拟同步发电机或者电动机运行。

如图 4-20 所示，虚拟同步机主要包括电力电子变流器、储能单元和控制系统三大部分。电力电子变流器以同步电机的数学模型作为控制内核，使其并网运行时可像传统同步发电机一样向电网提供惯性和阻尼，也能够根据电网电压和频率的波动自动调节有功功率和无功功率，从而参与电网电压和频率的调节，并且电力电子变流器可作为逆变器运行，也可作为整流器运行。在直流母线侧配置储能单元可为系统提供必要的惯量，同时针对负荷的短暂波动，储能单元通过有功功率的存储或释放，有效提高系统的频率稳定性与电能质量。

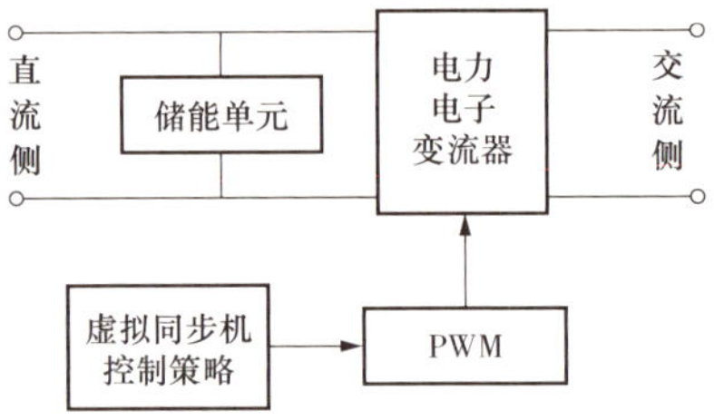

图 4-20　虚拟同步机技术

对于光伏发电系统的 VSG 技术，国内外已经提出了多种虚拟同步发电机控制方案，主要目标都是使光伏逆变系统具备转动惯量、阻尼特性和一次调节特性。光伏虚拟同步机的拓扑结构有很多种，这里以配备储能系统的两级式光伏逆变系统为例介绍，其主电路与控制原理图如图 4-21 所示。

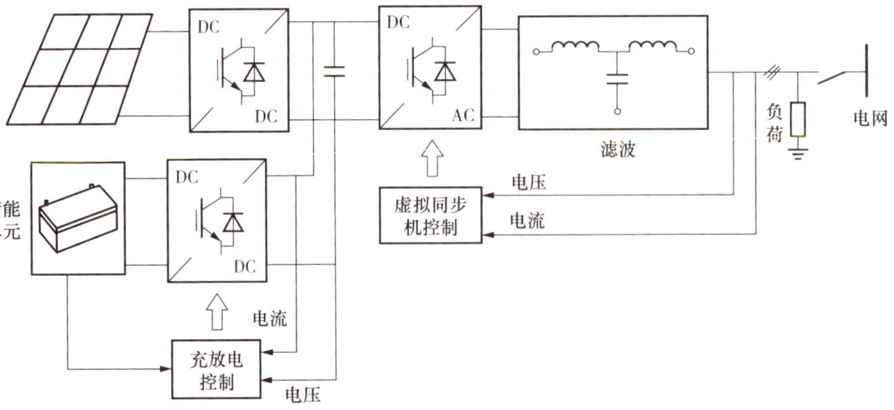

图 4-21　光伏虚拟同步机技术的主电路与控制原理图

在图 4-21 中，光伏阵列产生的直流电通过 DC/DC 电路（一般采用 BOOST 电路）后再经逆变器逆变成交流电经滤波后供给负荷或者送入电网，而储能单元采用充放电控制策略控制与之相连的 DC/DC 电路（一般采用 BUCK-BOOST 电路）。光伏电源以 MPPT 控制方式运行，始终向电网输出最大功率，而储能单元进行充放电解决因负荷或外界环境变化导致光伏出力不稳定而引起的直流母线电压波动问题；将光伏逆变器引入 VSG 控制策略，使整个光伏逆变系统具备同步发电机一样的外特性，当其并网运行时，可以向大电网提供惯量与阻尼特性。

（4）低电压穿越。大、中型光伏发电站应具备一定的低电压穿越能力（low voltage ride-through，LVRT），即并网点电压因系统侧瞬时短路等各种原因导致电压短时降低到一定程度时，光伏发电站能够经受住并在系统电压恢复后也恢复到正常运行而不脱网。大中型光伏发电站低电压穿越能力要求如图 4-22 所示。

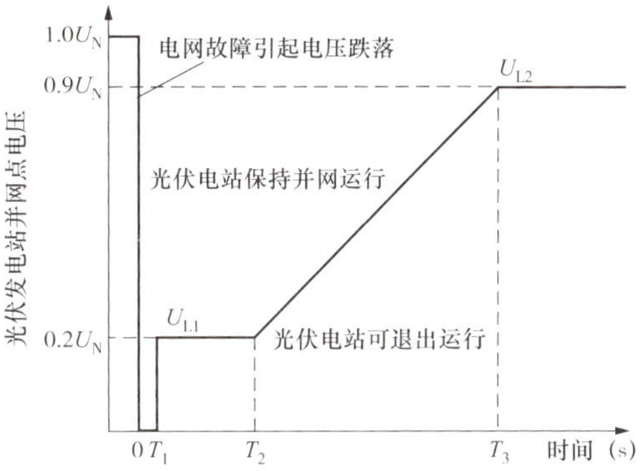

图 4-22　大中型光伏发电站低电压穿越能力要求

在图 4-22 中 U_{L2} 为正常运行的最低电压限值，宜取 0.9 倍额定电压；U_{L1} 宜取 0.2 倍额定电压；T_1 为电压跌落到 0 时需要保持并网的时间；T_2 为电压跌落到 U_{L1} 时需要保持并网的时间；T_1、T_2、T_3 的数值需根据保护和重合闸动作时间等实际情况来确定。当并网点电压在图中电压曲线及以上区域时，光伏发电站应保持并网运行；当并网点运行电压高于 110% 电网额定电压时，光伏发电站的运行状态由光伏发电站的性能确定；接入用户内部电网的大、中型光伏发电站的低电压穿越要求由电力调度部门确定。

大型地面太阳能发电全部上网，不直接提供给负载，低电压穿越能功能适用，要求并网逆变器必须具备低电压穿越功能；但是在分布式光伏采用“自发自用，余量上网”时，直接连接负载，当负载端发生触电、短路、接地等故障，引起支路电压降低或者总开关跳闸，这时候逆变器应该立即停止运行，防止事故进一步恶化。小型的、分布式光伏逆变器不要求具备低电压穿越功能。

小型光伏发电站并网点电压在不同的运行范围时，光伏发电站在电网电压异常的响应要求应符合见表 4-1 的规定。

表 4-1 小型光伏发电站在电网电压异常的响应要求

并网点电压	最大分闸时间
$U < 50\%U_N$	0.1s
$50\%U_N \leqslant U < 85\%U_N$	2.0s
$85\%U_N \leqslant U \leqslant 110\%U_N$	连续运行
$110\%U_N < U < 135\%U_N$	2.0s
$135\%U_N \leqslant U$	0.05s

三、主要性能参数

光伏逆变器的主要技术参数包括：直流侧最大直流输入功率（W_p）、最大直流输入电压（V）、MPPT 工作电压范围（V）、MPPT 路数、每路 MPPT 输入路数，交流侧额定输出功率（W）、额定输出电压（V），最大转换效率等，这些参数对设备选型、工程设计、收益评估等有直接影响。特别需要指出的是，逆变器与光伏组件的接口参数要匹配，组串数确定经过计算校核，详见第 8.1.4 节中“光伏发电系统”部分。

4.2　储能系统

4.2.1　常见储能系统

目前储能方式主要有机械储能、电磁储能、电化学储能三类。机械储能包括抽水储能、压缩空气储能、飞轮储能等；电磁储能主要包括超导储能、超级电容储能等；电化学储能主要有锂离子电池、氧化还原液流电池、钠硫电池、铅酸电池等类型。根据储能技术特点，储能系统又可归为功率型和能量型两类。飞轮储能、超导电磁储能和超级电容储能属于功率型，适合于需要提供短时较大功率场合，用于应对电压暂降、瞬时停电，提高用户用电质量，抑制电力系统低频振荡，提高系统稳定性等；抽水储能、压缩空气储能和电化学电池储能属于能量型，适用于系统调峰、大型应急电源、可再生能源并入等大规模大容量储能的场合。

综合能源系统工程中常用储能主要是各类电化学储能。飞轮储能、超级电容储能等也有试点应用。

（1）电化学储能。电化学储能通过化学反应进行电池正、负极间的充放电，实现能量转换。传统电化学储能以铅酸蓄电池为代表，后因对环境危害较大，逐渐被锂离子电池、铅炭电池或液流电池所替代。近年来电化学储能技术不断提高，成本持续下降，已达到商业运营的技术经济拐点，成为储能产业重点领域。电化学储能项目中目前以锂电池为主流，装机规模占

90% 以上。

（2）飞轮储能。飞轮储能利用电动机带动飞轮高速旋转，将电能转化成机械能储存，在需要时飞轮带动发电机发电，输出电能。飞轮运行于真空度较高的环境中，其特点是没有摩擦损耗、风阻小、寿命长、对环境没有影响，几乎不需要维护，适用于电网调频和电能质量保障；飞轮储能的缺点是能量密度比较低，保证系统安全性方面费用很高，在小型场合还无法体现其优势，目前主要作为电池系统的补充。

（3）超级电容储能。超级电容是介于传统电容器与电池之间的一种新型电化学储能器件，相比传统电容器有更高的能量密度，静电容量达千法拉至万法拉级；相比电池有更高的功率密度和超长循环寿命，因此兼具两者优点，是一种应用前景广阔的化学电源。超级电容具有充电速度快、大电流放电性能好、超长的循环寿命和工作温度宽等特点，电力系统中多用于短时间、大功率的负载平滑和电能质量峰值功率场合，如大功率直流电机的启动支撑、暂态电压恢复等。

4.2.2 储能电池结构与原理

一、锂离子电池

锂离子电池主要由正极、负极、电解液、隔膜以及外部连接、包装部件构成。正极、负极包含活性电极物质、导电剂、黏结剂等，均匀涂布于铜箔和铝箔集流体上。根据正极材料划分，锂离子电池又分为钴酸锂（$LiCoO_2$）、锰酸锂（$LiMn_2O_4$）、磷酸铁锂（$LiFePO_4$）以及三元材料（$LiNi_xMn_yCo_{1-x-y}O_2$）等；负极通常为碳素材料，如石墨和非石墨化碳等。电解液主要为非水溶液，由有机混合溶剂和锂盐构成，其中溶剂多为碳酸之类有机溶剂，锂盐多为单价聚阴离子锂盐，如六氟磷酸锂等。隔膜多为聚乙烯、聚丙烯微孔膜，起到隔离正、负极物质、防止电子通过引起短路、同时能让电解液中离子通过的作用。

锂离子电池工作原理图如图 4–23 所示，电池充电时，锂离子 Li^+ 从正极脱出，穿过电解质和隔膜嵌入负极，正极处于贫锂态；放电时，Li^+ 从负极脱出嵌入正极，正极为富锂态。为保持电荷平衡，充放电过程中有相同数量的电子经外电路传递，与 Li^+ 同时在正、负极间迁移。锂离子电池实质为一种锂离子浓差电池，依靠锂离子在正、负极之间的转移来完成充放电工作。

锂离子电池具有以下优点，因而获得较为广泛的应用：①能量密度高：目前磷酸铁锂电池系统质量能量密度大于或等于 160 Wh/kg，体积能量密度大于或等于 290 Wh/L，且还在不断提升；②功率密度高：目前三元锂电池质量功率密度已达 1300 W/kg；③能量转换效率高：能量转换效率达 95 % 以上；④循环寿命长：锂离子电池循环寿命均在 500 次以上，磷酸铁锂和三元锂可达 3000 次以上，浅充浅放下电池循环寿命更长；⑤无记忆效应，可进行不同深度的充放电循环；⑥容易快充快放：锂离子的充电倍率一般在 0.5~3 C（充放电倍率 C 为电池充放

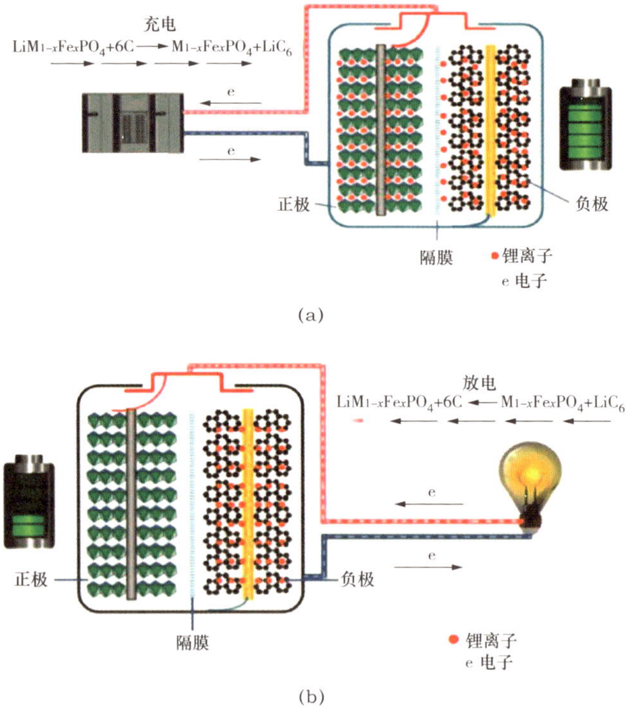

图 4–23 锂离子电池工作原理图

（a）充电原理；（b）放电原理

电电流与额定容量比值，例如：额定容量为 100 Ah 的电池用 50 A 充放电时，其充放电倍率为 0.5 *C*）。锂离子电池主要缺点是：采用有机电解质，存在较大安全隐患；相较于实际工程需求，其循环寿命仍不够长，还有进一步提升空间。

二、液流电池

液流电池又称为氧化还原液流电池，是一种新型的大型电化学储能装置，其正、负极活性物质均为液体，分别储能在独立的储液罐中，通过外接管路与流体泵使电解质溶液流入电池堆内进行反应；在机械动力作用下，液态活性物质在不同的储液罐与电池堆的闭合回路中循环流动，采用离子交换膜作为电池组的隔膜，电解质溶液平行流过电极表面并发生电化学反应；系统通过双极板收集和传导电流，从而使得储存在溶液中的化学能转换成电能。这个可逆的反应过程使液流电池顺利完成充、放电的循环过程。

正、负极全使用钒盐溶液的称为全钒液流电池，也简称钒电池。全钒液流电池系统结构主要由电堆、两个独立正 / 负储液罐、循环泵、输送管道及充放电控制系统等组成，液流电池示意图如图 4–24 所示。钒电堆主要由电极、隔膜、双极板、石墨毡等组成，钒电堆结构图如图 4–25 所示。

液流电池的主要优点是：①易实现规模化。其功率大小取决于电池堆，容量大小取决于电解液，额定功率和额定容量相互独立，因此可以灵活配置功率和容量；②循环寿命长；③快速

图 4-24　液流电池示意图

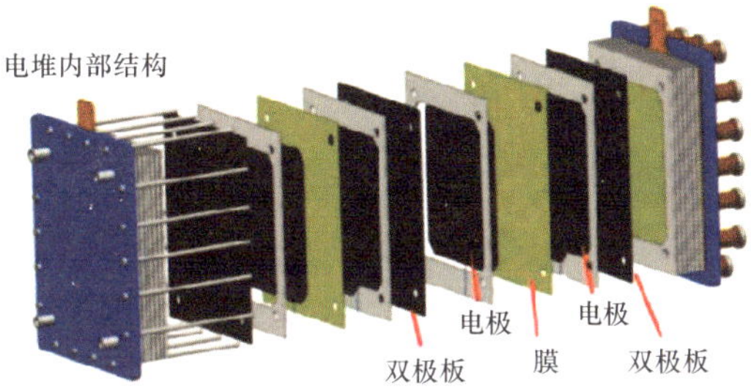

图 4-25　钒电堆结构图

响应（＜1 ms）；④自放电率低：正、负极电解液分开储存，电池搁置时自放电率低；⑤深度放电性能好：可 100% 深度放电而不会对电池造成损害。液流电池的缺点主要是：能量转换率较低，仅为 70%~80%；能量密度和功率密度较低；因需要独立的储罐、反应罐、泵及各种阀门和管路等，占地面积大，系统成本较高。

三、钠硫电池

钠硫电池是一种以单质硫和金属钠为正、负极，β- 氧化铝陶瓷为电解质和隔膜的熔融盐二次电池，属高温钠系电池，其工作温度在 300~350 ℃之间，需要热源以维持系统温度，具有能量密度高、功率特性好、循环寿命长、成本相对低等优点。

钠硫电池为全密封设计，主要由 β- 氧化铝陶瓷管、熔融钠盐负极、熔融硫盐正极、集流体与密封罐组成。放电时，带正电的钠离子（Na+）通过电解质，而电子通过外部电路流动产生大约 2 V 的电压；充电时，整个过程逆转，多硫化钠释放正钠离子反向通过电解质重新结合为钠。钠硫电池系统原理图如图 4-26 所示。

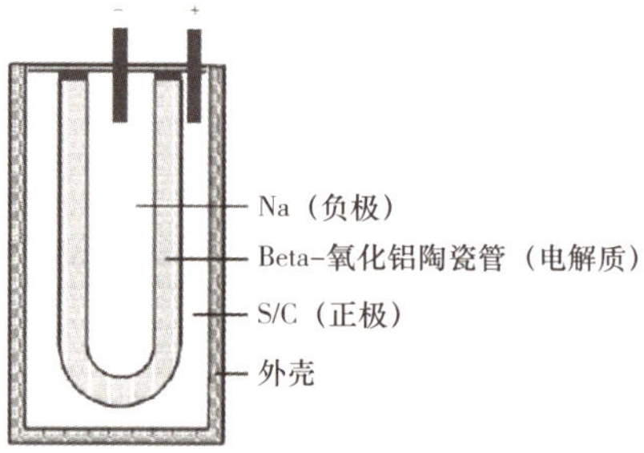

图 4-26　钠硫电池系统原理图

目前钠硫电池成本和安全性仍有待优化。钠硫电池系统成本为 2000~2500 元 /kWh，相对大部分储能技术都较低，但离大规模商业化标准仍有距离。此外，由于使用液态钠且在高温下运行，一旦陶瓷电介质受损破裂将导致融态钠和硫之间发生剧烈反应，易形成短路引发电池燃烧产生重大安全事故。

四、铅酸蓄电池与铅碳电池

铅酸蓄电池主要由阳极、阴极、电解液稀硫酸（H_2SO_4）、电池外壳、隔离板及安全阀、电池盖等部件组成。铅酸蓄电池基本结构图基本结构如图 4-27 所示。

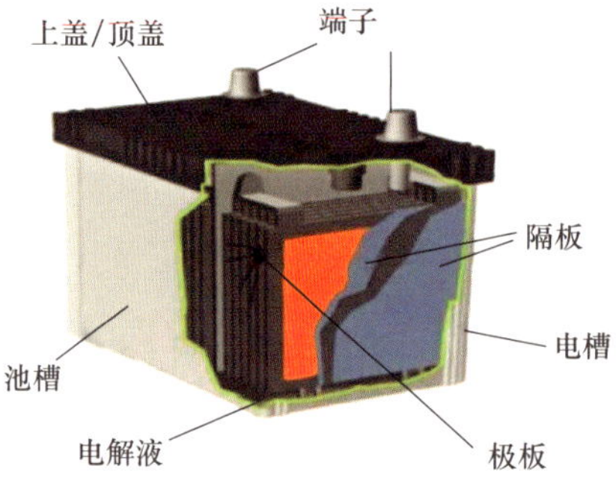

图 4-27　铅酸蓄电池基本结构图

铅酸蓄电池充放电时工作原理如下：放电时，正极的二氧化铅（PbO_2）和负极的铅（Pb）都与硫酸（H_2SO_4）发生反应变成 $PbSO_4$，因此也称为“双硫化反应”；充电时，正极 $PbSO_4$ 转化为 PbO_2，负极由 $PbSO_4$ 转化为海绵状 Pb。

负极电极反应式为

$$Pb + SO_4^{2-} \longleftrightarrow PbS0_4 + 2e \quad (4\text{-}4)$$

正极电极反应式为

$$PbO_2 + 4H^+ + SO_4^{2-} + 2e \longleftrightarrow PbSO_4 + 2H_2O \quad (4\text{-}5)$$

铅酸蓄电池具有原材料来源丰富、安全可靠、技术成熟、成本低廉、工艺简便、适应性强、可制成密封免维护结构等特点，且工作温度宽，达到 −40~+40 ℃，低温性能较好，在汽车启动电源、UPS及EPS（应急电源）等传统领域中应用广泛；传统铅酸蓄电池缺点是循环寿命短、能量转换效率低、无法满足电力系统储能所需长循环寿命和高能量转换效率的要求。

铅碳电池是铅酸蓄电池的创新技术。普通铅酸电池的正极活性材料是氧化铅（PbO_2），负极活性材料是铅（Pb），而铅炭电池是把活性炭混合到负极活性材料Pb中，能够显著提高铅酸电池性能和寿命。相比铅酸电池，铅炭电池有以下优势：充电速度提升；放电功率提高了3倍；循环寿命提高到6倍，循环充电次数达1000~1200次；制造工艺成熟，使用安全稳定，资源可循环再生利用，价格低廉，可广泛地应用在各种新能源及储能、节能领域。

但是目前铅炭电池碳材料的作用机理尚未完全明确，并不是所有的碳材料都可以改善蓄电池负极性能，同时碳材料的析氢电位较低，会导致负极析氢，进而可能导致铅炭电池因失水而热失控失效。目前研究的重点主要是提升负极铅–碳混合材料的稳固性、提高极板和铅膏的结合力，优化负极板的配方优化等。

4.2.3 电池储能系统

一、储能系统组成与结构

电池储能系统（battery energy storage system，BESS）是利用蓄电池作为能量储存载体，在一定时间内存储和供应电能的系统，常配合光伏、风电等一起使用。储能系统主要由储能电池组、电池管理系统（BMS）、储能变流器（PCS）、监控系统/能量管理系统（EMS）组成。储能系统组成示例如图4–28所示。

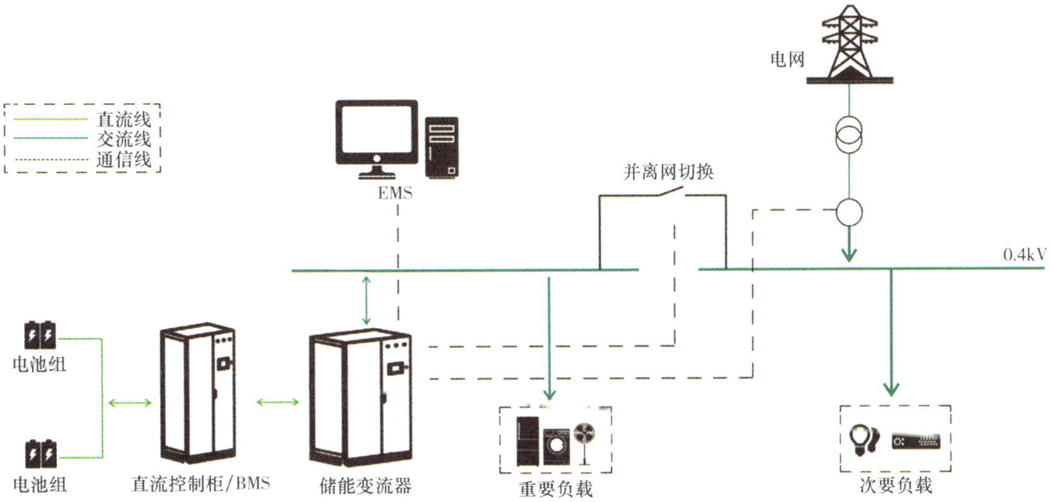

图4–28 储能系统组成示例

电池组是储能系统主体部分，有多种类型，如前所述，目前工程应用以锂电池为主流，本节所述电池如无特殊说明都指锂电池。BMS负责对储能电池组进行电压、温度、电流、容量等信息的采集，实时状态监测和故障分析，同时通过CAN总线等方式与储能变流器（PCS）、EMS联机通信，实现对电池组的优化充放电控制；PCS是电池储能系统中另外一个核心部件，负责电池与电网间的双向能量流动，并通过控制策略实现对电池的充放电管理、负荷功率的跟踪以及正常及孤岛运行方式下交流侧电压的控制等。

监控系统/能量管理系统（EMS），负责收集全部电池管理系统数据、储能变流器数据及配电柜数据，向各个部分发出控制指令，控制整个储能系统的运行，合理安排储能变流器工作；系统既可以按照预设的充放电时间、功率和运行模式自动运行，也可以接受操作员的即时指令运行。

储能电站常见有两种集成安装方式：集装箱式和半户内式。集装箱式是将储能电池及BMS、PCS、EMS、升压变压器、消防辅助系统等集成到集装箱内，采用模块化设计，可灵活布置于站内场地。250 kW/500 kWh储能集装箱集如图4-29所示、装箱式储能电站如图4-30所示。一个完整的集装箱式储能电站一般包括电池集装箱、PCS升压舱（包括就地监控）、站内监控舱、高压汇流箱、SVG集装箱及汇集线路等。半户内式是将电池系统以集装箱形式安装在户外，将储能变流器、监控系统、升压变压器安装在电站室内。

图4-29 250 kW/500 kWh储能集装箱

图4-30 集装箱式储能电站

电池储能系统的主要技术参数有：额定充放电功率（kW、MW）、额定储能容量（kWh、MWh）、交流侧额定电压和直流侧工作电压等。

二、电芯、电池模组、电池簇

电芯（cell）是电池的最小单位，是电能的最终存储单元，电芯示例如图4-31所示。当多个电芯串并联后被同一个外壳封装在一起，就组成了一个模组（Module），电池模组对外只有一对正、负极端子，电池模组示例如图4-32所示。

电芯、电池模组的关键技术参数包括标称容量、充放电倍率、标称电压、标称能量等。标

图 4-31　电芯

图 4-32　电池模组

称容量用安时数（Ah）来度量，是反映电池容量大小的指标，其含义是按规定的电流进行放电的时间。相同电压的电池，安时数大的容量大；相同安时数的电池，电压高的容量大，通常以电压和安时数共同表示电池的容量。电芯的充放电倍率是充放电电流与额定容量的比值，常用字母 *C* 表示，例如额定容量为 120 Ah 的电池用 60 A 放电时，其放电倍率为 0.5 *C*；用 120 A 放电时，其放电倍率为 1 *C*。

顺便指出，电芯、电池模组的放电深度（*DOD*）指电池放出的容量占额定容量的百分数。

某品牌的某型电池模组主要技术参数见表 4-2。

表 4-2　某型号电池模组参数

名称	规格
模组尺寸（mm × mm × mm）	468（宽）× 642（深）× 202（高）
标称容量	120Ah@1*C*，25℃
标称电压（V）	38.4（12cells）
工作电压范围（V）	33.6~43.2
最大持续充电倍率	1C@25℃（240A）
最大持续放电倍率	1C@25℃（240A）
质量（kg）	86
标称能量（kWh）	9.216
单体最大充电电压（V）	3.65（任一只电芯）
单体最小放电电压（V）	2.5（任一只电芯）
放电时过电流保护电流	300A@5S
充电高温保护（℃）	45（电池模组电池温度）
放电高温保护（℃）	50（电池模组电池温度）
充电低温保护（℃）	0（电池模组电池温度）

续表

名称	规格
放电低温保护（℃）	-20（电池模组电池温度）
使用环境	室内、干燥、恒温
防水等级	IP21
存储温度范围（℃）	-30~45
工作效率（%）	≥ 92

电池簇（cluster）由电池模组采用串联、并联或串并联连接方式，且与储能变流器及附属设施连接后实现独立运行的电池组合体。电池簇中一般还包括电池管理系统、监测和保护电路、电气和通信接口等部件。电池簇在外观上为电池架或电柜形式。电池簇示例如图4-33所示。

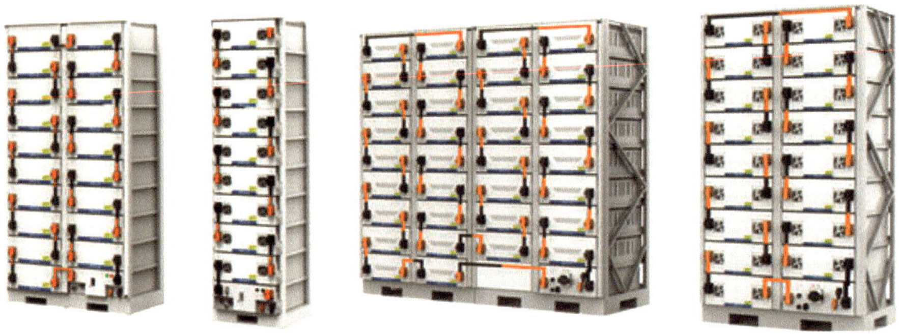

图 4-33　电池簇

三、电池管理系统（BMS）

电池管理系统（BMS）安装于储能电池簇内，负责对储能电池进行电压、温度、电流、容量等信息的采集，实时状态监测和故障分析，同时通过 CAN 总线等与 PCS、监控 / 调度系统联机通信，对电池进行优化充放电管理控制。每簇电池组各配一套电池管理系统，能达到高效使用每簇电池及整体合理调配的目的。

BMS 具有电池电压均衡、电池组保护、热管理、电池性能分析诊断等功能，能够实时测量蓄电池模块电压、充放电电流、温度和单体电池端电压，并计算得到电池内阻等参数，通过分析诊断模型得出单体电池当前容量或剩余容量（state of charge，SOC），单体电池健康状态（state of health，SOH），评估电池组状态，在放电时估算当前状态下可持续放电时间。

规模较大的储能电站，BMS 大多采用三层架构：从控、主控和总控。某型号储能 BMS 采用三层典型架构，如图 4-34 所示。

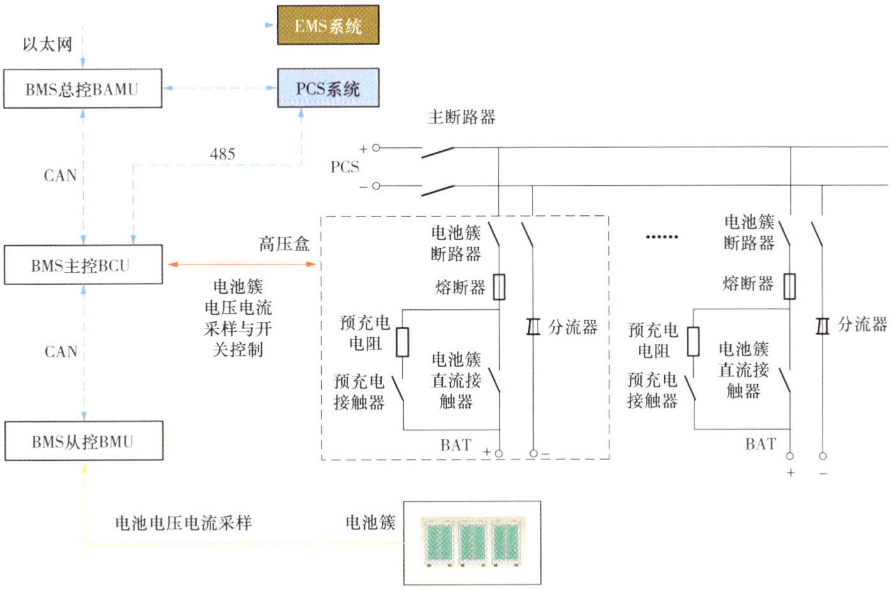

图 4–34　某型号储能 BMS 采用三层典型架构

从控模块也称电池模组管理单元（battery module unit，BMU），负责采集单体电池电压、温度等信息，对电池状态进行计算，作均衡、热管理执行控制；主控模块也称电池簇管理单元（battery cluster unit，BCU），负责电池组端电压采集、电流采集、绝缘检测、电池状态计算、继电器控制、均衡策略、数据通信等；总控模块也称电池阵列管理单元（battery array management unit，BAMU）负责数据显示、查询、参数设置、数据计算、数据保存与 PCS 及 EMS 通信等。

四、储能变流器（PCS）

储能变流器（pharmacogenetics，PCS）为双向变流器，能够将电网的能量储存至电池中，也可将电池中的能量逆变至电网中。储能变流器控制蓄电池的充电和放电过程，进行交直流的转换，在无电网情况下可以直接为交流负荷供电。

PCS 还可通过通信接收 EMS 控制指令，根据功率指令的符号及大小控制变流器对电池进行充电或放电，实现对电网有功功率及无功功率的调节；同时 PCS 可与 BMS 通信、干接点传输等方式，获取电池组状态信息，可实现对电池的保护性充放电，确保电池运行安全。

常见的储能变流器按照有无 DC/DC 环节可以分为单级式（DC/AC）和双级式（DC/DC+DC/AC）两种。

单级式 PCS 仅含 DC/AC 环节，结构如图 4–35（a）所示。储能电池经过串并联后，直接连接 DC/AC 的直流端；储能电池系统充电时，双向 DC/AC 变流器工作在整流状态，将系统侧交流电转化为直流电，将能量储存在储能电池中；放电时，双向储能变流器工作在逆变状态，将储能电池释放的能量由直流变成交流电。单级式 DC/AC 变流器特点是结构简单，效率高；缺点是电池电压工作范围窄，可靠性低，电网侧发生短路故障可能在直流侧产生短时大电流，

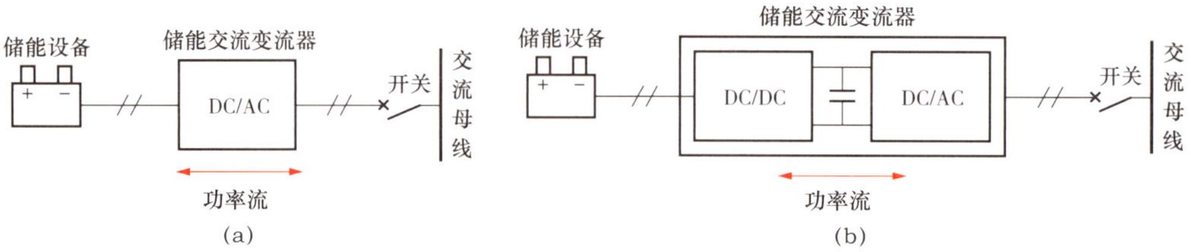

图 4-35　储能变流器结构示意

（a）单级式；（b）双级式

对电池生产较大冲击。

两级式 PCS 较单级式增加了双向 DC/DC 环节，其主要作用是进行升压、降压变换，提供稳定直流，如图 4-35（b）所示。储能电池充电时，双向 DC/AC 变流器工作在整流状态，将电网测交流电压整流为直流电压，该电压经过 DC/DC 变流器降压得到储能电池充电电压；储能电池放电时，双向 DC/AC 变流器工作在逆变状态，双向 DC/DC 变流器升压向 DC/AC 变流器提供直流侧输入电压，经变流器输出合适的交流电压。两级式 PCS 的优点是适应性强，可实现对多串多并的电池模块的充放电；缺点是多了 DC/DC 环节，系统转换效率降低。

如图 4-36 所示为某型号储能变流器主电路图，为单级式（DC/DC）结构。变流器工作原理为：通过三相桥式变换器，把储能电池的直流电压变换成高频的三相斩波电压，通过滤波器滤波变成正弦波电流后并入电网。

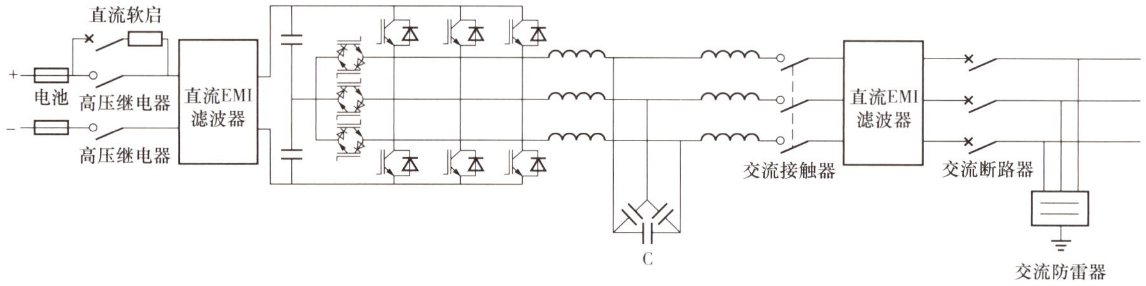

图 4-36　某型号储能变流器主电路图

EMI—电磁干扰；直流 EMI 滤波器—直流电磁干扰滤波器；交流 EMI 滤波器—交流电磁干扰滤波器

该型储能变流器采用高效的矢量控制算法，实现有功功率、无功功率的解耦控制；功率因数任意可调，在容量范围内可以全发无功功率，实现无功功率补偿；支持并网运行、离网运行，可以实现并网与离网的平滑无缝切换；支持微电网运行，可为微电网提供稳定的电压和频率支撑；具备主动式、被动式或两者结合的孤岛检测功能；具有完善的保护功能，防止变流器异常损坏；多台 PCS 可实现多机并联运行；支持交流侧短时短路运行模式。

五、能量管理系统（EMS）

独立的储能电站需要配置计算机监控系统，通常也称为能量管理系统（EMS）。EMS 是储能系统最上层管理系统，负责采集、监视全部电池管理系统数据、储能变流器数据及配电设备数据，向各个部分发出控制指令，控制整个储能系统的运行，合理安排储能变流器工作；系统既可以按照预设的充放电时间、功率和运行模式自动运行，也可以接受操作员的即时指令运行；大型储能系统 EMS 还包括与电网调度中心的接口，接受其调度。如图 4-37 所示给出了某型储能 EMS 的组成架构，供参考。智慧综合能源系统工程中，储能子系统的 EMS 功能也可以由智慧综合能源集成管控系统实现。

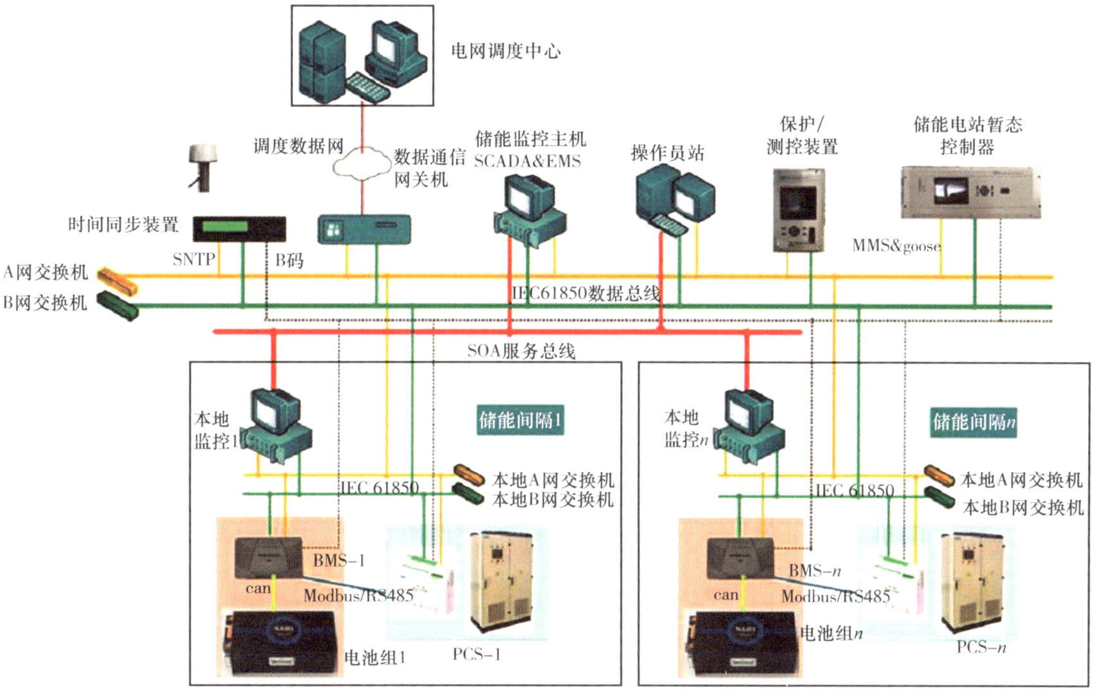

图 4-37　某型储能 EMS 的整体架构

4.2.4　电池储能系统的安全监测与火灾消防

近年来电池储能系统的应用需求和工程项目日益增多，但运行中的储能电站发生火灾或爆炸事故的情况屡有发生。电池储能系统的安全监测与火灾消防成为各方面关键焦点。下面重点分析锂离子电池储能系统的安全问题根源及相应对策。

一、锂离子电池的安全隐患

一般来说，锂离子电池安全问题表现为燃烧甚至爆炸，出现这些问题的根源在于电池内部的热失控。除此之外，一些外部因素如过充、火源、挤压、穿刺、短路等问题也会导致安全问题。锂离子电池在充放电过程中会发热，如果产生的热量超过了电池热量的耗散能力，锂离子电池就会过热，电池材料就会发生固体电解质界面膜（solid electrolyte interphase，SEI）膜的分解、电解液分解、正极分解、负极与电解液的反应和负极与黏合剂的反应等破坏性的副反应。

电池热失控温度热成像图如图 4–38 所示。

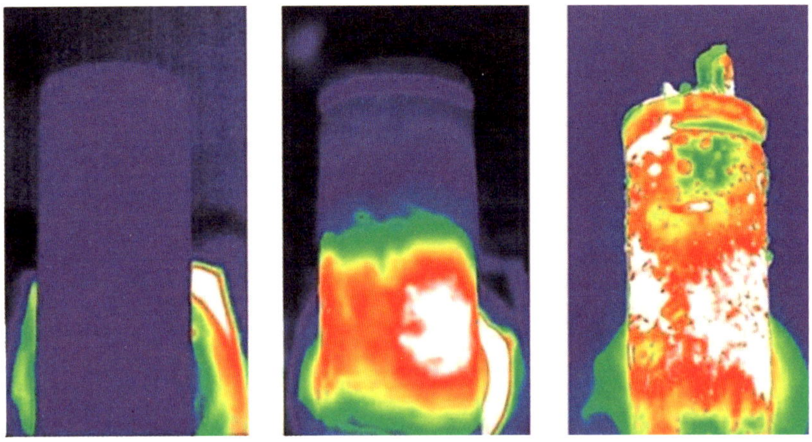

图 4–38 电池热失控温度热成像图

（1）正极材料的安全隐患。当锂离子电池使用不当时，导致电池内部温度的升高，使正极材料会发生活性物质的分解和电解液的氧化；同时，这两种反应能够产生大量的热，从而造成电池温度的进一步上升。不同的脱锂状态对活性物质晶格转变、分解温度和电池的热稳定性影响相差很大。

（2）负极材料的安全隐患。早期使用的负极材料是金属锂，组装的电池在多次充放电后易产生锂枝晶等副产物，进而刺破隔膜，导致电池短路、漏液甚至发生爆炸。嵌锂化合物能够有效避免锂枝晶的产生，大大提高锂离子电池的安全性。随着温度的升高，嵌锂状态下的碳负极首先与电解液发生放热反应；相同的充放电条件下，电解液与嵌锂人造石墨反应的放热速率远大于与嵌锂的中间相碳微球、碳纤维、焦炭等的反应放热速率。

（3）隔膜与电解液的安全隐患。锂离子电池的电解液为锂盐与有机溶剂的混合溶液，其中商用的锂盐为六氟磷酸锂，该材料在高温下易发生热分解，并与微量的水以及有机溶剂之间进行热化学反应，降低电解液的热稳定性。电解液有机溶剂为碳酸酯类，这类溶剂沸点、闪点较低，在高温下容易与锂盐释放五氟化磷气体反应，易被氧化。

（4）制造工艺中的安全隐患。锂离子电池在制造过程中，电极制造、电池装配等过程都会对电池的安全性产生影响，如正极和负极混料、涂布、辊压、裁片或冲切、组装、加注电解液的量、封口、化成等诸道工序的质量控制，无一不影响电池的性能和安全性。浆料的均匀度决定了活性物质在电极上分布的均匀性，从而影响电池的安全性。浆料细度太大，电池充放电时会出现负极材料膨胀与收缩比较大的变化，可能出现金属锂的析出；浆料细度太小会导致电池内阻过大。涂布加热温度过低或烘干时间不足会使溶剂残留，黏结剂部分溶解，造成部分活性物质容易剥离；温度过高可能造成黏结剂炭化，活性物质脱落造成电池内部短路。

（5）电池使用过程中的安全隐患。锂离子电池在使用过程中应该尽可能减少过充电或者过放电，特别对于单体容量高的电池，因热扰动可能会引发一系列放热副反应，导致安全性问题。

二、电池本体安全性解决方案

针对锂离子电池在材料、制造和使用过程中的诸多安全隐患，如何对易产生安全问题的部分进行改进，是锂离子电池需要解决的关键问题。

（1）提高电解液的安全性。电解液与正、负电极之间均存在很高的反应活性，尤其在高温下，为了提高电池的安全性，提高电解液的安全性是比较有效的方法之一。通过加入功能添加剂、使用新型锂盐以及使用新型溶剂可以有效解决电解液的安全隐患。

根据添加剂功能的不同，主要可以分为以下几种：安全保护添加剂、成膜添加剂、保护正极添加剂、稳定锂盐添加剂、促锂沉淀添加剂、集流体防腐添加剂、增强浸润性添加剂等。

为了改善商用锂盐的性能，研究者们对其进行了原子取代，得到了许多衍生物，其中采用全氟烷基取代原子得到的化合物具有闪点高、电导率近似、耐水性增强等诸多优点，是一类很有应用前景的锂盐化合物。另外，以硼原子为中心原子、与氧配体螯合得到的阴离子锂盐，具有很高的热稳定性。

对于溶剂方面，很多研究者提出了一系列新型的有机溶剂，如羧酸酯、有机醚类有机溶剂。另外，离子液体也有一类安全性高的电解液，但是相对普遍使用的碳酸酯类电解液，离子液体的黏度高 4~6 个数量级，电导率、离子自扩散系数较低，离实用化还有很多工作要做。

（2）提高电极材料的安全性。磷酸铁锂以及三元复合材料被认为是成本低廉、“安全性优良”的正极材料，有可能在电动汽车产业中普及应用。对于正极材料，提高其安全性的常见方法为包覆修饰，如用金属氧化物对正极材料进行表面包覆，可以阻止正极材料与电解液之间的直接接触，抑制正极物质发生相变，提高其结构稳定性，降低晶格中阳离子的无序性，以降低副反应产热。

对于负极材料，由于其表面的往往是锂离子电池中最容易发生热化学分解并放热的部分，因此提高 SEI 膜的热稳定性是提高负极材料安全性的关键方法；通过微弱氧化、金属和金属氧化物沉积、聚合物或者碳包覆，可以提高负极材料热稳定性。

（3）改善电池的安全保护设计。除了提高电池材料的安全性，商品锂离子电池采用的许多安全保护措施，如设置电池安全阀、热熔保险丝、串联具有正温度系数的部件、采用热封闭隔膜、加载专用保护电路、专用电池管理系统等，也是增强安全性的手段。

三、储能系统的多层预警和安全保护

当前储能电站应对安全风险的措施存在不足。安全预警及处理能力不强，消防手段存在局限性，无法有效阻止事态扩大。研究表明，早期预警和干预是降低储能电站安全风险的重要手段。下面介绍一种电池储能系统三层预警和消防技术，该技术可有效提升储能电池安全预警和消防能力。

第 1 层为多维状态预警，通过模组级安全预警模块，实现锂电池单体电压、温度、电流、可燃气体等多维状态感知能力，可提前 5min 发现热失控风险进行电气控制。

第 2 层为模组消防保护，在电池模组内部布置模组级气溶胶安全保护模块，针对模组级别的热失控，气溶胶安全保护模块及时启动，将电池热失控控制在早期。电池模组级安全配置图如图 4–39 所示。

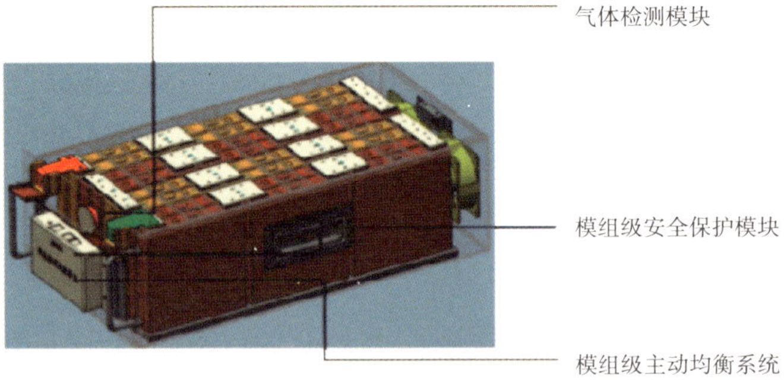

图 4–39 电池模组级安全配置图

第 3 层为预制舱消防保护系统，主要由柜式七氟丙烷消防系统组成，柜式七氟丙烷消防系统如图 4–40 所示。当电池热失控蔓延时，通过预制舱级感温感烟装置触发七氟丙烷消防系统动作，保护储能系统安全。

图 4–40 柜式七氟丙烷消防系统

4.3 电动汽车充电设施

电动汽车充电设施日渐成为一种必要的用电基础设施，是智慧综合能源工程的常见要素。从智慧综合能源系统的角度来看，充电设施连同电动汽车是具有自身特点的电负荷，对负荷的峰谷特性和电能质量等会产生较大影响；同时，电动汽车充电设施具有一定的可控性与储能作用，可作为重要的可调可控负荷资源参与源网荷储协同互动。

4.3.1 充电设施分类、结构与原理

本节所述电动汽车充电设施主要指落地式、挂壁式等非车载的充电设备。按充电方式可分为交流充电桩、直流充电机两大类。每类充电桩（机）按型号不同，可能有 1 个或多个充电接口（充电枪）。常见的充电设备都是有线充电，即采用电缆通过标准接口的充电枪连接电动汽车为其充电。近年来，采用电磁感应或磁谐振原理的无线充电方式也日趋成熟，但尚未规模化应用。还有一类特殊的充电机，不仅可从电网向电动汽车充电，还支持电动汽车动力电池向电网反向充电（vehicle to grid，V2G），具有较高研究价值，但目前应用也不广泛。

（1）交流充电桩。交流充电桩是为车载充电机提供交流电源的供电装置，本身不具备整流变换等核心功能，只单纯提供交流电源输出，兼具充电计量和相关控制功能。由于车载充电机的功率一般都比较小，多为 3.3 kW 或 6.6 kW。因此交流充电桩无法实现快速充电，一般充电时间为数小时。交流充电桩主要由控制电源、控制单元、电气模块、动力电源接口、充电接口、人机交互界面、计量计费系统和桩体等构成，交流充电桩部件框图如图 4-41 所示。

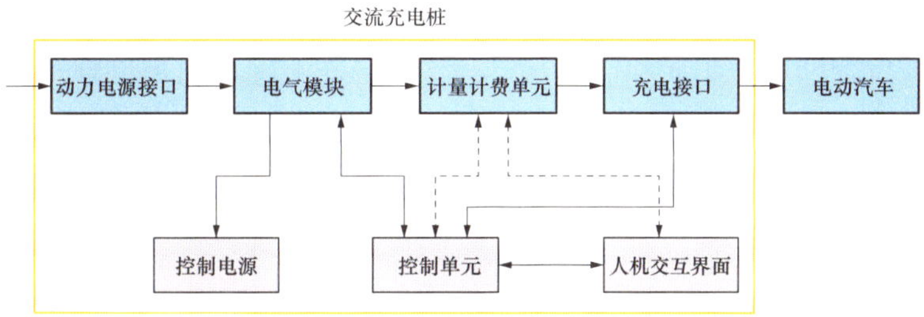

图 4-41　交流充电桩部件框图

交流充电桩作为负载接入 220/380 V 市电，作为电源为电动汽车提供充电接口。充电接口符合 GB/T 20234.2—2015《电动汽车传导充电用连接装置　第 2 部分：交流充电接口》标准。交流充电桩的供电接口和车辆接口的触头布置如图 4-42 所示。

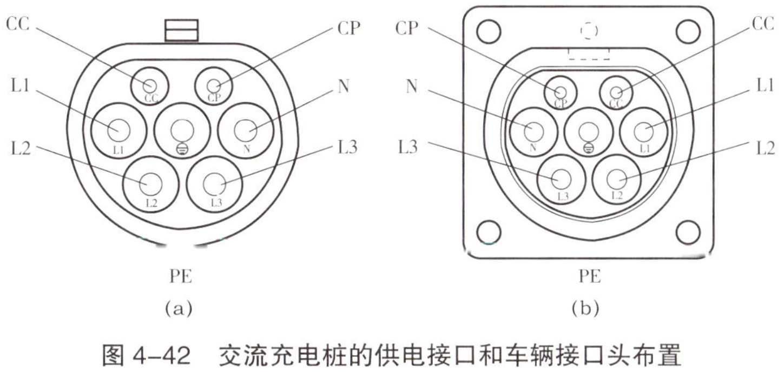

图 4-42　交流充电桩的供电接口和车辆接口头布置

（a）交流充电机的供电接口；（b）车辆接口触头布置方式

触头电气参数值及功能定义见表 4-3。

表 4-3　交流充电接口触头电气参数值及功能定义

触头编号 / 标识	额定电压和额定电流	功能定义
1-（L1）	250V、10A/16A/32A	交流电源（单相）
	440V、16A/32A/63A	交流电源（三相）
2-（L2）	440V、16A/32A/63A	交流电源（三相）
3-（L3）	440V、16A/32A/63A	交流电源（三相）
4-（N）	250V、10A/16A/32A	中线（单相）
	440V、16A/32A/63A	中线（三相）
5-（⏚）	—	保护接地（PE），连接供电设备地线和车辆电平台
6-（CC）	0~30V、2A	充电连接确认
7-（CP）	0~30V、2A	控制导引

补充说明，车载充电机安装在电动汽车上，通过外部的交流充电桩经标准充电接口获得电源，经整流变换为直流电后对电动汽车动力蓄电池充电；车载充电机主要由输入端口、功率单元、控制单元、低压辅助电源单元和输出端口等构成，车载充电机部件框图如图 4-43 所示。

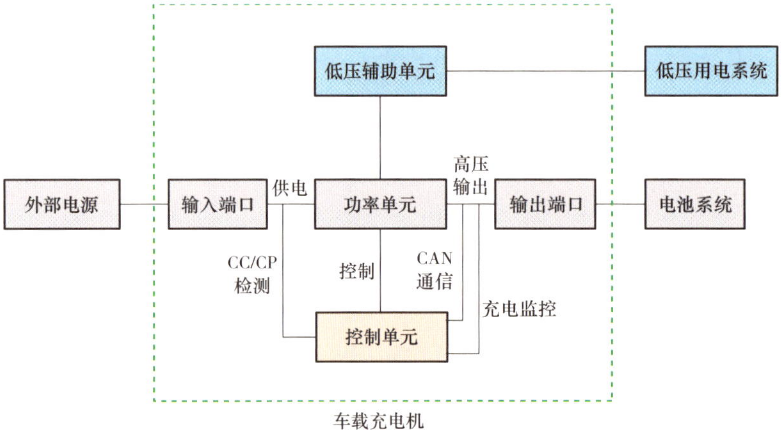

图 4-43　车载充电机部件框图

（2）直流充电机。直流充电机固定安装于地面，其内部有整流变换核心模块，把交流市电整流为直流电，为电动汽车的动力电池直接提供电能补给。直流充电桩一般采用三相四线制或三相三线制 AC 380 V 市电为电源，直流侧的输出电压范围一般为 DC200~750 V，功率等级包括 60、120、180、240 kW 等，可以实现电动汽车快速充电。直流充电机主要由控制单元、计量装置、人机交互装置、充电机模块、低压辅助电源、交流进线断路器和接触器、避雷器、直流输出熔断器和接触器、充电电缆和桩体等构成，直流充电桩部件框图如图 4–44 所示。

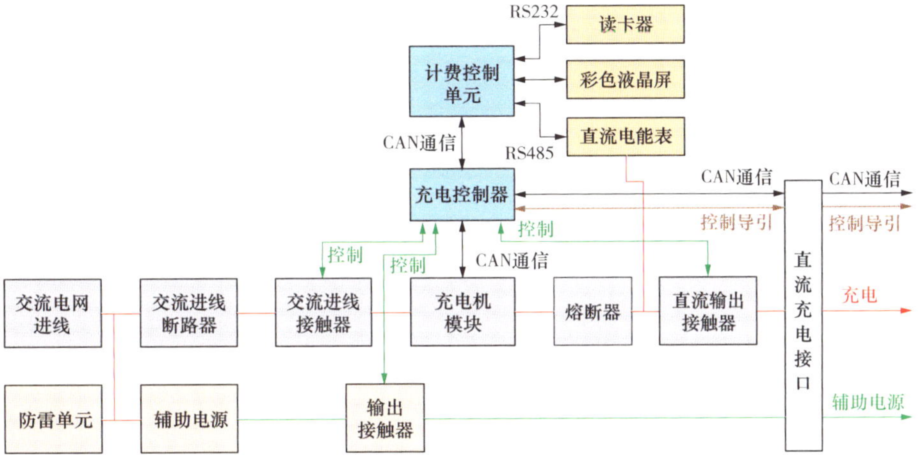

图 4–44　直流充电桩部件框图

直流充电机的充电接口符合 GB/T 20234.3—2015《电动汽车传导充电用连接装置　第 3 部分：直流充电接口》标准。直流充电机的供电接口和车辆接口的触头布置如图 4–45 所示。

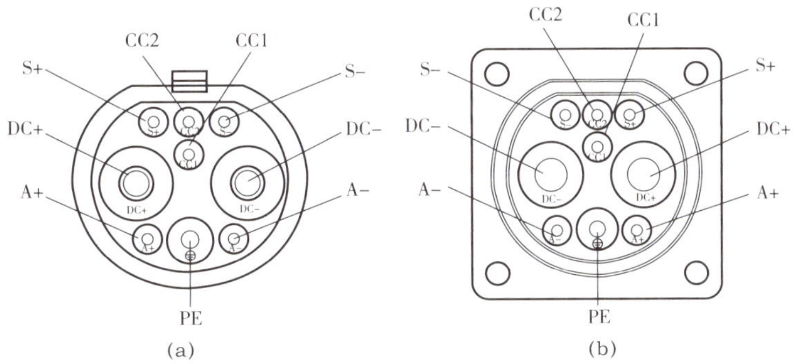

图 4–45　直流充电机的供电接口和车辆接口触头布置方式

（a）直流充电机的供电接口；（b）车辆接口触头布置方式

触头电气参数值及功能定义见表 4–4。

表 4–4　直流充电接口触头电气参数值及功能定义

触头编号 / 标识	额定电压和额定电流	功能定义
1–（DC+）	750V/1000V、80A/125A/200A/250A	直流电源正极，连接直流电源正与电池正极
2–（DC−）	750V/1000V、80A/125A/200A/250A	直流电源负极，连接直流电源负与电池负极
3–（⏚）	—	保护接地（PE），连接供电设备地线和车辆电平台

续表

触头编号 / 标识	额定电压和额定电流	功能定义
4-（S+）	0~30V、2A	充电通信 CAN_H，连接非车载充电机与电动汽车的通信线
5-（S-）	0~30V、2A	充电通信 CAN_L，连接非车载充电机与电动汽车的通信线
6-（CC1）	0~30V、2A	充电连接确认
7-（CC2）	0~30V、2A	充电连接确认
8-（A+）	0~30V、2A	低压辅助电源正极，连接非车载充电机为电动汽车提供的低压辅助电源
9-（A-）	0~30V、2A	低压辅助电源负极，连接非车载充电机为电动汽车提供的低压辅助电源

4.3.2 充电桩的运营模式及其与智慧综合能源系统的集成

充电桩从运营模式看，分为公共充电桩和私人充电桩两种。公共充电桩接入车联网云平台，由其进行运营管理，目前，社会上大多数公共充电桩接入了星星充电、特来电、国网车联网平台等车联网云平台；充电桩与云平台间的通信方式多为 3G/4G 等无线通信；在充电操作方面，用户通过云平台配套的手机 App 扫码启动充电，大多数 App 支持用户依据用车需求自主设定充电时长、充电金额和充电功率；在计费结算方面，公共充电桩配有专用电表，每次充电结束后用户通过手机 App 进行电费结算。

私人充电桩一般仅供固定用户使用，大多未接入云平台。在充电操作方面，用户通过刷卡或充电桩配套 App 扫码等方式启动充电；部分私人充电桩还不支持充电时长、充电金额和充电功率的自主设置；在计费结算方面，私人充电桩用户无须每次结算，一般定期向小区物业等供电方进行电费结算。

智慧综合能源系统中的充电桩，可完全采用公共充电桩模式，优点是实施便捷，计费功能由车辆网平台实现，基本不增加管理任务，但一般会要求充电桩通过通信接口接入智慧综合能源集成管控系统，只单向监视运行状态和参数，而不做计量计费管理和对其任何控制；否则，如果集成管控系统与车联网云平台同时对充电桩施加控制，会造成冲突。第 8.2.11 节给出的工程实例中采用了这种方式。

随着智慧综合能源技术发展和电动汽车保有量快速提升，电动汽车充电与智慧综合能源的协同互动将带来巨大的经济和社会效益。未来，可以设计一种基于公共和私人两种模式之间的新模式：单位内部公用模式。单位内部公用模式的特点是：智慧综合能源集成管控系统直接集成和控制充电桩；管控系统配置充电计费结算等功能模块或相关系统接口，具备脱离车联网平台而独立运营本单位自有共用充电桩的能力；管控系统可对充电桩的按类似车联网平台接口的协议实施控制，按一定策略控制其启停和充电功率等。单位内部公用运营模式将充电桩集成到智慧综合能源系统中统一运营和控制，可以更好地开展源网荷储协同互动，优化能源供给和消费。

4.3.3 有序充电

（1）原理及架构。有序充电是在满足用户电动汽车充电需求的前提下，运用经济或技术措施引导、控制电动汽车的充电行为；通过优化安排电动汽车充电时段、时序和充电功率，实现低谷充电和充绿色电。未来电动汽车规模化发展，有序充电技术未来发展方向。已有工程实践范例表明，通过在居民小区实施有序充电，配电变压器峰值负荷可降低超过 30%，80% 的充电电量可被优化调整到配电变压器负荷低谷时段，可实现以整个小区为单位的削峰填谷，有效提升居民区电动汽车充电保障及服务能力。

有序充电系统整体架构如图 4–46 所示，包括主站、用户 App、能源控制器、能源路由器和有序充电桩。

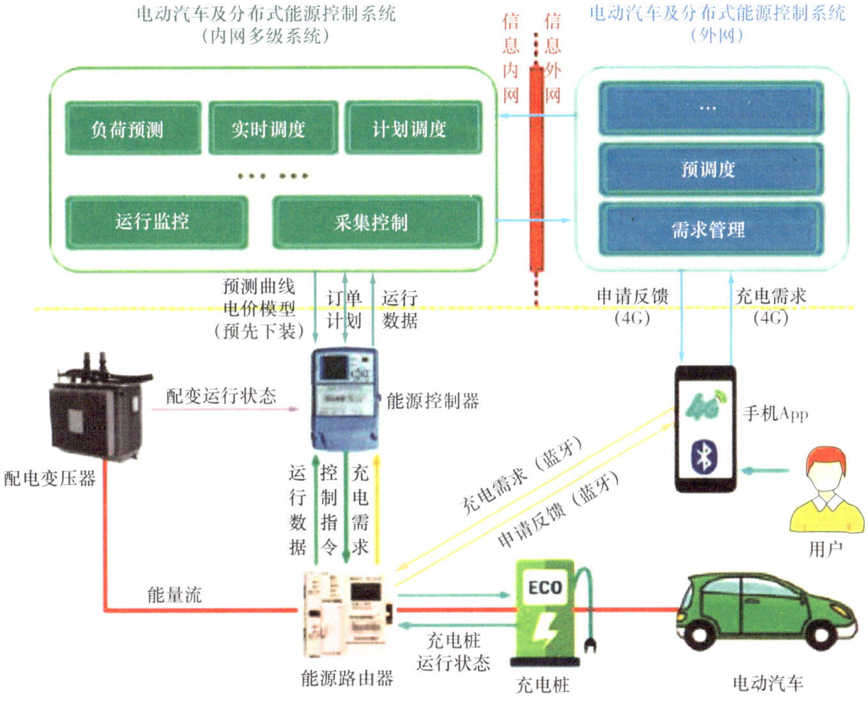

图 4–46 有序充电系统整体架构

（2）主站系统及交互 App。主站系统结合区域负荷情况，基于分时电价及运行指标信息实现对用户充电需求进行统筹编排，将充电策略及档案信息下发到能源控制器完成属地调控；App 负责收集用户需求、推送充电情况，为用户提供充电桩管理、附近桩查找、订单管理、结算管理等有序充电服务。典型的有序充电主站系统是建立在国家电网车联网平台基础上的智慧能源服务系统。

（3）能源控制器。能源控制器安在配电台区的低压侧，作为台区本地自治控制核心设备，具有通信、策略处理、充电计划下发、台区信息采集和台区识别功能，可实现本台区下所有（一般几十台）有序充电桩及其能源路由器的数据集抄与能量调度管理。能源控制器可接收主站系统全局协作控制需求进行充电计划转发，并基于台区及下属设备的实时运行状态及遥测数据，对有序充电计划进行修正，满足台区安全稳定需求。

ECT–9100 型能源控制器是目前应用较为广泛的一种能源控制器，可实现台区负荷监控、充电状态监控、异常告警监控等多种应用功能。ECT–9100 型能源控制器如图 4–47 所示。

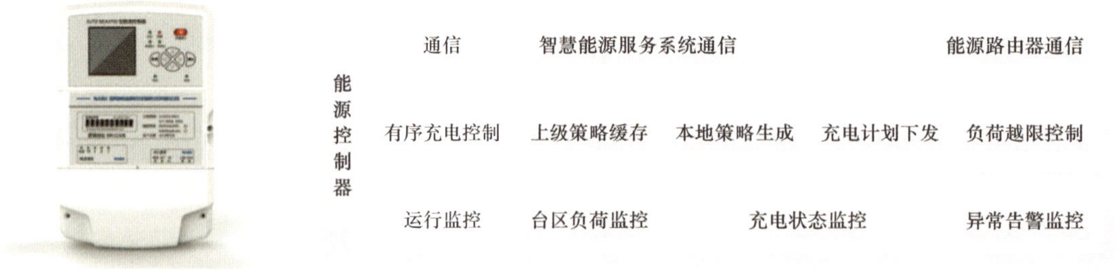

(a)　(b)

图 4–47　ECT–9100 型能源控制器

（a）外观；（b）功能

（4）能源路由器。能源路由器安装在充电桩内，是衔接能源控制器与充电桩的互动响应、信息安全隔离设备，是充电计划的执行者；能源路由器接收能源控制器下发信息，控制充电桩执行有序充电指令，上传指令执行结果、充电状态信息等任务，实现业务数据安全加密和身份认证功能，并可与有序充电 App 进行交互。

目前市场上，CEV1107–B2 型交流有序充电桩，配套开发了能源路由器，可实现有序充电桩的启停控制、功率调节、计量计费等多种应用功能。CEV1107–B2 交流有序充电桩配套的能源路由器如图 4–48 所示。

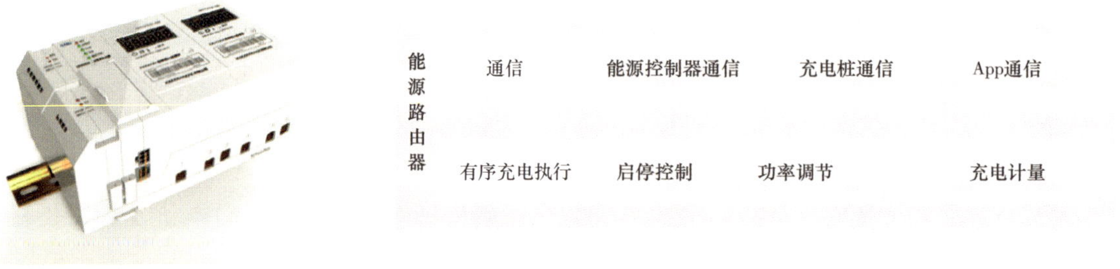

(a)　(b)

图 4–48　CEV1107–B2 交流有序充电桩配套能源路由器

（a）外观；（b）功能

（5）有序充电桩。有序充电桩作为有序充电系统的最末端设备，具备与能源路由器、电动汽车信息交互功能，能及时响应能源路由器启停控制命令，实现充电启动、停止、功率调节等操作，同时具备交流充电或直流充电的基本功能。例如 CEV1107-B2 型交流有序充电桩，内部集成能源路由器，具备智能化水平高、可靠性强、安装便捷等特点，并可拓展 V2G 功能，适用于在各种大、中、小型充电站或住宅小区、单位内部停车场内部署安装；结合配套的手机 App，用户可自主完成有序充电流程操作。CEV1107-B2 交流有序充电桩如图 4-49 所示。

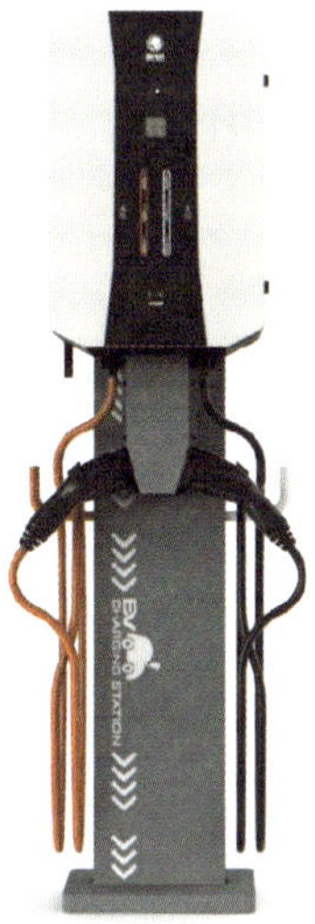

图 4-49　CEV1107-B2 交流有序充电桩

4.4　中低压配电设备

用户侧智慧综合能源工程涉及电压等级一般在 35 kV 及以下，以 10 kV 和 0.4 kV 设备居多。中低压配电设备，如中低压开关柜、配电变压器、低压配电柜等，技术总体上已经比较成熟。本节仅简要介绍中低压保护、测控、同期、电能质量监测与治理设备以及若干新技术应用。

4.4.1　中低压保护测控与同期装置

一、10 kV 保护测控装置

10（6）~35 kV 线路、母联（分段）、配电变压器的保护、测控功能以及桥（分段）开关的备用电源自动投入功能通常由多功能综合装置实现，既可分散安装到每一台开关柜，也可集中组屏方式安装。这类装置通常成系列供货，如 NSR-3600 系列保护测控装置等，包括线路（馈线）保护测控装置、母联（分段）保护测控装置、电容器保护测控装置、桥（分段）备用电源自动投入与保护测控装置等多款装置。

如图 4-50 所示，NSR-3600 系列装置使用相同的 1/3×19inch 宽度、6U 高度机箱，配备独立的操作回路，具备遥测、遥信、遥控、电度、对时、通信、故障录波以及装置状态监测等辅助功能。其中：遥测量包括三相相电压 U_a、U_b、U_c，三相线电压 U_{ab}、U_{bc}、U_{ca}，三相电流 I_a、I_b、I_c，有功功率 P，无功功率 Q，视在功率 S，功率因数，母线频率和线路频率等；遥信具备 15 路；遥控具备 4 路硬接点输出，1 组固定为断路器分 / 合闸，另 3 组可用于对隔离开关的控制；电度包括正、反向有功和四象限无功电能；通信功能包括 2 个以太网接口（支持 IEC 60870-5-103 或 IEC 61850 规约），1 个 RS-232 通信串口用于调试，1 个 RS-485（EIA）差分总线接口用于对时信号输入，1 个以太网口用于测试和配置装置。

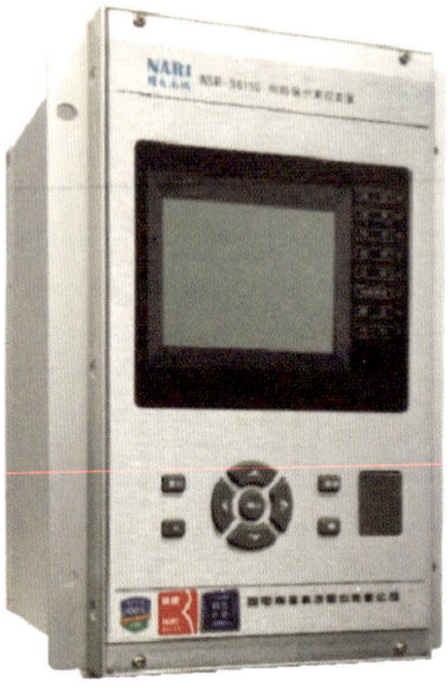

图 4-50　NSR-3600 保护测控装置

各个装置保护功能配置各不相同，适用于不同被保护对象，NSR-3600 系列保护测控装置的保护功能见表 4-5。

表 4-5　NSR-3600 系列保护测控装置的保护功能

装置类型	保护（备用电源自动投入）功能
线路（馈线）保护测控装置	三段可经复压和方向闭锁的过电流、两段零序过电流、零序过电流报警、过电流加速、零序过电流加速、TV 断线相过电流、三相一次重合闸、低频减载、低电压减载、小电流接地选线（网络集中式）、TA 断线告警、跳位异常告警、过负荷告警、母线 TV 断线告警、同期电压异常告警、闭锁简易母线保护等
配电变压器保护测控装置	速断过电流、过电流Ⅰ段、过电流Ⅱ段、高压零序过电流Ⅰ段、高压零序过电流Ⅱ段、低电压侧零序过电流、非电量保护、过负荷告警、母线 TV 断线告警、控回断线告警、TWJ（跳闸位置接点信号）异常告警、TA 断线告警、闭锁简易母线保护等
母联 / 分段保护测控装置	充电过电流保护、充电零序过电流保护、TV 断线告警、TA 断线告警、TWJ（跳闸位置接点信号）异常告警、控制回路断线告警、弹簧未储能告警等

续表

装置类型	保护（备用电源自动投入）功能
备用电源自动投入装置	应用于进线、变压器、分段（内桥）备用电源自动投入，主要功能包括：进线、变压器、分段（内桥）备用电源自动投入逻辑功能；联跳电源并网线功能；过负荷减载；分段过电流加速保护；分段零流加速保护；母线 TV 断线告警；电源 TV 断线告警；分段 TA 断线告警等

二、0.4 kV 配电保护

低压配电设备的保护一般由配电柜内具备电子脱扣器的断路器自身实现，也可为断路器配置单独的智能保护单元来实现。

1. 低压配电设备保护配置原则

根据 GB 50054《低压配电设计规范》、GB 7251《低压成套开关设备和控制设备》等规范要求，常见低压配电设备保护配置原则如下：

（1）低压主要电源进线开关、联络开关应配置至少带有长延时、短延时保护功能的电子脱扣器，馈线开关宜配置至少带有长延时、瞬时保护功能的电子脱扣器。

（2）低压联络开关应装设备用电源自动投入装置，自动投入方式选择开关应有手动、自动投入自复和自动投入不自复三个位置。

（3）低压主要电源进线开关保护动作应同时闭锁低压联络开关自动投入。

（4）对于接线、设备特殊的低压配电系统，应根据实际运行以及安全需求考虑相应保护配置以及定值整定方案。

（5）构成微电网的低压配电设备，其保护配置除满足一般要求外，还应满足微电网控制和保护的要求，可参见 4.5 节。

2. 低压配电保护定值整定原则

（1）低压主要电源进线开关。一般投入长延时、短延时保护功能，其余保护功能退出，其中长延时时间定值一般取同低压主开关长延时时间定值，短延时保护一般采用定时限，具体如下：

1）长延时电流定值：一般取 1.2~1.3 倍变压器额定电流。当变压器允许最大负荷电流超过变压器额定电流时，电流定值取 1.2~1.3 倍最大负荷电流。

2）长延时时间定值：在 6 倍长延时电流时应在 5~10s 之间。

3）短延时电流定值：一般取 3.5~4 倍变压器额定电流。

4）短延时时间定值：0.3s。

（2）低压联络开关。一般投入长延时、短延时保护功能，其余保护功能退出，其中长延时保护一般采用反时限，短延时保护一般采用定时限，具体如下：

1）长延时电流定值：一般取主进线开关的最小长延时电流定值 75%~80%。

2）长延时时间定值：同主进线开关的长延时时间定值。

3）短延时电流定值：一般取主进线开关的最小短延时电流定值 75%~80%。

4）短延时时间定值：0.1s。

（3）低压馈线开关。一般投入长延时、瞬时保护功能，其余保护功能退出，其中长延时保护一般采用反时限，具体如下：

1）长延时电流定值：不应大于主进线开关长延时最小电流定值的 75%~80%，有联络开关时，不应大于联络开关的长延时最小电流定值的 75%~80%。

2）长延时时间定值：不应小于主进线开关或者联络开关的最小长延时时间定值。

3）瞬时电流定值：一般不应大于 2 倍变压器额定电流。

（4）智能保护单元。以 NSP552 型低压保护测控装置为例说明，该装置集保护、测量、计量、控制、通信于一体，适用于低压 400 V 电动机、馈线、分支或母线分段的保护和测控，与接触器、框架断路器、塑壳断路器配合使用，体积小，可直接安装在低压开关柜（PC 柜或 MCC）上。为方便操作读数，可选配单独显示模块。NSP552 低压保护测控装置如图 4-51 所示。

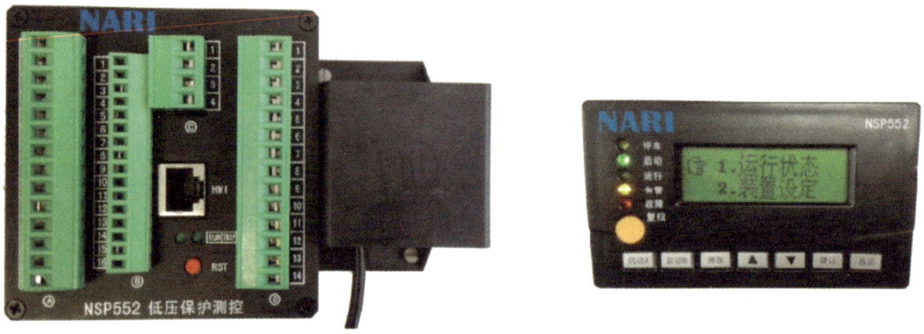

(a)　　　　(b)

图 4-51　NSP552 低压保护测控装置

（a）主模块；（b）显示单元

NSP552 型低压保护测控装置包括 NSP552-L 和 NSP552-M 两个子型号。NSP552-L 为通用型，具备以下保护功能：过电流保护、过电压保护、欠电压保护、后加速保护、过负荷保护和 TV 断线检测。NSP552-M 适用于电动机，具备以下保护功能：过电流保护、过电压保护、欠电压保护、电流不平衡保护、接地保护、漏电流保护、过热保护、欠载保护、欠功率保护、堵转保护、长启动保护、温度保护、相序保护、负序过电流保护、工艺联锁、后加速保护、短路故障输出、过负荷保护、tE 时间保护，TV 断线检测。

NSP552 型低压保护测控装置还具备三相电压、三相电流、零序电流 / 漏电流测量；13 路遥信输入；5 路分合闸出口；4~20 mA 输出；正向 / 反向有功和无功功率计量；多种模式电机启动控制功能。NSP552 型低压保护测控装置具有 RS485 双网接口，支持 MODBUS RTU 规约。

二、检同期与同期并网装置

智慧综合能源工程中，绝大部分都包含分布式电源，不少工程还以分布式电源为基础，构成微电网。配电系统中分布式电源和微电网的存在，带来了并网点处同期检查和分布式电源同期并网问题。分布式电源、微电网与公共电网任两者之间非同期合闸，将造成重大电力事故。

（1）同期的基本原理。同期是指没有电气联系的两个电力系统的并列，包括发电机并网或两个无联系电网的连接等，其特点是并网前联络点两侧的电压不同、频率不同、相角差不同而且可能不断变化。

常见的同期有两种模式：一是差频并网，指两个独立运行着的电网 / 系统之间通过一条线路同期并联，差频并网的特点是待合闸断路器两侧不仅存在着电压差，而且还存在着频率差和变化着的相角差；二是同频并网，指同一电网 / 系统中两个变电站之间再投入一条线路的同期并联，同频并网的特点是待合闸断路器两侧电压的频率相等，相角差是一个固定值，同频并网需要解决电网的合环问题。在智慧综合能源系统的分布式电源或微电网中，主要是差频并网模式。

同期并网的理想条件是两个电源系统的电压幅值、频率和相位相同，称为同期三要素。对发电机而言，自动捕捉满足同期并网三要素的时刻，使并网点断路器在此刻合闸的过程即为自动准同期。同期检查与同期并网合闸的基本逻辑如图 4-52 所示。

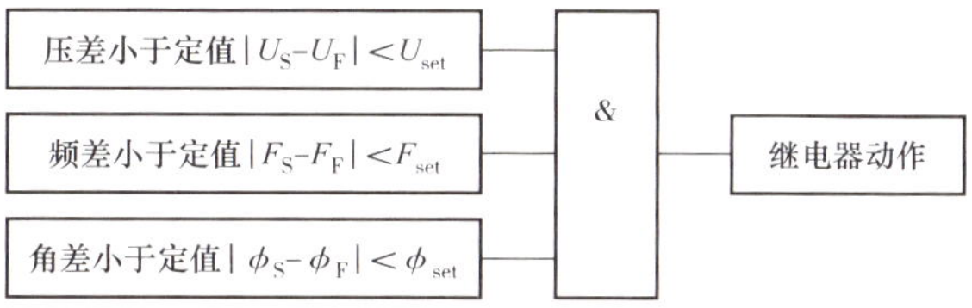

图 4-52　同期检查与同期并网合闸的基本逻辑

（2）同期检查（同期闭锁）。设置同期检查闭锁功能主要是为了防止手动操作失误或自动并列装置失灵而造成两个电源系统非同期并列，对系统起到必要的保护作用。

同期检查又称为检同期，即对并网点两侧的电源或电网是否同期进行检查、判定，可通过同期检查继电器（TJJ）完成。同期检查继电器内部有两个线圈，分别接入并网点两侧电压，当两侧电压达到并网的电压要求时，即满足同压（压差小于设定）、同频（频差小于设定）、同相（相位差小于设定值，一般为 15°）条件，继电器触点接通并网断路器的合闸回路，允许合闸；反之，则合闸回路不通，起到闭锁作用，防止非同期合闸。现在微机型保护测控装置也可集成实现检同期功能，如前文所述。

（3）同步发电机的同期并网（自动准同期）。在智慧综合能源系统中经常涉及的分布式电源同期并网，以三联供系统中的同步发电机为代表。同步发电机采用准同期方式并网，其特点是两侧频率相同、电压相同、相位相同（相序相同自然要相同），对系统和发电机冲击较小。历史上针对小机组也曾采用过自同期并列模式，但因对系统冲击较大，目前基本已不再使用。

同步发电机的准同期并网流程如下：先控制原动机将发电机拖动到接近同步转速，然后加励磁电流并调节到使发电机电压和电网电压基本相同；调节原动机的转速使发电机和系统的频率十分接近，待发电机电压和系统电压同相位时，发出合闸并网命令。

在实际操作过程中，一般控制发电机频率稍高于系统频率，发电机电压稍高于系统电压，由于从同期装置发出核战命令到同期点断路器合闸，需要一定时间，为保证断路器合闸时电压差为零（或最小），提前一个小的相位角发出合闸命令，当断路器合闸时，两侧电压达到同相而使电压差最小，则发电机所受的冲击最小。

大、中型同步发电机的同期功能可通过自动准同期装置实现，工作原理框图如图 4–53 所示。小、微型发电机的同期并网功能一般由其综合控制器实现，基本原理都是相同的。

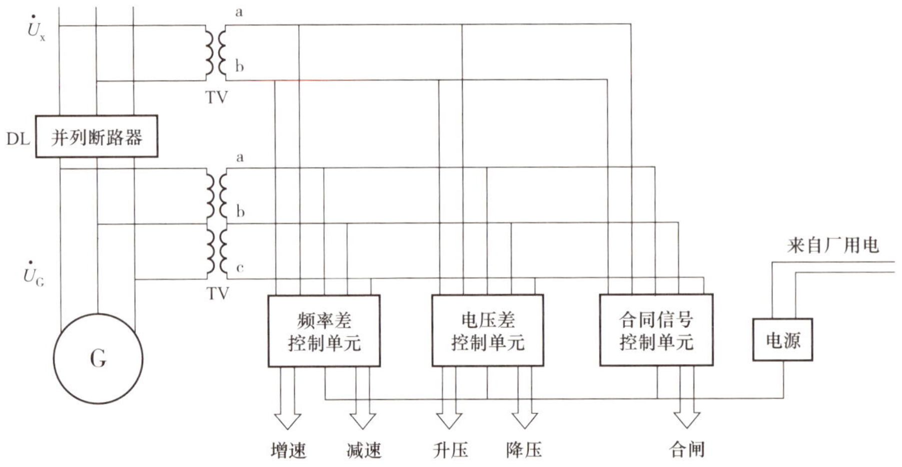

图 4–53　自动准同期装置的工作原理框图

4.4.2　电能质量监测与治理装置

用户配电系统中可再生能源和电力电子装备的接入越来越多，电压波动、谐波、电压暂降、三相不平衡等问题日益凸显，电能质量在线监测和电能质量治理需求越来越有必要。

电能质量在线监测装置针对各种电能质量指标的具体特征对电能质量问题进行分层检测，并完成对多种扰动信息的识别、提取和分析，能够为改善电能质量和诊断故障提供重要决策依据，也能够在电能质量评估、纠纷裁决、治理等方面提供理论与实践依据。以 iPQ311 型电能质量在线监测装置为例，如图 4–54 所示，装置可对（间）谐波、电压偏差、电压波动和闪变、三相电压（流）不平衡度、频率偏差、暂态 / 瞬态等电能质量指标进行长时间的实时监测、分析及存储，满足电能质量监测 A 级设备要求。

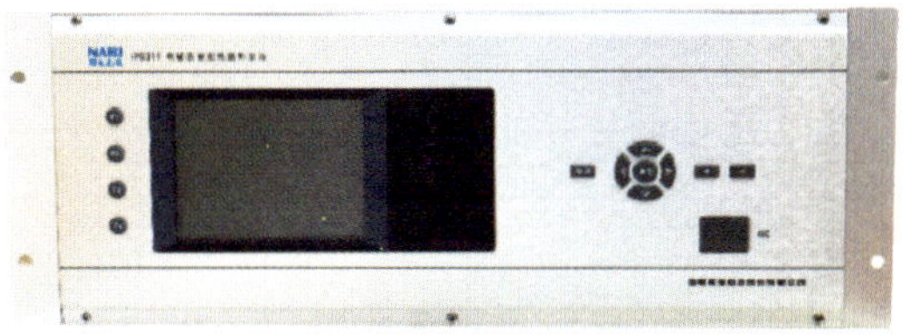

图 4–54　iPQ311 型电能质量在线监测装置

随着电力电子技术的不断发展，电能质量治理方案也不断更新升级。无源无功功率补偿设备、无源滤波设备、调压器等传统的电能质量治理设备得到广泛应用。同时，基于全控型电力电子器件的有源型电能质量治理装置，如低压无功功率补偿 SVG、有源滤波器 APF、三相不平衡治理、电压暂降治理、电能质量综合治理等设备也开始逐步推广。

其中，无源无功功率补偿装置在当前园区配电网中使用范围最为广泛。无源无功功率补偿装置原理示意如图 4–55 所示，该装置由机械接点或晶闸管控制投切的电抗器和电容器组成，兼有无功功率补偿和调压功能。无源无功功率补偿装置产生的无功功率和滤除谐波是靠电容和电抗本身的性质产生的，当电压变化时补偿器能快速、平滑地调节，以满足动态无功功率补偿的需要。

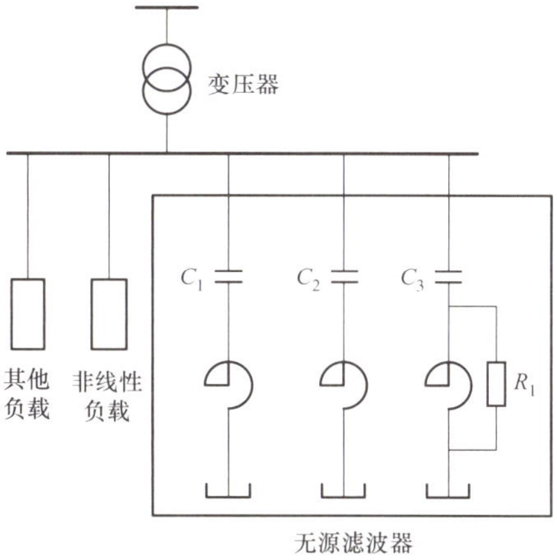

图 4–55　无源无功功率补偿装置原理示意图

SVG+ 智能电容器是目前在低电压配电网采用较多一种新型方案。SVG+ 智能电容器补偿原理如图 4–56 所示，装置通过 IGBT 逆变器与电容器组的协调控制，在实现负荷三相电流精确调整的基础上，还实现无功功率补偿和谐波滤除功能；与传统的设备相比，易于安装，并实现了无级补偿，响应速度快，补偿精度高，同时性价比较高。

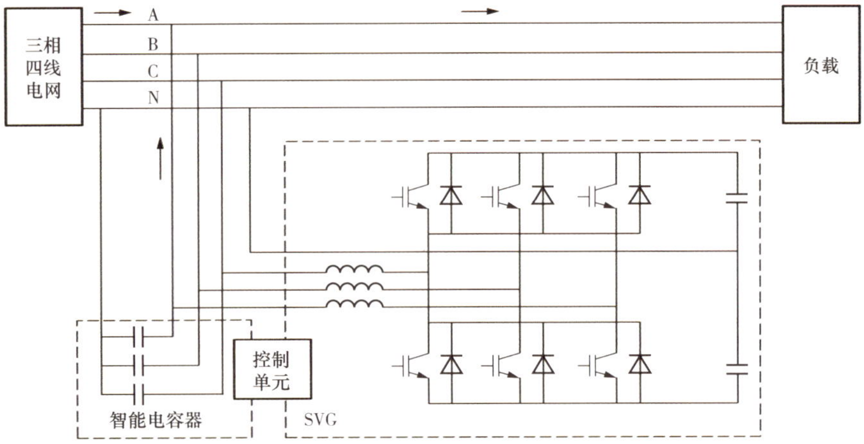

图 4–56　SVG+ 智能电容器补偿原理示意图

4.4.3　配电房物联感知系统

一般来说，用户侧工程的中低压配电设备具有种类多、数量大的特点，现场环境复杂多样，设备监测的数据量大。普通用户对设备的状态评估和运行维护主要依靠经验，实时性和智能化程度低，运维主要以故障抢修和事故后消缺为主。为提高配电设备运行维护工作水平，供电公司等专业性单位开始推广在配电房内配备物联感知系统，典型配电房物联感知系统配置如图 4–57 所示，以增强配电设备和环境状态感知能力，实现设备故障事前诊断、事前消缺，提高配电系统运维检修工作效率和智能化水平。

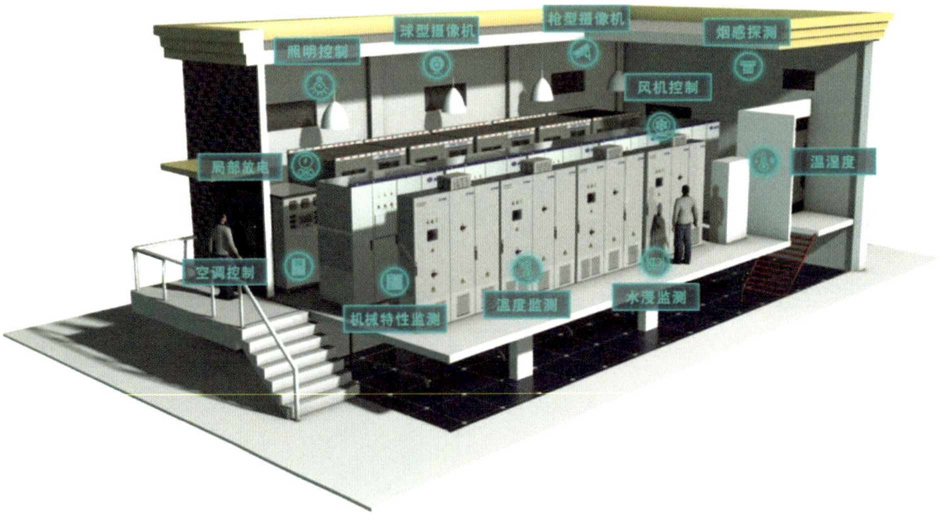

图 4–57　典型配电房物联感知系统配置

配电房物联感知系统包括站房监控平台、通信系统、智能化监测元件和执行元件四个部分。站房监控平台是整个系统的"大脑"，是直接面向运维人员的工作平台，负责对配电房环境及设备状态信息存储、处理、分析并且向终端下发指令等，实现配电房整体运行状态的远程监控、危险预警和异常告警。在智慧综合能源系统工程中，该部分功能也可在智慧综合能源系统集成管控平台中实现；通信系统是整个系统的"管道"，将应用平台、智能配变终端、传感器设备等联通起来，实现数据实时传输，并通过短信、语音、微信等多种可选方式通知相关权限用户；监测元件是整个系统的"感官"，负责配电房环境信息、安防信息和设备状态信息的采集，并通过标准协议传输给智能配变终端；执行元件是整个系统的"手脚"，依据监测系统采集的信息，当超过预设限值，则启动智能化执行元件，以将配电房环境各参数控制在目标范围之内。

配电房配电物联感知系统主要功能包括：

（1）环境监测。环境监测指通过对环境的监控：温度、湿度、SF_6气体浓度、臭氧浓度、含氧量、烟雾火灾、水位、粉尘、噪声、振动、防小动物等信息的采集和告警，电力环境调控机、风机等设备的控制管理，并结合扩展设备实现预警联动，对配电房运行环境实时在线监控；通过完整的数据监控与分析，逐步实现配电房智能巡检。

（2）安防监测。安防监测指通过在配电房内安装红外入侵探测器，门禁监控系统，实现对配电房内实时安全状况进行监测监视，辅助视频系统监视对人员进出实现二次监测。

（3）视频监测。视频监测指在配电房内安装摄像机，用于配电房内安防监控和设备运行状态监控，就近布置视频处理单元，进行视频存储分析等，并可根据客户的操作，调节摄像角度，事故时可在主站进行实时抓拍。

（4）设备状态监测。设备状态监测指通过在变压器、高压柜、低压柜安装无线测温装置，局放装置，故障传感器等感知设备，对配电房内高、低压设备的电压、电流等电气量以及温度、局放等状态量采集，通过大数据分析对设备状态运行趋势进行预测。

（5）扩展监测功能。扩展监测功能指配电房作为能源中心可能不局限于供电，还具备数据中心、通信中心的功能，对智能小区、分布式电源、充电桩等数据输入、安全运行状态监测应预留接口，以满足未来物联网、智能园区等综合管理和竞争性业务扩展的需求。

4.5 微电网及其控制保护

4.5.1 微电网基本概念

一、微电网定义、结构与分类

微电网是智慧综合能源系统的基础和骨干，智慧综合能源系统可看作微电网的拓展和升级。

微电网是由分布式电源、储能系统、能量转换装置、监控和保护装置、负荷等汇集而成的小型发电、配电、用电系统，是一个具备自我控制和自我能量管理的自治系统，既可以与外部电网并网运行，也可以孤立运行。从微观看，微电网可以看作小型的电力系统；从宏观看，微电网可以认为是配电系统中的一个“虚拟”的电源或负荷。

微电网按能量传输的类型可以将微电网分成交流微电网、直流微电网、交直流混合微电网，每种结构各有特点以及适用范围，都可以作为传统大电网的有效补充。

交流微电网是微电网的主要形式，结构如图 4–58 所示。分布式电源和储能直接或者间接地接入微电网交流母线，微电网再通过并网点（point of common coupling，PCC）与大电网相连。本节主要以交流微电网为研究对象。

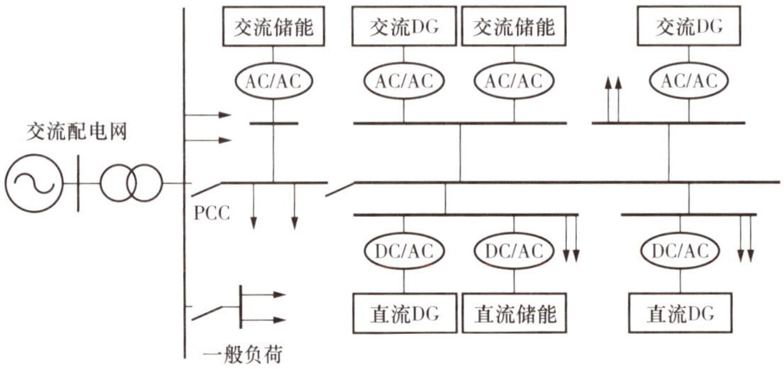

图 4–58　交流微电网结构

如图 4–59 所示为直流微电网的基本结构。直流微电网中，分布式电源（DG）、储能装置以及负荷都可以直接连接至直流母线，直流网络也可以通过 DC（直流）/AC（交流）逆变器与外部交流电网相连，相对于交流微电网，直流微电网中分布式电源与直流母线之间只存在一级电压变换，减少了系统损耗，降低了成本；负载也可以避免三相不平衡以及谐波的影响；同时也可避免各分布式电源间的同步问题，简化了控制策略。相对于交流微电网，目前直流微电网工程不是很多。

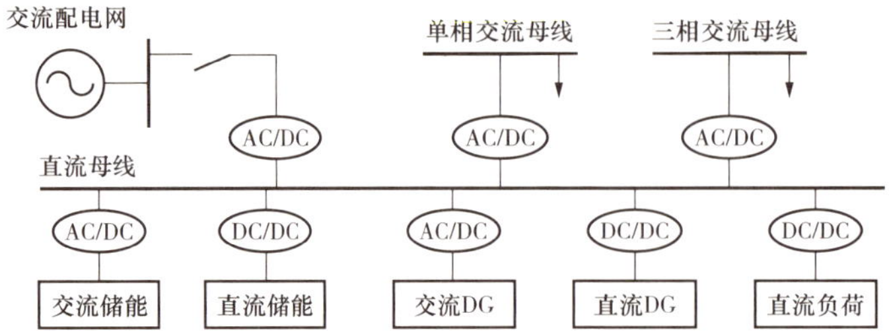

图 4–59　直流微电网结构

交直流微电网中既含有交流母线又含有直流母线，可以分别向交流或者直流负荷直接供电，一定程度上减少了单独直流微电网或者交流微电网中使用电力电子换流器的数量，降低了损耗，提高了能源的利用效率。典型的交直流混合微电网结构如图 4-60 所示。

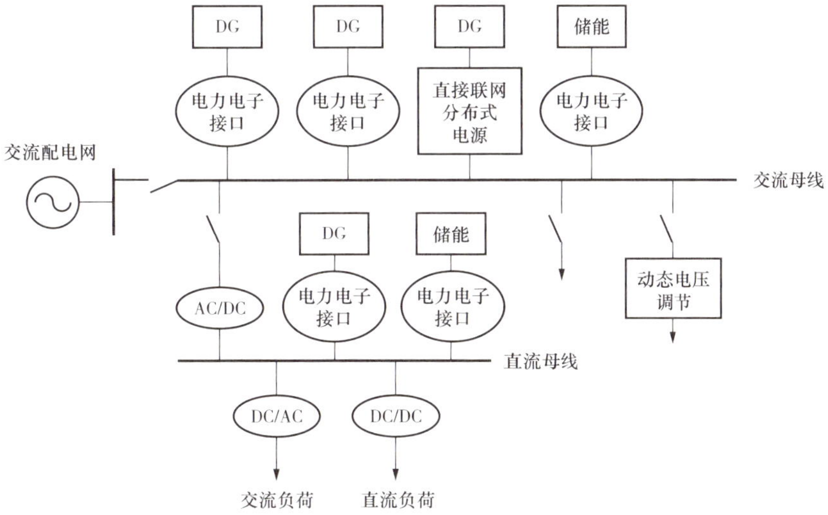

图 4-60　交直流混合微电网结构

微电网按并网方式可分为并网型微电网和独立型微电网，并网型微电网一般也可以工作在离网模式。微电网按我国常用电压等级可以分为 35 kV、10 kV、400 V 微电网等。

微电网具备以下共同特点：总体规模小，电压等级低；以电力电子装置作为主要的并网接口，系统惯性小，过载能力较弱；微电网系统组成复杂，既有传统的电源，如内燃机发电机，又有可再生能源发电单元，还包含一定的储能设备；微电网整体控制策略和微电源协调控制策略多种多样，目的是提高可再生能源的利用率、经济性以及微电网系统的供电可靠性；微电网可以并网运行，与大电网进行能量交换，也可以孤岛运行，满足自身的功率平衡。

二、微电网二次系统

以某典型微电网为例，二次系统及主要设备配置如图 4-61 所示。其中核心设备是微电网能量管理系统、微电网中心控制器和并网点保护测控装置；可选的功能设备还包括微电网稳定协调控制装置、微电网区域控制保护装置和多样性负荷控制装置等，可根据具体工程需求配置。在智慧综合能源系统工程中，微电网能量管理系统功能也可由集成管控系统统一实现。

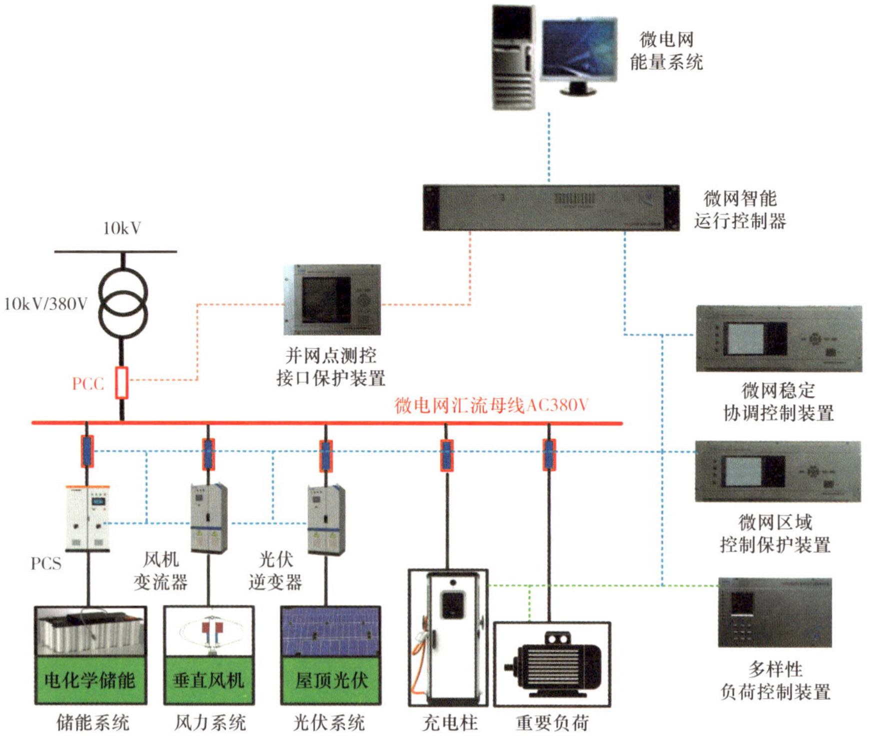

图 4-61　微电网二系统及主要设备配置

三、微电网的运行方式

智慧综合能源工程中的微电网大多数都是并网型微电网，其运行方式由多种模式，各种模式之间可以互相转换。微电网典型运行模式如图 4-62 所示。

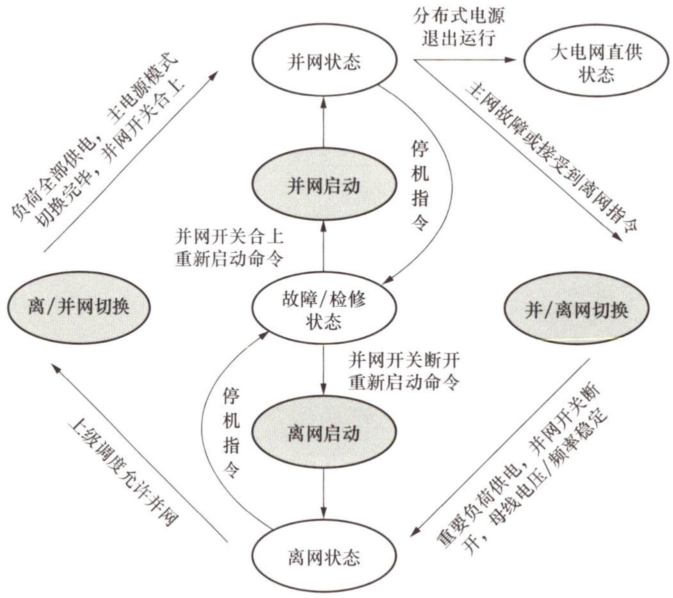

图 4-62　微电网典型运行模式

在多数情况下，并网型微电网运行于并网运行模式，在较少时间里运行于孤岛运行模式。在电网出线故障或电能质量超标等异常情况时，微电网将从正常的并网运行模式过渡到孤岛运行模式；当大电网恢复正常后，将自动或根据电网调度部门指令，从孤岛运行模式切换回并网运行模式。

并网转孤岛运行，可能是计划性的事件或由突发性（非计划性）事件引起的结果。计划性的切换，是指微电网模式切换的开始时刻是预知的，且按照预先设定的过程进行；非计划性的切换，大多是由于大电网故障引起，此时微电网可能通过保护装置自动从并网模式切换到孤岛模式运行，此种模式切换成功率往往较低，这时就需要微电网具备黑启动能力。

在孤岛运行模式下，微电网内负荷和一些分布式电源出力的波动都会引起网内的电压和频率的变化，需要微电网具备控制自身电压和频率在规定范围内的能力。为了维持微电网的正常运行并掌握其运行状态，微电网需要配置微电网控制器（micro-grid central controller，MGCC）；如果微电网内存在多个分布式电源，需要有效地协调各分布式电源的出力，保证微电网的稳定运行。

为实现微电网从孤岛模式向并网模式过渡，微电网控制器应能够获取并网点电网侧的电压频率信息，并调整微电网自身电压幅值、频率和相位，使其满足同期条件后，将微电网从孤岛模式恢复至并网模式运行。

4.5.2 微电网运行控制原理

一、分层控制结构

微电网运行方式变化多样，控制较为复杂，一般采用如图 4–63 所示的分层控制结构来实现灵活、可靠、协调的控制。

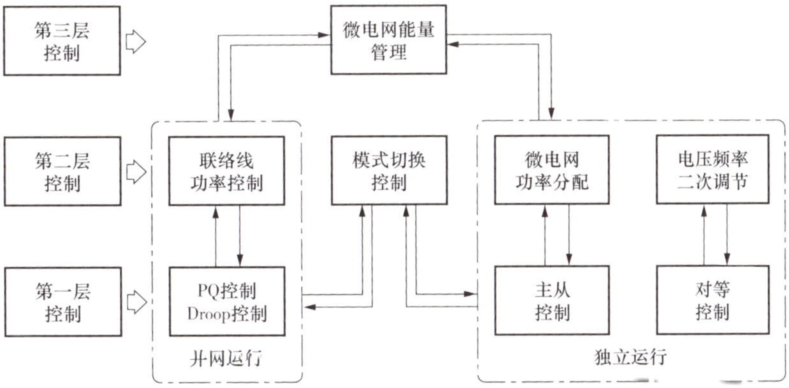

图 4–63 微电网分层控制结构

第一层控制是就地级控制，是微电网中的分布式电源和储能设备自身配备的功能。对于逆变型分布式电源，并网逆变器控制是微电网控制的关键。

第二层控制是微电网整体控制，一般由微电网中心控制器（MGCC）来实现。当微电网中有多个电源时，需要对其进行协调控制，满足微电网在并网运行、孤立运行，以及两种运行模式间切换时的不同需求，保证微电网运行的稳定性等。

第三层控制是微电网能量管理，主要由能量管理系统实现。主要功能包括：确定微电网并网运行时与大电网之间联络线输出功率参考值；在微电网孤立运行时，调整各分布式电源输出功率参考值或下垂曲线稳态参考点和分配比例系数设定等信息，实现微电网经济运行等。

二、分布式电源的基本控制方法

由于分布式电源特性上存在一定的差异，因此不同分布式电源并网逆变器需要根据具体的应用情况采取不同的控制策略。按其控制目标的不同主要可以分为 *V/f* 控制（恒压恒频控制）、定功率控制（PQ 控制）、下垂控制（Droop 控制）三种控制方法。

（1）*V/f* 控制。逆变器的 *V/f* 控制主要功能是维持逆变器所接交流母线上的电压和频率处于参考值，一般应用在微电网孤岛运行模式下，此时的逆变器相当于可控电压源，补偿微电网系统中的不平衡功率。采用 *V/f* 控制的分布式电源需要足够大的功率调节范围以及较快的响应速度，*V/f* 的控制原理如图 4-64 所示。

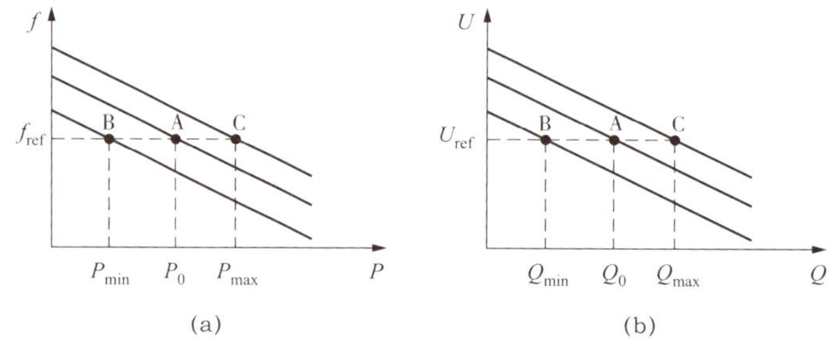

图 4-64　*V/f* 控制原理

（a）频率 - 有功特性；（b）电压 - 无功特性

P_{min}、P_{max} 分别为允许最小、最大输出有功功率；Q_{min}、Q_{max} 分别为允许最小、最大输出无功功率

分布式电源初始状态下工作在 A 点，其输出频率为 f_{ref}，接入的交流母线电压为 U_{ref}，输出有功功率和无功功率分别为 P_0 和 Q_0。当系统中功率突然发生变化而导致频率 f 和母线电压 U 偏移给定值 f_{ref}、U_{ref} 时，分布式电源通过调节其输出的有功功率 P（$P_{min} \leqslant P \leqslant P_{max}$）以及无功功率 Q（$Q_{min} \leqslant Q \leqslant Q_{max}$）使频率 f 和母线电压 U 重新维持在给定值。

（2）PQ 控制。逆变器的 PQ 控制主要功能是维持逆变器的输出有功功率和无功功率为给定值（系统的电压和频率在额定范围内），因为其不能够提供电压和频率的支撑，一般不单独作为微电网孤岛运行下的分布式电源的控制方式，PQ 控制原理如图 4-65 所示。

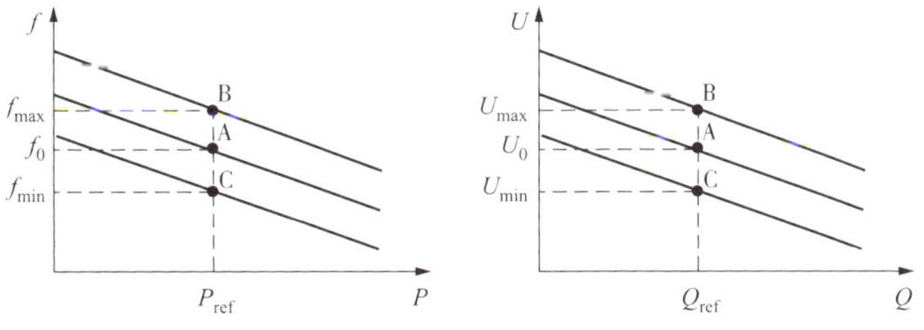

(a)　　　　(b)

图 4-65　PQ 控制原理

(a) 频率 – 有功特性；(b) 电压 – 无功特性

根据图 4-65，假设分布式电源初始状态下工作在 A 点，系统频率为 f_0，逆变器接入点母线电压为 U_0，输出的有功功率和无功功率为其给定值 P_{ref} 和 Q_{ref}，当功率给定值发生变化时，PQ 控制器可以使逆变器在频率 f（$f_{min} \leqslant f \leqslant f_{max}$）和电压 U（$U_{min} \leqslant U \leqslant U_{max}$）允许的范围内（最小运行频率 f_{min}、最大运行频率 f_{max}，最小运行电压 U_{min}、最大运行电压 U_{max}）调节其输出功率；采用 PQ 控制的逆变器在并网运行或者作为孤岛运行的从电源时，其端口由外部电压决定，相当于一个可控电流源，因此对逆变器输出功率的控制问题可以转为对其电流的控制。

（3）下垂控制（虚拟同步机）下垂控制（Droop 控制）是模拟传统电力系统中发电机组的一次调频的控制方法。逆变器经线路接入微电网的一般等效模型如图 4-66 所示，其中逆变器的等效输出电压为 $U_1\angle\delta$，并网点压为 $U\angle 0°$，线路的等效阻抗为 $R+jX$。PCC 为接入电网的公共连接点（point of common coupling，PCC）。

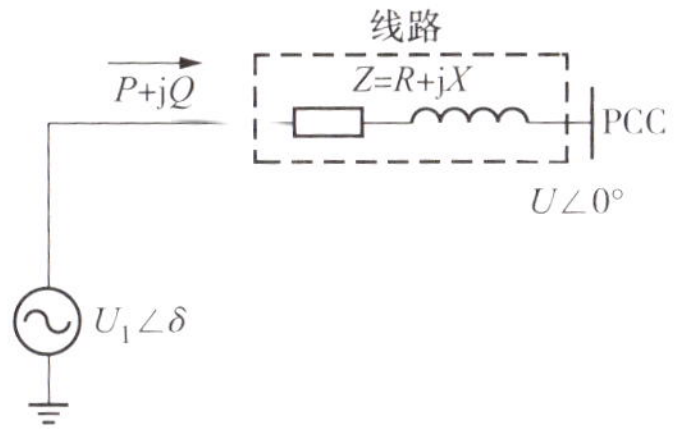

图 4-66　逆变器接入微电网等效模型

由逆变器注入交流电网的功率可以表示为

$$\begin{cases} P=\dfrac{U}{R^2+X^2}\left[R\left(U_1\cos\delta-U\right)+XU_1\sin\delta\right] \\ Q=\dfrac{U}{R^2+X^2}\left[X\left(U_1\cos\delta-U\right)-RU_1\sin\delta\right] \end{cases} \tag{4-6}$$

在传统的高压电力系统中，$X >> R$，因此可以认为 $R=0$；此外，微电网正常运行时，δ（逆变器输出电压与交流电网的相位差）较小，因此可认为 $\sin\delta=\delta$，$\cos\delta=1$。基于以上近似

处理，式（4–6）可以转换为

$$\begin{cases} P = \dfrac{UU_1\delta}{X} \\ Q = \dfrac{U(U_1 - U)}{X} \end{cases} \tag{4–7}$$

本文中忽略线路的影响，由于滤波电感 L（滤波电感感抗远大于滤波电阻 R_f）的存在，因此仍可沿用式（4–7），由式（4–7）可知，逆变器输出的有功功率 P 主要与 δ 相关；逆变器输出的无功功率 Q 主要与电压幅值差（U_1–U）相关；因此，一方面可以通过调节逆变器的输出电压的频率和幅值来调节其输出功率，另一方面可以通过调节逆变器的输出功率来调节输出电压的频率和幅值，主要体现在控制外环的输入不同。根据以上分析，下垂控制的原理可以如图 4–67 表示。

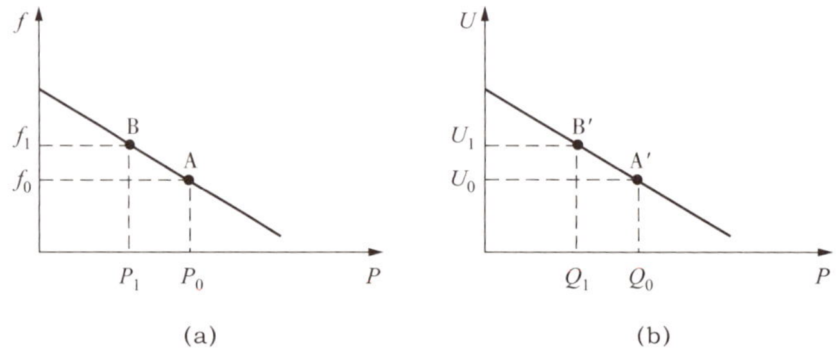

图 4–67 下垂控制原理图

（a）频率 – 有功特性；（b）电压 – 无功特性

以有功功率和频率的关系为例，假设逆变器初始工作在 A 点，此时系统频率为 f_0；某一时刻，系统的有功负荷突然减少，有功功率过剩，系统频率会上升，此时系统输出功率按照下垂控制曲线也相应减少，在系统功率达到平衡时，逆变器会过渡到图 4–67（a）中 B 点（P_1，f_1）并稳定运行；无功功率变化时同理，对应图 4–67（b）中 B′ 点（Q_1，U_1），因此系统会形成功率的闭环控制从而保持系统的稳定运行。其中 P–f 和 Q–U 的下垂特性可以表示为

$$\begin{cases} f = f_0 + (P_0 - P)K_P \\ U = U_0 + (Q_0 - Q)K_Q \end{cases} \tag{4–8}$$

式中 f_0——额定频率与额定电压；

U_0——额定电压；

P_0——额定有功功率；

Q_0——额定无功功率；

K_P——有功功率的下垂系数；

K_Q——无功功率的下垂系数。

P 和 Q 分别要满足 $P_{min} \leqslant P \leqslant P_{max}$ 和 $Q_{min} \leqslant Q \leqslant Q_{max}$，$P_{min}$、$P_{max}$ 分别为允许最小、最大输出有功功率，Q_{min}、Q_{max} 分别为允许最小、最大输出无功功率。采用下垂控制的逆变器既可以工作在并网模式也可以工作在孤岛模式，在系统工作模式切换时不需要进行控制模式的切换，避免了控制模式切换引起的波动；在孤岛运行的模式下，多台逆变器之间不需要互联通信，逆变器只需根据自身附近的信息对其输出的有功功率和无功功率按下垂系数进行分配，从而支撑孤岛微电网系统的电压与频率，具有即插即用功能。典型的下垂控制如图 4–68 所示。

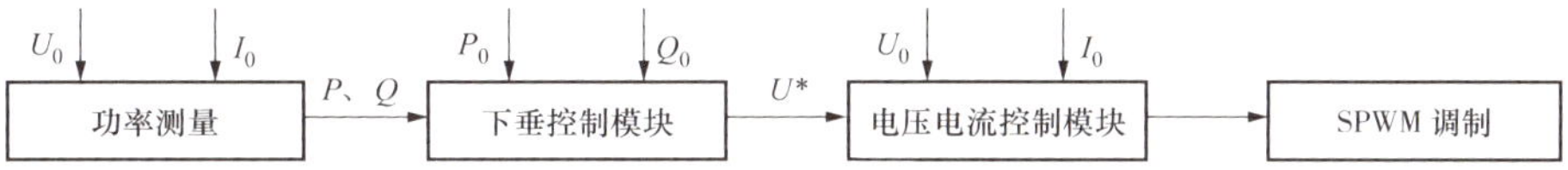

图 4–68 下垂控制框图

三、微电网的整体控制策略

微电网一般具有孤岛和并网两种稳态运行模式，微电网需要在孤岛和并网以及两种模式切换时稳定运行。根据分布式电源控制的协调方式可以将微电网控制模式分为主从控制、对等控制以及分层控制。本章将重点针对主从控制结构微电网以及对等控制结构微电网的稳态运行以及并离网切换问题展开详细研究。

1. 并网时的运行控制

微电网并网运行时，由电网提供电压和频率参考。微电网并网运行时的控制主要目标为降低微电网内可再生能源与负荷的波动对主网的影响，使微电网作为一个友好、可控的负荷接入主网。

各分布式电源一般采用恒功率控制（PQ 控制模式）；部分可控型分布式电源也可采用 f–p 和 U–Q 下垂控制方法，在电网电压幅值和频率降低时，能够支撑电网电压和频率。若主电网发生非永久性故障导致微电网并网点三相电压跌落或不对称时，通过相应控制方法可提高各分布式电源的故障穿越能力，降低电网电压的不对称度。

并网运行控制的重点工作是联络线功率控制。通过微电网中心控制器（MGCC）对各分布式电源下发合理的功率指令，利用功率型和能量型储能组成的混合储能系统，可分别抑制可再生能源输出功率的高频和低频波动分量，但应注意维持各储能设备运行在合理的荷电状态范围，避免过充或过放；通过需求侧响应对可控负荷进行控制，也可实现微电网联络线功率的控制。

2. 独立运行时的控制

（1）主从控制模式。主从控制模式是目前微电网实际示范工程中应用最广泛的控制模式，主从控制模式一般指一个分布式电源作为主控制单元，其他分布式电源作为从控制单元；采用主从控制的微电网处于并网运行时，主、从控制单元均采用 PQ 控制，而当微电网由并网运行模式转为孤岛运行模式时，从控制单元保持 PQ 控制不变，主控制单元需要从 PQ 控制转变为 *V/f* 控制，为微电网系统提供稳定的电压和频率支撑；通常选择微型燃气轮机、燃料电池、储能装置或者其他分布式电源与储能的组合装置等在一定范围内能够跟踪负荷波动变化的分布式单元来作为主控制单元，选择风电、光伏等不可控的可再生能源作为从控制单元。典型的主从控制结构微电网如图 4–69 所示。

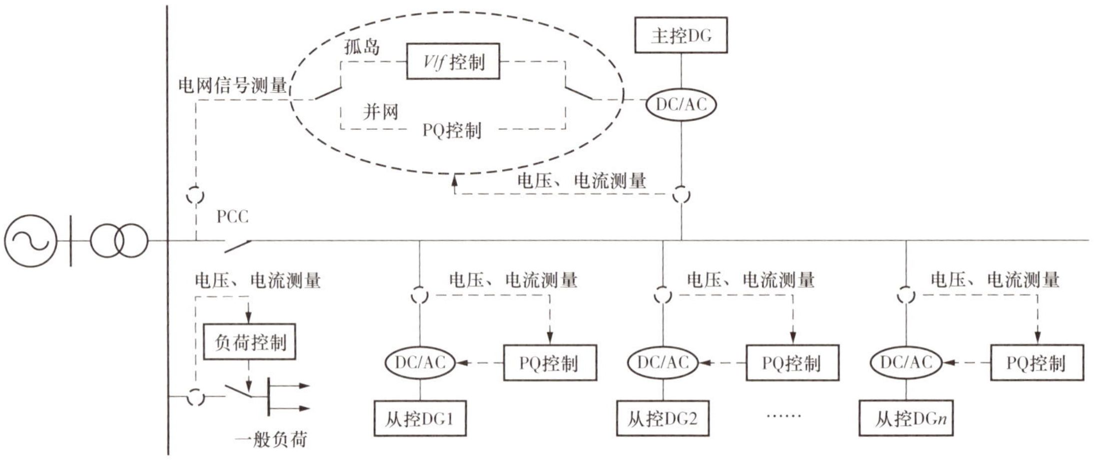

图 4–69　主从控制结构微电网典型结构

由图 4–69 可知，基于主从结构的微电网需要建立通信连接，主从结构的微电网的可靠性严重依赖于通信系统的可靠性；同时由于主控制单元只有一个而且容量有限，因此主从结构的微电网的整体结构不会很大，主控制单元在运行（孤岛模式）或者模式切换（并网模式转孤岛模式）时发生故障会导致整个微电网的崩溃，其他大功率的从控制单元的故障或者投切操作也会对微电网的稳定运行产生较大的影响。

（2）对等控制模式。对等控制模式一般是指微电网中各分布式电源不存在主从关系，具有同等的地位，各个分布式电源只需要就近根据接入母线点电压与频率信息进行控制。对等控制结构中的分布式电源的控制模式一般为全部采用下垂控制或者部分采用下垂控制，另一部分采用 PQ 控制。

采用对等控制的微电网在并网运行时，由大电网支撑整个系统的电压和频率，采用下垂控制或者 PQ 控制的分布式电源按照给定的额定功率进行输出；当微电网由并网转为孤岛模式运行时，各分布式电源不需要改变控制方式，此时，微电网中采用下垂控制的分布式电源对电压和频率进行支撑，同时通过下垂系数完成负荷功率在各个分布式电源间的分配；采用下垂控制的分布式电源，其选取原则与主从控制模式中主控制单元的相同。典型的对等结构微电网结构如图 4–70 所示。

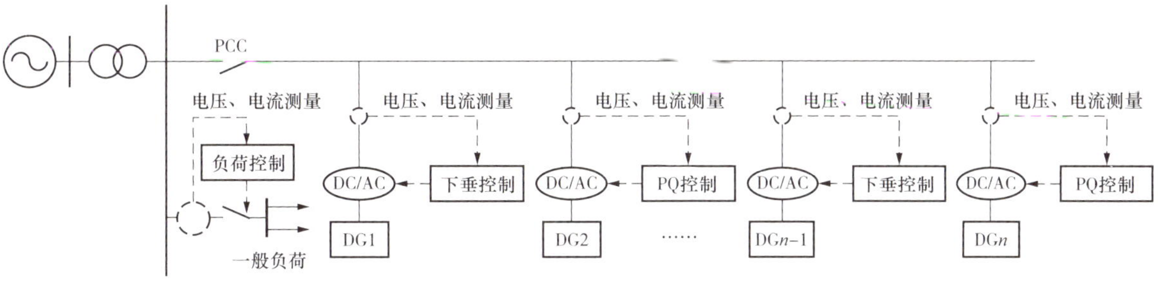

图 4-70　对等控制微电网典型结构

由图 4-70 可知，对等结构的微电网不需要通信系统，这在一定程度上可以降低系统的成本；其次，由于微电网运行模式转换时，分布式电源不需要改变控制模式，减少了切换过程中的暂态冲击从而提高了系统的可靠性；最后，当个别分布式电源进行投切操作时，采用下垂控制的分布式电源会根据下垂系数自动分配其输出功率，因此微电网能够继续稳定运行。

但是由于对等结构的微电网没有通信系统，使得其与大电网无法协调运行，可控性较差；其次，由于传统下垂控制属于有差调节，对等控制的微电网在孤岛运行状态下，其电压和频率都会存在一定偏差，从而对微电网的电能质量以及重新并网造成一定影响，削弱了对等控制微电网的鲁棒性，正因如此，采用对等控制的微电网示范工程并不多见。

（3）并网到离网的切换控制。微电网的灵活性以及复杂性体现在具有并网以及孤岛两种运行模式，这也是微电网相对于传统电网的优势所在。微电网并离网运行模式的平滑切换对整个微电网的平稳运行具有重要的影响。微电网在并离网模式切换中应平滑过渡，不能有电压与电流的冲击。

对于孤网运行时采用主从控制模式的微电网，一般会将电池储能系统作为主电源，其控制模式要跟随微电网的运行方式由 PQ 控制切换到 *V/f* 控制模式；光伏发电系统一般作为从电源，一直采用 PQ 控制模式，无须切换；微电网系统中若有柴油发电机、三联供系统同步发电机等，若容量较大，也可选为主电源，此种情况需要确认发电机可工作在 *V/f* 模式。从并网到离网，可以切除部分负荷，只保留对重要负荷供电。为此应匹配好负荷与电源的功率，使得主电源输出功率在切换瞬间不会发生较大波动。

孤网运行时基于对等控制的微电网，采用下垂控制的分布式电源在微电网并网到离网模式切换时不需要改变控制策略，不存在主从控制中控制模式切换所带来的一系列问题。在微电网由并网运行模式转为孤岛运行模式时，只需要直接断开并网开关，采用下垂控制的控制器会根据下垂曲线自动调整输出功率以维持微电网系统功率平衡。与主从控制模式相似，由于任何分布式电源的容量与功率都有限，因此需要提前匹配好微电网系统中电源与负荷的功率情况。

（4）离网到并网的切换控制。当微电网需要从孤岛模式并入配电网并网运行时，需要使开关两侧电压幅值、频率、相角的差值在允许范围内才能并网，否则会产生大电流冲击，导致系统崩溃。

对于孤网运行时采用主从控制模式的微电网，需要对主电源额外进行预同步操作，先使并网点两侧电压幅值、频率基本一致，差值满足条件；然后再等待和捕捉相位同步时刻合上并网点开关，即准同期合闸。

对于孤网运行时基于对等控制的微电网，当从孤岛模式切换至并网模式时，同样需要进行预同步控制，使得并网开关两侧相角差足够小，以实现平滑切换。

基于对等控制的微电网中，采用下垂控制的分布式电源在微电网离网到并网模切换时不需要改变控制策略，不存在主从控制模式时离并网切换带来的一系列问题。

（5）黑启动。黑启动（black start）是指电网由于外部干扰或者内部故障导致系统进入全停电（全黑）状态后，不依靠外部电网帮助，由自身具有黑启动能力的机组带动没有黑启动能力的机组，逐步建立系统的电压和频率，使系统重新恢复至稳定状态下运行。微电网作为一个小型的电力系统，可能由于外部影响或者自身设备发生故障而导致整个微电网失电进入全黑状态。微电网应具备在孤岛运行状态下黑启动的能力，此时微电网不但可以对微电网内重要负荷持续供电，还可以作为配电网的黑启动电源。

由于包含光伏等波动性较大的电源，微电网相对比较脆弱，在黑启动过程中容易出现电压和频率失稳，因此黑启动中电源的选取非常关键。

黑启动过程中将电源分为黑启动电源和非黑启动电源两类。黑启动电源，是指其在输出端电压为零的工况下，能够建立微电网的电压和频率，并带动微电网中的非黑启动电源启动，逐步扩大微电网系统的恢复范围。黑启动电源需具备以下特征：①能够建立并维持孤岛中的电压和频率；②具有足够的容量以及较好的动态性能，能够迅速跟踪负荷的变化以及承受非黑启动电源启动时的功率冲击；③能够稳定地提供功率输出。柴油发电机、燃料电池、微型燃气轮机以及蓄电池储能等分布式单元都可以作为黑启动电源。

对于非黑启动电源，根据其是否能对系统电压频率进行支撑可以分为有调压调频能力的电源以及无调压调频能力的电源。前者主要包括蓄电池、超级电容、飞轮等储能系统，能够在黑启动过程中进行电压和频率的辅助支撑；后者主要包括光伏等可再生能源，其一般向电网注入额定功率而不对电压频率进行支撑。在非黑启动源启动的过程中，应该首先启动有调压调频能力的电源，然后综合考虑负荷以及可再生能源功率情况，逐步投入无调压调频能力的电源。

为微电网系统制定黑启动流程，需要充分地考虑到系统规模、电压等级、分布式电源与负荷的匹配程度等情况，一般采用柴油发电机、三联供系统发电机作为黑启动电源，电池储能系统、光伏等作为非黑启动电源；采用串行操作逐步恢复微电网网架。具体恢复流程如下：

1）切除全部负荷。为避免黑启动初期因负载较大出现停机的现象，应使黑启动电源在空载状态下启动，首先切除全部负荷。

2）启动黑启动电源，建立微电网系统的电压和频率。

3）投入部分重要负荷。在充分考虑黑启动电源额定容量的前提下投入部分重要负荷。

4）启动具有调压调频功能的非黑启动源。扩大微电网系统发电容量。

5）启动无调压调频功能的非黑启动源。需考虑到光伏阵列以及直驱风机等分布式电源的输出功率存在间歇性，在综合评估微电网中的容量匹配情况后逐步启动。

6）增加系统负荷。根据负荷特性以及系统发电容量逐步增加负荷，避免系统内电压和频率的大幅度波动。

在整个黑启动过程中，应该时刻注意微电网系统内功率平衡情况，电压和频率波动不能超出允许范围，从而使得微电网过渡至稳定运行状态。

4.5.3 微电网保护特点

一、微电网保护特点与问题

分布式电源的存在导致微电网和所接入配电网潮流具有双向性，微电网内部保护配置的思路趋同于多电源的高压电网，接入配电系统的保护方案也有别于无源配电网。

变流器型分布式电源的性质与传统同步发电机型电源不同。同步发电机型分布式电源提供的最大短路电流可达 6~10 倍；变流器故障时提供的短路电流与控制方式有关，为保护变流器自身，其最大输出电流一般被限制在 2 倍以内；变流器自身保护动作快速，电流超过最大允许电流时，将变流器迅速退出运行，这使得传统过电流保护不再适用于微电网。

微电网存在并网和离网运行模式的切换（包括计划性离网和非计划离网，此处主要指非计划性离网），导致配电网短路容量的加入或退出，线路潮流和节点电压发生变化，故障特征在两种模式下呈现明显差异；特别是当微电网处于独立运行模式时，内部分布式电源负责为负荷供电，由于失去了配电网较大的短路容量支持，内部故障特征与并网运行时有很大不同，对自动重合闸的影响也需要重新评估。

为自动识别非计划性离网模式，准确判断孤岛运行状态，从而调整相应保护策略，微电网需要具备孤岛检测能力，但孤岛检测技术目前都不尽完善。孤岛检测技术分为被动检测法、主动检测法和基于通信技术的开关状态检测法：①被动检测法通过分析外部电网的电压和频率变化来判断微电网是否孤网运行，方法存在检测盲区；②主动检测法检测盲区较小，但需要分布式电源的并网变流器发出干扰信号，对微电网电能质量可能会产生影响；③基于通信技术的开关状态检测法，需要关联开关与微电网进行通信，实现起来较为复杂且经济性不佳。

此外，处于智慧综合能源系统架构中的微电网，由于电能和热能的源网荷储协调优化控制，带来系统运行方式高频次、多模式和大幅度变化，也会给保护的功能配置和定值整定带来挑战。

二、对策与思路

根据微电网实际情况，可考虑采取以下对策：

（1）对微电网内部线路保护，考虑孤岛独立运行时故障电流特征，增设电流闭锁低电压保护、负序电压启动过电流保护等。

（2）对配电网中传统三段式过电流保护，按需升级为阶段式方向过电流保护；对并网联络线等线路，必要时配置光纤电流差动保护。

（3）为应对微电网并离网模式切换、微能网运行方式的大幅变化，微电网内部保护系统随之进行保护功能配置及相应定值组的切换。

（4）针对不同微电网的源网结构和负荷性质特点，综合利用各种孤岛检测技术，实现对孤岛状态准确检测。

（5）自动重合闸时间与并离网切换时间相配合，避免重合不成功或非同期合闸。但瞬时性故障发生时，并网点开关立即断开，微电网离网运行，保证系统侧重合闸成功，重合成功后，并网点开关延时一段时间检同期（且有压）合闸；若发生的是永久性故障，则重合不成功，并网点开关检无压不合闸。

用户侧微电网、智慧综合能源系统建设成本约束较大，保护完备性与经济性之间存在较大矛盾。综合考虑低电压保护经济性与可靠性、选择性要求，有以下解决思路：对 10（6）~35 kV 系统，研发专用的低成本分散式保护测控同期综合装置；对 400 V 系统，完善 400 V 智能开关柜自带智能单元保护功能，或研制多间隔集成式保护。限于篇幅，本书不再展开叙述。

4.5.4 微电网控制保护装置

一、微电网中心控制器（MGCC）

在微电网系统的分层控制结构中，微电网中心控制器（micro-grid central controller，MGCC）是保证微电网稳定运行的核心设备。本节给出一个 MGCC 装置实例—NMC9100 型微电网智能运行控制器。

NMC9100 微电网智能运行控制器是微电网多能源信息采集与控制中心，具有运行策略主动调整及与平台互联协调运行的功能，可对微电网内的各种发电设备、控制设备、监测设备进行信息采集处理与控制；同时可与上级主站进行信息交互，结合主站发送的调度指令自动生成相应的控制序列，完成对微电网内的各种设备进行自动控制。NMC9100 提供通用组态软件，通过组态软件可以灵活配置系统参数、设备参数和构造系统。

NMC9100 是在主流工业 CPU 硬件平台基础上开发的子站控制系统。在硬件上，采用电源关闭监视手段以及 RAM 盘技术，保证了文件系统的可靠性；在系统监护上，除采用看门狗技术外，还增加了任务监护，内存分离的技术，保证系统的可靠性；系统故障时自愈能力强。

NMC9100 装置前后面板如图 4–71 所示，机箱结构为标准 2U 机箱。

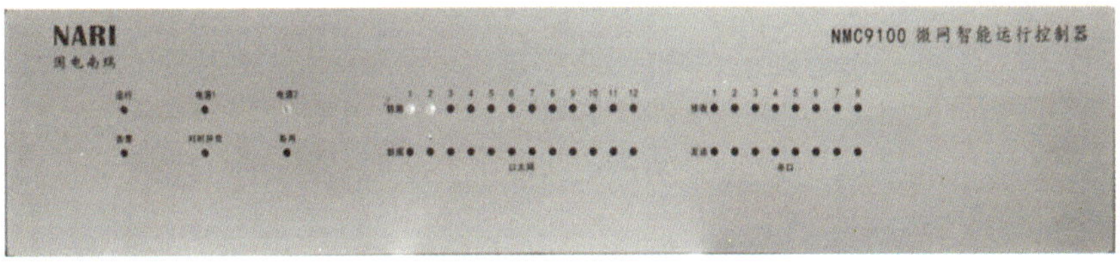

(a)

(b)

图 4–71　NMC9100 微电网智能运行控制器外观

（a）正面；（b）背面

NMC9100 微电网智能运行控制器包括以下主要功能。

1. 监测与统计分析功能

监测与统计分析功能包括：分布式发电系统监测，对光伏等发电系统的实时运行信息、故障及报警信息进行监测；储能系统监测，包括储能双向变流器、电池管理系统、电池模块监测三部分；对三联供系统的实时运行信息、故障及报警信息进行监测；对配电房的实时运行信息、故障及报警信息进行监测；负荷进行分类监测和统计，为新能源功率平衡控制等提供依据；集成环境监测功能，包括光照总辐射、总散射、风速、风向、室外温湿度、气压等信息；对新能源系统中的发电单元、储能单元进行准确的计量，对新能源运行的相关数据进行统计分析，以曲线、报表等形式展示。

2. 微电网运行方式控制功能

（1）分布式发电运行方式控制。分布式发电运行方式控制指根据主网和新能源内部运行情况，控制分布式发电的运行或停止状态。

（2）储能运行方式控制。储能运行方式控制指控制储能系统的启动、定值、并网和离网等状态。在并网运行模式下可以对储能系统进行恒功率充放电、恒电流充放电、恒电压充放电等控制；在离网运行模式下可以设置储能系统 *v/f* 运行的电压和频率定值。

（3）微电网运行方式控制。微电网运行方式控制指可以接收上级主站或当地后台的微电网启动 / 停止指令，完成微电网各装置、开关的启动 / 停止操作；微电网的启动可以在并网状态下进行，同时也支持离网启动（黑启动）功能；可以接收上级主站的微电网并网 / 离网指令，完成微电网的并网 / 离网状态切换。微电网运行方式控制界面如图 4–72 所示。

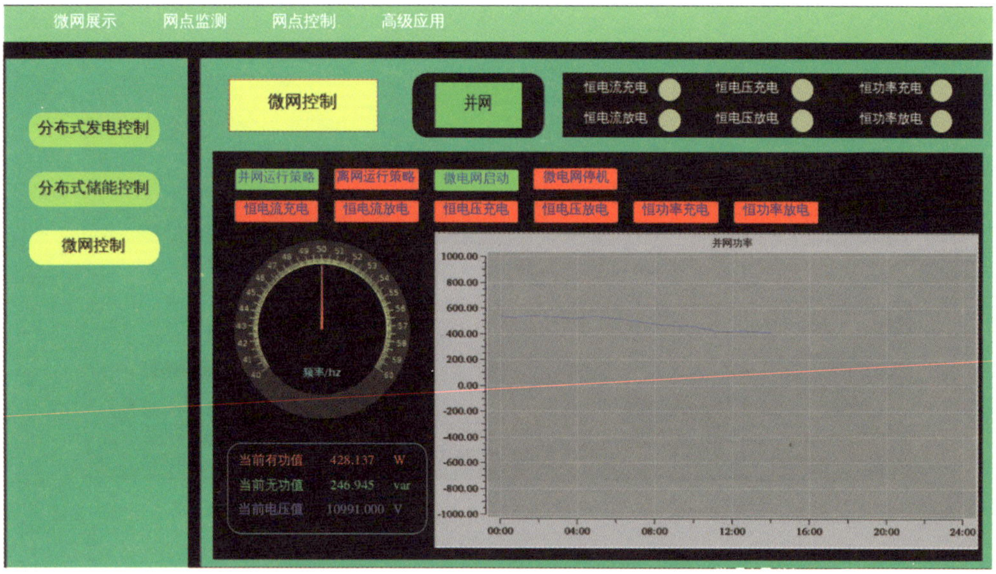

图 4–72　微电网运行方式控制界面

（4）微电网上网功率控制功能。微电网上网功率控制功能指上网功率可以实现限功率输出、不限功率输出、定功率输出三种控制模式；微电网智能运行控制器接收上级主站的上网功率调节指令，根据微电网设备配置情况，调节各分布式发电单元出力，实现不同模式的功率控制。

（5）经济运行模式（削峰填谷）控制功能。经济运行模式（削峰填谷）控制功能指微电网智能运行控制器可以实现经济运行模式（削峰填谷）控制功能，在多时间尺度上进行微电网的能量管理，可通过配置文件设置每天峰前、峰时、谷前和谷时的时间段；对储能、新能源等设备在不同划分时段调整相应运行方式，从而保证微电网运行的经济性。

3. 通信管理功能

NMC9100 微电网智能运行控制器对上通信支持 IEC 61850、IEC 60870–101/103/104 等通信规约；装置对下通信支持 IEC 61850、IEC 60870–101/103/104、Modbus、DNP3.0 等通信规约；通信接口可采用以太网、RS485/RS232、GPRS 等；最大可接入光伏逆变器等终端节点数量

128 个。

NMC9100 微电网智能运行控制器借鉴操作系统中驱动程序的思想处理规约各异的外部通信节点，可实现通信规约动态扩展；系统首先制订统一的驱动程序接口标准，再针对每种规约开发相应的驱动程序（软插件），以动态库方式提供；在数据库中为每一具体的通信节点配置其规约类型，系统运行时自动在软插件和通信节点之间建立关联；对于新的通信节点，只需开发新的软插件。

二、并网点测控保护同期装置

微电网与大电网并网点 PCC 开关处的测控保护功能较为复杂，还需要与 MGCC 或相关设备配合，一般采用专用装置实现，下面以 NMC8601 型微电网并网接口装置为例来介绍。

NMC8601 微电网并网接口装置可实现并网点线路的保护、测量、遥控、并网点线路的同期功能，支持远传、远跳，还具有电能质量监视及抄表功能。装置采用中央处理器 CPU 加数字信号处理器 DSP 的模块化设计，高速采样，实时并行计算，快速完成所有的保护逻辑、测量计算、故障报告和事件记录实时整理。NMC8601 微电网并网接口装置前视图外观如图 4–73 所示，为标准 4U 高度、1/2 19 in（1 in ≈ 3.33 cm）宽度机箱。

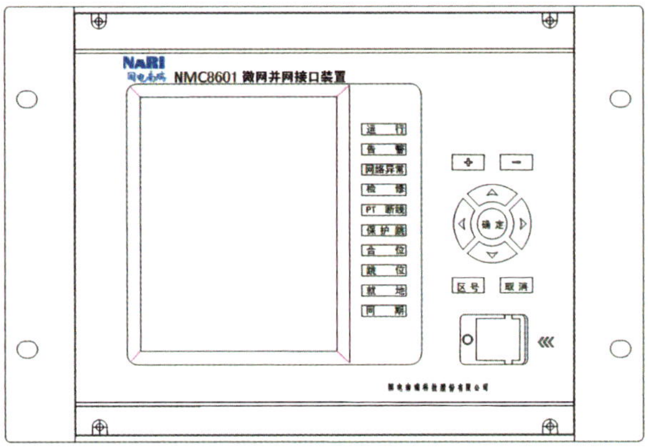

图 4–73　NMC8601 微电网并网接口装置前视图

1. 测控功能

NMC8601 微电网并网接口装置可实现并网点线路的交流量采集，可计算线路的电压、电流、线电压有效值，计算线路的有功功率、无功功率、功率因数、频率、谐波等参量。

NMC8601 微电网并网接口装置可采集一次设备状态遥信量，先对信号输入进行光电隔离变换，并经过硬件和软件滤波后进行定时采样处理；遥信量发生改变时，NMC8601 微电网并网接口装置进行记录并打上时标，形成事件顺序记录。

NMC8601 微电网并网接口装置可实现并网点线路的遥控功能，支持远方 / 就地切换控制；具有“检修”模式，当装置处于检修状态时，远方遥控命令屏蔽，遥测量、遥信量置相应品质位。

2. 保护功能

NMC8601 型微电网并网接口装置保护功能列表见表 4-6。

表 4-6　NMC8601 型微电网并网接口装置保护功能列表

序号	保护功能	序号	保护功能
1	两段式低频保护	9	逆功率
2	两段式过频保护	10	TV 断线告警
3	两段式低电压保护	11	过负荷告警
4	两段式过电压保护	12	TA 断线告警
5	失压保护	13	控制回路断线告警
6	四段复压闭锁方向过电流	14	远跳保护
7	零序过电流	15	三相一次重合闸
8	非电量保护		

3. 同期功能

NMC8601 型微电网并网接口装置具有完善的同期合闸功能，支持断路器的差频合闸、差压合闸和无压合闸等功能，支持同期点两侧电压的幅值补偿和相角补偿功能。

此外，NMC8601 型微电网并网接口装置还具备同期辅助调节功能，有独立的通信口与储能系统（作为主电源）或 MGCC 进行通信，将同期点两侧的电压幅值、相位和频率送给储能系统或 MGCC，并在同期检查时输出硬接点信号。

4. 电能质量监视功能

NMC8601 型微电网并网接口装置可监视高达 25 次谐波，计算电压、线路电流 2~25 次谐波的含有率；计算三相电压、电流的总谐波畸变率，监视三相电流不平衡度、电压不平衡度；电能质量数据存储采用标准的电能质量数据交换格式（PQDIF）文件存储。

5. 通信与对时

NMC8601 型微电网并网接口装置的站控层可采用百兆光纤以太网或电口以太网，支持 VLAN，支持 IEC 61580 标准；支持 DL/T 645 规约，实现电度表的抄表功能。

NMC8601 型微电网并网接口装置具有完善的对时和守时功能。

5

燃气冷热电三联供设备

在能源供应日益紧张的今天，节能降耗，环保低碳，提高能源利用率，降低碳排放已成为能源发展的大势。燃气冷热电三联供系统兼具发供电、供热、供冷等多项服务供能，可有效实现能源的梯级利用，是节能降耗、提高能源利用效率的一种较佳方式。与传统的供能方式相比，燃气冷热电三联供更靠近用户，不需要建设大电网进行远距离输电，可减少线损，提高用电可靠性；通过合理设计，三联供系统各设备可协调运行，便捷控制，灵活调节。

5.1 系统的结构与组成

燃气冷热电三联供系统通常指以天然气为主要燃料带动燃气轮机或内燃机等燃气发电设备运行，在产生电力满足用户电力需求的同时，对系统排出的废热通过余热锅炉或溴化锂等设备进行余热利用，实现同时向用户供电、供热、供冷。

天然气通过在内燃机或燃气轮机中燃烧膨胀做功，推动活塞或叶轮做功发电，并产生高温烟气和中温的缸套水或冷却水，可将其接至热泵或吸收式制冷机制冷供暖，若仍有低温冷却水，可用于制生活热水；将所有高温、中温、低温的可利用能量利用完成后，达环境温度后对外排放。三联供系统了实现天然气能量的梯级利用，如图 5–1 所示，其能源综合利用效率可高达 80% 以上。

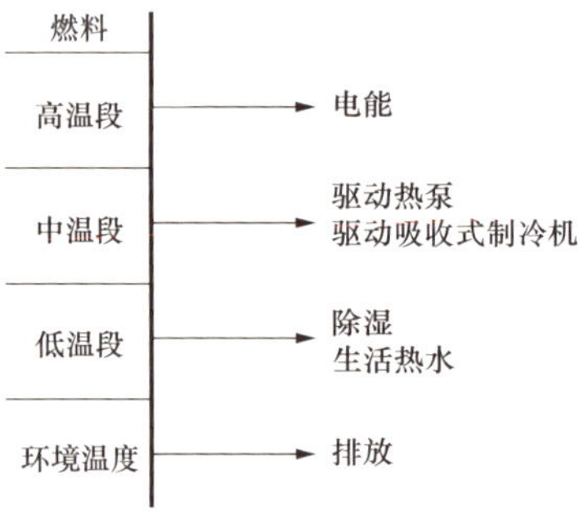

图 5–1 燃气三联供能量梯级使用图

5.1.1 冷热电三联供的不同组成方案

燃气冷热电三联供系统主机与余热利用设备种类繁多，组合模式也较多，本节对最常见的几种工艺路线作详细阐述。

一、燃气轮机 + 烟气型吸收式空调机组

燃气轮机 + 烟气型吸收式空调机组的系统结构与工作原理如图 5–2 所示。燃气与经过电压缩机压缩的空气在燃气轮机燃烧室内燃烧，产生 1300℃以上高温烟气，推动涡轮（透平）机转动发电并膨胀做功后，排出 400~550℃高温烟气；烟气进入余热回收装置（通常为烟气型吸收式溴化锂机组），夏季制冷，冬季制热，溴化锂吸收式机组根据用户需求，可采用纯余热式或者带补燃式。

该系统采用溴化锂吸收式机组供冷供热，在供热工况时，*COP* 值为 0.9 左右；在供冷工况时，*COP* 可达 1.35 以上。

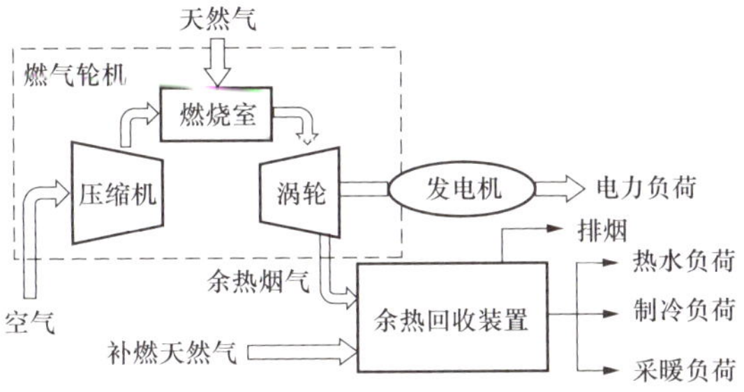

图 5-2　燃气轮机三联供系统

由于燃气轮机余热种类单一且品质较高（高温烟气），故其非常适合冷热负荷较为稳定的场所，尤其是数据中心、计算机房等有大功率用电及散热设备，冷负荷常年高且稳定的环境，可充分利用机组的性能，能源综合利用效率可达 82% 以上。

二、燃气轮机 + 烟气余热锅炉 + 汽轮发电机组 + 蒸汽双效型吸收式空调机组

燃气轮机联合循环三联供系统工作原理如图 5-3 所示。燃气与经压缩机压缩的空气在燃气轮机燃烧室内燃烧，产生 1300℃以上高温烟气，推动透平机转动发电并膨胀做功后，排出 400~550℃高温烟气；烟气进入余热锅炉，产出具有一定压力温度的蒸汽供用户使用。若用户需求是过热蒸汽，且蒸汽有富余，可再进入蒸汽轮机发电后，将排出的蒸汽接至蒸汽型溴化锂吸收式机组，供冷供热；若用户需求的是饱和蒸汽，且蒸汽有富余，可直接将富余蒸汽接入烟气型溴化锂机组，供冷供热。

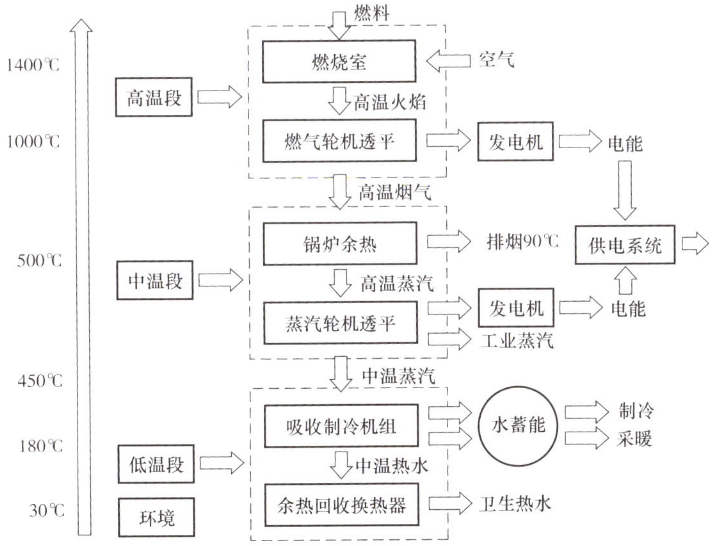

图 5-3　燃气轮机联合循环三联供系统

燃气轮机联合循环三联供系统流程较为复杂，可同时满足电、蒸汽、供冷供热的需求，系统造价较高，占地较大，更加适用于大型工业园区项目。

三、燃气内燃机＋烟气热水型吸收式空调机组

燃气内燃机三联供系统工作原理如图 5–4 所示。燃气与空气在内燃机内燃烧推动活塞做功发电，并同时产生 400~550℃的高温烟气及 80~110℃的高温缸套水、40~55℃的中冷水；高温烟气与缸套水直接接至余热回收装置（通常为烟气热水型溴化锂机组），供冷供热；若溴化锂吸收式机组供冷供热量不能满足用户需求，可采用补燃型溴化锂机组作为补充。

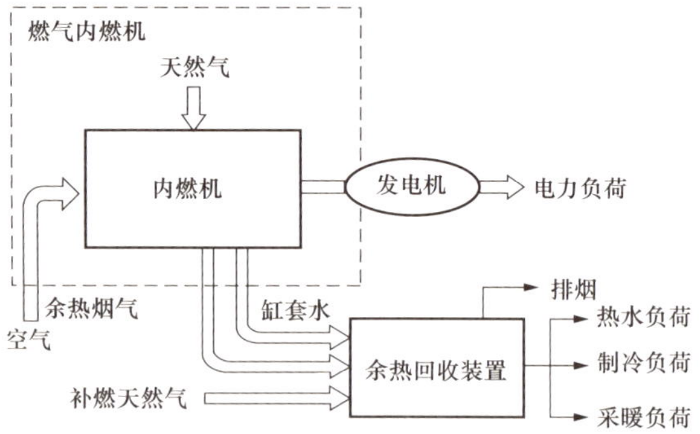

图 5–4　燃气内燃机三联供系统

燃气内燃机三联供系统中，发电效率较高，但仍有约 60% 输入能量未转化为电能，其中缸套水及中冷水所含余热占比较大。根据设备供应商资料表明，通常内燃机组发电效率约 38%，排烟热能占约 35%，缸套水热能约占 17%，中冷水热能约占 4%。其中，缸套水有一定的可利用价值，可接入溴化锂机组供冷供热，而中冷水由于温度较低，通常仅适用于地暖等低温供暖形式，利用比较受限。

由于内燃机启停方便，运行稳定，故该系统适用于电、冷、热均有一定负荷，且变化相对较大或者存在时开时停的用户，如写字楼、会所礼堂等。

5.1.2　冷热电三联供分类

一、按热源机组分类

燃气冷热电三联供系统按发电机组不同，主要可分为三种不同类型，即燃气轮机系统、燃气内燃机系统、微型燃气轮机系统。三类典型发电机组特点见表 5–1。

表 5–1　不同类型发电机组比较

项目	燃气轮机	燃气内燃机	微型燃气轮机
容量范围（MW）	0.5~40	0.1~4	0.1~1
发电效率（%）	25~45	35~43	12~32
余热形态	450~650℃烟气	400~600℃烟气 80~120℃缸套水	200~300℃烟气

目前，国内较常用的三联供系统主要是燃气内燃机和燃气轮机为发电机组的三联供系统，微型燃气轮机实际运用较少。

二、按余热利用分类

燃气冷热电三联供系统按余热利用形式不同通常可分为三种类型，即供蒸汽、供热水、供冷水。其中，供蒸汽的余热设备为余热蒸汽锅炉；供热水的设备通常有余热吸收式空调机组、换热器等；供冷水的设备通常为余热吸收式空调机组。

三、按供能对象分类

燃气冷热电三联供系统按照供能对象可分为区域型和楼宇型。区域型一般适用于冷、热、电需求较大的工业园区和大型商务区等；楼宇型一般适用于二次能源需求性质相近且用户相对集中的楼宇（群），包括宾馆、学校、医院等。

5.2 燃气发电机组

燃气发电机组主要由燃烧燃气（天然气）驱动发电机旋转的原动机和发电机及其励磁、调速系统等组成。原动机、发电机的种类和组合形式有很多种。

5.2.1 原动机

一、内燃机

内燃机（internal-combustion engine）是将液体或气体燃料与空气混合后，直接输入机器内部燃烧产生热能再转化为机械能的一种热机。广义上的内燃机不仅包括往复活塞式内燃机、旋转活塞式发动机和自由活塞式发动机，也包括旋转叶轮式的燃气轮机、喷气式发动机等，但通常所说的内燃机是指活塞式内燃机。如图 5–5 所示。

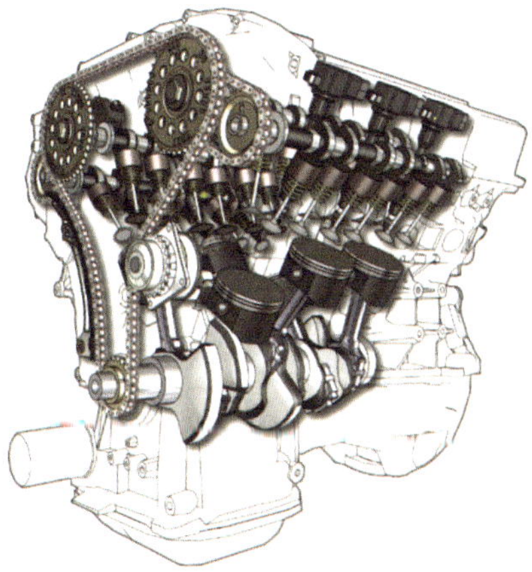

图 5–5 内燃机

活塞式内燃机以往复活塞式最为普遍。往复活塞式内燃机的组成部分主要有曲柄连杆机构、配气机构、燃料供给系统、润滑系统、冷却系统、点火系统和启动系统等。

内燃机工作循环由进气、压缩、燃烧和膨胀、排气等过程组成。这些过程中只有膨胀过程是对外做功的过程，其他过程都是为更好地实现做功过程而需要的辅助过程。按实现一个工作循环的行程数，工作循环可分为四冲程和二冲程两类。

二、燃气轮机

燃气轮机（gas turbine）是以连续流动的气体为工质带动叶轮高速旋转，将热能转换为机械功的旋转式动力机械，是一种旋转叶轮式热力发动机。如图 5–6 所示。

图 5–6　燃气轮机

1. 燃气轮机的主要构成及工作原理

燃气轮机由压气机、燃烧室和燃气涡轮等组成，其主要构成如图 5–7 所示。

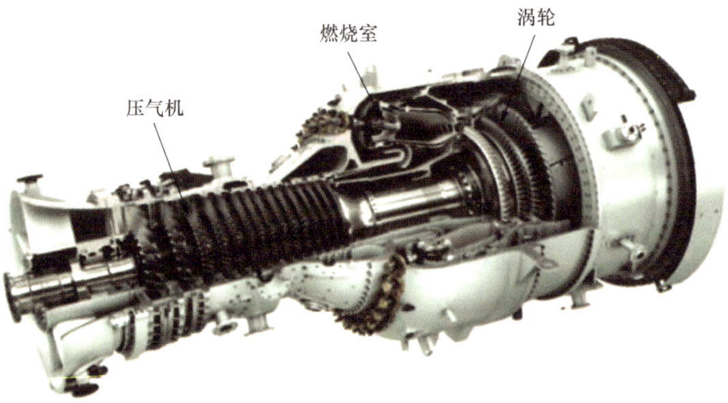

图 5–7　燃气轮机主要构成

（1）压气机。压气机负责从周围大气中吸入空气，增压后供给燃烧室，从工作原理上讲，主要有轴流式压气机与离心式压气机。离心式压气机工作原理与离心式鼓风机（或离心式风筒）相同；轴流式压气机的叶轮由叶片与叶盘组成，工作原理如同电风扇的叶片，电风扇的叶片旋转时拨动空气流动产生风，压气机的叶轮旋转把空气推进气缸压缩。

（2）燃烧室。燃气轮机的燃烧室将燃料的化学能转变为热能，将压气机压入的高压空气加热到高温以便涡轮膨胀做功。燃料为液体燃料（例如汽油）或气体燃料（例如天然气）。

（3）涡轮。涡轮也称透平。从燃烧室喷出的高压燃气推动涡轮旋转，把燃气的内能转化为涡轮的机械能。涡轮也分轴流式涡轮与径向式两类，燃气轮机大多数采用轴流式涡轮。

对于一台燃气轮机来说，除了主要部件外还必须有完善的调节保安系统，还应根据不同情况配置控制调节系统、启动系统、润滑油系统、燃料系统等。

2. 燃气轮机工作原理

燃气轮机工作原理为当燃气轮机正常工作时，工质顺序经过吸气压缩、燃烧加热、膨胀做功以及排气放热等四个工作过程而完成一个由热变功的转化的热力循环。循环过程步骤包括：压气机从外界大气环境吸入空气、并逐级压缩（空气的温度与压力也将逐级升高）；压缩空气被送到燃烧室与喷入的燃料混合燃烧产生高温高压的燃气；然后再进入透平膨胀做功；最后是工质放热过程，透平排气可直接排到大气、自然放热给外界环境，也可通过各种换热设备放热以回收利用部分余热。在连续重复完成上述的循环过程的同时，发动机也就把燃料的化学能连续地部分转化为有用功。

3. 燃气轮机与内燃机、汽轮机的区别

燃气轮机区别于活塞式内燃机有两大特征：一是发动机部件运动方式，燃气轮机高速旋转且工质气流朝一个方向流动（不必来回吞吐），摆脱了往复式动力机械功率受活塞体积与运动速度限制的制约，在同样大小的机器内每单位时间内通过的工质量要大得多，产生的功率也大得多，且结构简单、运动平稳、润滑油耗少；二是主要部件的功能，其工质经历的各热力过程是在不同的部件中进行的，故可方便地把它们加以不同组合处理，来满足各种用途的要求。

燃气轮机区别于汽轮机有三大特征：一是工质，采用空气而不是水，可不用或少用水；另是多为内燃方式，使燃气轮机免除庞大的传热与冷凝设备，因而设备简单，启动和加载时间短，电站金属消耗量、厂房占地面积与安装周期都成倍地减少；再是高温加热高温放热，使燃气轮机有更大的提高系统效率的潜力，但也使燃气轮机在简单循环时热效率较低，且高温部件需更多的镍、铬、钴等高级合金材料，影响了燃气轮机的使用经济性与可靠性。

4. 常见燃气轮机型号

燃气轮机通常适用于大型燃气－蒸汽联合循环，机组型号有 6B、9E、9F、9H 等，容量从 80 MW 到 400 MW 不等，主要生产厂家有 GE、西门子、三菱等。燃气冷热电三联供通常容量较小，单机容量不超过 30 MW，常见机型有 GE 的 LM2500+G4、日立的 H25、西门子的 SGT700 等。

三、微型燃气轮机

微型燃气轮机（micro gas turbine）是以燃料（燃气或燃油）和空气为介质的旋转式热力发动机，是一种功率一般在 25~300 kW 的小型燃气轮机。微型燃气轮机系统由于自身显著特点，得到了广泛应用，如分布式发电系统、冷热电三联供系统、汽车混合动力系统及微型燃气轮机－燃料电池联合系统等。

微型燃气轮机系统内部由单级压缩机、单级燃气透平和发电机组成，如图 5–8 所示。大多数压缩机和透平设计都采用轴流式，主要利用高速永磁发电机来产生高频率交流电，微型燃气轮机的转速通常高达 90000~120000r/min。微型燃气轮机系统内部，永磁发电机、燃气透平、进气压气机三个关键部件同轴连接，具有相同的转速。

微型燃气轮机工作原理如图 5–8 所示。

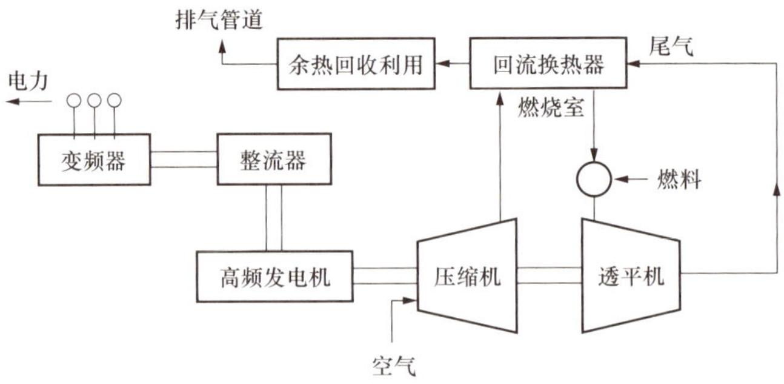

图 5–8　微型燃气轮机工作原理图

微型燃气轮机发电系统工作时，先使永磁发电机工作在电动机模式，将吸入的空气压缩到所要求的压力范围，等到进气压缩机以及后续的燃烧膨胀做功达到正常状态后再切换到发电机模式。

微型燃气轮机启动完成以后，永磁发电机的转速可以维持恒定，因而输出电压的频率也是恒定不变的，只是机端电压的频率远远高于电网电压的工频，而这个可以通过变频装置进行处理。因此，微型燃气轮机的输出特性良好，在各种分布式电源中对电网的影响较小。

5.2.2　发电机

一、发电机分类

发电机组按发出电能的交直流方式，可分为交流发电机和直流发电机两大类。

交流发电机又分为同步发电机和异步发电机两种。三联供系统中通常都是同步发电机。

同步发电机按其结构形式可分为旋转电枢式和旋转磁极式两种：旋转电枢式只用于小容量同步电机中；旋转磁极式是同步电机的基本结构形式。

在旋转磁极式中，又可分为隐极式和凸极式两种。隐极机的气隙是均匀的，转子的机械强度高，故多用于高速同步电机，如汽轮发电机和燃气发电机等；凸极机的气隙是不均匀的，转子结构比较简单，用于中速或低速的场合，如水轮发电机等。

同步发电机按励磁方式划分，可分为有刷励磁发电机和无刷励磁发电机两类，有刷励磁发电机的励磁方式为他励式；无刷励磁发电机的励磁方式为自励式。他励式发电机的整流装置是在发电机定子上；而自励磁式发电机的整流装置是在发电机组的转子上。

二、发电机的基本结构

同步交流发电机基本结构如图 5-9 所示。发电机最基本的组成部件是定子和转子，在定子与转子间留有适当的间隙，通常将该间隙称作为气隙。

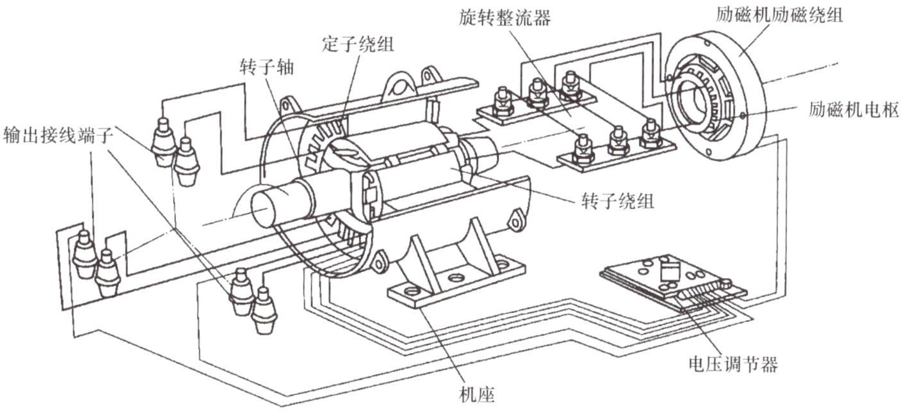

图 5-9　同步交流发电机基本结构

（一）定子

发电机的定子核心部件包括定子铁芯、定子绕组、基座和固定这些部分的其结构件组成。如图 5-10 所示为某小型发电机的定子结构，便于学习理解。

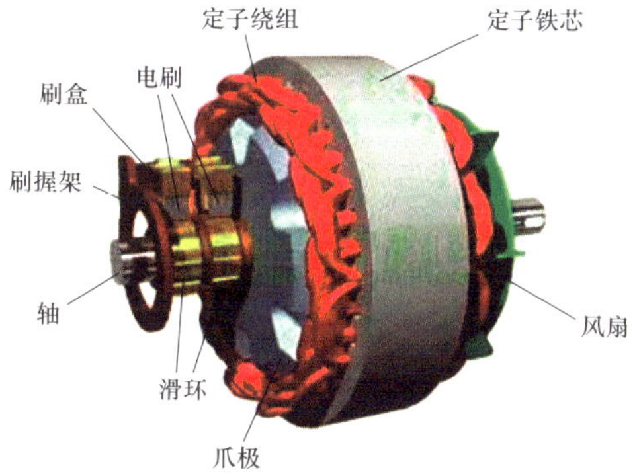

图 5-10　定子结构示意图

定子铁芯是定子的主要磁路，同时也是定子绕组的安装和固定部件，运行中，定子铁芯的作用是要通过主磁通与漏磁通；定子绕组嵌放在定子铁芯内圆的定子槽中，分三相布置，互成 120°，以保证转子旋转时在三相定子绕组中产生互成 120° 相位差的电动势；机座的作用是支撑和固定发电机定子，一般用钢板焊接而成，应有足够的强度和刚度，并能满足通风散热的要求。

（二）转子

发电机的转子主要由转子铁芯、励磁绕组（转子线圈）、滑环等组成，结构上分为隐极式和凸极式两种。如图 5-11 所示给出了一种隐极式转子结构，便于学习理解。

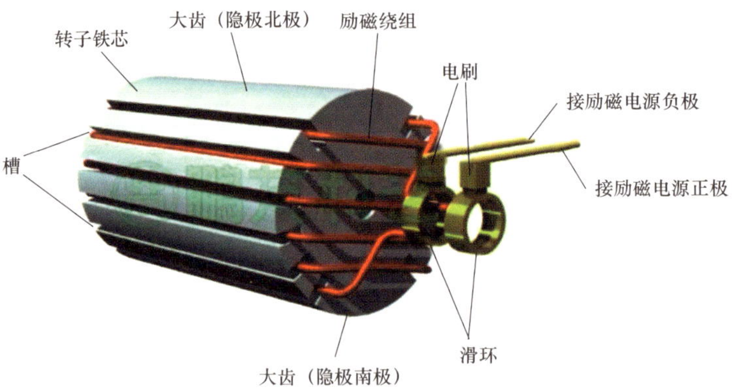

图 5-11　隐极式转子结构图

发电机转子铁芯采用高强度、导磁性能良好的合金钢加工而成；沿转子铁芯表面铣有用于放置励磁绕组的凹槽；励磁绕组为若干个线圈组成的同心式绕组；线圈用矩形扁铜线绕制而成；励磁绕组的引出线经导电杆接到集电环（滑环）上再经电刷引出；滑环分为正、负两个环，由坚硬耐磨的合金锻钢制成，装于发电机的励磁机端外侧；两个集电环分别通过引线接到励磁绕组的两端，并借电刷装置引至直流电源。

三、励磁与调速系统

励磁系统和调速系统是燃气发电机组的关键组成部分。励磁系统的主要任务是实现发电机电压的调节，维持发电机端或指定控制点的电压在给定水平上；调速系统主要通过控制发动机转速，实现频率稳定。

1. 励磁系统

励磁系统的主要作用具体来说包括：①发电机正常运转时，按主机负荷情况供给和自动调节励磁电流，以维持一定的端电压和无功功率的输出。②发电机并列运行时，使无功功率分配合理。③当系统发生突然短路故障，能对发电机进行强励，以提高系统运行的稳定性；短路故障切除后，使电压迅速恢复正常。④当发电机负荷突减时，能进行强行减磁，以防止电压过分升高。⑤发电机发生内部故障，如匝间短路或转子发生两点接地故障掉闸后以及正常停机能对发电机自动消磁。

中小型同步发电机多采用直流励磁方式。这种方式的特点是同步发电机的转子绕组由专用的直流励磁机供电，直流励磁机与同步发电机同轴，通过调节直流励磁机的电枢电势从而调节送入发电机转子绕组的励磁电流，达到调节发电机机端电压和输出无功功率的目的。

2. 调速系统

原动机及其调速系统能自动调节发电机的转速，在同步发电机并入电网后，通过调节转速控制发电机的有功功率的输出。当发电机组并列运行时，调速器自动承担负荷的分配，使各机组能实现经济运；在电网发生故障时，调速系统影响不仅发电机的机电暂态过程，而且还影响发电机的有功平衡，影响系统暂态稳定和同步运行。

在稳定工况下，原动机作用在发电机上的转矩等于负载在发电机上产生的阻力矩（即电磁力矩）。此时，发动机的节气门开度一定，转速稳定，发电频率也保持稳定状态。

当用电负荷改变，负载电流也随之变化，引起发电机内电磁转矩大小发生改变，力矩不再平衡，就会造成转速开始产生相应的加速或者减速，使频率发生波动；此时，为了维持发电机发电频率稳定，必须及时改变发动机节气门开度，相应增大或者减小混合气量，以提供相应的转矩来维持转矩平衡。

5.2.3 发电机组

三联供工程中常见的发电机组由原动机（以内燃机为例）、发电机及励磁机组成，安装在同一个大轴上，成为一个整体机组。燃气内燃发电机组举例如图 5-12 所示，从右至左依次为内燃机、发电机和励磁机，三者同轴。

图 5-12　燃气内燃发电机组

5.3 余热锅炉

5.3.1 余热锅炉的特点

“热回收蒸汽发生器”是利用燃气轮机或内燃机排出的高温烟气作为热源，利用该部分热能生产蒸汽，从而实现能源的梯级利用，习惯称之为余热锅炉。余热锅炉在有蒸汽需求的冷热电三联供系统中，承上启下，连接燃气轮机、吸收式机组和终端用户，是系统重要的组成部件之一。

余热锅炉不同于常规锅炉，不存在燃烧设备，工作时烟道都为正压，锅炉入口烟气温度也不高，一般为 450~600℃；余热锅炉的传热温差较小，为满足工艺需求，强化传热效果，多利用螺旋鳍片管。余热锅炉在热力特性方面也明显不同于常规锅炉，归纳为以下两点：

（1）燃料先在燃气轮机或内燃机内燃烧并做功，排出的高温烟气进入余热锅炉，余热锅炉逐级回收利用烟气中所含的热能，其主要为对流传热，辐射传热因其非常小而可以忽略。

（2）余热锅炉的烟气流量要比常规锅炉的要大很多，针对烟气与蒸汽的质量比，常规锅炉只为 1~1.2，而余热锅炉的可达 4~10，余热锅炉入口烟道处的烟气流动就是完全紊流。

5.3.2　余热锅炉的结构

余热锅炉主要有进口烟道、炉体、汽包及烟囱组成，其中炉体包括联箱、蒸发器、过热器与省煤器等主要部件。

余热锅炉本体采用模块化结构，以方便运输和安装。模块由管簇组成，是几十根管子组成的蛇形管组件，模块两端有上联箱与下联箱，是锅炉的受热部件，水在模块内被外部高温烟气加热。为了更好地传递热量，余热锅炉往往在管道外表焊上鳍片来增大管道的传热面积。

余热锅炉目前发展方向主要是在回收热量最大化的角度上进行优化设计，深度回收利用排烟余热，最大化实现余热回收。

余热锅炉的类型按不同角度有如下四种分类方式：

（1）按烟气流向分类。余热锅炉按烟气流向可分为卧式锅炉和立式锅炉两类。卧式余热锅炉如图 5-13 所示和立式余热锅炉如图 5-14 所示。

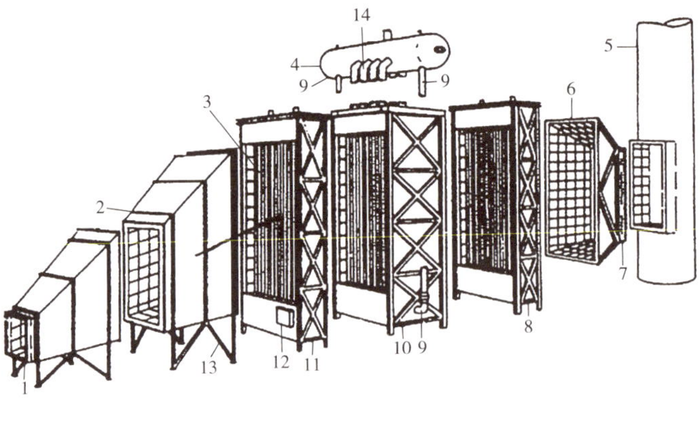

图 5-13　卧式余热锅炉

1—膨胀节；2—进口烟道；3—内部保温材料；4—锅筒；5—烟囱；6—出口烟道；7—膨胀节；8—省煤器段；9—下降管；10—蒸发器；11—过热器段；12—人孔；13—整体结构钢；14—上升管

图 5-14　立式余热锅炉

1—蒸发器和过热器；2—省煤器；3—上部过渡段；4—烟囱；5—锅筒；6—钢架；7—弯烟道（侧向进口）；8—进口段

两种锅炉的主要区别在于：对于立式锅炉来说，其内部烟气流动方向是垂直的；对于卧式锅炉来说，其内部烟气流动方向是水平的，因此，立式锅炉和卧式锅炉的对流换热的形式也不同；并且立式锅炉和卧式锅炉两者所采用的汽水循环方式也不同，前者基本都采用强制循环，而后者基本都采用自然循环。另外，立式锅炉由于其结构紧凑，所需占地面积较小；而卧式锅炉则相反，建造时占地面积较大。卧式与立式余热锅炉详细对比见表 5-2。

表 5-2　　卧式与立式余热锅炉对比

项目	水循环	占地面积	结构	启动时间	操作运行	初投资	自用电
立式	强制	小	复杂	短	复杂	较高	较多
卧式	自然	较大	简单	较长	简单	低	少

（2）按水循环动力分类。余热锅炉根据水循环动力的不同而可以分为强制循环锅炉与自然循环锅炉两类，这是根据锅炉整个水循环动力的来源不同所划分的。这两种余热锅炉的主要特性是：

强制循环锅炉的水循环动力来源于循环泵，主要是依靠循环泵提供的动力压头；而自然循环锅炉则是没有依靠任何动力设备，主要依靠水、汽两种之间的密度差所形成的压差来推动水循环。

此外，自然循环锅炉由密度差所产生的压头比较小，为了保证锅炉内的汽水循环处于稳定，从而导致锅炉整体耗用的金属量非常大；这主要是因为自然循环锅炉为满足工艺需求，增大了其上升管与下降管的管径，且还在两管连接处安装了汽包。

自然循环锅炉在启停过程或锅炉负荷波动时易产生的热应力，这是因为锅炉热惯性大，引起启动或停止所需的时间较长；而强制循环锅炉为了寻求额外水动力而在系统内增加了循环泵，循环泵的运转则会增加一部分功率消耗，从而导致余热锅炉系统的整体效率相对发生了降低；若将自然循环与强制循环结合，组成复合型余热锅炉，在锅炉启动时可以使用循环泵，缩短启动时间，在运行稳定时则可以切换至自然循环。

燃气冷热电三联供系统通常锅炉蒸发量较小且参数不高，一般选用自然循环余热锅炉。

（3）按蒸汽压力分类。根据蒸汽压力来定义，余热锅炉包括单压、双压、三压三种锅炉。最早使用的余热锅炉是单压式的锅炉，其压力级别低，主要是作为回收各种余热的低压设备；双压及三压锅炉一般用于大型燃气－蒸汽联合循环机组。

燃气冷热电三联供的余热锅炉通常是吸收燃气轮机的烟气余热，总能相对较小，用汽参数相对较低，故通常选用单压余热锅炉，根据用户用汽的需求来选择产出过热蒸汽或饱和蒸汽。

（4）按是否补燃分类。余热锅炉的热源通常来源于各种工艺流程的余热，但有时也会进行补给燃料，因此余热锅炉则是可以从有无额外补给热源的角度来分为：非补燃式、部分补燃式和完全补燃式这三种类型的余热锅炉。

对于第一类余热锅炉来说，就是最早使用的锅炉，不需要额外补充燃料进行燃烧所得的热量，所需热量只来源于燃气轮机排气中所含有的余热，因此其结构相对较简单，设备可靠性也相对较高；对于第二类余热锅炉来说，主要是对锅炉额外补充燃料，利用燃气轮机排气来为燃料的燃烧提供所需的氧气，从而改善第一类余热锅炉较难适应变工况运行的问题，一般排气中氧气只是部分用于燃烧所需；对于第三类余热锅炉来说，跟第二类余热锅炉相似，但主要的区别就是该种锅炉将燃气轮机排气中的所有氧气全部用于补燃。

燃气冷热电三联供的余热锅炉作用是消纳燃气轮机的余热产蒸汽供用户使用或进入溴化锂吸收式机组，通常不接至蒸汽轮机发电，故一般无须补燃。

5.3.3 余热锅炉的常见制造厂家

通常余热锅炉的生产线是按水循环来进行分类，自然循环炉与强制循环炉都有一定数量的厂家在生产制造，主要余热锅炉生产厂家详见表 5–3。

表 5–3 主要余热锅炉生产厂家

自然循环余热锅炉	强制循环余热锅炉
美国 DELTAK 公司	比利时 CMI 公司
荷兰 STANDARDFASEL–LENTJES 公司	法国 ALSTOM 公司
日本川崎重工业株式会社	英国 JBE 公司
杭州锅炉厂	
中船重工 703 所	

5.4 溴化锂吸收式机组

溴化锂吸收式机组是三联供机组余热利用的重要设备之一，可通过吸收燃气轮机的烟气、燃气内燃机的烟气与缸套水的热能，将其转换为冷能或热能对外供出，型式分类众多，使用搭配灵活，是三联供系统最常见的冷热供应设备。前文 3.1 节已对溴化锂机组的结构、原理做了详细阐述，此处不再赘述。本节仅对溴化锂机组主要生产制造厂家与选型原则做补充介绍。

5.4.1 溴化锂吸收式机组主要生产厂家

目前我国的溴化锂吸收式机组的研发、生产、销售量均处于国际领先地位。在产品适用范围、质量、售后方面已经具有较大优势，形成了全套的国家标准，是一种成熟的市场化产品。主要溴化锂机组生产厂家见表 5-4。

表 5-4 主要溴化锂机组生产厂家

国内主导生产企业	江苏双良集团有限公司
	远大空调有限公司
	烟台荏原空调设备有限公司
国内主要生产企业	北京华源泰盟节能设备有限公司
	大连三洋制冷有限公司
	乐星空调系统（山东）有限公司
国内一般生产企业	希望深蓝空调制造有限公司
	特迈斯冷热工程有限公司
	开利空调（上海）有限公司
	广州日立冷机有限公司

5.4.2 溴化锂吸收式机组选型原则

如果三联供系统热源是燃气轮机或微型燃气轮机，其余热仅为烟气，溴化锂吸收式机组通常采用烟气型机组，若供冷供热量不足，且用户有天然气供应，可采用烟气补燃型机组。

如果三联供系统热源是内燃机，其余热包括烟气及缸套水，溴化锂吸收式机组通常采用烟气热水型，若供冷供热量不足，且用户有天然气供应，可采用烟气补燃型机组。

如果三联供系统内有余热锅炉产出蒸汽且有供冷热需求，溴化锂机组可采用蒸汽型，作为供冷供热的补充设备。

如果三联供系统中有多台余热型溴化锂机组，则不宜配置补燃型机组，应独立配置其他供冷热负荷的调节设备。

5.5 三联供系统的运行控制

5.5.1 三联供控制系统的构成

燃气冷热电三联供是一个复合能源系统，综合了数种能源利用技术，输出了冷、热、电等数种能源，其中各种独立设备和系统都配有配套的控制器，并且种类各不相同；也有部分设备没有自动化功能，需根据项目需要设计合理的控制系统。为实现三联供完整系统的运行控制策略，需要对各个设备进行整合，将三联供系统作为一个单元，形成一套完整的控制系统。三联供单元控制系统结构如图 5-15 所示。

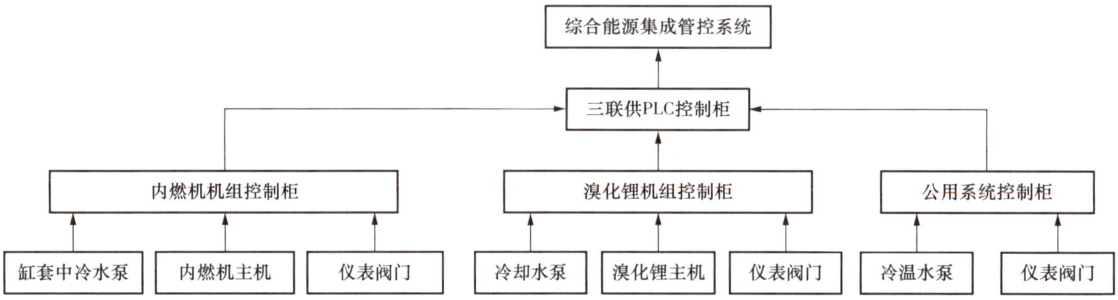

图 5–15　三联供单元控制系统结构图

对三联供设备的控制可分为分散控制和单元控制两级。发电机组、溴化锂机组本身配置的控制系统划分为分散控制级，可以实现对机组本身的控制；此外需要配置一套对上述主设备及仪表开关等过程控制的整合控制系统，通常称为单元控制系统，单元控制系统是对分散控制级和过程控制级的整合，连接起整个三联供系统，实现综合运行调度。

一、发电机组本体控制

发电机组本体厂商一般配备可独立工作的微处理控制系统，通过监控机组关键变量，预测机组运行趋势，实现对机组的精确控制，并支持通过 Modbus 等通信协议实现对机组的远程控制。

发电机组本体控制系统通常由带触摸屏的工业计算机（IPC）、控制元件（键控开关、按钮和紧急停机按钮）、通过数字和模拟输入 / 输出进行控制的 PLC 外围组件、外部系统接口（或触点）、外围驱动装置等组成。

本体控制系统监测机组本体及配套设备的电压、电流、压力、温度、流量等参数，实现对机组、冷却水泵等设备的运行控制，确保系统节能高效运行。一般具备以下监测和控制功能：①报警；②机组状态信息；③机组实际参数状态；④控制命令状态。

内燃发电机组重点监测参数与控制点位见表 5–5。

表 5–5　　内燃发电机组重点监测参数与控制点位

报警信号		状态信息监测	
1	应急停车信息	1	手动模式
2	转速过高 / 速度控制器报警	2	自动模式
3	冷却水泵故障	3	远程控制
4	冷却水温度超限	4	通过接口控制
5	润滑油液位小于最小值	5	辅助驱动开启
6	润滑油液位大于最大值	6	冷却水泵开启
7	燃气压力小于最小值	7	点火开启
8	燃气压力大于最大值	8	发电机断路器打开
9	点火故障	9	主线同步操作激活
10	发电机断路器故障		
11	发电机断路器无法打开 – 逆功率操作		
12	发电机保护 – 超频		
13	发电机保护 – 低频		
14	发电机保护 – 过电压		
15	发电机保护 – 欠电压		
16	燃气检测报警 – 停机		
实际参数状态监测		**控制命令设定**	
1	加热水出口温度	1	接口释放
2	冷却水出口温度	2	复位
3	排气温度	3	启动 / 停车命令
4	外部功率设置值	4	燃气 A/B
5	实际功率值	5	功率控制器 – 变化值设定点
6	发电机电流	6	功率控制器 – 固定值设定点
7	发电机功率差因素	7	操作模式设定

发电机组本体控制系统一般可以 Modbus 通信协议、标准 RS485 通信接口等形式接入中央管理系统，实现更为全面的管理和运行策略优化。

二、溴化锂机组本体控制

溴化锂主机一般配备可独立工作的微处理控制系统，实现对机组的无级调节。具备机组控制、设定程序操作、各种状态显示以及各项资料的存储、自我诊断及故障预判回避等功能，并支持通过 MODBUS 等通信协议实现对机组的远程控制。

溴化锂机组的本体控制系统通常由控制柜应包括 PLC 控制器（含触摸屏或上位机）、指示灯、运行控制部件、保护及性能监测装置组成。

机组自带微处理控制系统控制监测机组本体及机组配套设备、阀门的电压、电流、压力、温度、流量等参数，实现对机组、冷却水泵等设备的运行控制，确保系统节能高效运行。机组本体自控系统一般具备以下监测和控制功能：①自动安全保护；②机组参数状态及安全信号；③联动及报警信号；④控制命令状态。

溴化锂机组重点监测参数与控制点位见表 5-6。

表 5-6　溴化锂机组重点监测参数与控制点位

自动安全保护控制		机组参数状态监测	
1	冷冻水、冷却水断水保护	1	烟气温度
2	自动稀释装置	2	烟气控制阀开度
3	排烟高温保护	3	冷冻水进口、出口温度
4	高压发生器高压保护	4	空调热水进口、出口温度
5	高压发生器液位过低保护	5	冷却水进口、出口温度
6	高压发生器出口浓溶液高温保护	6	缸套水进口、出口温度
7	冷水低温及热水高温保护	7	烟气二通调节阀开度
8	屏蔽泵电机过热保护	8	热源水三通阀开度
		9	内部压力
		10	浓溶液温度
		11	连续运行时间
		12	累计运行时间
		13	机组启停次数
联动及报警信号		**控制命令设定**	
1	机组联动信号	1	负荷容量调节
2	冷却水泵联动	2	高发溶液液位调节
3	冷冻水泵联动	3	冷冻水、空调热水出口温度设定
4	热水泵联动	4	机组循序开机

续表

联动及报警信号		控制命令设定	
5	手控、自控、远控切换选择	5	机组循序停机
6	溶液泵启停	6	机组循序开停机
7	冷剂泵启停	7	机组定时开机
8	真空泵启停	8	机组定时停机
9	冷冻水出口温度过低	9	烟气流量调节
10	冷冻水流量过小	10	热源水流量调节
11	冷却水进口温度过低	11	补燃模式启停
12	冷却水流量过小		
13	排烟温度过高		
14	溶液泵电动机过载		
15	冷剂泵电动机过载		
16	真空泵电动机过载		
17	吸收器（自抽）压力过高		
18	高压发生器压力过高		
19	高压发生器浓溶液出口温度过高		
20	机组结晶报警		

溴化锂机组自控系统一般可以 Modbus、RS485、CAN 等常用通信协议接入中央管理系统，实现更为全面的管理和运行策略优化。

三、公用系统控制

三联供系统的控制除了发电机组、溴化锂机组之外，还包括对水泵、风机、仪表、阀门等辅助公用系统的控制。

根据冷热电三联供系统通常的机组配置，一般必须设置以下检测仪表：主要用气设备的燃气流量；主要设备进出口循环介质的温度、压力、流量；空调对外供冷供热的瞬时功率及累计供能。

上述几项测控点是必须项，应能够稳定、准确地测量，并稳定传输至上位控制系统。

控制系统应通过硬接线或是具有通信功能的电器柜等实现对电机及电动执行机构的控制。电机与执行机构主要包含以下几类：冷温水循环水泵；冷却水循环水泵；冷却塔散热风机；机房通风排烟风机；其他水泵、风机；循环介质回路上的电动阀门；其他重要的执行级电动机构等。

四、三联供单元控制系统

针对前述控制对象、控制内容及控制逻辑的要求，通常三联供单元控制系统采用 PLC 过程控制系统，参见上文图 5-15。硬件由工程师站及其外设、控制器及相应分布式组件，与其他系统通信的 Modbus RTU 接口等组成。

内燃机、溴化锂机组或余热锅炉等主要设备通过通信与硬接线结合的方式接至三联供 PLC 控制柜，公用系统通过硬接线的方式接至 PLC 控制柜，在 PLC 系统软硬件基础的条件下，三联供系统可实现较为完善的控制系统功能。

1. 数据监视采集

控制系统可实现以下数据的实时监视并采集，运行人员能够完全从控制系统人机界面全面掌握三联供系统运行情况。

（1）主要控制器参数采集记录。

（2）冷温水循环水泵、冷却水循环水泵、内燃机缸套水泵、内燃机中冷水泵运行状态、故障报警、手 / 自动状态。

（3）定压、膨胀、不水系统的运行状态、故障报警。

（4）冷温水供回水温度及流量采集记录。

（5）冷却水供回水温度采集记录。

（6）主设备及管道上电动阀组开关状态。

（7）内燃机散热水箱运行状态、故障报警。

（8）内燃机烟气、缸套水三通阀运行状态与故障报警。

（9）内燃机烟气、缸套水、溴化锂机组烟气温度。

2. 对内燃机与溴化锂主机的控制

三联供控制系统对内燃机和溴化锂主机可实现以下几个方面的控制：

（1）各主机控制均配有 Modbus485 通信接口，可以将主机控制器内的授权参数传递到控制系统；通过管理员操作站可以进行远程监测、设定、控制和保护机组。

（2）主机的启停可以通过 PLC 系统预设顺序控制程序进行，也可以进行手动控制。通常三联供机组 PLC 系统设置供冷供热模式切换，联合运行设置纯余热模式、余热 + 补燃模式及直燃模式等三种运行方案。

（3）在启动主机前，控制系统自动检查与主机配套的设备状态，并按预设的固定顺序一一启动后，保障机组安全启动；若有辅助设备启动失败，控制系统自动启动备用辅机。

3. 对公用系统水泵的控制

三联供系统有冷却水泵、冷温水泵、缸套水泵等各种类的水泵，三联供控制系统对水泵的控制实现以下功能：

（1）水泵按相关主设备反馈的控制状态运行或停止。

（2）当水泵进行就地操作时，远程控制系统不再对水泵起控制作用，但可监视其运行情况；当PLC系统将水泵的控制设置为就地模式时，水泵可以通过MCC单元上的启动/停止键运行和停止。

（3）当水泵运行在自动模式时，控制系统对其进行远程控制和监测水泵的运行状态，由水泵控制柜引出的故障等向控制系统进行反馈。

（4）控制系统在水泵出现故障时，自动启动相应的备用水泵并发出相关报警。

4. 自动启停及加减载控制

三联供控制系统能够实现“一键启停”功能，即预先在PLC系统写入相关逻辑及参数，点击“一键启/停机”功能选项，整个能源站将投入全自动运行。

（1）开机工况操作逻辑的操作步骤如下：

1）开启溴化锂机组冷却水泵（仅制冷时）与冷温水泵，设定内燃机出力，一键启动内燃机，内燃机组缸套水泵、中冷水泵同步开启。

2）当内燃机达到设定负荷后，此时缸套水温度应达到设定温度，开启缸套水旁路，开启溴化锂机组，全部烟气与缸套水接至溴化锂机组。

3）若制冷/热负荷满足或超过所需（根据冷/温水出水温度判定），开启烟气及缸套水部分旁路，减少溴化锂机组的冷/热量输出。

4）若制冷/热负荷不能满足所需，开启补燃或者根据反馈信号增大内燃机出力（根据用户的用电负荷与用能负荷综合考虑），补充冷/热量输出。

（2）关机工况操作逻辑。首先关闭内燃机及溴化锂机组主机，冷却水泵、冷温水泵及缸套水泵设置自动延时关闭。

5.5.2 三联供系统的运行控制策略

三联供单元控制系统服务于三联供系统的多个电、气、冷、热专业方向。三联供单元控制系统的运行控制策略是各个专业对控制系统提出的逻辑性要求的综合体现。

三联供单元控制系统的控制目标通常包括：提高三联供系统的能源利用率；尽量使机组运行在较高负荷下，提高机组的利用小时数；充分实现余热的梯级利用。

三联供单元控制系统应能够根据负荷的变化，在保证发电系统设备及配套余热利用设备得以充分利用的前提下，根据能源价格，负荷情况等因素，合理选择合适的运行控制策略，以提高项目的经济效益。

1. 区域型三联供运行控制策略特点

区域型项目一般装机规模相对较大，供能范围较广，区域内的用户与负荷各有其不同特点，其各类总负荷存在相互平衡的可能性。在设计方案时，应针对项目具体特点分析测算其总负荷规律，经过合理的运行分析给出较合适的配置及运行方案。

区域型项目在北方作为集中供热热源时，日间总热负荷变化幅度相对较小，可以参考传统热电联产供热系统的模式来运行，以热定电。

区域型项目集中供冷峰值负荷的时间出现较短，在整个供冷季负荷波动也较大，高负荷率所占的时间段较少，可以采用保守的运行策略，以 50% 或平均冷负荷作为系统的制冷输出能力，以此来确定机组的发电出力，供冷峰值不足部分通过其他调峰设备满足。

2. 楼宇型三联供运行控制策略特点

楼宇型项目一般以单个或数个建筑为供能对象，满足一个较小用户的冷热电负荷的用能需求。一般装机容量不大。楼宇型项目的负荷特点完全取决于建筑类型及建筑用户的需求。

在绝大多数情况下，为尽量提高机组的负荷率及利用小时数，楼宇型三联供项目往往采用以电定冷热的方式，发电机组满足建筑物内稳定性最高的用电需求的同时，利用余能向建筑物供冷供热。不足部分通过其他调峰设备满足。

3. 运行控制策略的优化

在完成制定运行策略后，机组运行一段时间后，通过对不同周期的运行数据分析，可以得出三联供项目综合能源利用率、总用能量及费用等数据。

在运行数据不断积累分析的基础上，应根据用户及项目管理方的要求，选择相应的系统优化方向，执行不同的优化运行策略根据得到的数据进行分析，可对运行策略进行优化。

三联供单元控制系统应可实现利用运行历史数据分析指导系统运行，根据负荷变化优化系统运行，整合运行经验等功能。通过策略的优化，进一步提升三联供项目运行的节能降耗、节约费用。

5.5.3 三联供系统单元控制的关键点

燃气冷热电三联供是一个较为复杂的系统，主辅设备多，连接管路密集。一些关键点的控制直接影响着系统的安全稳定运行及相关功能的实现。

1. 三联供系统热电比的调节

燃气冷热电三联供的一个核心特点是燃气发电与余热供热供冷之间的关联性，原则是尽量保证用电负荷的同时，冷热输出被完全消纳。在一些特殊工况下，会出现电热负荷不匹配的情况，需根据实际情况，制定相应的控制策略，调整机组的运行模式和热电特性，保证用户最大的节能和经济收益。

2. 空调系统设备的最佳组合

燃气冷热电三联供系统中空调设备种类较多，各自具有不同的运行热力特性及技术经济特性，因此在实际运行控制中应根据实际工况、能源价格决定设备的启停运行策略，保证空调设备的最佳组合。

3. 系统设备的安全稳定运行

燃气冷热电三联供系统中各主辅设备均有自身的运行工况及运行条件，包括相应的承压能力，合适的温度区间，匹配的流量流速等。运行中需对相应的参数进行监控，确保设备运转在稳定工况内，保障设备的安全。

4. 控制系统与主机的界面

在进行燃气冷热电三联供控制系统的设计时，应注意与各主设备厂家的配合，在各主机自身的控制系统基础上，厘清控制系统的可控量、监测信号、报警信号等，明确控制系统与主机各自的操作范围后，整合相应的辅助设备形成三联供系统的控制系统。

5. 系统综合效率的监控

燃气冷热电三联供控制系统除了实现机组的安全、高效、经济的运行以外，对系统进行全面及时的运行数据统计及分析也具有重要的意义。燃气冷热电三联供控制系统应实现对能量计算、发电效率、综合能源利用率、运行经济性、系统节能性等各方面进行实时统计与分析，并可通过友好的人机界面展示。

6

智慧综合能源集成管控系统

智慧综合能源系统在传统供能（电、燃气、热、冷）的基础上，实现横向多能互补互济、纵向源网荷储协同。智慧综合能源系统装备种类很多，专业覆盖面较广，跨专业协同和配合多，运行控制难度大。集成管控系统是智慧综合能源系统最核心的部分，承担系统集中监控、多能优化调度和运维管理支撑的重任。当前集成管控系统研发路线很多，大致可归为两种：一种是主站型，一般从调度自动化、配电自动化或其他主站平台演变而来；另一种是子站型，基于厂站自动化或其他子站系统改造而来，或采用子站系统模式新研制。本章以NCPS 2000 型智慧能源运行管控系统为例，重点介绍面向终端用户的子站型、轻量级智慧综合能源集成管控系统。

6.1 系统架构与功能特点

6.1.1 系统架构

智慧综合能源集成管控系统分为主控层和感知控制层两层，两层之间是主控通信网络。NCPS 2000 型企业级智慧能源运行管控系统架构图如图 6–1 所示。

感知控制层通过传感器、智能仪表、采集终端等装置，采集光伏发电、风力发电、燃气轮机组、余热锅炉、水源热泵、地源热泵、充电桩以及用户的信息和数据，通过不同的感知和执行单元实现本地信息协同处理和融合。

主控层设备包括监控主机（主服务器）、运维工作站、图形工作站、各类主站接口、公网接口和信息安全隔离装置等。主控层从综合能源综合利用需求出发，以大数据、云计算技术等为基础，对区域内整体电源及用能情况进行监视与分析；主控层通过多能源优化调度策略综合考虑系统能量与容量平衡、供能可靠性、综合能效等要素，协调电力、热力、燃气等能源流向，利用储能、电动汽车及用户侧等可调控设备，实现能源优化配置。

主控通信网络主要采用工业以太网方式，由交换机、防火墙、信息安全装置等设备采用光纤、电缆有线通信并辅以一定无线通信，实现感知控制层设备的灵活接入和数据通信的可靠连接。

主控层提供与省级综合能源服务平台交互接口，响应其调控指令，参与需求侧响应互动等；具备接入新能源云网等主站系统的能力；也可与企业集团总部综合服务中心集中监控系统对接，将能源网运行态势、能效统计、设备运行工况等信息推送至总部，支撑总部统一能源监控和智慧运维业务。

6.1.2 功能与特点

根据工程实际情况，NCPS 2000 型智慧能源运行管控系统的集成管控对象可以包括：

（1）分布式光伏 / 风力发电子系统。

（2）磷酸铁锂电储能子系统。

（3）电动汽车充放电系统。

（4）燃气三联供系统。

（5）地源热泵系统。

（6）空气源热泵系统。

（7）水蓄能 / 冰蓄冷子系统。

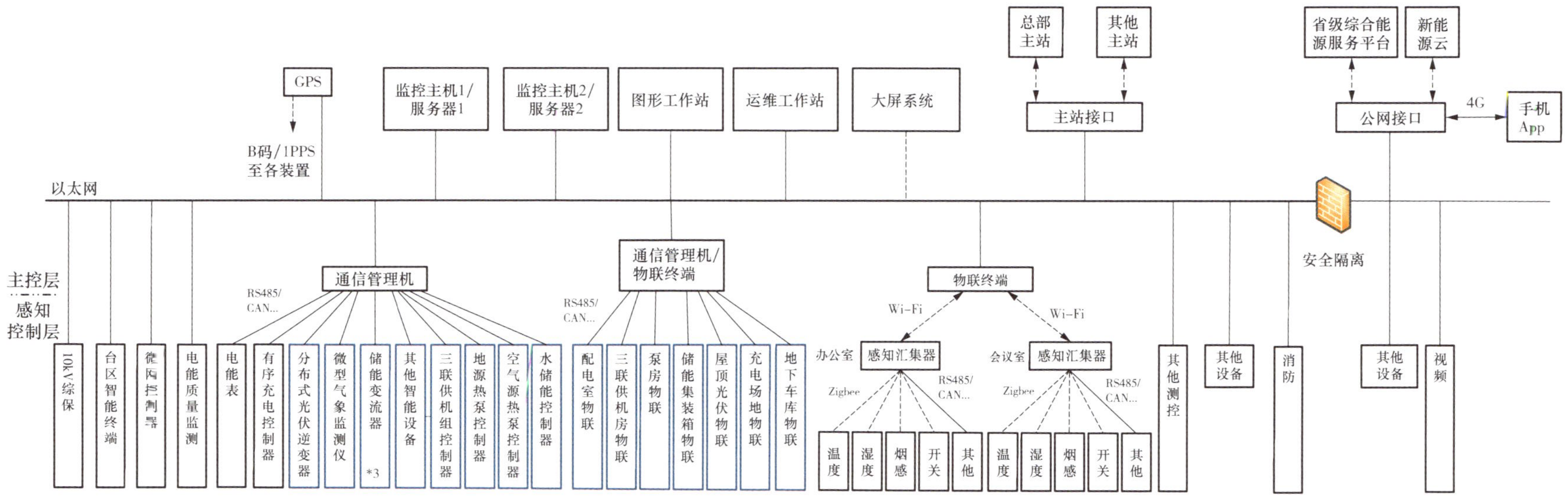

图 6-1　NCPS 2000 型企业级智慧能源运行管控系统架构图

（8）微电网子系统。

（9）大屏展示子系统等。

系统的主要功能包括：

（1）数据采集与信息存储。

（2）设备、系统与环境的实时监测、状态分析与全景展示。

（3）设备就地控制、集中控制与支撑远方控制。

（4）多能负荷预测、多能出力预测和综合优化调度。

（5）电能质量监测。

（6）能效分析、成本分析、可靠性分析及优化控制。

（7）碳排放监测、分析与优化控制。

（8）智慧运维与仿真培训。

（9）各类主站接口与移动应用。

（10）需求响应。

（11）信息安全防护。

为进一步说明子站型轻量级智慧综合能源集成管控系统的特点，将其与主站型综合能源服务平台做对比，子站型智慧能源集成管控系统与主站型综合能源服务平台对比见表 6–1。

当前，不少省级综合能源服务平台连接终端用户数量较少，主要原因不在主站，而在于子

表 6–1　　子站型智慧能源集成管控系统与主站型综合能源服务平台对比

项　目	综合能源服务平台	子站型智慧综合能源集成管控系统
规　模	可涵盖省、区域、城镇级范围，规模一般较大	可涵盖楼宇、医院、校园、企业级范围，规模一般较小
服务对象	面向电网企业综合能源服务商、增量配售电商等企业	直接面向终端用能客户，且一般只面对一个业主
产权人	同上	同上
市场领域	主要是电网系统内业务	主要是电网系统外业务
功能模式	功能丰富，包括能源监控、分析、优化、运维、交易与评价等，目前使用的主要还是 SCADA 功能	功能较为聚焦，主要是冷热电、源储荷的自动化监控和协调控制功能；采用厂站、子站研发模式
研发模式	采用系统主站平台模式	采用厂站子站模式
控制功能	一般不直接控制主设备（特别是用户资产）	直接控制用户主设备；管控系统与主设备一般同属同一业主资产
设备组成	主要是高级软件和高性能服务器、工作站等	含软件和装置 2 类： （1）主控软件，普通服务器、工作站。 （2）测量、控制、计量和感知装置等
价格区间	几百万到上千万	几十万到几百万
市场容量	客户数量少，但每个项目规模大	面向社会工商企事业单位，客户群体数量庞大

站，具体包括：①现有一些用户侧集成管控系统不是专为满足终端用户需求设计，而是由主站系统改造而成，系统庞大而不适用；②没有掌握用户的真实需求，或者没有开拓出真正有需求的用户，用户侧装备不能为用户带来好处，且价格昂贵；③用户侧集成管控系统产权属于终端用户，不似电网调度自动化系统主站与变电站自动化系统子站同属电网公司所有，用户侧配置子站的动力不足或根本没有接入主站的驱动力。

子站型轻量级智慧综合能源集成管控系统采用厂站模式研发，具备表 6–1 所述特点，可以满足终端用能客户的实际需求。该类系统可以独立运行，也可以支持用户接入各类主站平台，参与需求侧响应等，为用户带来附加收益。

6.1.3 适用范围

NCPS 2000 型智慧能源管控系统成本低，适应性强，功能和设备配置可定制化裁剪，广泛适用于企业、医院、高校等各类非工业园区以及大型建筑、交通枢纽等，也适用于冷热能源站、分布式光伏电站、独立储能电站或光储充一体场站等。

6.2 主控层

智慧综合能源集成管控系统的主控层，常被称为能源管控平台，或简称为主控系统、能管平台等。本节继续以 NCPS 2000 型智慧能源运行管控系统为例，进一步介绍其主控层典型软硬件配置、功能与技术架构、信息安全防护方案及相关主站接口等。

6.2.1 软硬件配置

一、操作系统

NCPS 2000 型智慧能源运行管控系统采用 Linux 2.6 及以上操作系统作为基础软件。Linux 系统可靠性高，安全性好，适用于多用户多任务操作系统，广泛应用于科学计算、工业监控、大数据量处理、海量数据分析计算领域。

二、应用软件

（1）数据库管理软件。一般情况，主控系统对数据库管理软件的并发处理能力、系统优化能力、可靠性、安全性以及维护支持能力有很高的要求，NCPS 2000 型智慧能源运行管控系统采用 MySQL 数据库管理系统，并以集群方式部署于数据库服务器。

（2）数据缓存软件。数据缓存是主控系统中的重要组件，主要解决高并发，大数据场景下，热点数据访问的性能问题。NCPS 2000 型智慧能源运行管控系统配置完备的数据磁盘备份及多节点值班机制，采用 Redis 数据缓存软件，为多能流监测提供高性能的数据快速访问。

（3）应用服务软件。应用服务软件是 Web 服务发布的基础容器，NCPS 2000 型智慧能源运行管控系统采用 Tomcat，其支持 Web 应用内存溢出侦测和预防功能，具有增强管理程序和服务器管理程序的安全性、一般 CSRF 保护、性能优化和减少垃圾回收动作等优势。应用软件配置清单见表 6–2。

表 6–2 应用软件配置清单

序号	软件名称	版本	备注
1	数据库管理软件	MySQL 8.0 以上	
2	数据缓存软件	Redis 5 以上	
3	应用服务软件	Tomcat 9 以上	
4	JDK	Jdk 1.8 以上	
5	Python	Python 3.7 以上	

三、典型硬件配置

下面给出的是某典型项目的智慧能源运行管控系统硬件配置，其中第（1）~（8）项是基本配置，第（9）~（15）项是用户可选的增强配置。

基本配置包括：

（1）服务器 2 台，16 核 64 G 处理器，480 G 固态 +30 T 磁盘，部署主控系统，提供数据存储空间。

（2）外网接口服务器 1 台，16 核 32 GHz 处理器，部署气象预测数据接口服务、运行数据发布接口服务等对外接口程序。

（3）图形工作站 1 台，8 核 32 G 处理器，RTX 2080 Ti 8 G 显卡，用于三维可视化建模和运行展示。

（4）运维工作站 1 台，8 核 32 G 处理器，含双屏显示器，使用者是多能源系统运维班组，实现日常系统运行监视和运维检修记录归档。

（5）交换机 2 台，满足主控系统的部署需求。

（6）防火墙 1 套，满足主控软件安全需求。

（7）千兆安全隔离网闸 1 套，满足主控软件与外网的安全隔离要求。

（8）打印机 1 台，满足运行人员日常办公需求。

可选的增强配置包括：

（1）激光投影 1 套（包含投影布），满足试验和会议使用要求。

（2）物联网三维可视化支撑系统 1 台，支撑全 3D 实时展示离线部署版。

（3）培训演示展示系统 1 套，含主机及控制软件等，大屏尺寸 6 m × 2.1 m。

（4）天文时钟 1 套，满足多服务器站的系统对时需求。

（5）网络配件 1 套，满足系统布线需求。

（6）企业宽带专线 1 套，带宽要求 50 M 及以上。

（7）智能手持终端 2 台，支持 5 G，8 G+256 G。

四、服务器部署方式

服务器支持本地部署和云上部署两种方式。

（1）本地部署时，在本地监控中心部署工作站、大屏等设备，在本地监控中心或本地机房中部署服务器和存储设备，经安全隔离设备与接口服务器进行通信。

（2）采用云上部署时，在云服务器上部署主控系统、接口服务等应用模块；本地感知控制装置、监控中心的工作站、大屏、手机 App 通过 4G/Wi-Fi/ 以太网等通信通道接入主控系统。

6.2.2 功能架构

智慧综合能源系统包括多能监控、运行优化、服务支撑和基础应用四大板块，提供数据采集、全景监视、控制与调节、多能优化调控、能效分析等管理功能。主控层功能架构如图 6-2 所示。平台功能可扩展、可裁减，满足多样化用户需求，服务多种能源客户，可支撑 EPC、能源托管等多种商业模式，实现能源智慧利用，提升能源利用效率。

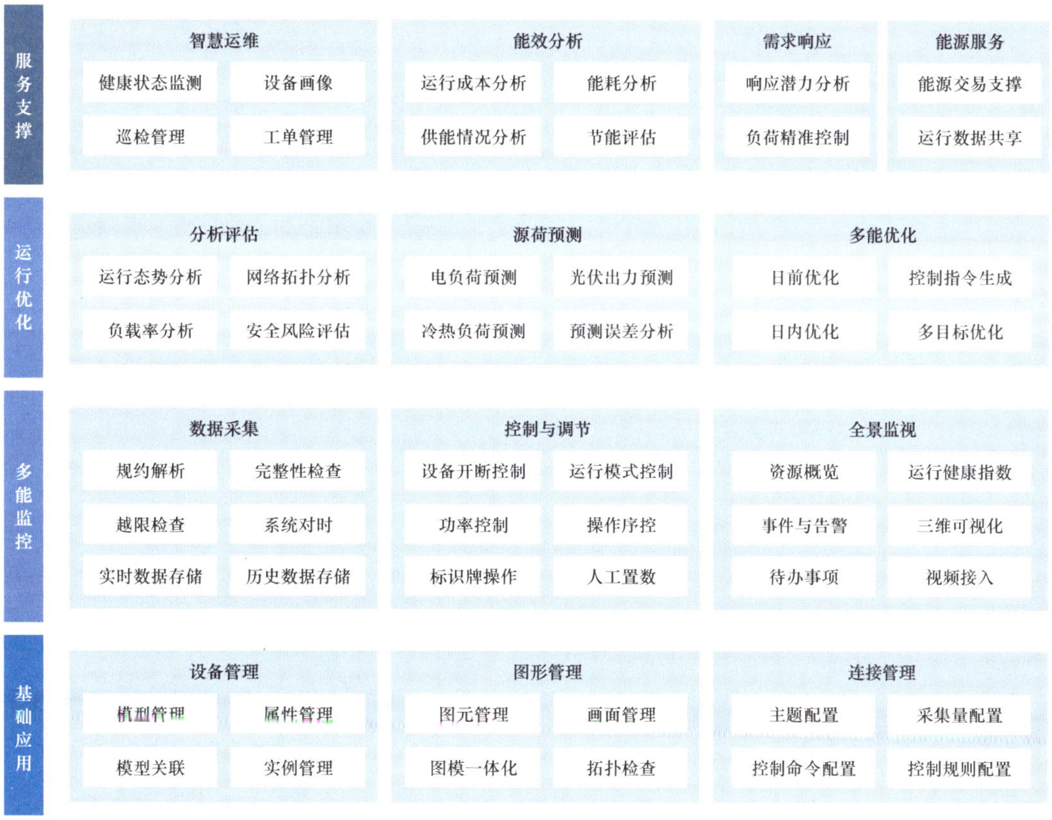

图 6-2　主控层功能架构

一、基础应用层

基础应用层提供设备管理、图形管理、连接管理等基础服务功能。

（1）设备管理。系统提供园区冷、热、电、气各类能源系统以及设备的模型构建、实例构建功能，可支撑园区能源系统构建供配电系统数据模型、暖通空调系统数据模型以及给排水系统模型等。

（2）图形管理图形管理界面如图 6–3 所示，系统提供多能元件数据模型、图形构建功能，可实现对光伏、储能、三联供等能源设备的物理属性、电气参数构建数据模型与图元模型，并通过图模一体化工具建立园区电、热 / 冷、气能源网络的拓扑连接关系，并将连接关系入库。该模块主要包括园区能流图元管理、图形管理、拓扑检查入库、图模库一体化、设备属性管理等功能。

（3）连接管理。连接管理界面如图 6–4 所示，系统提供多协议采集模型配置、控制模型

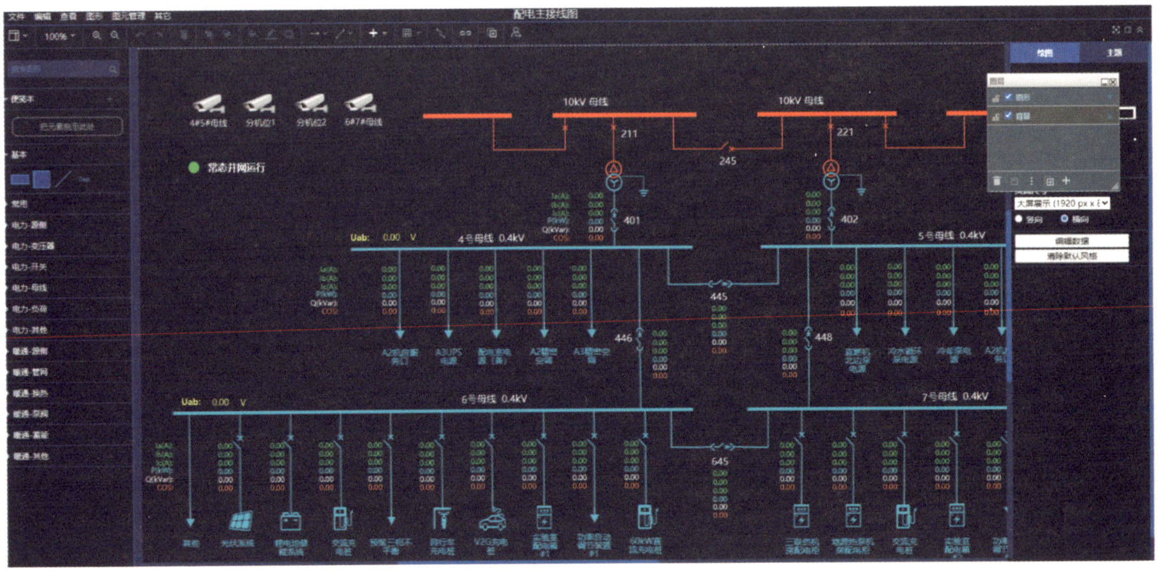

图 6–3　图形管理界面

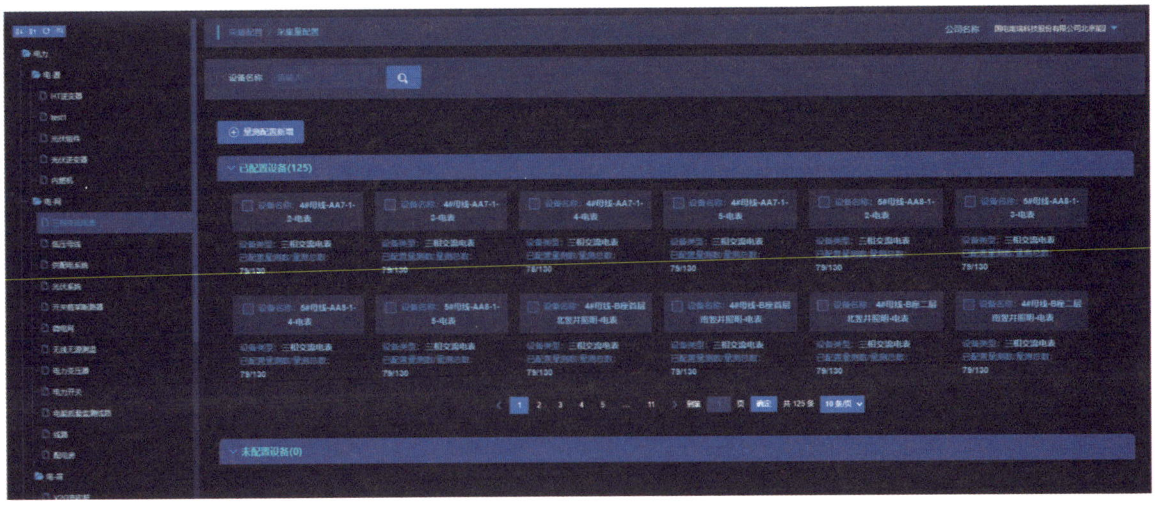

图 6–4　连接管理界面

配置功能、控制规则配置功能，支撑控制下发规则校验、遥控防误校验，保证园区能源系统安全稳定控制，为系统快速构建轻量化采集控制模型提供支撑。

二、多能监控层

多能监控层支撑园区电、冷 / 热、气等多种能源综合监测和实时调控，基于多能流传感网络，全息感知多能流实时运行状态，构建“源网荷储”能源设备多维模型，实现对能源数据的实时采集、处理、控制和调节、事件与告警、历史数据存储等功能。多能监控层包含数据采集模块、控制与调节模块和全景监视模块。

（1）数据采集。数据采集指通过多协议接入、规约解析、系统对时等技术，全息感知多能流传感网络，对采集到的实时数据进行最值统计、完整性检查、越限检查等处理操作，将处理后的实时数据存入实时数据库，并定期将实时数据断面存入历史数据库，作为后续数据分析的基础。数据采集模块主要包括多协议接入、规约解析、完整性检查、实时数据存储、采集任务配置、历史数据存储、系统对时、越限检查等功能。

（2）控制与调节。控制与调节指实现园区能源设备开断控制、运行模式控制、有功功率 / 无功功率控制、操作顺序控制等功能；系统具备标识牌操作、防误闭锁、人工置数等功能，在调控操作之前进行操作授权。控制与调节功能界面如图 6–5 所示。该模块主要包括设备开断控制、运行模式控制、防误闭锁、操作顺序控制、标识牌操作、人工置数、有功功率 / 无功功率控制、操作授权功能，如热泵顺序启停控制、制冷机组启停控制、阀门与水泵控制、补水定压控制等。

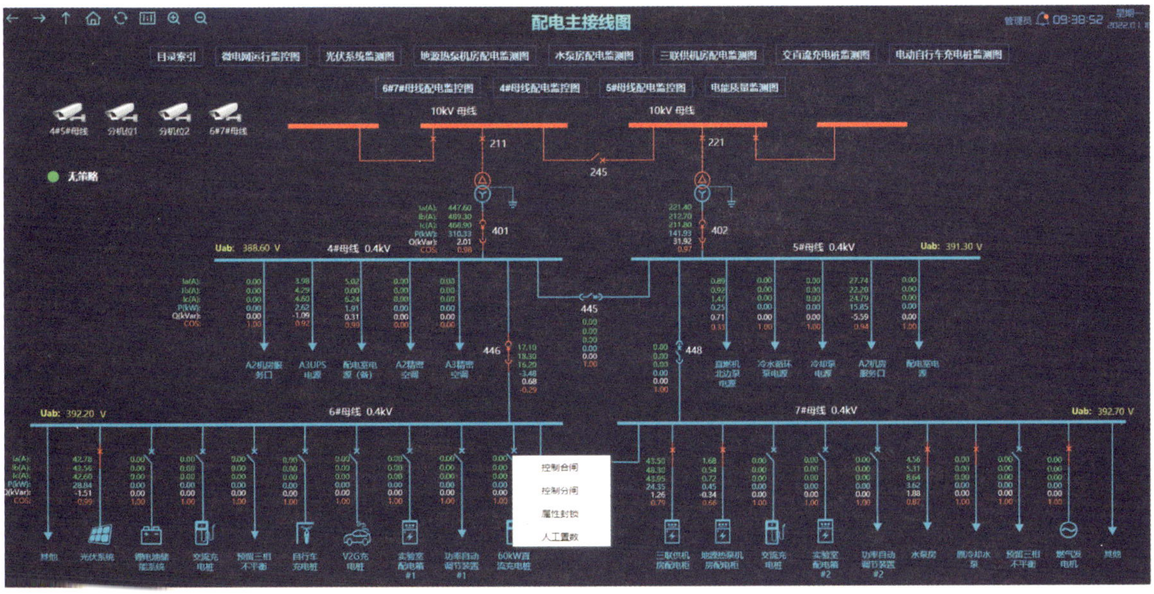

图 6–5　控制与调节功能界面

（3）全景监视。全景监视指园区能源调度人员、园区管理者实时掌握园区多能流运行动态、健康指数情况等管理业务，园区管理者可使用工作站、移动终端、大屏等设备实时监测园区资源情况、地理能流分布、关键能流断面、运行健康指数，告警与事件，并通过视频监视功能实时监测“源网荷储”设备异常问题。全景监视图主页面如图 6–6 所示。全景监视模块主要包括园区资源概览、地理能流分布、运行健康指数、事件与告警、视频监视等功能，如系统可监测地源热泵冷凝器 / 蒸发器进出水温度、压力、流量开关；电制冷机组冷凝器 / 蒸发器进出水温度、压力、流量开关；供冷供热板换一次 / 二次进出水温度、压力；地源侧总供回母管压力、温度、流量（热量），二级泵出口压力，用户侧回水压力、温度、供水流量，补水水箱水位、分集水器旁通流量、室内外温度等。如图 6–7 所示为全景监视分页面—地源热泵监视图。

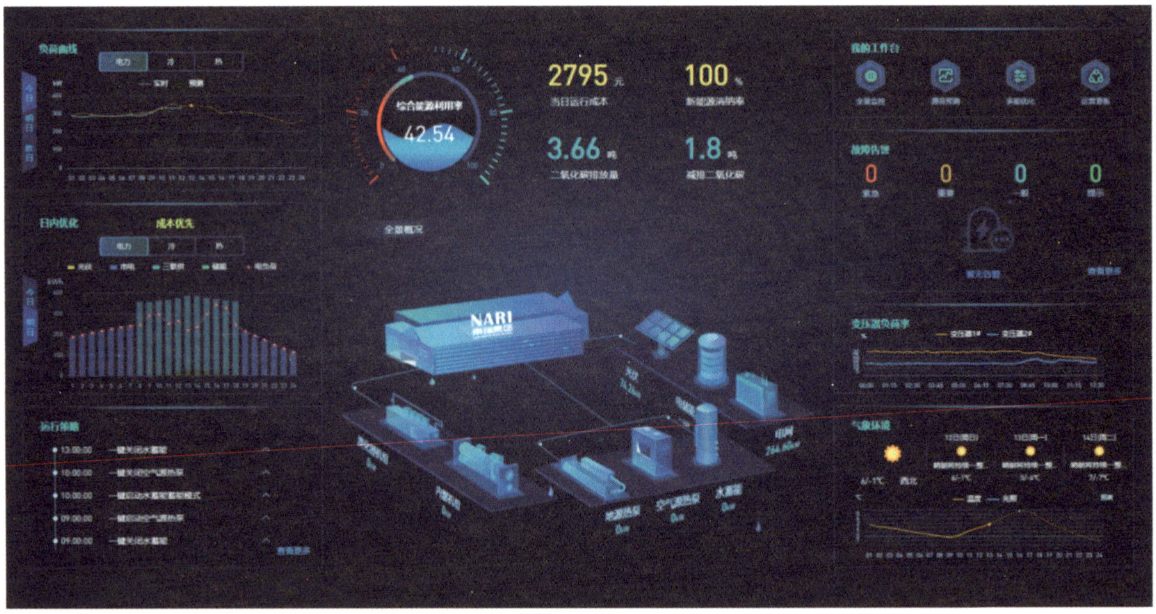

图 6–6　全景监视图主页面

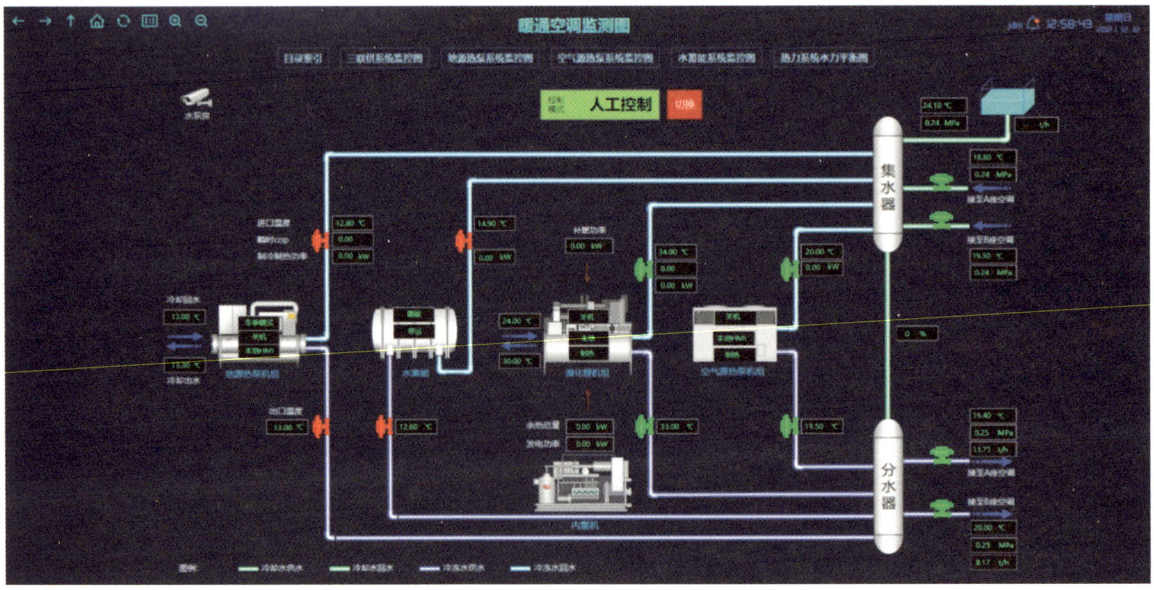

图 6–7　全景监视分页面—地源热泵监视图

三、运行优化层

运行优化层指在保障冷、热、电、气等多种能源安全稳定运行的前提下，通过对多能流实时数据、历史数据开展分析、评估、预测操作，实现对多能流安全分析与预警、多能流优化调度业务支撑，提升能源利用效率，降低能源成本支出，促进清洁能源消纳。运行优化层包含分析评估、源荷预测和多能优化三部分。

1. 分析评估

分析评估指分析园区能源实时数据、历史数据，实现对园区冷、热、电、气能流网络进行网络拓扑分析、状态估计、节点不平衡度分析、潮流计算、能流质量分析，为安全评估、运行调度控制等功能提供支撑。多能流平衡控制界面如图 6–8 所示。

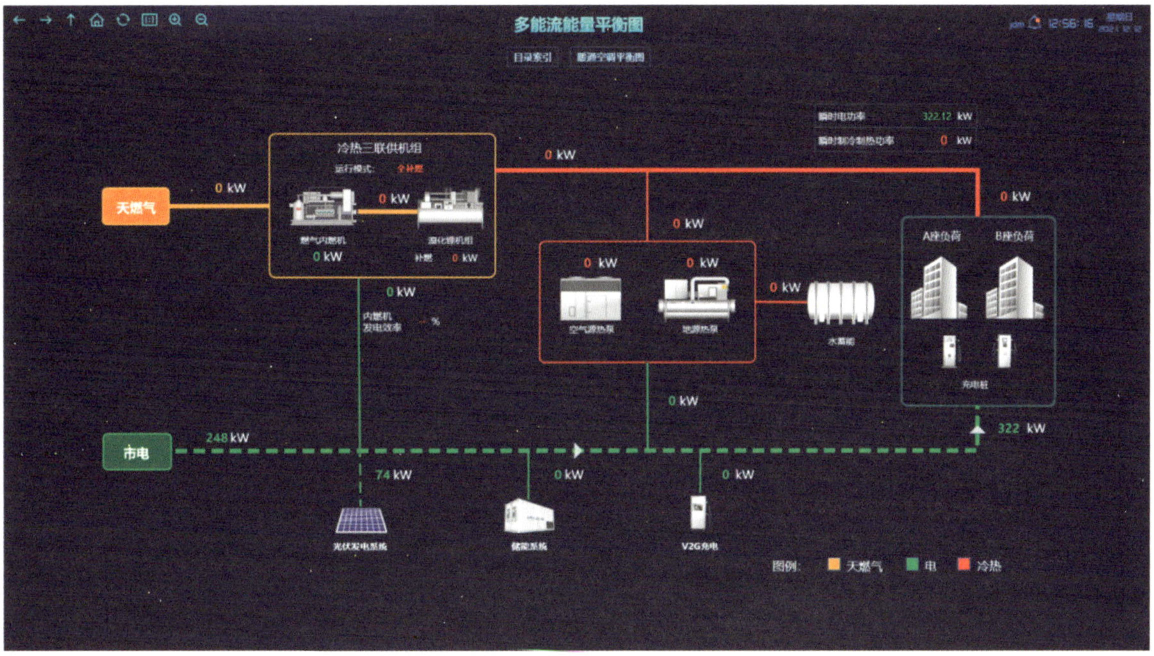

图 6–8　多能流平衡控制界面

2. 源荷预测

源荷预测指综合考虑历史数据、天气、企业用能特点等因素，利用人工智能算法，拟合短期、超短期分布式能源发电曲线以及负荷预测曲线，并通过评估预测和相应反馈机制持续提高准确性。如图 6–9 所示为光伏系统监控界面。

3. 多能优化

多能优化指通过协同各种可调控资源，实现不同能源类型耦合互补与最优能流。该模块是面向系统运行全过程的动态调度控制，主要包括 DG 出力预测、负荷预测、日前功率计划生成、多能元件状态汇集、日内调度策略生成、实时控制等功能。系统多能优化界面如图 6–10 所示。

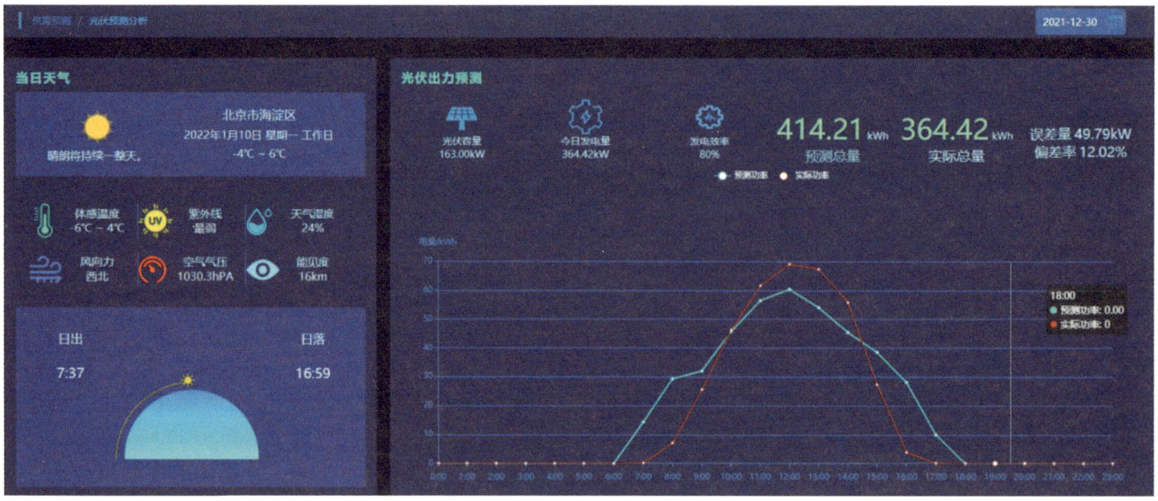

图 6–9　光伏系统监控界面

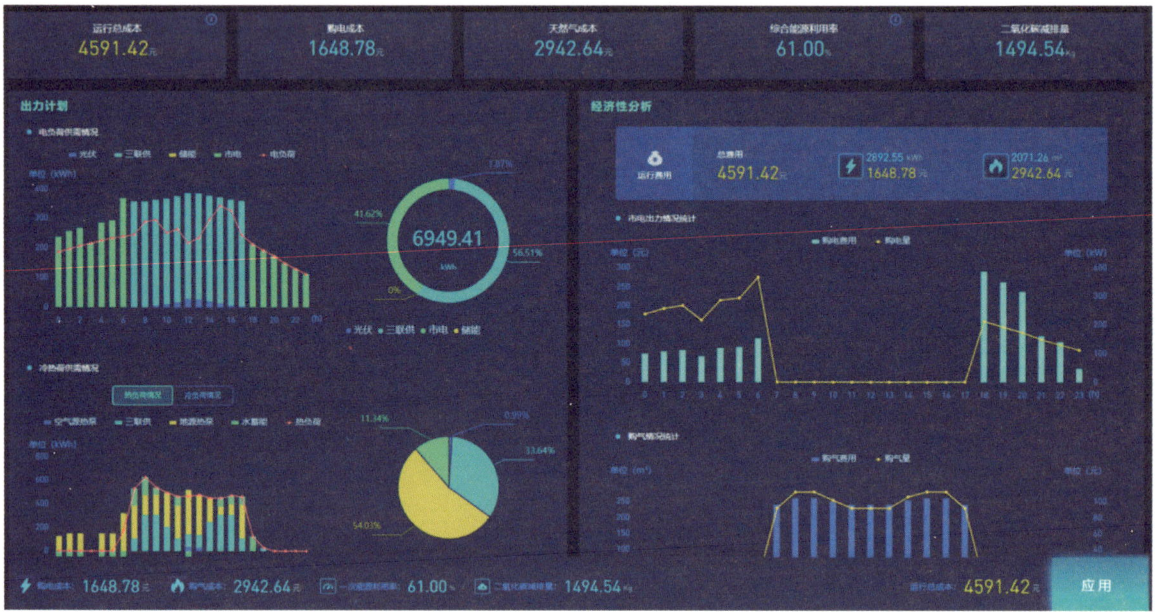

图 6–10　多能流优化界面

四、服务支撑层

服务支撑层提供智慧运维、能效评估等业务功能，园区管理者可实时掌握园区综合能源利用效率、及时解决能源设备故障等问题。

（1）智慧运维。智慧运维指围绕园区多能源系统运维业务，提供健康状态监测、代运维服务、智能诊断、故障处理、巡检管理等服务；通过汇集设备运行数据，实时监测能源设备健康状况，及时发现故障并生成处理预案，为园区能源系统安全稳定运行提供保障。

（2）能效评估。能效评估提供园区包含冷、热、电、气等能源的园区总用能、单一区域用能、单一设备用能的实时监测；提供包含光伏、地源热泵、储能等供能设备的总供能、单一设备供能的实时监测；提供节能分析功能，以日、周、月、年周期的供用能统计，对统计数据进行对比、分析，找出关键耗能点，进行节能潜力挖掘，提出节能方案，提高新能源利用率；提供能效评估功能，统计系统当前运行成本、一次能源利用率、碳排放量三个方面指标数据，并与节能改造前指标进行对比分析，对改造后系统进行综合评估。能效评估具体包括用能监测、供能监测、供用能统计、能效评估、节能分析、效益分析等功能。能效评估界面如图 6–11 所示。

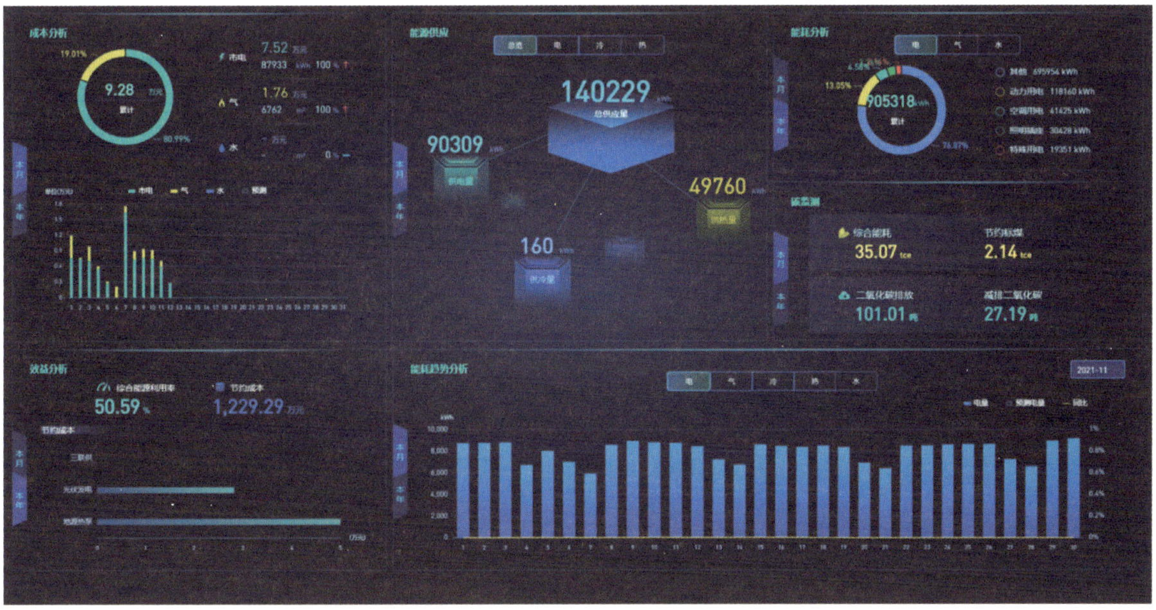

图 6–11　能效评估界面

（3）需求响应。需求响应指预留参与需求侧响应能力，可对接区域综合能源管理等负荷聚合商系统，响应虚拟电厂调控指令，参与需求侧响应交易，并对外发布园区能源网运行情况；可接收负荷聚合商系统下达的调度指令，制定园区能源运行调整策略，实现用户与电网的双向互动，提升用户资源配负荷聚合商置能力。

6.2.3　技术架构

智慧综合能源系统平台技术架构如图 6–12 所示。智慧综合能源系统采用微服务和容器化技术将应用和服务分解成更小的、松散耦合的组件，使应用和服务更加容易升级和扩展。这些服务可独立地进行开发，并通过微服务技术使得服务功能交付、管理和维护变得更加简单，包括服务注册、服务发现、API 网关、服务路由、服务监控等。

智慧综合能源系统提供基础服务和组件包括微服务管理、微服务网关、用户权限服务、统一认证服务、日志服务、告警服务、任务调度服务、模型管理服务、采集监控服务、实时数据

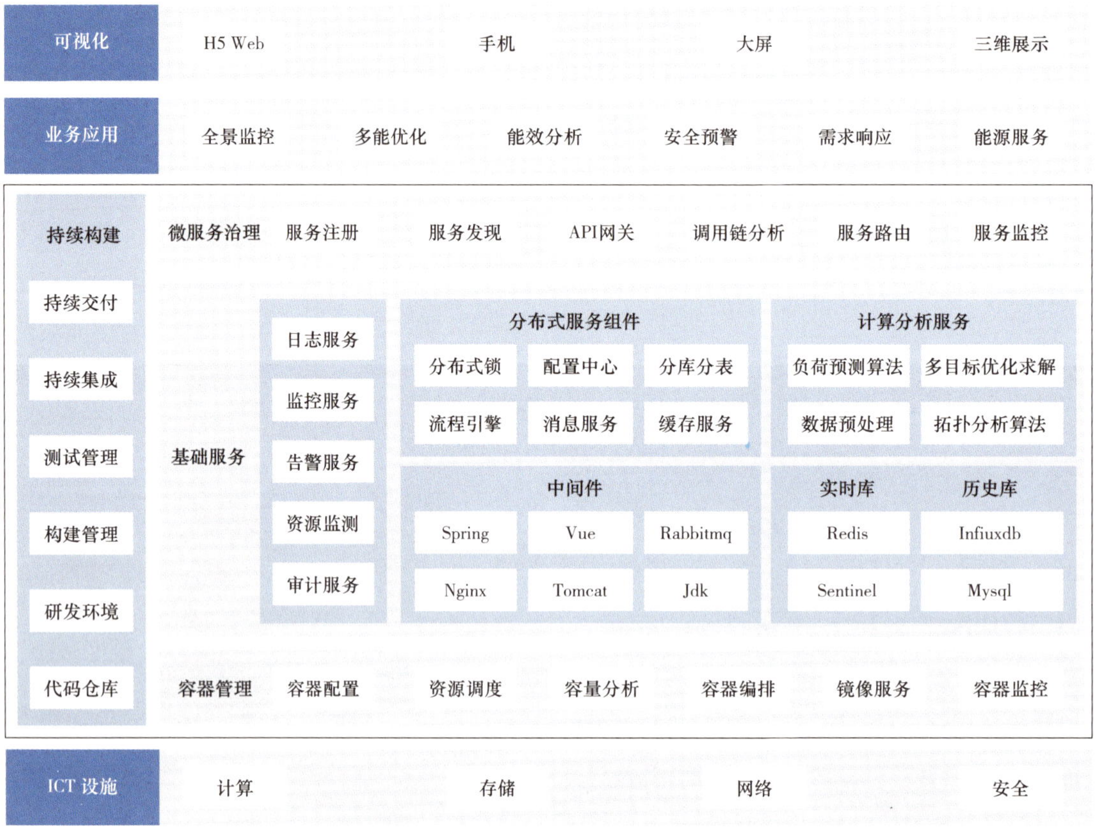

图 6-12　智慧综合能源系统平台技术架构

服务、历史统计服务和消息总线等，并以此为基础构建业务应用。

智慧综合能源系统业务应用涵盖全景监控、多能优化、能效分析、安全预警、需求响应和能源服务等综合能源管控分析功能，并通过 H5 图形界面、手机、大屏、三维展示等多种呈现方式做数据展示。

6.2.4　安全防护

安全防护指针对主控系统面临的安全风险，从物理安全、边界安全、应用安全、数据安全、主机安全、网络安全、终端安全、密码管理、安全管理等方面进行防护。安全防护措施遵循 GB 36572—2018《电力监控系统网络安全防护导则》等行业相关系统安全等级保护要求和网络安全防护要求，主控系统安全防护方案整体布防结构如图 6-13 所示。其中，对互联网边界、移动应用安全、数据存储和传输安全、控制通道安全、移动终端安全进行重点安全防护。

网络边界包括管理大区与本地通信网的边界、互联网与本地通信网边界、本地通信网与感知控制网络的边界。管理大区与本地通信网的边界设置安全隔离装置，互联网与本地通信网的边界设置安全网闸，本地通信网与感知控制网络的边界采用数据加密、双向认证和 IP 绑定等策略，移动应用通过 Https 安全传输通道保障数据安交互。

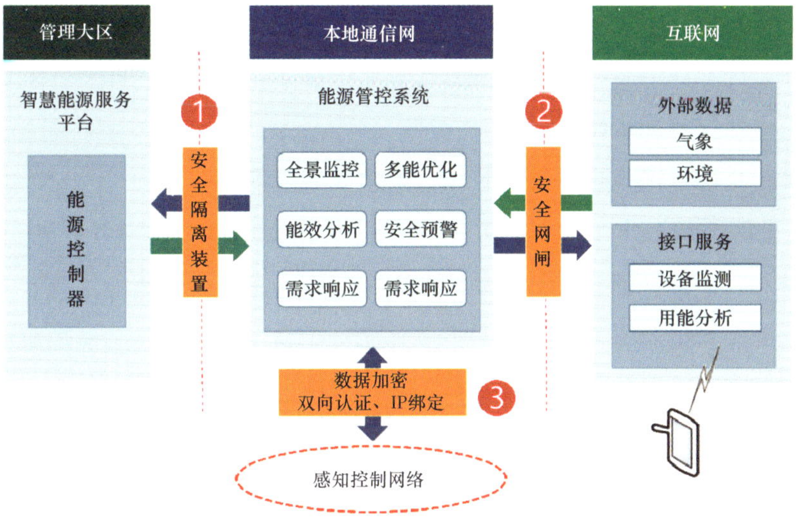

图 6-13　主控系统安全防护方案

6.2.5　与省级智慧能源服务平台接口

一、接入方式

NCPS2000 型智慧能源管控系统具备接入省级智慧能源服务平台的能力，可根据用户需求以及用户通信通道（光纤、公网、4G 等）实际情况开展对接。系统作为用户侧信息物理系统（cyber-physical systems，CPS）接入省级综合能源服务平台，如图 6-14 所示。

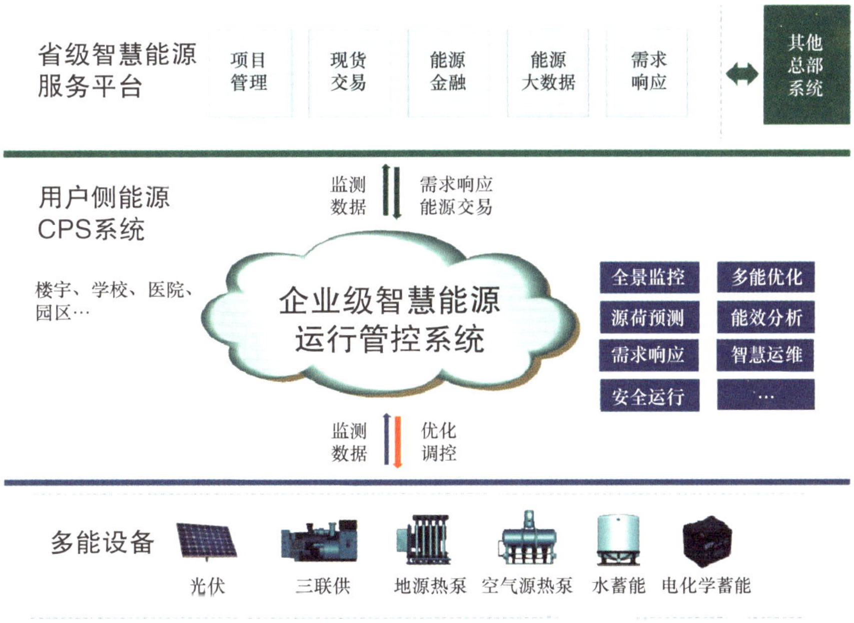

图 6-14　系统作为用户侧 CPS 接入省级综合能源服务平台

省级智慧能源服务平台（以下简称省级平台）由国家电网有限公司营销部牵头建设，通常部署于省电力公司数据中心，用于实现用户侧综合能源系统泛在接入，对接用能客户、能源服务商等多方主体，涵盖能效管理、需求响应、智能运维、项目管理、能源大数据、能源生态圈等业务。省级平台建设目标包括：

（1）通过客户用能监测、分析与优化，提升全社会能效。

（2）通过实施需求响应、多能互补等方式，实现柔性负荷控制，促进光伏、风电等新能源消纳。

（3）通过分布式电源全面接入、电动汽车有序充电、家庭智慧用能优化。

（4）支撑能源服务商和客户参与电力市场多品种交易，提升客户和能源服务商收益。

（5）支撑能源数据资产运营和共享服务，支撑“互联网+”智慧能源战略发展。

智慧能源集成管控系统作为用户侧能源 CPS，对上支撑省级智慧能源服务平台，向省级智慧能源服务平台上送用户侧 CPS 监测数据，接收需求响应指令，反馈需求响应执行结果；对下通过感知控制网络实现用户侧多能设备的感知、控制和管理，分析供用能设备监测数据，动态调整多能协同优化方案，下发物理设备的控制与调节指令。

二、交互数据

智慧综合能源集成管控系统经过安全接入网关与省级平台进行数据交互，如图 6–15 所示，支撑省级平台的能效管理、需求响应和用户侧新能源监控等业务需求。

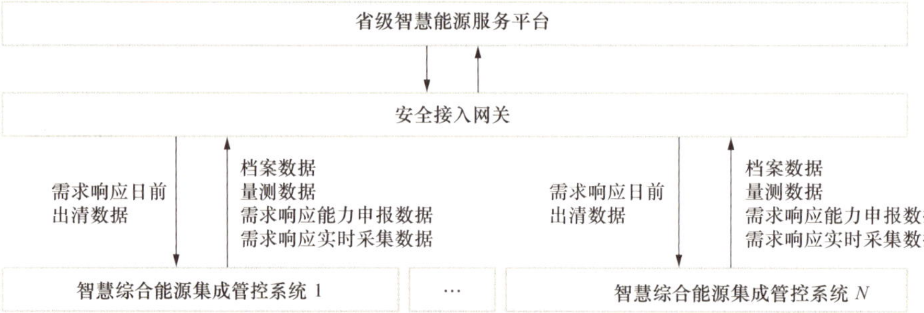

图 6–15　智慧综合能源集成管控系统与省级平台的数据交互

智慧综合能源集成管控系统与省级平台交互数据包括档案类数据、量测类数据和业务类数据。其中，档案类数据通过接口方式交互；量测类数据主要采用消息队列进行数据交换，一般由 JSON 格式的数据作为数据主体；业务类数据主要为需求响应能力申报数据、需求响应日前出清数据以及需求响应实时采集数据。

1. 档案类数据交互内容

档案类数据交互内容包含客户档案数据和设备档案数据。

（1）客户档案数据主要有：客户名称、客户类型、省编码、市编码、区编码、服务地址、企业信用代码、用电户号、合同容量、业务联系人、联系方式、客户编号、服务地址编号、接入号、开户行、账号、税号等。

（2）设备档案数据主要有：设备编号、设备名称、设备类型、上级设备编号、设备型号、接入号、生产厂家、出厂日期、投运日期、额定功率、额定电压、额定电流、额定容量、额定转换效率等。

2. 量测类数据交互内容

量测类数据交互内容包括光伏数据、中央空调主机数据、热泵数据和配电数据。

光伏数据主要有：交流电压、交流电流、功率因数、直流功率、日发电量、总运行时间等。

中央空调主机数据主要有：制冷量、有功功率、正向有功功率总电能、正向有功功率电能尖、正向有功功率电能峰、正向有功功率电能平、正向有功功率电能谷等。

热泵数据主要有：制热量、有效输入功率、正向有功功率总电能、正向有功功率电能尖、正向有功功率电能峰、正向有功功率电能平、正向有功功率电能谷等。

配电数据主要有：A 相电压、B 相电压、C 相电压、AB 线电压、BC 线电压、CA 线电压、A 相电流、B 相电流、C 相电流、频率、有功功率、无功功率、视在功率、功率因数、A 相有功功率、B 相有功功率、C 相有功功率、A 相无功功率、B 相无功功率、C 相无功功率、A 相视在功率、B 相视在功率、C 相视在功率、A 相功率因数、B 相功率因数、C 相功率因数、A 相电压偏差率、B 相电压偏差率、C 相电压偏差率、频率偏差率、A 相电压谐波总畸变率、B 相电压谐波总畸变率、C 相电压谐波总畸变率、A 相电流谐波总畸变率、B 相电流谐波总畸变率、C 相电流谐波总畸变率等。

3. 需求响应数据交互内容

需求响应主要指用户侧资源参与调度的调峰或调频服务类型的需求响应。

需求响应数据交互内容包括需求响应能力申报数据和需求响应日清出清数据。

（1）需求响应能力申报数据主要有：客户编号、响应数据、响应时段 1、可上调响应容量、可下调响应容量、价格、……、响应时段 96、可上调响应容量、可下调响应容量（kW）、价格、连续响应时长（分钟）、响应速度、调节速率、响应时间、调节精度等。

（2）需求响应日清出清数据主要有：客户编号、响应数据、响应时段 1、响应容量、响应时段 2、响应容量、……、响应时段 96、响应容量、出清价格等。

6.2.6　平台特点

NCPS 2000 型智慧能源运行管控系统的主控层，或简称为能源管控平台，具有以下特点：

1. 轻量化设计

轻量化设计指实现系统软硬件资源“轻量”；自研核心算法“轻量”；提供模型动态配置、可定制界面、可配置统计项等功能，支撑工程实施过程“轻量”。

2. 功能按需裁剪

功能按需裁剪指以用户需求为导向，功能可扩展、可剪裁，满足多样化应用场景服务多种能源客户，支撑 EPC、能源托管等多种商业模式、实现能源智慧利用。

3. 预测效果好

预测效果好指系统内置底层智能算法，可支撑针对机场、学校、医院等多场景预测的数据处理，提供供用能多预测周期精准预测，预测准确率达 90% 以上。

4. 采集能力强

采集能力强指系统具有多种规约类型数据采集能力，实现多表数据实时采集与存储，多能统计数据实时计算，百万级量测点数据采集能力，支撑实时数据 2~3s 刷新一次。

6.3 感知控制层

6.3.1 感知控制功能

感知控制层位于智慧综合能源系统的下层，主要由物联终端、通信管理机、感知控制装置、就地通信网络和现场设备 / 环境等感控对象组成。感知控制层组成示意图如图 6–16 所示。感控对象包含低电压配电系统、光伏发电系统、电储能系统、地源热泵及水蓄能系统、电动汽车充放电系统、冷热电三联供系统、智慧空调系统、智能用电系统、环境监测系统、智慧安防系统中的一个或多个子系统；就地通信网络把能源生产、传输、存储、消费等环节设备和环境的感控装置连接起来，实现电、气、热、水、环境等数据采集、加工、处理、上传，并根据上级系统指令执行相应的动作。

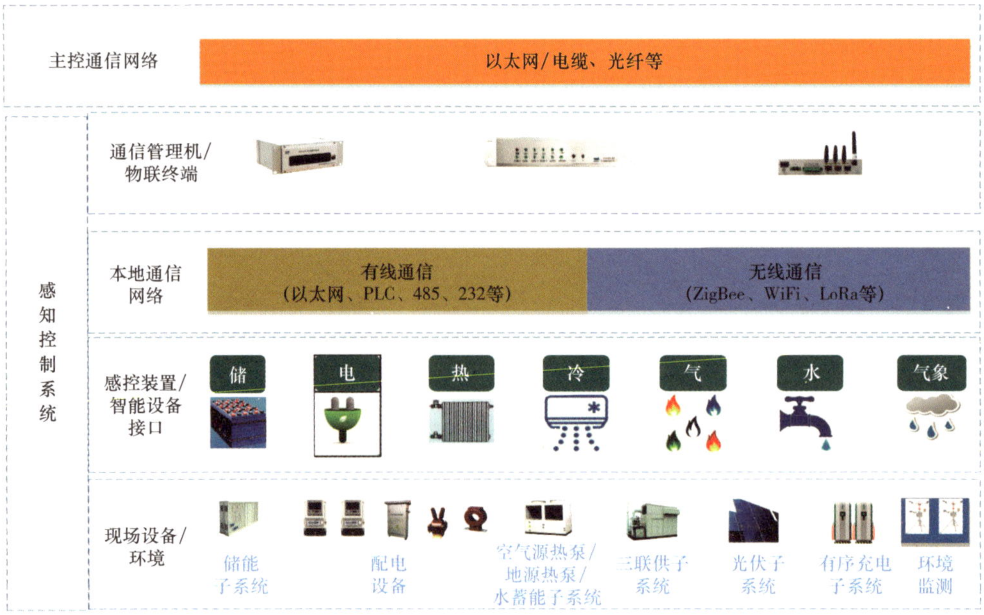

图 6–16　感知控制层组成示意图

感知控制层功能包括信息感知、智能控制两大部分。

1. 信息感知

信息感知实现园区能源信息及非能源信息的全面感知，为智慧能源管控系统提供全面数据支撑。能源信息是指水、电、气等各种能源输入、转化、存储、消费等各环节相关信息，如外部供电、燃气发电、储能系统充放电、各用电设备耗电等电信息，包括电压、电流、功率、电量、电能质量相关指标数据等；空调系统各环节水温、设备制冷制热信息等，是智慧能源系统实现分析、调控等功能的数据基础。非能源信息包括各子系统设备运行状态及环境状态信息，如开关阀门、各子系统工作状态、设备工况、环境温湿度等。感知控制层将采集到的异构数据根据需要以指定协议及通道将特定数据上送至上级系统。

2. 智能控制

智能控制分为直接控制和间接控制两种方式。

（1）直接控制。直接控制是指感知控制设备按设定的工作模式和策略进行自动就地调控，如电储能系统按设定时段、功率自动进行充放电，具备边缘计算功能的信息采集设备按设定策略就地协调各冷热源的投入顺序及功率控制等。

（2）间接控制。间接控制是指感知控制设备接受上层系统下方的控制指令并能按指令正确动作，一般流程为信息采集设备转发来自上级系统的控制信息给需要执行的子系统或设备，子系统或设备解析控制命令并执行相应的动作。

同时具备两种控制功能的感知控制系统执行控制的优先级视具体情况确定，不做强制约定。

6.3.2 就地异构通信

就地异构通信是感知控制层各类终端主设备、子系统与感控设备、感知汇集单元、通信管理机之间的通信，实现不同类型传感数据的接入、汇集、规约转换、数据上送功能。结合项目施工及运维工作需求，可采用有线结合无线的方式，有线网络包括以太网、RS485、RS23、CAN 等；无线网络多适用于低功耗传感器接入，一般为微功率 Zigbee、LoRa 等。

智慧综合能源系统具有设备类型多、通信方式复杂、规约个性化等特点，为了便于主控系统的信息采集、处理，必须在感知控制层中解决网络异构问题，将不同通信方式设备、不同通信规约数据就地组网完成通信网络、数据归一化转换。就地异构通信示例如图 6-17 所示。

图 6-17 中包含了智慧综合能源系统中涉及的主要部分，在本文中以子系统方式分类，就地通信包括 RS485 以太网光纤网络等有线方式和 Zigbee、LoRa、Wi-Fi 等无线方式。具体应用举例说明如下：

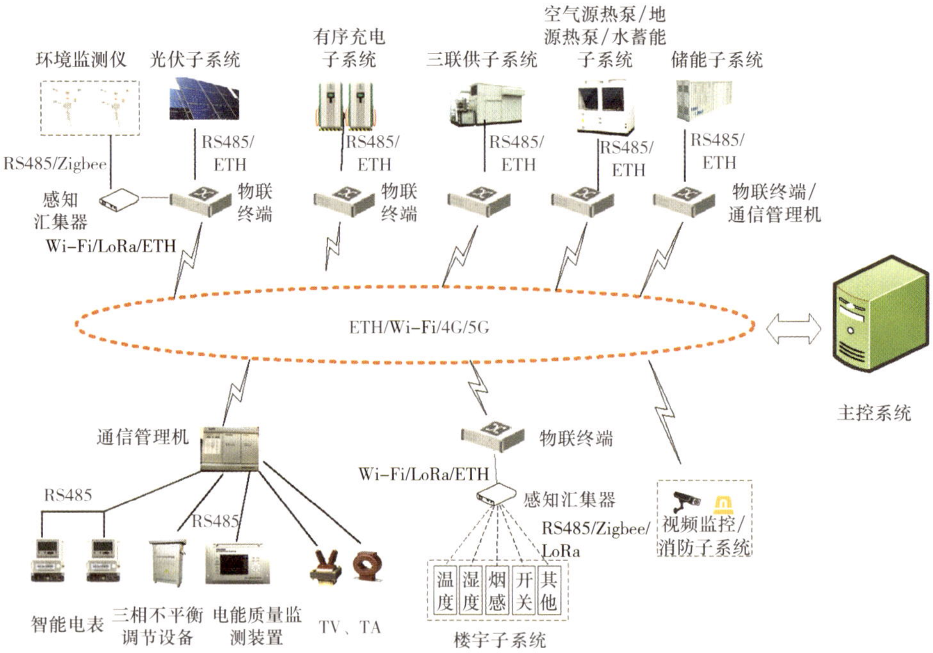

图 6-17　感知控制层就地异构通信示例图

燃气三联供子系统、空气源热泵子系统、地源热泵子系统、储能子系统及配电子系统中的电能质量监测装置等对数据可靠性、时效要求高或者数据量比较大，采用有线以太网方式，经过通信管理机完成信息接入并将信息送至主控层。

有序充放电，光伏系统，智能电表、燃气流量计、水表等仪表的信息接入多采用 RS485 的通信方式，经过通信管理机或物联终端完成信息接入并将信息送至主控层。

空调控制器、温湿度等传感器采用 ZigBee、LoRa 等无线方式与感知汇集器完成通信组网，实现信息采集汇聚并将信息送至物联终端或直接送至主控层。

就地通信网络接入设备及通信协议依具体工程要求种类较多，区别较大。通信管理机、物联终端和感知汇集器各自支持多种通信协议，可实现不同场景下各种不同类型设备的灵活接入。

1. 通信管理机

为方便叙述，以 NSC2200E 型通信管理机为例介绍。NSC2200E 型通信管理机外观如图 6-18 所示。NSC2200E 广泛应用于综合能源管控系统、中低电压变电站监控系统、发电厂网控系统、发电厂厂用电系统，也可应用于石化、钢铁、煤矿等自动化系统的通信管理单元。通信管理机配置灵活，具有很强的适用性，可以适用于不同规模、不同要求的自动化系统。

NSC2200E 作为通信管理机，对下与各类信息采集、智能设备采用双以太网通信或 RS232/485 通信，对上与主控系统/后台等采用独立的以太网连接；通信协议支持 IEC103/101/104/IEC61850 等国际协议，支持国内常见的各种规约，并且可以进行扩充；通信方式支持串口 RS232、总线 RS485、现场总线和以太网（TCP/UDP）。

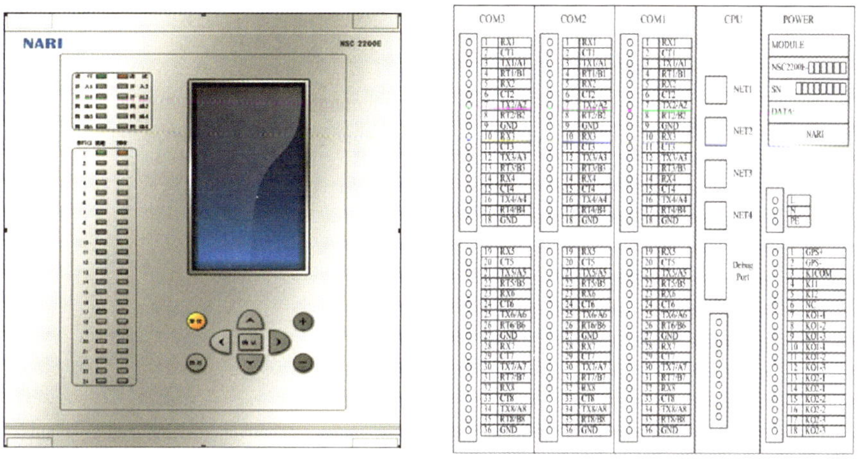

（a）　　　　（b）

图 6-18　NSC2200E 型通信管理机外观

（a）前面板；（b）后面板

NSC2200E 型通信管理机具有友好的设置界面，可以针对不同的工程进行灵活设置，满足不同需要；具有监视界面，可以实时监视系统的运行，查看各种状态。通过装置上的液晶显示可以简单查看运行信息与状态。NSC2200E 型通信管理机主要特点有：

（1）多 CPU 结构，强大的处理能力，丰富的资源。

（2）可靠、经济、有效的设计。

（3）灵活多样的通信配置。

（4）支持网络方式与主计算机通信。

（5）每一通信接口都可灵活选择各种通信协议。

（6）功能强大的使用维护工具，细致的信息提示，多种维护和监测手段。

（7）信息合成。

（8）支持顺序控制功能。

关键性能参数如下：

（1）CPU 型号：PowerPC 8377。

（2）Flash 容量：128 M Bytes（可扩展）。

（3）内存容量：256 M Bytes。

（4）EEPROM 容量：8 Kbytes。

（5）硬件看门狗：可打开或关闭。

（6）串口：最多支持 24 个 RS232/RS485 接口。

（7）ProfibusDP：最多支持 2 个 Profibus DP 接口。

（8）以太网接口：4~6 个，10/100 M 自适应，最多两个光纤单模 / 多模光口。

（9）调试口：1 个。

（10）设置口：CPU，接口类型 DB9。

（11）插板：有 3 个通信模板接口。

（12）指示灯：串口灯 24 个，运行灯 1 个，调试灯 1 个，4~6 个网络口灯。

（13）512 M USB Flash Disk。

（14）液晶显示：240 × 128。

（15）输出节点：2 路。

（16）输入节点：2 路。

（17）电压：85~265 VAC/90~375 VDC。

（18）功耗：1700 mA，5 V。

2. 物联终端

以某型号物联终端为例说明，该物联终端可实现能源设备和机房、配电室、办公环境等信息接入，具备一定的边缘自治能力，主要功能配置如下。

（1）数据采集功能：包括接入设备数据采集，状态量采集，可选交流模拟量采集。

（2）数据处理功能：包括数据冻结，数据统计，数据压缩，自治应用。

（3）通信接口：包括 2 个标准以太网，用于与主站通信、与本地电气设备通信；1 路 Wi-Fi 用于与主站通信、手机 App 维护；6 个 RS485/232 接口与各类传感器通信，与 PLC 等控制器通信；LoRa 通信、4G（5G）模块 /NB-IOT、HPLC 宽带电力载波通信模块可选。

（4）通信协议：支持 IEC 104、MQTT 协议与主控系统通信，Modbus 等协议与设备通信，规约协议可扩充。

3. 感知汇集器

以某型号感知汇集器为例说明。汇集器集成了 ZigBee、Wi-Fi、以太网、RS485 等通信方式与外界通信，可外接 220 V 交流电源直接工作；通过 ZigBee、LoRa 无线通信和 RS485/232 通信方式汇集各种外部传感器数据，集成 3 路 485、1 路 WAN 接口和 1 路 LAN 接口；汇集器与外部传感器采用 ZigBee、LoRa 无线方式和 485 有线方式进行数据交互；汇集器之间可通过 Wi-Fi 自组网方式实现数据交流，系统上电可自动组建网络拓扑，确保数据通过多路径传输到终点，提高系统抗干扰能力，延长数据传输半径。感知汇集器关键技术参数如下。

（1）通信功能：2.4G Wi-Fi 无线接口，支持 802.11b/g/n 三种通信协议，100 M WAN/LAN 有线接口。

（2）ZigBee 发射功率：3~5 dbm。

（3）ZigBee 灵敏度：−95~−100 dbm。

（4）ZigBee 频偏：−20~40 kHz。

（5）LoRa 模块：发射电流 120 mA（发射功率 18 dBm）。

（6）发射功率可调：5~18 dBm。

（7）接收灵敏度：−121 dBm（8kbit/s），−132 dBm（1kbit/s）。

（8）最大传输速率：37.5 kbit/s（LoRa）。

（9）频率范围：400~525 MHz。

6.4 运行控制关键技术

智慧综合能源的运行控制，本质上是对多能互补微型能源互联网的运行控制，具有设备种类较多、运行模式多样、控制灵活度高、运行调控问题突出的特点，具体包括：

（1）设备种类较多，且特性差异较大。电源设备包括光伏、风力发电机、内燃机等，冷热源设备包括地源热泵、空气源热泵、小型锅炉等；微能网内电源接口既有同步发电机，也有异步发电机和大量电力电子装置，电源与冷热源之间还存在紧密的耦合关系，不同类型设备的运行时间尺度差异大，因此对于微能网的分析要比传统大电网复杂很多。

（2）运行模式多样，控制灵活度高。微能网既可与大电网并网运行，也可在大电网故障或其他特殊需求时脱离大电网独立运行，因此存在并网、孤网及两者之间的切换多种运行模式。微能网中的大部分电源都是通过电力电子装置并网的，电力电子装置的控制策略比较灵活，调节策略丰富，控制灵活度高。

（3）运行调控问题突出，涉及面广。在微能网运行过程中，需要考虑电源控制、电能质量、微能网不同运行模式之间的平滑过渡、微能网的并网控制和孤网控制、能量管理、运行方式优化、保护等诸多问题。

由于微能网具有上述特点，智慧综合能源系统运行控制策略是否合理直接影响能源系统经济性、安全性、能源利用效率和环保性。下面以光伏、电储能、内燃机、热泵系统、水蓄能等冷、热、电、气等多种能源系统为例，进行设备建模、运行控制策略、评价指标、求解方法的研究，实现降低企业能源运行成本、提高系统综合能源利用率与节能率、减少二氧化碳排放，充分发挥综合能源系统优越性与先进性。

6.4.1 设备建模

典型的智慧综合能源系统包含源、网、荷、储等多个环节，外部能源输入形式包括风、光、电、气、热等，终端需求的能源形式包括电、气、热、冷等。系统内不同形式的能源网络转化传输不同类型的能源。综合能源系统结构图如图 6–19 所示。系统中的典型设备包括燃气发电机组、吸收式制冷热机组、电制冷机组、可再生能源发电设备等，此外还包含不同形式的

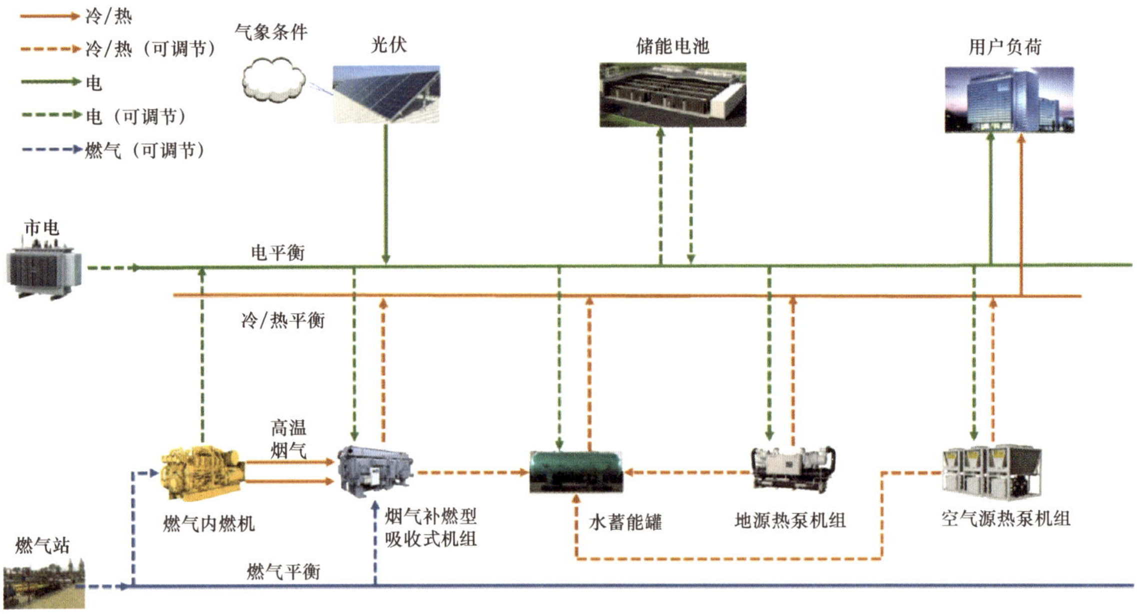

图 6-19　综合能源系统结构图

储能装置，用以调节能量的时空分配。

多能系统中涉及电 - 冷、气 - 冷 / 热、气 - 电之间的能量转换，耦合过程较为复杂。为找到满足目标函数的最优运行方案，需要从单个设备层面和系统层面建立数学模型，以构造最优化问题并求解。

1. 燃气三联供系统

燃气三联共包含燃气内燃机、烟气补燃型溴化锂机组两个设备。为了简化模型，设溴化锂机组由内燃机烟气作为动力产生的制冷量与内燃机的发电功率比值为定值λ，补燃产生的冷量单独计算。因此三联共有两种连续变量$P_{e,gg}^{i}$和$P_{c,sup}^{i}$，分别表示燃气内燃机发电功率和溴化锂机组补燃制冷功率；两种布尔变量$b_{e,gg}^{i}$和$b_{c,sup}^{i}$，分别表示燃气内燃机和溴化锂机组补燃模式的工作状态，其中 0 表示不工作，1 表示工作。约束条件如式（6–1）所示。

$$
\begin{aligned}
b_{e,gg}^{i}P_{e,gg}^{\min} \leqslant P_{e,gg}^{i} \leqslant b_{e,gg}^{i}P_{e,gg}^{\max} \\
b_{c,sup}^{i}P_{c,sup}^{\min} \leqslant P_{c,sup}^{i} \leqslant b_{c,sup}^{i}P_{c,sup}^{\max} \\
P_{c,lbac}^{i} \leqslant \lambda P_{e,gg}^{i} + P_{c,sup}^{i} \\
P_{g,cchp}^{i} = 3.6e6 \times t\left(P_{e,gg}^{i} / q_{gas}\eta_{gg}\right) + \eta_{s2g}P_{c,sup}^{i}
\end{aligned}
\tag{6-1}
$$

式中　i　——单位时间段索引，满足$i \in \{0,1,\ldots,T-1\}$；

$P_{e,gg}^{\min}$——发电机的最小发电功率；

$P_{e,gg}^{\max}$——发电机的最大发电功率；

$P_{c,sup}^{\min}$——溴化锂机组最小补燃制冷功率；

$P_{c,sup}^{\max}$——溴化锂机组最大补燃制冷功率；

$P^i_{c,lbac}$——溴化锂机组总制冷功率；

t ——单个标准时间段长度；

q_{gas} ——天然气低位热值；

η_{gg} ——燃气发电效率；

η_{s2g} ——溴化锂机组补燃燃气转化效率；

$P^i_{g,cchp}$——三联供系统总耗气速度。

2. 储能电池

由于太阳能、风能等受气候影响，输出功率具有波动性、间歇性、不稳定性的特点，外加用户负载需求的波动，发电系统在运行中将有不稳定的波动，引入储能设备可以快速高效地平衡功率差额，以保障发电系统的可靠性。

储能电池设置两种变量 $P^i_{e,bes,ch}$ 和 $P^i_{e,bes,dis}$ 分别表示充电功率、放电功率；两种布尔变量 $b^i_{e,bes,ch}$ 和 $b^i_{e,bes,dis}$，分别表示充电状态、放电状态。设备运行约束如式（6–2）所示。

$$\begin{gathered}
b^i_{e,bes,ch}P^{min}_{e,bes,ch} \leqslant P^i_{e,bes,ch} \leqslant b^i_{e,bes,ch}P^{max}_{e,bes,ch} \\
b^i_{e,bes,dis}P^{min}_{e,bes,dis} \leqslant P^i_{e,bes,dis} \leqslant b^i_{e,bes,dis}P^{max}_{e,bes,dis} \\
P^i_{e,bes} = -P^i_{e,bes,ch} + P^i_{e,bes,dis} \\
b^i_{e,bes,ch} + b^i_{e,bes,dis} \leqslant 1 \\
SOC^i_{bes} = SOC^{i-1}_{bes} + \left(\eta_{bes,ch}P^i_{e,bes,ch} - P^i_{e,bes,dis}/\eta_{bes,dis}\right)t/E_{bes,max} \\
SOC^{min}_{bes} \leqslant SOC^i_{bes} \leqslant SOC^{max}_{bes}
\end{gathered} \tag{6–2}$$

式中 t ——单位时间段的长度；

$P^{min}_{e,bes,ch}$ ——最小充电功率；

$P^{max}_{e,bes,ch}$ ——最大充电功率；

$P^{min}_{e,bes,dis}$ ——最小放电功率；

$P^{max}_{e,bes,dis}$ ——最大放电功率；

$P^i_{e,bes}$ ——储能电池的充放电功率，充电为负，放电为正；

SOC^i_{bes} ——储能电池的荷电状态；

SOC^{min}_{bes}——荷电状态最小值；

SOC^{max}_{bes}——荷电状态最大值；

$\eta_{bes,ch}$ ——储能电池的充电效率；

$\eta_{bes,dis}$ ——储能电池的放电效率。

3. 地源热泵系统

地源热泵是以岩土体、地下水或地表水为低温热源，由水源热泵机组、换热系统等组成的供热系统。地源热泵取制冷功率 $P^i_{c,gshp}$ 为连续变量，工作状态 $b^i_{c,gshp}$ 为布尔变量，约束如式（6–3）所示。

$$
\begin{aligned}
b_{\mathrm{c,gshp}}^{i} P_{\mathrm{c,gshp}}^{\min} \leqslant P_{\mathrm{c,gshp}}^{i} \leqslant b_{\mathrm{c,gshp}}^{i} P_{\mathrm{c,gshp}}^{\max} \\
P_{\mathrm{e,gshp}}^{i} = P_{\mathrm{c,gshp}}^{i} / COP_{\mathrm{gshp}}
\end{aligned}
\tag{6-3}
$$

式中 $P_{\mathrm{c,gshp}}^{\min}$ ——地源热泵最小制冷功率；

$P_{\mathrm{c,gshp}}^{\max}$ ——地源热泵最大制冷功率；

COP_{gshp}——地源热泵能效系数；

$P_{\mathrm{e,gshp}}^{i}$ ——地源热泵耗电功率。

4. 空气源热泵系统

空气源热泵是以一种空气为低温热源，采用逆卡诺循环原理的供热装置。空气源热泵取制冷功率 $P_{\mathrm{c,ashp}}^{i}$ 为连续变量，工作状态 $b_{\mathrm{c,ashp}}^{i}$ 为布尔变量，约束如式（6–4）所示。

$$
\begin{aligned}
b_{\mathrm{c,ashp}}^{i} P_{\mathrm{c,ashp}}^{\min} \leqslant P_{\mathrm{c,ashp}}^{i} \leqslant b_{\mathrm{c,ashp}}^{i} P_{\mathrm{c,ashp}}^{\max} \\
P_{\mathrm{e,ashp}}^{i} = P_{\mathrm{c,ashp}}^{i} / COP_{\mathrm{ashp}}
\end{aligned}
\tag{6-4}
$$

式中 $P_{\mathrm{c,ashp}}^{\min}$ ——空气源热泵最大制冷功率；

$P_{\mathrm{c,ashp}}^{\max}$ ——空气源热泵最大制冷功率；

COP_{ashp}——空气源热泵能效系数；

$P_{\mathrm{e,ashp}}^{i}$ ——空气源热泵耗电功率。

5. 水蓄能系统

由于水具有较大比热容，可以利用水的显热来实现冷 / 热量储存。水蓄能系统取充冷功率 $P_{\mathrm{c,ws,ch}}^{i}$ 和放冷功率 $P_{\mathrm{c,ws,dis}}^{i}$ 为连续变量；充冷状态 $b_{\mathrm{c,ws,ch}}^{i}$ 和放冷状态 $b_{\mathrm{c,ws,dis}}^{i}$ 为布尔变量，设备运行约束如式（6–5）所示。

$$
\begin{aligned}
b_{\mathrm{c,ws,ch}}^{i} P_{\mathrm{c,ws,ch}}^{\min} \leqslant P_{\mathrm{c,ws,ch}}^{i} \leqslant b_{\mathrm{c,ws,ch}}^{i} P_{\mathrm{c,ws,ch}}^{\max} \\
b_{\mathrm{c,ws,dis}}^{i} P_{\mathrm{c,ws,dis}}^{\min} \leqslant P_{\mathrm{c,ws,dis}}^{i} \leqslant b_{\mathrm{c,ws,dis}}^{i} P_{\mathrm{c,ws,dis}}^{\max} \\
b_{\mathrm{c,ws,ch}}^{i} + b_{\mathrm{c,ws,dis}}^{i} \leqslant 1 \\
P_{\mathrm{c,ws}}^{i} = P_{\mathrm{c,ws,dis}}^{i} - P_{\mathrm{c,ws,ch}}^{i} \\
P_{\mathrm{e,ws}}^{i} = \beta \left(P_{\mathrm{c,ws,dis}}^{i} + P_{\mathrm{c,ws,ch}}^{i} \right) \\
SOC_{\mathrm{ws}}^{i} = SOC_{\mathrm{ws}}^{i-1} + \left(\eta_{\mathrm{ws,ch}} P_{\mathrm{c,ws,ch}}^{i} - P_{\mathrm{c,ws,dis}}^{i} / \eta_{\mathrm{ws,dis}} \right) / E_{\mathrm{ws,max}} \\
SOC_{\mathrm{ws}}^{\min} \leqslant SOC_{\mathrm{ws}}^{i} \leqslant SOC_{\mathrm{ws}}^{\max}
\end{aligned}
\tag{6-5}
$$

式中 $P_{\mathrm{c,ws,ch}}^{\min}$ ——最小充冷功率；

$P_{\mathrm{c,ws,ch}}^{\max}$ ——最大充冷功率；

$P_{\mathrm{c,ws,dis}}^{\min}$ ——最小放冷功率；

$P_{\mathrm{c,ws,dis}}^{\max}$ ——最大放冷功率；

$P_{\mathrm{c,ws}}^{i}$ ——水蓄能系统的充放冷功率，充冷为负，放冷为正；

$P_{\mathrm{e,ws}}^{i}$ ——水蓄能系统的耗电量；

β ——水蓄能系统耗电功率与充放冷功率之比；

SOC_{ws}^{i} ——水蓄能系统的荷能状态；

SOC_{ws}^{min}——荷能状态最小值；

SOC_{ws}^{max}——荷能状态最大值；

$\eta_{ws,ch}$——水蓄能的充能效率；

$\eta_{ws,dis}$——水蓄能的放能效率。

6. 市电

市电即从电网采购的电量，市电功率受到变压器容量的限制，不能无限大。目前分布式发电上网需要受到诸多条件的限制，宜采用并网不上网的方式，即不向电网售电，因此市电功率有上下限约束，如式（6-6）所示。

$$b_{e,grid}^{i} P_{e,grid}^{min} \leqslant P_{e,grid}^{i} \leqslant b_{e,grid}^{i} P_{e,grid}^{max} \tag{6-6}$$

式中 $P_{e,grid}^{min}$——购电功率最小值；

$P_{e,grid}^{max}$——购电功率最大值；

$b_{e,grid}^{i}$——购电状态。

6.4.2 优化控制

微能网优化运行控制系统相当于微能网的指挥中心，对微能网运行过程进行实时监控、调度和管理，其目标是使微能网对内能够协调电源、冷热源和负荷，对外能够为大电网提供辅助服务。本系统采用大数据分析、人工智能等算法，实现微能网系统的优化调度，在精准的光伏出力预测、负荷预测等数据基础上，采用优化算法，对系统内的电源、冷热源、负荷进行优化调度。下面分别介绍源荷预测算法和优化算法。

一、源荷预测算法

基于多元数据驱动的源荷预测算法主要包括特征工程与模型构建两个主要部分。基于多元数据驱动的源荷预测算法如图 6-20 所示。

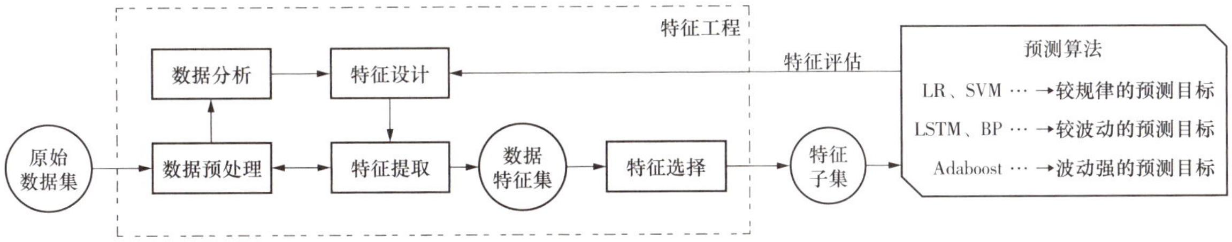

图 6-20 基于多元数据驱动的源荷预测算法

在图 6-20 中，特征工程是将原始数据转换成用于训练的特征集合，使算法达到最佳的性能。特征工程主要包括数据预处理、特征分析与设计、特征提取、特征选择等部分。首先需要对数据进行异常点识别、缺失值处理、无量纲化等预处理操作；随后，基于探索性数据分析

（exploratory data analysis，EDA）技术进行特征的理解与表达，提取得到其统计特征、时间特征、组合特征等一系列可能包含有效信息的特征项放入候选特征集合中；基于相关系数、卡方检验、正则化、随机森林等算法从候选集合中筛选出最优的特征子集用于后续的模型构建。

将特征工程模块得到的特征喂入算法模型中，进行预测模型构建。在算法的选择上，需要考虑数据及各个特征项的特性，选择合适的算法。例如，若最终的特征子集中存在光照强度等随机性很强的特征项，则考虑使用 LSTM、Adaboost 等更加复杂的算法进行构建；若预测目标及其特征项的变化都较为规律，则可以考虑使用 LR、SVM 等较为简单的算法进行构建。

以某 10.5 kW 光伏电站的实测数据做算例分析。数据采样间隔为 5min，包括数值天气预报数据及光伏出力数据。选取 2014 年 1 月 ~2015 年 6 月的历史数据作为训练数据，用于预测模型的建立；选取 2015 年 7~12 月的数据作为测试数据，检验所建模型的精度。

1. 评估指标

为了评估预测的性能，设置均方根误差 y_{RMSE} 作为评估指标，具体如式（6–7）所示。

$$y_{\mathrm{RMSE}}=\sqrt{\frac{\sum_{i=1}^{n}\left[X_{\mathrm{act}}(i)-X_{\mathrm{pred}}(i)\right]^{2}}{n}} \tag{6–7}$$

式中 n ——预测总次数；

$X_{\mathrm{act}}(i)$ ——i 时刻的光伏出力功率真实值；

$X_{\mathrm{pred}}(i)$ ——i 时刻的光伏出力功率预测值。

均方根误差对数据中极大值、极小值较为敏感，能够较好地反映预测模型的误差分散程度，体现拟合的精确度。数值越接近于 0，说明模型拟合效果越好。

2. 数据预处理

采集的量测数据等由于通信错误或者丢失，往往存在一定的错误或异常数据。如果某特征中存在明显偏离其他样本的数值，可能会对数据分析模型造成误差。

统计学中，异常值指一组观测值中与均值偏差超过两倍标准差的测定值。四分位法是筛选异常值的通用方法，其核心是四分位数，指对样本排序后将数据等分为四份的界限值。理想情况下数据的最值如式（6–8）~ 式（6–11）所示，超出最值的部分即可视为异常值，需要将其替换为对应的最值。

$$\min = Q_1 - k \times IQR \tag{6–8}$$

$$\max = Q_3 - k \times IQR \tag{6–9}$$

$$IQR = Q_3 - Q_1 \tag{6–10}$$

$$Q_i = L_i + \left(\sum_i f - S_{Qi-1}\right) / f_i \times d_i \tag{6-11}$$

式中 Q_1 ——下四分位数；

Q_3 ——上四分位数；

IQR ——四分位距；

k ——一般取 1.5；

L_i ——Q_i 所在组的下限；

f_i ——Q_i 所在组的次数；

d_i ——Q_i 所在组的组距；

S_{Qi-1} ——Q_i 所在组前一组的累计次数；

$\sum_i f$——总次数。

无量纲化。各项数据均存在实际含义，具有不同的量纲以及量纲单位。这导致各项数据指标之间的可比性较低。若对这些数据直接进行模型训练，必然会影响实验精度。因此，在经过数据异常值的修正处理后，实验采用区间缩放法对数据进行归一化处理。利用式（6–12）和式（6–13）对修正后的数据进行归一化与反归一化。

$$x' = \frac{x - \min}{\max - \min} \tag{6-12}$$

$$x = \min + x'(\max - \min) \tag{6-13}$$

式中 x ——数据项在原始量纲及量纲单位下的值；

x' ——无量纲化处理后的值；

min——数据项的最大值；

max——数据项的最小值。

通过归一化处理，可以对数据进行简单的线性变换，将结果值映射到［0，1］区间而不改变数据的相对位置。但如果后续有新的数据加入，则可能会导致最大值、最小值发生变化，使得归一化结果不稳定。考虑到正常情况下中，这些数据均存在较为确定的范围，因此它们的最大值、最小值均使用经验常量值。例如，实验数据来源于某 10.5 kW 光伏电站，发电功率范围应为 0~10.5 kW；结合其所处的地理位置，温度范围应为 –10~50℃等等。

3. 结果分析

结果分析指分别利用原始特征合集、特征工程构造的特征子集，基于 SVM 模型、LSTM 网络模型，进行光伏出力预测模型的构建与学习。对 2015 年 7~12 月连续进行日前短期光伏出力预测。实验结果显示，本文基于特征工程构建的光伏出力特征集合能够对模型精度带来显著的提升。

不同模型预测误差 RMSE 比较见表 6–3。

表 6-3　　不同模型预测误差 RMSE 比较

方法	y_{RMSE}（kW）
SVM+ 原始特征	0.73
LSTM+ 原始特征	0.54
SVM+ 特征工程	0.21
LSTM+ 特征工程	0.13

由表 6-3 可以看出，在特征组合相同的情况下，LSTM 模型拟合效果要优于 SVM 模型，这主要是由于 LSTM 模型的结构更加适用于此次实验数据。与此同时，基于特征工程所构建的特征集合能够明显提升模型的预测结果。说明该特征集合能够很好地表达光伏出力功率的变化规律。

如图 6-21 所示为各个方法预测与实际值曲线对比图。从图 6-21 中可以看出 4 种方法对未来 96 点的光伏出力功率预测均有较好的结果；而基于特征工程与 LSTM 的光伏出力预测方法所得到的光伏出力预测曲线精确度最高，与实际曲线变化趋势基本一致。

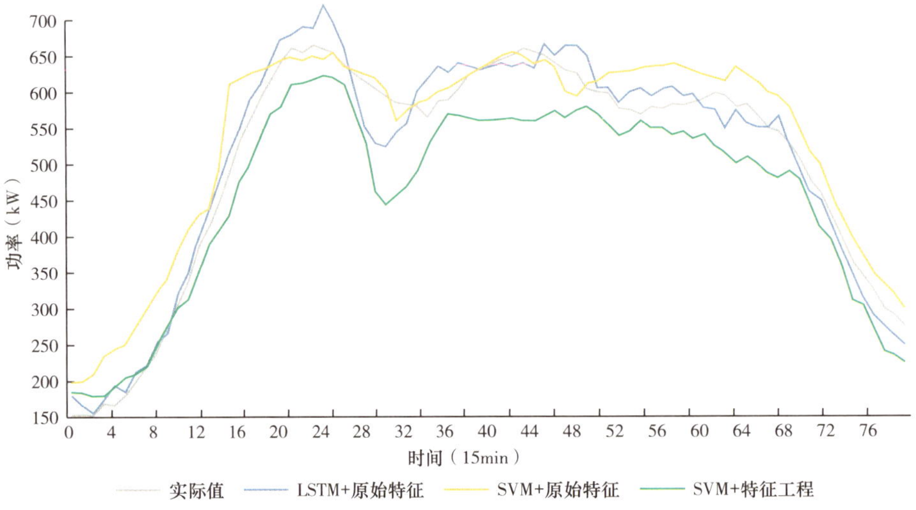

图 6-21　预测值曲线与实际值曲线对比图

二、多能优化算法

综合能源系统存在多种能流之间的耦合及转换关系，可以利用这种耦合特性合理安排设备或机组出力实现预期运行目标的最大化。系统的优化目标主要有经济性、节能性、环保性等方面，不同的目标选择会得到不同的系统运行方式。

1. 优化目标

（1）经济性。经济性是促进客户侧多能系统发展的直接驱动力。计算成本时暂不考虑设备的初始投资成本和折旧费用，以系统正常运行时的成本最少作为优化目标，即购电费用和购气费用最小。运行成本函数如式（6–14）所示。

$$f_1(\boldsymbol{x})=\boldsymbol{p}_{\mathrm{e}}^{\mathrm{T}}\boldsymbol{P}_{\mathrm{e}}(\boldsymbol{x})+P_{\mathrm{g}}\boldsymbol{p}_{\mathrm{g}}(\boldsymbol{x}) \tag{6–14}$$

式中 $\boldsymbol{x}$ ——决策变量，该变量为向量；

$\boldsymbol{p}_{\mathrm{e}}^{\mathrm{T}}$ ——分时电价，该变量为向量；

$\boldsymbol{p}_{\mathrm{e}}(\boldsymbol{x})$——购电量，该变量为向量；

$\boldsymbol{p}_{\mathrm{g}}(\boldsymbol{x})$——购气量；

P_{g} ——天然气价格；

$f_1(\boldsymbol{x})$——控制时间内的运行成本。

（2）节能性。节能性是国家能源生产和消费革命战略关注重点之一。其实际意义在于，满足同样的能量需求下，系统所消耗的能源资源较少。以消耗系统外能源折合成标准煤最少为优化目标，函数表达如式（6–15）所示。

$$f_2(\boldsymbol{x})=\alpha_{\mathrm{e2coal}}\left\|\boldsymbol{P}_{\mathrm{e}}(\boldsymbol{x})\right\|_1+\alpha_{\mathrm{g2coal}}\boldsymbol{P}_{\mathrm{g}}(\boldsymbol{x}) \tag{6–15}$$

式中 α_{e2coal} ——等价电力折合标准煤况系数；

α_{g2coal} ——当量天然气折合标准煤况系数；

$\boldsymbol{P}_{\mathrm{e}}(\boldsymbol{x})$——购电量，该变量为向量；

$\boldsymbol{P}_{\mathrm{g}}(\boldsymbol{x})$——购气量。

电力不属于一次能源，因此折标系数采用等价值。

（3）环保性。环保性考虑了能源利用对气候变化的影响。为促进实现《巴黎协定》中全球气温上升控制在2℃以内的目标，二氧化碳的排放量最为关键。以消耗系统外能源折合成二氧化碳排放最少为优化目标，函数表达如式（6–16）所示。

$$f_3(\boldsymbol{x})=\alpha_{\mathrm{e2CO_2}}\left\|\boldsymbol{P}_{\mathrm{e}}(\boldsymbol{x})\right\|_1+\alpha_{\mathrm{g2CO_2}}\boldsymbol{P}_{\mathrm{g}}(\boldsymbol{x}) \tag{6–16}$$

式中 $\alpha_{\mathrm{e2CO_2}}$ ——电力折合二氧化碳排放量系数；

$\alpha_{\mathrm{g2CO_2}}$ ——天然气折合二氧化碳排放量系数；

$\boldsymbol{P}_{\mathrm{e}}(\boldsymbol{x})$——购电量，该变量为向量；

$\boldsymbol{P}_{\mathrm{g}}(\boldsymbol{x})$——购气量。

2. 变量及约束条件

系统的整体约束条件包含3个平衡关系，分别为电平衡约束、冷/热平衡约束、气平衡约束。

电平衡约束指系统内电能的生产和消耗必须时刻保持平衡，函数表达如式（6–17）所示。

$$0=P_{\mathrm{e,bes}}^{i}+P_{\mathrm{e,gg}}^{i}+P_{\mathrm{e,pv}}^{i}+P_{\mathrm{e,grid}}^{i}+P_{\mathrm{e,gshp}}^{i}+P_{\mathrm{e,ashp}}^{i}+P_{\mathrm{e,ws}}^{i}+P_{\mathrm{e,laod}}^{i} \tag{6–17}$$

式中 $P_{\mathrm{e,bes}}^{i}$——储能电池充/放电功率，其中发电为正，耗电为负；

$P_{\mathrm{e,gg}}^{i}$——燃气发电机发电功率，其中发电为正，耗电为负；

$P_{\mathrm{e,pv}}^{i}$——光伏发电功率，其中发电为正，耗电为负；

$P_{\mathrm{e,grid}}^{i}$——电网购电功率，其中发电为正，耗电为负；

$P_{\mathrm{e,gshp}}^{i}$——地源热泵耗电功率，其中发电为正，耗电为负；

$P_{\mathrm{e,ashp}}^{i}$——空气源热泵耗电功率，其中发电为正，耗电为负；

$P_{\mathrm{e,ws}}^{i}$——水蓄能系统耗电功率，其中发电为正，耗电为负；

$P_{\mathrm{e,laod}}^{i}$——用户电负荷，其中发电为正，耗电为负。

为满足用户冷负荷需求，需要添加冷平衡约束，如式（6–18）所示。

$$0 = P_{\mathrm{c,lbac}}^{i} + P_{\mathrm{c,gshp}}^{i} + P_{\mathrm{c,ashp}}^{i} + P_{\mathrm{c,ws}}^{i} + P_{\mathrm{c,load}}^{i} \tag{6-18}$$

式中 $P_{\mathrm{c,lbac}}^{i}$——溴化锂机组制冷功率，其中制冷为正，耗冷为负；

$P_{\mathrm{c,gshp}}^{i}$——地源热泵制冷功率，其中制冷为正，耗冷为负；

$P_{\mathrm{c,ashp}}^{i}$——空气源热泵制冷功率，其中制冷为正，耗冷为负；

$P_{\mathrm{c,ws}}^{i}$——水蓄能系统充放能功率，其中制冷为正，耗冷为负；

$P_{\mathrm{c,load}}^{i}$——用户冷负荷，其中制冷为正，耗冷为负。

天然气同样需要满足动态平衡，如式（6–19）所示。

$$0 = P_{\mathrm{g,cchp}}^{i} + P_{\mathrm{gas}}^{i} \tag{6-19}$$

式中 $P_{\mathrm{g,cchp}}^{i}$——三联供耗气速度，消耗为负，供应为正；

P_{gas}^{i}——三联供燃气供应速度，消耗为负，供应为正。

针对典型综合能源系统，从设备层面和系统层面建立了约束关系。所构建的决策变量如式（6–20）所示。

$$\begin{aligned}\boldsymbol{x} = [&P_{\mathrm{e,gg}}^{i}, P_{\mathrm{c,sup}}^{i}, P_{\mathrm{e,bes,ch}}^{i}, P_{\mathrm{e,bes,dis}}^{i}, P_{\mathrm{c,gshp}}^{i}, P_{\mathrm{c,ashp}}^{i},\\ &P_{\mathrm{c,ws,ch}}^{i}, P_{\mathrm{c,ws,dis}}^{i}, P_{\mathrm{e,grid}}^{i}, b_{\mathrm{e,gg}}^{i}, b_{\mathrm{c,sup}}^{i}, b_{\mathrm{e,bes,ch}}^{i},\\ &b_{\mathrm{e,bes,dis}}^{i}, b_{\mathrm{c,gshp}}^{i}, b_{\mathrm{c,ashp}}^{i}, b_{\mathrm{c,ws,ch}}^{i}, b_{\mathrm{c,ws,dis}}^{i}, b_{\mathrm{e,grid}}^{i}]\end{aligned} \tag{6-20}$$

其中，假设每种设备数量为1，则$\boldsymbol{x} \in \mathbb{R}^{18T}$。利用改进线性加权和法构建目标函数，生成综合能源系统多目标优化问题，该问题为一个混合整数线性规划问题（mixed integer linear programming）。

3. 优化结果分析

以北京市某智慧综合能源实证园区为例，采用该多能系统模型进行了源荷预测算例分析。模型中冷源为烟气直燃型溴化锂机组、地源热泵、空气源热泵、水蓄能罐；电源为燃气发电机组、储能电池、光伏系统、市电；气源为燃气供应管道。各设备参数和相关常量参数分别见表6–4和表6–5。

表 6-4　　设备参数

设备名称	参数名称	值
燃气内燃发电机组	额定功率（kW）	330
	燃气耗量（m^3/h）	90 ± 5
	电效率（%）	38.8
溴化锂机组	制冷量（kcal/h）	64.3×10^4
	供热量（kcal/h）	54.8×10^4
地源热泵	额定制热功率（kW）	376
	额定制冷功率（kW）	444
	制热电功率（kW）	88
	制冷电功率（kW）	92
空气源热泵	额定制热功率（kW）	102
	额定制冷功率（kW）	160
	制热电功率（kW）	53.2
	制冷电功率（kW）	62
水蓄能罐	蓄冷量（GJ）	2.84
	蓄热量（GJ）	1.78
电储能	容量（kW/kWh）	200/400
光伏	装机容量（kW）	165

表 6-5　　常量参数表

参数符号	参数名称	值
α_{e2coal}	电力折标系数（kgce/kWh）	0.307
α_{g2coal}	标准状态下天然气折标系数（kgce/m^3）	1.2143
α_{e2CO_2}	电力折 CO_2 系数（kg/kWh）	0.8845
α_{g2CO_2}	标准状态下天然气折 CO_2 系数（kg/m^3）	1.9642
q_{gas}	标准状态下天然气热值（J/m^3）	3.6×10^7

以夏季负荷情况为例进行分析。以如图 6-22 所示的夏季典型日负荷需求作为案例设置参数，分别以运行费用最低、折合二氧化碳排放量最低、折合煤耗量最低为运行目标进行模型计算分析。模型中暂且不考虑设备投资及折旧，仅考虑购电费用和购气费用作为成本，故案例中认为光伏发电无成本。由于不考虑光伏发电成本，本案例中采用光伏满负荷运行，光伏发电量

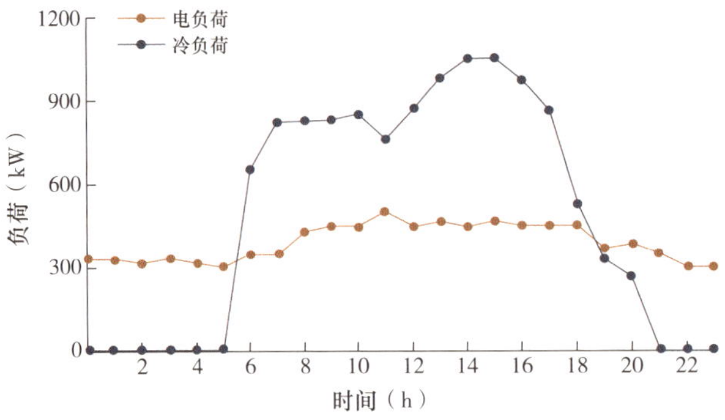

图 6-22　夏季典型日负荷需求

仅受日照影响。案例中光伏发电量以夏季典型日照情况为基础计算得到。

（1）经济性目标分析。当经济性目标权重从 0 上升到 0.4 时，运行费用降低幅度较大，而折合 CO_2 排放量和折合耗煤量上升幅度不大；当经济性目标权重从 0.4 上升到 0.6 以及从 0.8 上升到 1.0 时，运行费用降低以及折合 CO_2 排放量和折合耗煤量上升均无明显变化；当经济性目标权重从 0.6 上升到 0.8 时，运行费用降低幅度较大，但折合 CO_2 排放量明显激增，因此经济性目标选在 0.4~0.6 范围内，既能保证运行费用较低，又能使 CO_2 排放量和耗煤量维持在较低水平。

如图 6-23 和图 6-24 所示分别为不同经济性目标权重下的电负荷和冷负荷最优供需结果。此处需要注意电负荷是指用户的用电需求，不包括地源热泵、空气源热泵等供能设备的耗电功率，因此电负荷会小于或等于总供电功率。当经济性权重增大时，在 00：00~07：00，系统更倾向于使用市电满足电负荷需求，使用地源热泵给水蓄能供能，减少三联供的供电和供冷；同时，当经济性目标权重增大时，系统会在用电高峰期更多地使用储能供电，在用电低峰期使用市电给储能电池充电。

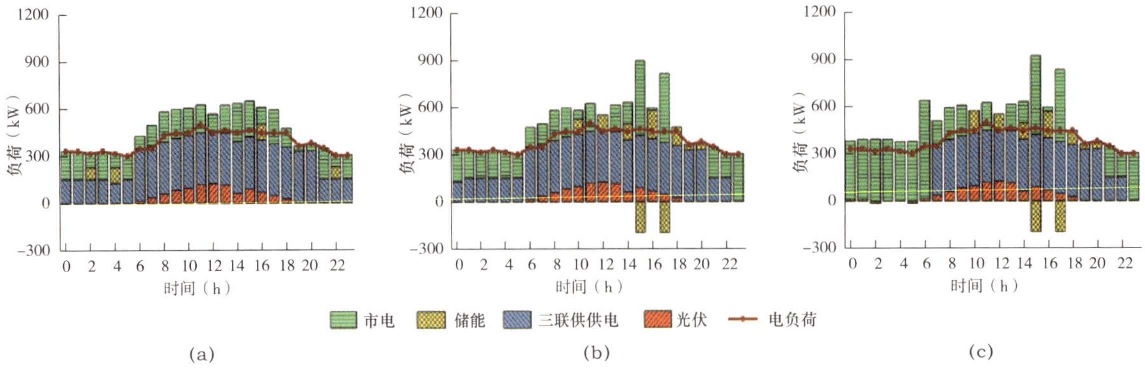

图 6-23　不同经济性目标权重的电负荷供需图

（a）经济性权重 0；（b）经济性权重 0.4；（c）经济性权重 0.8

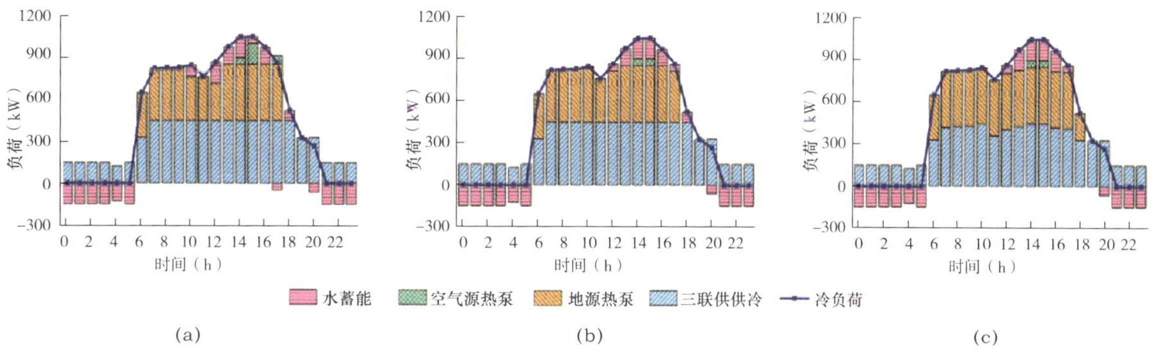

图 6–24　不同经济性目标权重的冷量供需图

（a）经济性权重 0；（b）经济性权重 0.4；（c）经济性权重 0.8

（2）节能性目标分析。逐步提高节能性目标比重时，折合耗煤量减少，折合 CO_2 排放量先减少后小幅回升，运行费用升高。当节能性目标权重从 0 上升到 0.2 以及从 0.4 上升到 0.6 时，最优结果的三个指标均无明显变化；当节能性目标权重从 0.2 上升到 0.4 时，折合 CO_2 排放量和折合耗煤量下降，运行费用上升；当节能性目标权重从 0.6 上升到 0.8 时，耗煤量下降缓慢，运行费用上升较卡；当节能性目标权重从 0.8 上升到 1.0 时，运行费用明显上升，因此节能性目标权重需要控制在 0.8 以内。

夏季能耗主要产生于制冷设备。如图 6–25 所示分别给出了节能性目标权重为 0、0.4、1.0 三组有代表性的冷量最优运行方案。可以看到，当节能性目标权重增大时，系统会减少空气源热泵和三联供的使用，增加地源热泵的使用。

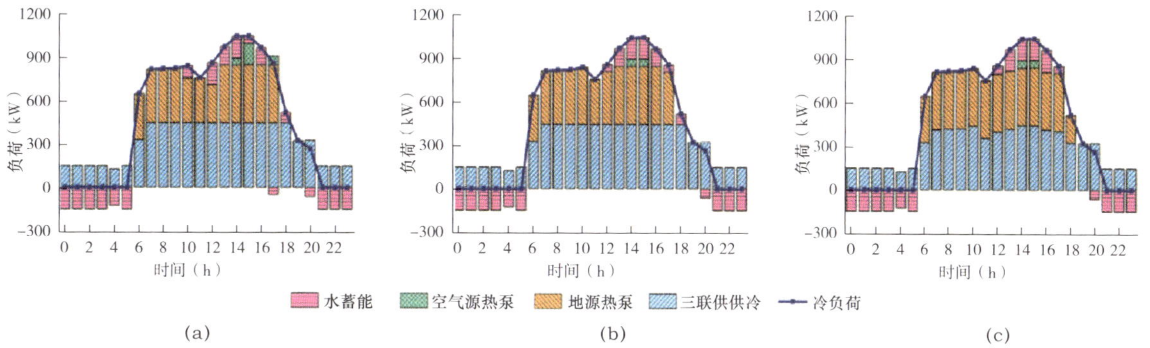

图 6–25　对比不同节能性目标权重的冷量供需图

（a）节能性权重 0；（b）节能性权重 0.4；（c）节能性权重 1.0

（3）环保性目标分析。逐步提高环保性目标比重时，折合 CO_2 排放量减少，折合耗煤量小幅降低，运行费用升高。对比不同环保性目标权重的电负荷供需，如图 6–26 所示。当环保性目标权重从 0 上升到 0.2 以及从 0.4 上升到 0.8 时，三个指标均无明显变化；当环保性目标权重从 0.2 上升到 0.4 时，折合 CO_2 排放量和折合耗煤量有所下降，运行费用增大；当环保性目标权重从 0.8 上升到 1.0 时，折合 CO_2 排放量和折合耗煤量几乎无变化，而运行费用明显大幅上升，因此环保性目标权重需要控制在 0.8 以内，设置在 0.3~0.5 内较为合理。

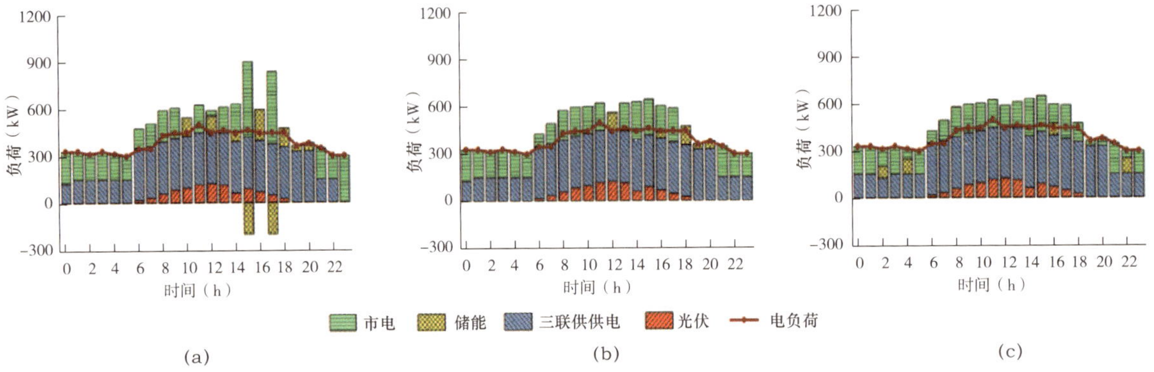

图 6–26　对比不同环保性目标权重的电负荷供需图

（a）环保性权重 0.2；（b）环保性权重 0.8；（c）环保性权重 1.0

以上采用归一化多目标线性加权和法的多目标优化方法，建立了智慧综合能源系统的经济性、节能性、环保性多目标协同的优化模型，并利用该模型讨论了不同目标权重对优化结果的影响。通过计算分析，得到以下两点结论：

其一，不同的优化目标对设备具有偏好选择性。考虑经济性，电价高峰时段系统倾向选择三联供发电，电价低谷时段倾向选择市电；考虑节能性，地源热泵比三联供系统和空气源热泵更具优势。

其二，不同目标之间存在非线性关系。增大某一种目标的权重接近 100% 时，其边际效果几乎不变。因此实际运行中建议避免仅考虑单一优化目标的策略，将每种优化目标的权重设置在 0.2~0.8 的合理区间，可以实现整体协同优化的效果。

6.4.3　运行评估

采用如下指标做系统的运行评估。

1. 经济性指标

经济性指标通过在不同目标下微能网支出的运行维护费用来衡量，以就地控制下微能网支出的运行维护费用为标准，将其表示为

$$EI = 1 - \frac{C_{\text{str}}}{C_0} \tag{6–21}$$

式中　C_{str}——微能网在各种优化调度策略下的总运行费用；

C_0——微能网就地控制层控制下的总运行费用。

2. 环保性指标

环保性指标通过在不同目标下微能网的污染物排放量来衡量，以就地控制下微能网的污染物排放量为标准，将其表示为

$$GHI = 1 - \frac{\sum_{t=1}^{T} E_{\mathrm{str},t}}{\sum_{t=1}^{T} E_{0,t}} \tag{6-22}$$

式中　$E_{\mathrm{str},t}$——t 时刻微能网在各种优化调度策略中的污染物排放量；

$E_{0,t}$——微能网就地控制层控制下的污染物排放量。

3. 节能性指标

节能性指标通过在不同目标下微能网的能耗量来衡量，以就地控制下微能网的能耗量为标准，将其表示为

$$GSI = 1 - \frac{\sum_{t=1}^{T} P_{\mathrm{str},t}}{\sum_{t=1}^{T} P_{0,t}} \tag{6-23}$$

式中　$P_{\mathrm{str},t}$——t 时刻微能网在各种优化调度策略中的能耗量；

$P_{0,t}$——微能网就地控制层控制下的能耗量。

4. 综合指标

为定量综合评估微电网的效益，将微能网的综合指标定义为上述三个指标的加权平均数，如式（6–24）所示。

$$SI = \alpha EI + \beta GHI + \gamma GSI \tag{6-24}$$

式中　α、β、γ——经济性指标、环保性指标和节能性指标的权重系数，$\alpha+\beta+\gamma=1$。

7

智慧综合能源系统规划的任务是在一定约束条件下，以满足用户用能需求为目标，确定最优的综合能源系统结构、最合适的设备种类及其容量配置，并给出完整的规划设计报告。规划结果决定了系统建设方案，同时也是实现综合能源系统高效运行的基础。综合能源系统规划一般将后续系统运行和建设阶段综合考虑。综合能源系统涉及众多供用能节点和多种能源统筹优化利用，系统内不同设备耦合关系复杂，设计容量和设备配置方案多样，确定最优方案方并不容易。本章以典型园区级智慧综合能源系统为着眼点，详细介绍系统规划的内容、目标、步骤、关键技术以及规划决策辅助软件及其应用。

7.1 规划的内容、目标与步骤

7.1.1 智慧综合能源系统架构与组成要素

智慧综合能源系统是一种多层次的复杂耦合系统，是多种能源输入、转换及输出的集成。综合能源系统规划工作的前提就是要了解智慧综合能源系统的基本架构。智慧综合能源系统的典型系统架构如图 7–1 所示，其大致分为四个子系统：

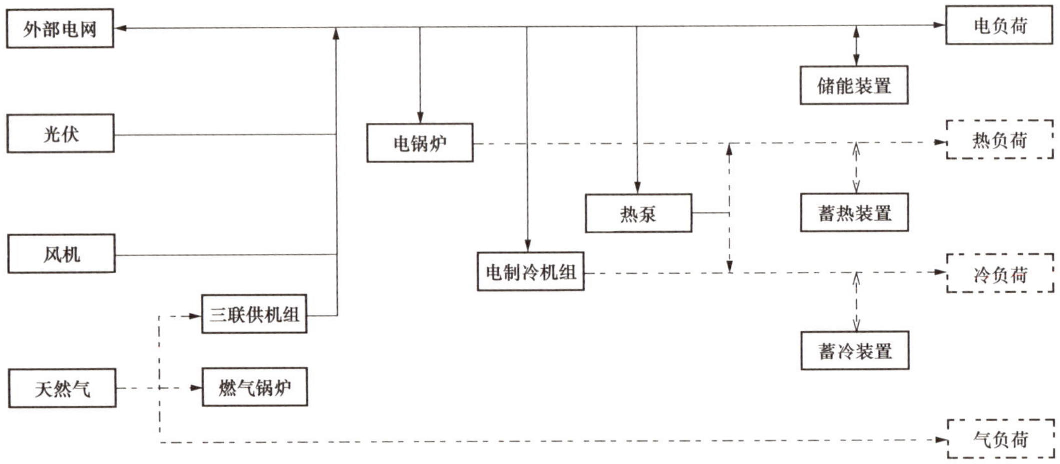

图 7–1　智慧综合能源系统典型架构

（1）外部能源供应子系统。外部能源供应子系统是保障智慧综合能源系统的关键因素，在综合能源系统内起到能源供给的重要作用，主要包括天然气、燃油等一次能源和市政电网供电等二次能源。

（2）能源转换子系统。能源转换子系统主要包含三种类型：第一类是分布式可再生能源发电系统，例如光伏发电、小型风力和小水力发电系统等；第二类是热电联产或冷热电三联产系统，主要代表设备为燃气轮机、微型燃气轮机、燃料电池等原动机；第三类是辅助型能源转换系统，主要设备包括燃气 / 油锅炉、储能设备等。能源转换子系统的作用就是以各种方式将一次能源和二次能源高效安全地转化成多种能源形式，以达到满足终端用户用能需求的目的。

（3）能源输配子系统。能源转换子系统产生特定形式的能源后，通过能源网络连接能源供应侧和能源需求侧，针对用户不同的能源需求，需要高效的能源输配管网，其中包括电网、热网、冷网、气网。一般园区范围内的管网长度虽较小，但相关设备及建设投资不容忽略。

（4）用能终端子系统。用能终端子系统的各类电、气、冷、热负荷将能源转换子系统产生的能源消耗掉。

7.1.2 资源、环境、政策与经济约束条件

智慧综合能源系统规划起始阶段，在需要考虑用户用能需求的同时，还要全方位考虑规划区的资源禀赋、环境、政策与经济等因素的影响，尽量利用有利因素，合理避开不利因素，以实现规划结果最优。

一、资源禀赋

系统规划之初，一般要考察项目所在地可能利用的太阳能、风能及地热能等资源禀赋情况。有些项目还可能因地制宜，利用附近河流或污水源作为冷热源。

1. 太阳能

2014 年我国发布了《太阳能资源等级总辐射》《太阳能资源测量总辐射》等规范，明确将“资源量”“资源稳定度”和“直射比”作为对太阳能资源分级的指标。太阳能资源丰富程度与稳定程度等级标准见表 7–1。

表 7–1　　太阳能资源丰富程度与稳定程度等级

	等级	标准（年辐射量）
资源丰富程度	资源最丰富	≥ 1750 kWh/（m^2·a）或 6300MJ/（m^2·a）
	资源很丰富	1400~1750 kWh/（m^2·a）或 5040~6300MJ/（m^2·a）
	资源丰富	1050~1400 kWh/（m^2·a）或 3780~5040MJ/（m^2·a）
	资源一般	＜ 1050 kWh/（m^2·a）＜ 3780MJ/（m^2·a）
资源稳定程度	等级	标准（*K* 值）
	稳定	＜ 2
	较稳定	2~4
	不稳定	＞ 4

太阳能资源丰富程度以太阳总辐射的年总量为划分指标。太阳能资源稳定程度用各月日照时数大于 6h 天数的最大值与最小值的比值 *K* 表示，比值越小，说明太阳能资源全年变化越稳定，越利于太阳能资源的利用。这里的日照时数是指太阳直接辐照度达到或超过 120 W/m^2 的各段时间的总和，以小时为单位。太阳能资源稳定程度 *K* 值计算公式如式（7–1）所示。

$$K = \frac{\max\left(Day_1, Day_2, \cdots, Day_{12}\right)}{\min\left(Day_1, Day_2, \cdots, Day_{12}\right)} \tag{7-1}$$

式中 K ——太阳能资源稳定程度指标，无量纲数；

max( ) ——求最大值的标准函数；

min( ) ——求最小值的标准函数；

Day_1，Day_2，…，Day_{12}——1~12 月的各月中日照时数大于 6h 的天数，天。

直射比 (R_x) 是指直接辐射量在总辐射量中所占的比例，其数值在［0，1］区间变化。直射比反映了不同地区主要辐射形式和分布的差异，为光伏系统的优化利用提供参考。采用直射比作为衡量指标，全国太阳能资源可分为 4 个等级，见表 7–2。

表 7–2 太阳能资源辐射形式等级

辐射形式	直射比阈值	等级
直接辐射主导	$R_x \geqslant 0.6$	A
直接辐射较多	$0.5 \leqslant R_x < 0.6$	B
散射辐射较多	$0.35 \leqslant R_x < 0.5$	C
散射辐射主导	$R_x < 0.35$	D

2. 风能

风能是一种环境友好、储量巨大的可再生能源，也是目前开发技术较为成熟的绿色能源。风能资源评估主要采用平均风速、风能密度（风功率密度）、有效风速时数、有效风能密度等参数。其中，有效风速时数和有效风能密度是衡量一个地方风能可利用程度及潜力最有价值的指标，反映了地区每年刮风时间的长短和风的强度。

地区风能资源的储量是由地区风速的大小和有效风速的持续时间决定。在众多风力发电模型研究中，Weibull（威布尔）分布函数是最能体现风速概率的函数，风速服从威布尔分布，其概率密度函数见式（7–2）。

$$f_W(v) = \left(\frac{1}{c}\right)\left(\frac{v}{c}\right)^{l-1} \mathbf{exp}\left[-\left(\frac{v}{c}\right)^{l}\right] \tag{7-2}$$

式中 v ——风速，m/s，$v \geqslant 0$；

l ——形状参数，$l > 0$；

c ——尺度参数，$c > 0$；

$f_W(v)$——风速 v 的概率密度。

平均风速见式（7–3）。

$$\bar{v}=\frac{1}{N}\sum_{i=1}^{N}v_i \tag{7-3}$$

式中 v_i——第 i 个观测时刻的风速值，m/s；

N——设定时段内的记录次数。

风的随机性使得风力机械不可能始终在额定风速下工作，于是出现了工作风速范围的内涵，即切入风速到切出风速的范围。通常，切入风速到切出风速之间的风速成为有效风速。经验证明当风速低于 3.1m/s 时，风能转换系统的有用电输出是不经济的，当风速高于 20m/s 时，对风力机有破坏的危险，所以称 3~20m/s 为可利用的风能，即有效风速。

风能的大小实际就是气流流过的动能，因此可以推导出气流在单位时间内垂直流过单位截面积的风能，即风功率为式（7–4）。

$$W=\frac{1}{2}\rho v^3 \tag{7-4}$$

式中 ρ——空气密度，kg/m^3；

v——风速，m/s；

W——风功率，W/m^2。

在有效风速范围内的平均风功率密度就是有效风功率密度，习惯上称为“有效风能密度”，即

$$\overline{W}=\frac{1}{T}\int_{v_1}^{v_2}\frac{1}{2}\rho v^3 P'(v)\mathrm{d}v \tag{7-5}$$

式中 v_1——启动风速，m/s；

v_2——切出风速，m/s；

$P'(v)$——有效风速范围内风速的条件概率分布密度函数，其关系可以表示为

$$P'(v)=\frac{p(v)}{p(v_1\leqslant v\leqslant v_2)}=\frac{p(v)}{p(v\leqslant v_2)-p(v\leqslant v_1)} \tag{7-6}$$

3. 地热能

地热能是世界第三大可再生能源资源，相对于太阳能与风能，具有稳定、连续和利用率高的特点。联合国《世界能源评估》报告在 2004 年和 2007 年给出可再生能源发电的对比数据显示，地热发电的利用系数在 72%~76%，明显高于太阳能的 14%、风能的 21% 和生物质能的 25%。

我国地热资源丰富，主要分布在青藏高原、东南沿海诸省区和内陆盆地区。2014 年我国直接利用地热能总量达到 17870 MW，居世界第一。

我国浅层地热资源量的估算情况及开发效益见表 7–3，可以看出资源量潜力巨大，各地区综合能源系统项目可以考虑合理利用。

表 7-3 中国浅层地热资源量估算及效益分析情况

省（区、市）	总资源量		可利用资源量与效益		
	总资源量（10^{12}kWh）	折合标准煤（10^8t）	可利用资源量（10^{10}kWh）	折合标准煤（10^8t）	CO_2 减排量（10^8t）
北京	3.01	3.70	11.3	0.14	0.36
天津	1.75	2.15	6.56	0.08	0.21
上海	2.30	2.83	8.64	0.11	0.28
重庆	1.54	1.89	5.79	0.07	0.19
河北	2.32	2.85	8.70	0.11	0.28
山西	1.67	2.05	6.27	0.08	0.20
内蒙古自治区	1.80	2.21	6.77	0.08	0.22
辽宁	3.30	4.06	12.4	0.15	0.40
吉林	1.84	2.26	6.91	0.09	0.22
黑龙江	3.31	4.07	12.4	0.15	0.40
江苏	7.13	8.77	26.8	0.33	0.86
浙江	4.57	5.62	17.1	0.21	0.55
安徽	3.83	4.71	14.4	0.18	0.46
福建	3.49	4.29	13.1	0.16	0.42
新疆	0.49	0.60	1.82	0.02	0.06
西藏	0.33	0.41	1.24	0.02	0.04
青海	0.16	0.20	0.60	0.01	0.02
宁夏	0.97	1.20	3.65	0.04	0.12
甘肃	1.21	1.49	4.55	0.06	0.15
陕西	2.24	2.76	8.42	0.10	0.27
云南	0.97	1.20	3.65	0.04	0.12
贵州	0.69	0.85	2.58	0.03	0.08
四川	3.10	3.81	11.6	0.14	0.37
海南	0.98	1.20	3.67	0.05	0.12
广西	1.58	1.94	5.91	0.07	0.19
广东	8.11	9.98	30.4	0.37	0.98
湖南	2.21	2.72	8.29	0.10	0.27
湖北	3.92	4.82	14.7	0.18	0.47

续表

省（区、市）	总资源量		可利用资源量与效益		
	总资源量（10^{12}kWh）	折合标准煤（10^8t）	可利用资源量（10^{10}kWh）	折合标准煤（10^8t）	CO_2减排量（10^8t）
河南	3.45	4.24	12.9	0.16	0.42
山东	3.47	4.27	13.0	0.16	0.42
江西	1.36	1.67	5.09	0.06	0.16
合计	77.1	94.86	289	3.56	9.32

4. 河流或污水源等

水的质量热容大，传热性能好。我国部分地区江河流域水量充足、水温稳定、水质良好、季节性水位变化明确，可作为热泵制热（制冷）过程的热源，是综合能源系统的有效资源。近年来已有较多综合能源系统项目利用临近的江水源、河水源、湖水源等建设水源热泵。市政污水也是一种优良的低温热源，全年流量几乎恒定；夏季水温低于室外温度，冬季水温高于室外温度，而且在整个供暖、供冷季水温波动不大；污水水温与处理水量、所处地域、污水来源及季节等有关，华北地区一般冬季水温不低于10℃，夏季不超过30℃，处理再生水水温常年为17~20℃。智慧综合能源系统规划时应考察周围是否有可利用的河流或污水源等资源，并评估其资源潜力。

水源热泵系统的能源资源潜力评估方法如下：距离地表水水平距离小于或等于3km范围内的建筑面积可以考虑采用地表水源热泵系统。临近水体的建筑与水体的热交换量，分为夏季和冬季水体换热量，计算公式为

$$\begin{cases} Q_{\mathrm{WSh}} = q_{\mathrm{w}} \times A_{\mathrm{w}} \times \varnothing \times t_{\mathrm{h}} \times \dfrac{COP_{\mathrm{WSh}}}{COP_{\mathrm{WSh}} - 1}（冬季） \\ Q_{\mathrm{WSc}} = q_{\mathrm{w}} \times A_{\mathrm{w}} \times \varnothing \times t_{\mathrm{c}} \times \dfrac{EER_{\mathrm{WSc}}}{EER_{\mathrm{WSc}} + 1}（夏季） \end{cases} \tag{7-7}$$

式中 Q_{WSh} ——地表水换热系统的最大换热量，kWh；

q_{w} ——单位水域换热量，W/m^2，与水体温度、水流速度、水量等因素密切相关，具体项目应具体计算；

A_{w} ——水域面积，m^2；

$\varnothing$ ——活动水体百分比，即活动水体占水体的比例；

t_{h} ——供热当量运行时间，h；

COP_{WSh}——水源热泵系统的制热能效比；

Q_{WSc} ——地表水换热系统的最大释热量，kWh；

t_c ——制冷当量运行时间，h；

EER_{WSc}——水源热泵系统的制冷能效比。

二、环境因素

碳排放增加引发了日益严峻的环境污染压力，不少地区出现严重雾霾问题。国家积极开展碳减排工作，同时落实减碳国际承诺，力争二氧化碳排放于2030年前达到峰值，努力争取2060年前实现碳中和。在“双碳”目标下，我国亟须调整能源结构，能源行业需要向更高效更清洁更低碳的方向发展。构建综合能源系统，有利于推动能源转型，助力实现“双碳”目标。在新的发展形势下，智慧综合能源系统规划应清晰掌握项目区域环境状况，在考虑碳排放及生态环境约束下，通过创新综合能源系统规划技术，提高能源综合利用效率，减少碳排放，改善区域环境质量。

三、政策因素

智慧综合能源系统的推广离不开政策的鼓励与支持。系统规划前应充分了解、评估、遵守和利用好相关政策。

近年来我国修改或颁布了多项法律规范，进一步从政策上、机制上对智慧综合能源系统发展给予鼓励和支持。2015年《中共中央国务院关于进一步深化电力体制改革的若干意见》发布，一方面加快了我国电力市场机制的构建，另一方面有利于分布式新能源的上网接入和用户侧分布式电源市场的全面放开，将会给智慧综合能源系统营造一个良好的发展环境。上海、长沙、青岛、北京等地方政府也出台了具体的智慧综合能源系统促进政策。以上海为例，2013~2015年上海市安排节能减排专项资金，对上海市范围内医院、宾馆、大型商场、商务楼宇、综合商业中心、工厂等建筑物以及工业园区、大型交通枢纽、度假旅游区、商务区等园区建成并投入使用的单机规模10 MW及以下、年能源综合利用效率在70%以上的分布式供能系统项目和燃气空调项目进行补贴及天然气的价格优惠、天然气及电网接入条件、费用等多方面的鼓励扶持。2017年《上海市天然气分布式供能系统和燃气空调发展专项扶持办法》明确了支持对象、实施年限、资金来源、补贴标准、部门责任等七方面的内容。

部分与智慧综合能源系统发展相关的促进政策法规及主要内容见表7-4。

表7-4　智慧综合能源系统相关发展促进政策与措施

政策分类	政策法规	主要内容
发展规划	《中华人民共和国节约能源法》《能源发展“十二五”规划》《大气污染防治计划》《关于加快推动我国绿色建筑发展的实施意见》	明确国家鼓励发展推广能源梯级利用技术，热、电、冷联供技术和热、电、煤气三联供技术，提高能源系统综合效率；提出建设分布式能源项目的目标，鼓励发展天然气等分布式高效利用项目

续表

政策分类	政策法规	主要内容
项目示范	《关于发展天然气分布式能源的指导意见》《关于下达首批国家天然气分布式能源示范项目的通知》《天然气分布式能源示范项目实施细则》《关于推进新能源微电网示范项目建设的指导意见》《大力发展分布式发电若干意见的通知》	推动天然气分布式能源项目发展，2020 年天然气分布式能源装机规模达到 5×10^7 kW；探索各类分布式能源和智能电网技术应用；鼓励探索特许经营；人口集聚的经济发达地区优先实施分布式能源系统项目
并网上网	《关于发展天然气分布式能源的指导意见》《分布式发电管理暂行办法》《关于规范天然气发电上网电价管理有关题的通知》《关于做好分布式电源并网服务工作的意见》《分布式电源并网工程调试与验收标准》《中共中央国务院关于进一步深化电力体制改革的若干意见》《关于推进售电侧改革等实施意见》	天然气分布式能源纳入区域电网规划范畴；分布式发电多余电量的优先上网和全额收购，实行差别化的上网电价机制；鼓励天然气分布式能源与电力用户直接签订交易合同，自主协商确定电量和价格；鼓励各类型主体投资建设可再生及燃气热电冷联产等分布式能源项目；允许拥有分布式电源的用户和微电网系统参与电力交易；全面放开用户侧分布式电源市场
财税政策	《分布式发电管理暂行办法》《关于促进节能服务产业发展增值税、营业税和企业所得税政策问题的通知》《关于太阳能热发电标杆上网电价政策的通知》	天然气分布式发电、热电联产等项目可通过上调上网电价等间接方式获得补贴支持；依托合同能源管理实施且符合条件的天然气分布式能源项目享受税收优惠
地方政策	《上海市节能减排专项资金管理办法》《上海市分布式供能系统和燃气空调发展专项扶持办法》《青岛市加快清洁能源供热发展若干政策》	鼓励多种清洁能源供热方式联合使用和能源梯级利用；给予清洁能源供热建设投资补助

四、经济因素

长期以来能源为经济发展无条件提供支持的习惯思维正在改变，能源利用上跟强调市场化机制和成本效益约束。我国地区经济发展水平存在典型的异质性，表现在城镇化水平、产业结构、人口密度、功能型区域分布、城市规模等方面。这些差别导致对能源消费的需求类型不同，能源消费的依赖性程度不同，能源消费质量改进的意愿也不同。综合能源系统规划必须考虑不同项目的经济约束条件的显著差异。

另一方面，随着社会经济的发展，收入水平的不断提高，人们对生产生活环境的要求不断提高。常年生活热水的供应，冬暖夏凉、空气清新的舒适建筑室内环境成为必需品。目前，我国采暖范围已由北方向南方扩展，夏季空调制冷地区则向更多地区扩大，长江中下游的采暖过渡区采暖与制冷的热负荷利用小时数之和接近哈尔滨市的采暖热负荷利用小时数，也与广州等地的供冷负荷利用小时数大致相当。人们对生活环境舒适度的要求提高必然会使能源消耗增加，智慧综合能源系统应结合区域经济发展现状和趋势进行前瞻性规划。

7.1.3 规划内容和目标

一、规划工作内容与步骤

智慧综合能源系统规划工作主要包含以下内容（智慧综合能源系统规划工作主要内容与步骤如图 7–2 所示）：

（1）调研掌握客户需求、资金预算、项目属地政策、能源价格以及需拆除或可利旧设备等各方面基础资料。

（2）评估项目资源，包括气象、光照、地热、周边余热（如污水源等）、市政气电冷热供给条件及项目场地、道路、管网条件等。

（3）完成负荷预测，包括气、电、冷、热、水等，确定项目设计负荷。该数据决定了项目规模水平，对整个项目有总体性影响。

（4）设备选型和容量确定。这是规划的主要内容。通常需要拟定多个配置方案做综合比较，经过（5）~（7）步骤反复迭代优化。

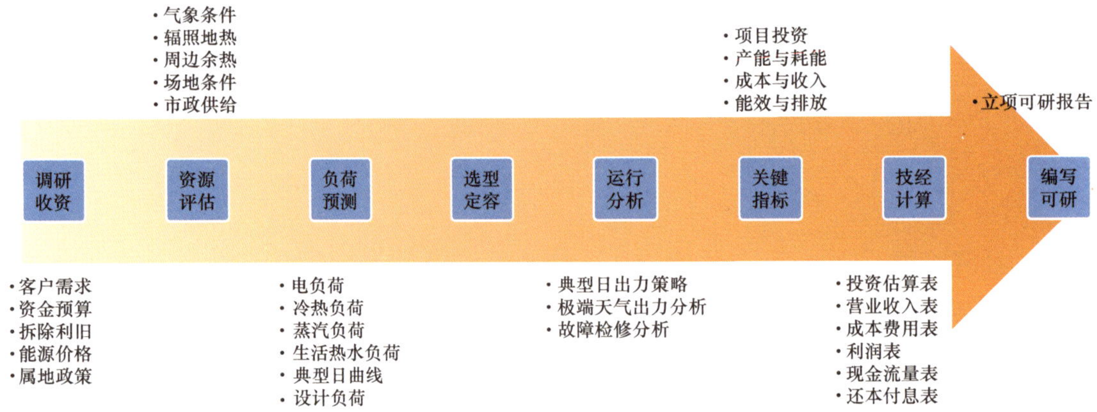

图 7–2 智慧综合能源系统规划工作主要内容与步骤

（5）运行分析。运行分析指根据配置方案，拟定各供能设备的典型日逐时出力策略，计算能耗和产出、成本和收入、系统能效、节能减排、设备运行和设备运维情况。

（6）关键指标。关键指标指结合设备选型定容和全寿命运行分析等，重点计算项目投资、成本、收益、能耗和排放等关键指标，判断是否符合规划预期。

（7）技术经济分析计算。技术经济分析计算指计算分析项目全生命周期的投资净现值、内部收益率、回收期等关键财务指标，并生成关键财务报表，估算规划产生的经济效益和社会效益，分析投入产出和规划成效。

上述（4）~（7）步一般要经过多轮迭代优化才能确定最终配置方案。

（8）编写可行性研究报告。编写可行性研究报告指汇总上述负荷数据、供能设备参数、能源价格参数、配置方案、运行方式、技术经济性分析和敏感性分析等工作成果，按相关规范要求，编制完成项目可研报告。

二、规划的核心目标

1. 经济性目标

系统经济性分析通常有静态和动态两种。前者不考虑资金的时间价值；后者将资金的时间价值考虑在内，对投资规模较大，运行时间较长的智慧综合能源系统经济性分析更为合适。考虑动态特性的综合能源系统经济性目标函数的构建一般以年均用能成本最小和项目周期内净现值最大为目标模型。

年均用能成本函数的构建一般采用费用年值法将系统的各种成本统一为费用年值，以费用年值最小为优化目标构建优化模型；系统费用年值包括年化的初期投资费用、年运行费用和年维修费用，前者是固定成本，后二者是可变成本。

（1）年初期投资费用。系统初期投资费用可以根据安装容量进行估计，可以表示为

$$C_0=\sum_{k=1}^{N}V_kC_k \tag{7-8}$$

式中　C_0——期初投资，元；

V_k——设备 k 的容量，kW，$k\in$ {驱动设备，吸收式制冷机组，电制冷机组，燃气锅炉，热交换器，蓄热装置，蓄冷装置，蓄电装置，太阳能发电设备，太阳能集热设备，风电设备，热泵装置}；

C_k——设备 k 的单位容量投资成本，元 /kW；

N——供能系统设备总数。

那么，年化的期初投资费用可由式（7–9）表示。

$$C_0'=C_0\frac{r(1+r)^L}{(1+r)^L-1} \tag{7-9}$$

式中　r——年贴现率；

L——项目寿命年限。

（2）年运行费用。供能系统的年运行费用主要是设备能耗费，考虑到风能、太阳能和地热等可再生能源本身没有运行成本，且分布式光伏发电可以享受一定的政府补贴。因此，供能系统年运行能耗费由燃料消耗和从大电网补电支出，扣除分布式光伏发电获得的补贴计算得到，可表示为

$$C_\mathrm{f}=\sum_{d=1}^{365}\sum_{h=1}^{24}\left(F_{dh,\mathrm{g}}C_\mathrm{g}+F_{dh,\mathrm{b}}C_\mathrm{b}+E_{dh,\mathrm{grid}}C_\mathrm{e}-E_{dh,\mathrm{s,dr}}C_\mathrm{s,dr}\right) \tag{7-10}$$

式中　C_f——年能耗费用，元；

d——一年中的第 d 天；

h ——一天中的第 h 小时；

C_e ——大电网的电价，元 /kWh；

C_g ——天然气的价格，元 /kWh；

C_b ——生物质的价格，元 /kWh；

$C_{s,dr}$ ——太阳能发电补贴，元 /kWh；

$F_{dh,g}$ ——以天然气为燃料的发电量，kWh；

$F_{dh,b}$ ——以生物质为燃料的发电量，kWh；

$E_{dh,grid}$——第 d 天第 h 小时内智慧综合能源系统与大电网交换的电量，kWh，大于 0 表示从其购电；小于 0 表示向其卖电，此时会产生收益，以抵消部分经济成本；

$E_{dh,s,dr}$——第 d 天第 h 小时内智慧综合能源系统内分布式光伏发电量，kWh。

（3）年维护费用。系统的年维护管理费用主要包括发生的人工费和维护费，可按式（7–11）计算。

$$C_m = (\mu_1 + \mu_2) C_0 \tag{7–11}$$

式中 C_m——年维护管理费用，元；

μ_1——人工费用比例系数；

μ_2——维护费用比例系数。

由此，可以得到供能系数的费用年值为

$$C = C_0 \frac{r(1+r)^L}{(1+r)^L - 1} + C_f + C_m \tag{7–12}$$

项目周期内净现值模型函数的构建需充分考虑整个项目周期的成本及收益情况，将系统运行所产生的成本或收益折算到规划周期期初的现值并综合考虑前期投资，建立以净现值为优化目标的目标函数。投资及成本模型如式（7–10）和式（7–11）所示，收益模型主要包括售电收益，售冷、售热收益，上网收益等，计算方式可表示为

$$F_{income} = P_{income} + Qc_{income} + Qh_{income} + P\_inject_{income} \tag{7–13}$$

式中 F_{income} ——总收益；

P_{income} ——售电收益；

Qc_{income} ——售冷收益；

Qh_{income} ——售热收益；

P_inject_{income}——上网收益。

2. 环保性目标

智慧综合能源系统一方面通过能源的梯级利用减少了能源的消耗量，减轻了温室效应，另

一方面充分利用清洁能源和可再生能源减少了污染物的排放。尽管与传统燃煤能源系统相比，智慧综合能源系统的环保性能大大增强，但是依然存在一定的直接排放和间接排放，即以天然气和生物质为燃料的联供系统运行的燃烧排放和从电网购电造成的间接排放。考虑以上两个方面的系数碳排放量可以表示为

$$M=\sum_{d=1}^{365}\sum_{h=1}^{24}\left(F_{dh,\mathrm{g}}\alpha_{\mathrm{g}}+F_{dh,\mathrm{b}}\alpha_{\mathrm{b}}+F_{dh,\mathrm{coal}}\alpha_{\mathrm{coal}}\right) \tag{7-14}$$

式中 M ——系统 CO_2 排放总量，g；

α_{g} ——天然气 CO_2 排放系数，g/kWh；

α_{b} ——生物质 CO_2 排放系数，g/kWh；

α_{coal} ——煤炭 CO_2 排放系数，g/kWh；

$F_{dh,\mathrm{coal}}$——系统购入大电网电量所对应消耗的火电厂煤耗量。

为使计算统一，采用 kWh 代替热量单位 kJ，且有

$$F_{\mathrm{coal}}=\frac{E_{\mathrm{grid}}}{\eta_{\mathrm{e}}\eta_{\mathrm{grid}}} \tag{7-15}$$

式中 η_{e} ——火电厂发电效率；

η_{grid}——电网输配电效率。

3. 节能性目标

综合能源系统通过能源的梯级利用和多种能源之间的协同互补，可以实现能源的高效利用。由于能源的品位的不同，计算节能性目标一般采用一次能源利用率作为其评价指标，即将系统利用的能源都折算到一次能源。一次能源利用率即系统所需的负荷需求与系统所消耗的一次能源的比值。

系统的负荷需求为其所有负荷种类的负荷总和可表示为

$$total_{\mathrm{load}}=\sum_{k=1}^{k=K}\mathrm{load}(k) \tag{7-16}$$

式中 $total_{\mathrm{load}}$——总的负荷；

load (k)——第 k 种负荷的总负荷量。

系统的一次能源一般包含系统所消耗的煤炭和天然气能量之和，如式（7-17）所示。

$$total_{\mathrm{energy}}=Q_{\mathrm{gas}}+Q_{\mathrm{coal}} \tag{7-17}$$

式中 $total_{\mathrm{energy}}$——系统消耗的一次能源所包含的总能量；

Q_{gas} ——系统所消耗天然气能量；

Q_{coal} ——系统所系统购市电所耗煤炭能量。

7.2 规划关键技术

7.2.1 负荷估算

根据覆盖面积大小，负荷可分为区域负荷、园区负荷和楼宇建筑负荷。区域负荷估算基于城市规划图中的地块网格，分析其用地、能源需求、能源供应以及经济属性，综合进行能源全面估算；园区负荷估算分析各种用途建设负荷组成，通过建筑负荷估算累加得到；楼宇建筑负荷是负荷估算的基础。本节重点围绕建筑负荷估算展开。

一、冷热负荷估算常用方法

建筑冷热负荷估算需考虑气候条件、使用面积、窗的数量与朝向、维护结构、房间用途、房间人数、用电器散热能力等因素，并综合考虑未来 5~10 年的发展需求，对建筑物负荷进行统筹估算。准确的楼宇建筑负荷估算可以为综合能源规划阶段的供能设备配置提供更为准确的依据，基本的估算方法包括单位面积指标法、基于历史数据外推法、数值建模预测法等。

1. 单位面积指标法

通常的计算方法主要是采用单位面积指标法估算出各单体建筑的负荷，如冷负荷可按式（7-18）计算：

$$Q=qF \tag{7-18}$$

式中 Q——建筑物冷负荷，W；

q——单位建筑面积冷负荷指标，按相关统计中选取，W/m^2；

F——总建筑面积，m^2。

再把各单体建筑的负荷简单叠加。

此方法是一种静态的估算方法，将会高估区域建筑总负荷。单位面积指标法尽管在准确性上存在不足，但仍在世界范围内广泛使用，尤其是在冷热电项目的前期规划、预研、甚至初步设计阶段，仍然是最简洁有效的建筑能耗估算方法。若事先要求估计空调的设计费用，建设初期又无法按详细方法计算，这时可根据以往类似建筑实际运行中积累起来的空调负荷概算指标作粗略估算。

2. 基于历史数据外推法

当历史数据没有跳跃式变化、影响负荷发展的条件变化不大时，未来负荷变化规律可以根据历史的负荷变化规律推算出来。建立外推法负荷预测模型，需要对历史能耗数据进行统计分析，得到负荷与其影响因素的关系。外推法主要有回归分析法、时间序列分析法和人工智能法。回归分析法预测是利用回归分析方法，根据自变量的变化预测与其有相关关系的某随机变量的未来值；时间序列分析法把负荷数据看作一个按季节、月、天或小时等周期性变化的时间序列，分析和处理历史数据，拟合出回归方程进行预测；人工智能法包括人工神经网络、BP神经网络、支持向量机等各种算法。人工智能法利用历史数据对算法进行训练，使算法不断逼近输入与输出的真实关系，最终通过输入建筑特性参数和气象参数等计算得到负荷预测值。

3. 数值模拟预测法

数值模拟预测法根据工程热物理方程从工程实际中抽象出物理模型、建立数学模型，借助计算机程序实现数值模拟预测。通常利用能耗模拟软件建立各类能够反映其建筑类型形态、规模、围护结构构成和内扰情况等的典型建筑模型，计算出不同类型建筑单位面积负荷特性曲线，进一步扩展得到区域建筑群体的整体负荷。常用仿真模拟软件包括 DesignBuilder、DeST、EnergyPlus、DOE-2、eQUEST、TRNSYS、Dymola 等。

二、电负荷估算常用方法

建筑电负荷估算方法与冷热负荷类似，须考虑建筑光照条件、建筑结构透光性等，结合未来 5~10 年负荷需求、电网约束、需求响应约束等，综合进行负荷评估。目前传统的电负荷预测还是以建筑本身为主，基于建筑结构、楼宇用途、承载人数等条件，结合社会发展对用电需求的综合增长进行分析。当前，主要采用的分析方法如下：

（1）人均用电指标法。人均用电指标法是电负荷规划阶段常用的一种预测电力负荷的方法。建筑用电负荷等于人数乘以人均用电指标。人均用电指标受规划期内社会经济发展、用户发展规模、资源条件、工作生活水平、电力供应程度等因素的制约，虽然该方法应用简单快捷，但人均用电指标较难确定，预测结果偏差较大。

（2）单位面积指标法。单位面积指标法适用于预测工商业和住宅等，根据地区的整体规划、经济条件等，对各类建筑选择合适的负荷密度指标，推算整片区域的电力负荷需求。与人均用电指标法一样，单位面积指标法的负荷密度指标需要大量的历史数据进行统计分析得出，预测的结果存在偏差。

（3）能量预报法。能量预报法对楼宇内的用电情形分为办公室、会议室、卫生间、大厅、厨房等功能区，基于少量相似建筑功能区的历史数据，预测楼宇各功能区的用电年负荷率和用电量，并根据比例因子，调整楼宇整体的年用电负荷率和年耗电量大小，根据年耗电量除以年用电负荷率得到预测的年用电峰值。能量预报法的预测结果有一定主观性，需要经验丰富的从业者进行干预保证结果偏差在合理范围内。

（4）模拟仿真法。模拟仿真法指为了保证电力系统安全、可靠、经济的运行，在电力规划、分析和运行时需要确切地考察系统特性，因此可采用模拟仿真的手段进行分析。根据应用场景与需求的不同，实现模拟仿真的软件可分为 2 类：第一类依托于建筑模拟软件中的电耗计算部分，许多建筑能耗模拟软件可以做到电负荷的计算，如 DeST、EnergyPlus 等，应用这些软件时通常是先计算单体建筑的电负荷，再通过叠加等得到园区乃至区域的电负荷；第二类为电力数字系统仿真，如 PSASP、PSCAD/EMTDC 和 PSD-BPA，此类方法主要针对大规模、时变的复杂系统，通过仿真计算和分析，对提高系统安全性和稳定性提出建议，也可用于区域建筑电网的规划设计。

（5）数据驱动方法。数据驱动方法通过统计分析和机器学习算法建立所测真实数据与负荷的相关关系模型进行负荷计算。数据驱动方法需要大量的历史数据对模型进行训练，不断修改模型中的参数使输出结果误差降低至所要求的范围内。随着电力系统的改进和智能电表的使用，可统计详细的建筑用电数据，这极大促进了数据驱动方法在建筑电力负荷预测方面的应用。目前主流的数据驱动方法有：人工神经网络、支持向量机、数据回归等算法。

7.2.2 设备与系统建模

一、系统结构

智慧综合能源系统是一套涵盖能源转化、存储等多种设备，包括冷、热、电、气等多种能源之间转化的多能源互补协同系统，需要有一套完备的模型体系描述各个设备的能源转化或存储机理，以及各个设备之间、多种能源之间的互补转化关系，也就是要对系统和设备进行综合建模。

系统和设备模型的构建首先要考虑综合能源系统的能源结构。典型的智慧能源系统的结构如图 7-1 和图 6-19 所示，在图 7-1 中采用框图形式展现能源、设备、负荷之间的结构关系；在图 6-19 中采用形象化设备展示设备及能源之间的关联。综合能源规划系统要考虑的设备更加全面，综合上述两图特点，重新整理智慧综合能源系统结构如图 7-3 所示。在图 7-3 中从上到下含电、冷、热三条母线，从左到右分为能源侧、设备侧和负荷侧，能源侧主要为电网、天然气、市政供暖等外部能源；设备侧涵盖光伏、三联供、热泵、电储能等各种园区综合能源常用能源转化及存储设备；负荷侧主要包括电负荷、空调冷负荷和空调热负荷。

二、设备模型

相对于第 6 章所述智慧综合能源管控系统运行控制技术中的设备模型，规划技术的设备模型涵盖的模型更加丰富，需要包括系统建设可能会用到的所有设备。同时，设备模型相对粗糙，可以减少一些运行控制中的策略分析，例如，无须考虑设备爬坡等运行中的调整方式，仅考虑机组整体能耗和基本运行出力规律等。

1. 光伏模型

光伏发电系统的核心组件为光伏电池，采用等效电路的方法建立光伏电池模型，其电压－电流（V–I）特性输出公式：

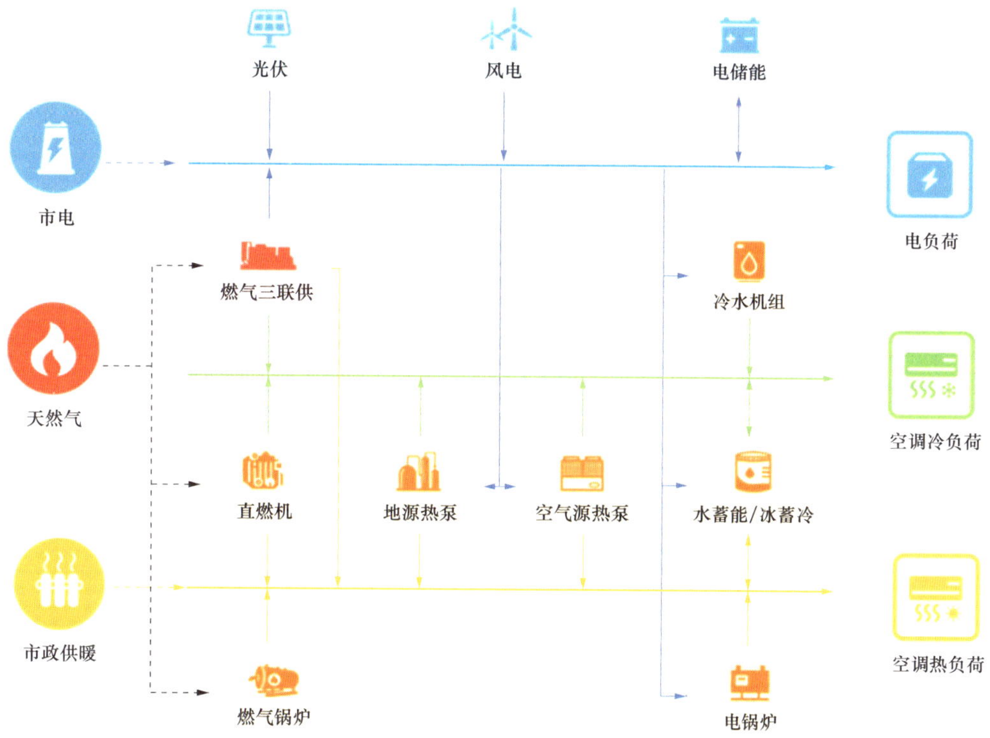

图 7–3　园区综合能源系统结构

$$I = I_{sc} - C_1 I_{sc} (e^{\frac{V}{C_2 V_{oc}}} - 1) \tag{7-19}$$

$$C_1 = \left(1 - \frac{I_m}{I_{sc}}\right) e^{\frac{-V_m}{C_2 V_{oc}}} \tag{7-20}$$

$$C_2 = \left(\frac{V_m}{V_{oc}} - 1\right) \frac{1}{\ln\left(1 - \frac{I_m}{I_{sc}}\right)} \tag{7-21}$$

式中　I_{sc}——短路电流；

V_{oc}——断路电压；

I_m——最大功率对应电流；

V_m——最大功率对应电压。

这四个参数均为标准工况下（S_{ref}=1000w/m^2，t_{ref}=25℃）的电池参数，C_1、C_2 为中间常数。

非标准工况下，光伏电池性能参数有所变化，根据实际光伏电池的标准性能参数将不同光照和温度下的参数进行拟合，根据式（7–22）~ 式（7–24）对参数进行修正，得到任意光照、温度下的光伏电池等效电路曲线。

$$\Delta I=\frac{S}{S_{\text{ref}}}\left[1+a\left(t-t_{\text{ref}}\right)\right] \tag{7-22}$$

$$\Delta V=\left[1-c\left(t-t_{\text{ref}}\right)\right]\times\ln\left[e+b\left(S-S_{\text{ref}}\right)\right] \tag{7-23}$$

$$\begin{cases} I'_{\text{sc}}=I_{\text{sc}}\times\Delta I \\ I'_{\text{m}}=I_{\text{m}}\times\Delta I \\ V'_{\text{oc}}=V_{\text{oc}}\times\Delta V \\ V'_{\text{m}}=V_{\text{m}}\times\Delta V \end{cases} \tag{7-24}$$

式中 a、b、c——补偿系数；

e——指数常量；

t——实际的光照强度和温度；

ΔI——等效电流系数；

ΔV——等效电压系数；

I'_{sc}——等效短路电流；

I'_{m}——等效断路电压；

V'_{oc}——最大功率对应等效电流；

V'_{m}——最大功率对应等效电压。

根据光伏电池等效电路曲线，采用最大电功率跟踪法建立光伏电池出力模型。

2. 风机模型

风机理想模型中，发电功率是与空气密度、风机叶片半径、风能转化效率相关的函数表达式，但是在综合能源建模中，一般采用分段函数的建模方法，如式（7–25）所示。

$$P_{\text{w}}\left(t\right)=\begin{cases} 0 & v\left(t\right)\leqslant v_{\text{in}}\ \text{or}\ v\left(t\right)\geqslant v_{\text{out}} \\ P_{\text{r}}\dfrac{v\left(t\right)-v_{\text{in}}}{v_{\text{r}}-v_{\text{in}}} & v_{\text{in}}\leqslant v\left(t\right)\leqslant v_{\text{r}} \\ P_{\text{r}} & v_{\text{r}}\leqslant v\left(t\right)\leqslant v_{\text{out}} \end{cases} \tag{7-25}$$

式中 P_{w}——风机在 t 时刻的实际输出功率；

P_{r}——风机的额定输出功率；

v_{r}——额定风速；

v_{in}——风机的切入风速；

v_{out}——风机的切出风速。

3. 燃气冷热电三联供系统模型

三联供系统有多种不同的构成形式，详见第 5 章所述，此处以“内燃机 + 溴化锂余热利用机组”形式为例说明。内燃机出力模型及溴化锂余热利用模型可描述为

$$P_{\mathrm{pgu}}(t)=P_{\mathrm{fuel}}^{\mathrm{pgu}}(t)\eta_{\mathrm{pgu}}(t) \tag{7-26}$$

$$Q_{\mathrm{ac}}(t)=P_{\mathrm{pgu}}(t)\times\frac{1-\eta_{\mathrm{pgu}}}{\eta_{\mathrm{pgu}}}\eta_{\mathrm{rec}}COP_{\mathrm{ac}} \tag{7-27}$$

式中 $P_{\mathrm{pgu}}(t)$——t 时刻内燃机功率；

$P_{\mathrm{fuel}}^{\mathrm{pgu}}(t)$——$t$ 时刻内燃机消耗燃料；

η_{pgu}——内燃机效率；

$Q_{\mathrm{ac}}(t)$——t 时刻溴化锂制冷或制热功率；

η_{rec}——余热回收效率；

COP_{ac}——溴化锂机组制冷或制热效率。

实际内燃机的效率是随内燃机负载率变化的，参照市售产品颜巴赫品牌内燃机，其变化规律可描述为

$$f=\frac{P_{\mathrm{pgu}}}{P_{\mathrm{pgu}}^{0}} \tag{7-28}$$

$$\frac{\eta_{\mathrm{pgu}}}{\eta_0}=1.245-4.116f+15.968f^2-27.27f^3 \tag{7-29}$$

式中 f——内燃机负载率；

P_{pgu}^{0}——内燃机额定功率；

η_0——内燃机额定效率。

4. 电储能设备模型

电储能设备模型指电储能类设备其出力及存储特性受电池荷电状态的影响，电池的性能特性可描述为

$$\begin{cases} SOC(t)=\sum_{t=1}^{t}P_{\mathrm{cell}}(t)+SOC(0) \\ 0\leqslant SOC(t)\leqslant N_{\mathrm{cell}} \end{cases} \tag{7-30}$$

$$\begin{cases} -\max P_{\mathrm{cell}}\leqslant P_{\mathrm{cell}}(t)\leqslant \max P_{\mathrm{cell}} \\ P_{\mathrm{cell}}(t)\leqslant SOC(t) \\ -P_{\mathrm{cell}}(t)\leqslant N_{\mathrm{cell}}-SOC(t) \end{cases} \tag{7-31}$$

式中 $SOC(t)$——储能电池 t 时刻的荷电状态；

$P_{\mathrm{cell}}(t)$——储能 t 时刻的蓄电或放电功率；

N_{cell}——储能的装机容量；

$\max P_{\mathrm{cell}}$——储能蓄电或放电功率的上限，主要受储能系统变流器装机的约束。

5. 水蓄能 / 冰蓄冷设备模型

水蓄能 / 冰蓄冷设备模型的构建方法类似于电储能设备，只是在建模中要考虑水的潜热和水的比热容。水蓄能主要通过利用水的高比热容特性对冷、热进行存储；冰蓄冷主要利用水的

潜热来储冷，相对于水蓄能来说占用的空间更小。水蓄能 / 冰蓄冷的模型特性可描述为

$$SOC_{\text{water}}(t)=\sum_{t=1}^{t}Q_{\text{water}}(t)+SOC_{\text{water}}(0) \tag{7-32}$$

$$SOC_{\text{water}}(t)\leqslant N_{\text{water}} \tag{7-33}$$

$$N_{\text{water}}=V_{\text{water}}\times\Delta T \tag{7-34}$$

$$\sum_{t=1}^{24}Q_{\text{water}}(t)=0 \tag{7-35}$$

$$Q_{\text{water}}=Q_{\text{dis}}(t)/\eta-Q_{\text{ch}}(t) \tag{7-36}$$

式中 $Q_{\text{water}}(t)$——t 时刻水蓄能 / 冰蓄冷的充放功率；

$Q_{\text{dis}}(t)$——t 时刻放能功率；

$Q_{\text{ch}}(t)$——t 时刻蓄能功率；

η——蓄能效率；

V_{water}——水蓄能罐 / 冰蓄冷设备体积；

ΔT——蓄能温差；

N_{water}——蓄能总容量；

SOC_{water}——蓄能状态。

6. 冷水机组类设备

冷水机组类设备是将电能转化为冷，一般包含中央空调采用的大型螺杆冷水机组和小型电空调 VRV 机组等，一般采用简化的能量转化模型，计算模型为

$$Q_{\text{ec}}(t)=E_{\text{ec}}(t)\times COP_{\text{ec}} \tag{7-37}$$

式中 Q_{ec}——冷水机组的制冷功率；

COP_{ec}——设备的制冷效率；

E_{ec}——设备的耗电功率。

7. 热泵类设备

热泵类设备一般包括空气源热泵、地源热泵、水源热泵。地源热泵对地热资源要求较高；水源热泵要求规划地域要有水源；空气源热泵对环境温度有一定的要求。热泵类设备的计算模型可描述为

$$Q_{\text{pump\_c}}=E_{\text{pump\_c}}(t)\times COP_{\text{pump\_c}} \tag{7-38}$$

$$Q_{\text{pump\_h}}=E_{\text{pulp\_h}}(t)\times COP_{\text{pump\_h}} \tag{7-39}$$

式中 $Q_{\text{pump\_c}}$——热泵的制冷功率；

$Q_{\text{pump\_h}}$——热泵的制热功率；

$E_{\text{pump\_c}}$——热泵在制冷工况下所消耗的电能；

$E_{\text{pulp\_h}}$——热泵在制热工况下所消耗的电能；

$COP_{\text{pump\_c}}$——热泵的制冷效率；

COP_{pump_h}——热泵的制热效率。

8. 直燃机类设备

直燃机类设备是通过消耗天然气制冷或制热的设备，计算模型为

$$Q_{ac}(t)=P_{fuel}^{ac}(t)\eta_{ac} \tag{7-40}$$

$$Q_{ah}(t)=P_{fuel}^{ah}(t)\eta_{ah} \tag{7-41}$$

式中 Q_{ac}——直燃机制冷功率；

Q_{ah}——直燃机制热功率；

η_{ac}——设备的制冷效率；

η_{ah}——设备的制热效率；

P_{fuel}^{ac}——设备在制冷工况下消耗天然气的能量；

P_{fuel}^{ah}——设备在制热工况下消耗天然气的能量。

9. 燃气锅炉

燃气锅炉是通过消耗天然气制热的设备，其计算模型为

$$Q_{gb}(t)=P_{fuel}^{gb}(t)\eta_{gb} \tag{7-42}$$

式中 Q_{gb}——燃气锅炉制热功率；

η_{gb}——燃气锅炉的制热效率；

P_{fuel}^{gb}——燃气锅炉消耗天然气的能量。

10. 电锅炉

电锅炉是通过电能制热的设备，其计算模型为

$$Q_{eb}(t)=P_{g}^{eb}(t)\eta_{eb} \tag{7-43}$$

式中 Q_{eb}——电锅炉制热功率；

η_{eb}——电锅炉的制热效率；

P_{g}^{eb}——电锅炉耗电量。

三、不确定性模型

智慧综合能源系统所涉及的不确定性因素主要包括天气的不确定以及负荷的不确定性。光照强度、温度、风速等涉及可再生能源设备出力的天气参数具有很强的不确定性，以某段时间的平均天气参数进行规划无法体现风、光等间歇性规律；而且随时间变化，负荷的不确定性也会直接影响综合能源系统设备装机容量的置信度。综合能源系统配置优化时，既需要考虑配置阶段装机方案保证任何不确定情况下的系统供能，又需要考虑运行阶段光伏、风机的出力波动。

园区智慧综合能源系统前期配置优化时必须要保证负荷的稳定供给，要充分考虑可再生能源的所有可能的出力情况。基于鲁棒性规划的不确定性因素建模方法可可得出适用于所有可能

情况的方案。在配置阶段，考虑到供能可靠性的硬性约束需求，配置方案必须能保证在“最恶劣”情况下满足园区的所有负荷需求，因此应建立不确定性鲁棒模型。

天气不确定性的最差情况发生在光伏、风机均出力为零时，因此一般设定综合能源系统供给的“最恶劣”情况是在负荷达到最大偏移量的情况下，可再生能源设备恰好均无法出力。

四、系统模型

综合能源系统涉及的设备种类众多，能量的耦合转换关系复杂。尽管不同情况下的规划模型有所差异，但仍可求同存异，提炼出基础模型，如式（7–44）所示。

$$\begin{cases} \min f(x,y,z) \\ \text{s.t.}\, h(x,y,z) \leqslant 0 \\ g(x,y,z) = 0 \end{cases} \tag{7-44}$$

式中 x ——综合能源系统规划方案相关变量，如设备的选型、容量等；

y ——综合能源系统模拟运行方案相关变量，如设备的出力等；

z ——互联互动引入的优化变量，如设备启停状态、储能充放状态等；

$f(x, y, z)$ ——综合能源系统的规划目标函数，可以是单目标或多目标，一般包括经济性、环保性、可靠性、节能性等；

$h(x, y, z) \leqslant 0$ ——不等式约束，包括设备出力上 / 下限、设备装机上 / 下限等；

$g(x, y, z)=0$ ——等式约束，包括电、冷、热功率平衡约束。

综合能源系统规划和运行控制类似，一般均采用较为成熟的线性规划方法，二者的基础模型均可描述为式（7–44）所示，但运行控制中的模型变量以设备的运行出力、启停等控制变量和约束为主；而规划模型除考虑设备运行外还要考虑设备的选型、定容等决策内容。

1. 目标函数

与综合能源系统运行控制目标函数的构建方法相同，规划工程中同样考虑经济性、节能性、环保性多个方面的优化目标的构建。不同之处在于，运行控制目标函数的构建主要考虑一定运行周期内（一般为一天或者几个小时内）系统的成本最小、二氧化碳排放量最大或能源消耗量最少；而在规划过程中，由于规划的周期更长，往往需要考虑至少十几年的项目周期，经济性目标函数要统筹考虑所有年份的成本、收益、投资等信息，节能性和环保性目标函数构建时也要统筹考虑全部项目周期内的碳排放或能耗情况。

（1）经济性：项目周期内净现值最大。评估综合能源系统优化配置结果时需要综合考虑其前期投资和项目运营周期内的收益情况，将系统运行所产生的成本或收益折算到规划周期期初的现值并综合考虑前期投资，建立以净现值为优化目标的目标函数，计算方法为

$$NPV=\sum_{n=1}^{n=N}\frac{NCF(n)}{(1+irr)^{n-1}} \tag{7-45}$$

式中 NPV ——项目规划周期内的净现值；

N ——项目的规划周期；

irr ——基准内部收益率；

$NCF(n)$——规划周期第 n 年的净现金流量。

净现金流量 NCF 包含当年的售电、售冷、售热等销售收益，政策补贴收益以及购电、购气、市政购暖等能源购买成本，设备更换成本等，仅在第一年或建设期内计算初始投资。具体计算方法为

$$NCF(n)=\sum_{i=1}^{i=I}Income(i)-\sum_{j=1}^{j=J}Cost(j)+\sum_{k=1}^{k=K}\left[Subsidy(k)-Replace(k)\right]-Fini \tag{7-46}$$

$$Fini=\frac{\sum_{k=1}^{k=K}Equi(k)}{(1-k_1-k_2-k_3)} \tag{7-47}$$

式中 $Income(i)$ ——第 i 种销售负荷收益；

$Cost(j)$ ——第 j 种能源购置成本；

$Subsidy(k)$——第 k 种设备的补贴收益；

$Replace(k)$——第 k 种设备的维护及更换成本；

$Fini$ ——初始总投资，初始投资包括各个设备的购置费用及其安装和施工费用；

$Equi(k)$ ——第 k 种设备的设备购置成本；

k_1 ——设备安装费经验占比；

k_2 ——设备实施费经验占比；

k_3 ——初始总投资中其他费经验占比。

（2）经济性：年均综合用能成本最小。不考虑能源出售收益时，经济评价指标一般采用综合成本法建立。设备选型和定容的基本原则是在满足用能需求的前提下，使规划周期内系统的投资和运行成本最小。一次性的投资主要来源于建设初期的设备购置及建设费用，运行成本主要包括燃料购置及设备的维护费用。综合考虑系统建设成本、燃料及购电成本、设备运维成本及后期的设备残值回收成本，其目标模型可描述为

$$C_{\text{total}}=C_{\text{ini}}+C_{\text{run}}+C_{\text{maintain}}+C_{\text{residual}} \tag{7-48}$$

式中 C_{total} ——综合总成本，优化时以该值最小为优化目标；

C_{ini} ——初始投资成本；

C_{run} ——运行成本，即购电、购气、购热等成本；

C_{maintain}——设备的维护成本；

$C_{residual}$——设备的残值回收成本，一般为负值。

其中：

$$C_{ini}=Total_{invest}\times\frac{r(1+r)^{n_i}}{(1+r)^{n_i}-1} \tag{7-49}$$

$$C_{residual}=Total_{residual}\times\frac{r(1+r)^{n_i}}{(1+r)^{n_i}-1} \tag{7-50}$$

式中 $Total_{invest}$——总投资成本，包括设备的购买成本即安装建设成本；

$Total_{residual}$——总投资成本的残值；

r——银行利率（折现率）；

n_i——第 i 种设备的使用寿命。

（3）节能性：一次能源利用率最高。节能性的目标函数为一次能源利用率最高，一次能源利用率即系统所支撑负荷的总量与消耗一次能源总量的比值，计算公式可表示为

$$PER=\frac{\sum_{k=1}^{k=K}\sum_{1}^{365}\sum_{t=1}^{t=24}load_k(t)}{Q_{gas}+Q_{coal}} \tag{7-51}$$

式中 $\sum_{t=1}^{t=24}load_k(t)$——$t$ 时刻第 k 中负荷的功率；

Q_{gas}——消耗燃气的能量；

Q_{coal}——消耗燃煤的能量。

（4）环保性：年均二氧化碳排放量最小。环保性的优化目标函数为年均 CO_2 排放量最小。系统 CO_2 排放主要通过燃烧天然气直接产生和通过电网购电或市政供暖购热间接产生，计算公式可表示为

$$amount_{CO_2}=amount_{CO_2}(gas)+amount_{CO_2}(P)+amount_{CO_2}(hot) \tag{7-52}$$

式中 $amount_{CO_2}(gas)$——燃气消耗的 CO_2 排放量；

$amount_{CO_2}(P)$——市电购买折合的 CO_2 排放量；

$amount_{CO_2}(hot)$——市政热购买折合的 CO_2 排放量。

2. 约束条件

园区综合能源系统优化模型同时实现设备的选型定容及其运行策略的优化，因此其约束也分为两层。第一层为针对设备选型定容的系统约束，主要包括能量源荷平衡约束、装机可靠性约束、财务需求约束、环境限制约束等；第二层为针对设备运行策略优化的各设备运行约束，类似于 6.4.2 中的约束部分，主要包括设备的功率约束、启停约束以及储能类设备的荷电状态约束等。

（1）能量平衡约束。能量平衡约束指优化模型需要满足电、冷、热的功率平衡，其源荷平衡模型可表示为

$$\begin{cases}\sum_{k=1}^{K} P_k(t) = P(t) \\ \sum_{k=1}^{K} Qc_k(t) = Q_c(t) \\ \sum_{k=1}^{K} Qh_k(t) = Q_h(t)\end{cases} \tag{7-53}$$

式中 $P(t)$ ——t 时刻的电负荷；

$Q_c(t)$ ——t 时刻的冷负荷；

$Q_h(t)$ ——t 时刻的热负荷；

$P_k(t)$ ——t 时刻第 k 个设备的电的出力情况；

$Qc_k(t)$——t 时刻第 k 个设备的冷的出力情况；

$Qh_k(t)$——t 时刻第 k 个设备的热的出力情况；

K ——系统内所有设备的数量。

（2）装机可靠性约束。本文描述的装机可靠性约束主要包括稳定的电、冷、热装机，与可再生能源发电装机约束。稳定的电、冷、热装机必须满足园区的设计负荷，以保证极端天气园区运行时负荷供给的稳定性；风、光等可再生能源不稳定发电装机需受园区变压器装机限制。相关约束可描述为

$$\sum_{k=1}^{k=K} N(k)(i) \geqslant \max load(i) \tag{7-54}$$

$$N_{wind} + N_{pv} \leqslant r \times N_{grid} \tag{7-55}$$

式中 $\max load(i)$——第 i 种负荷的设计负荷；

$N(k)(i)$ ——第 k 种设备第 i 种负荷的装机；

N_{wind} ——风机装机容量；

N_{pv} ——光伏装机容量；

N_{grid} ——变压器的装机容量；

r ——风、光等发电装机与园区变压器装机的比例系数。

（3）财务需求约束。财务需求约束主要包括总投资约束和期望回收期约束，总投资的计算方法如经济性目标函数中 $Fini$ 计算所示，投资回收期指累计净现金流量为零时对应的年份，净现金流量的计算方法如式（7–46）所示。财务约束最主要的约束为总投资约束可表示为

$$Fini \leqslant Ftotal \tag{7-56}$$

式中 $Fini$ ——经济性目标函数中的总投资；

$Ftotal$——项目最大可容忍投资总额。

（4）场地 / 建筑面积约束。实际规划过程中，由于受场地条件的限制，设备的尺寸往往也是优化的重要约束条件：

$$\sum_{k=1}^{k=K} S(k) \leqslant Stotal \tag{7-57}$$

式中　$S(k)$ ——第 k 个设备的装机所需面积；

$Stotal$——场地面积限制。

（5）功率约束。设备的出力受其出力上下限的限制，其出力上下限一般由该设备装机容量和其启动负载决定，各设备功率约束可描述为

$$\begin{cases} \min P_k \leqslant P_k(t) \leqslant \max P_k \\ \min Qc_k \leqslant Qc_k(t) \leqslant \max Qc_k \\ \min Qh_k \leqslant Qh_k(t) \leqslant \max Qh_k \end{cases} \tag{7-58}$$

式中　$P_k(k)$ ——t 时刻第 k 个设备的电功率；

$Qc_k(t)$——t 时刻第 k 个设备的冷功率；

$Qh_k(t)$——t 时刻第 k 个设备的热功率；

min ——功率的上下限；

max ——功率的上下限。

（6）储能类设备约束。对于储能类设备，还存在荷电状态的约束，其充放次数约束可描述为

$$U_{\text{cell}} \leqslant \min U_{\text{cell}} \tag{7-59}$$

式中　U_{cell}——电池的充放次数。

为充分描述电池的运行特性约束，并方便电池模型的线性化处理，此处引入表示电池的充放状态的布尔变量 $B_{\text{ch}}=\{0, 1\}$、$B_{\text{dis}}=\{0, 1\}$，B_{ch} 为 0 时表示电池处于未充电状态；B_{ch} 为 1 时表示电池处于充电状态，B_{dis} 变量同理。这样电池的充放次数 U_{cell} 可由 B_{ch}、B_{dis} 描述，约可以改写为

$$U_{\text{cell}}(t) = \left|B_{\text{ch}}(t) - B_{\text{dis}}(t-1)\right| \tag{7-60}$$

$$\text{sum}\sum_{t=1}^{T} U_{\text{cell}}(t) \leqslant \min U_{\text{cell}} \tag{7-61}$$

式中　$U_{\text{cell}}(t)$——t 时刻电池的充放状态变化情况。

电池不能同时处于充和放的状态，因此存在约束：

$$B_{\text{ch}}(t) + B_{\text{dis}}(t) \leqslant 1 \tag{7-62}$$

引入电池充放状态变量后，可描述为

$$\begin{gathered} 0 \leqslant P_{\text{ch}}(t) \leqslant \max P_{\text{cell}} \times B_{\text{ch}}(t) \\ 0 \leqslant P_{\text{dis}}(t) \leqslant \max P_{\text{cell}} \times B_{\text{dis}}(t) \\ P_{\text{cell}} = P_{\text{dis}}(t) - P_{\text{ch}}(t) \\ P_{\text{ch}}(t) \leqslant N_{\text{cell}} - SOC(t) \\ P_{\text{dis}}(t) \leqslant SOC(t) \end{gathered} \tag{7-63}$$

式中　$P_{\text{dis}}(t)$、$P_{\text{ch}}(t)$——电池 t 时刻的放电功率和充电功率，其差值即表示电池的充放功率。

7.2.3 优化算法

综合能源系统规划问题模型复杂，变量众多，属于高维混合整数非线性规划问题。目前的求解优化算法主要分为两类：一是将模型转凸或线性处理后基于数学优化的方法求解；二是基于现代启发式算法进行求解。

在用数学规划的方法进行求解时，一般综合考虑设计与运行阶段，综合考虑各阶段的模型建立约束条件与目标函数，并对模型中非线性部分进行线性化处理。现有研究针对综合能源系统特性，提出了一系列的模型转化方法，如采用大 M 法或分段线性的方法，将非线性模型转化为混合整数线性规划模型，或采用二阶锥松弛等方法将非线性模型转化为可求解的二次规划问题。

在用现代启发式算法进行求解时，一般分开考虑规划匹配优化与运行策略优化两阶段，建立规划 – 运行双层优化模型。规划 – 运行双层优化模型中：①上层进行设备的选型定容规划，下层优化机组的运行出力；②上层模型确定规划方案并传递给下层，下层模型以此为基础进行模拟运行，并将运行结果反馈给上层求解模型，上下层不断迭代求解，直到满足收敛条件；③上层优化模型一般采用粒子群算法、蚁群算法、遗传算法、模拟退火算法等启发式算法，下层模型一般采用线性规划的方法或采用逻辑建模的方法进行模拟运行。

目前综合能源系统规划常用的两种优化算法分析见表 7–5。

表 7–5　综合能源系统规划求解优化方法对比分析

优化方法	常用算法	处理方式	缺点
数学规划方法	单纯形法；分支定界法；切割平面法；内点法	非线性混合整数规划模型线性化处理；转凸处理形成线性模型或二次规划模型	线性化或转凸处理复杂，且处理后模型庞大，求解较难
启发式算法	粒子群优化算法；蚁群算法；遗传算法；模拟退火算法	建立规划 – 运行双侧优化模型结构，上层规划采用启发式算法；下层运行建立逻辑模型或线性求解模型	易陷入局部最优，且求解变量越多收敛时越易陷入局部最优

下面分别以混合整数线性规划的分支定界方法和启发式算法中的粒子群优化算法为例做详细的介绍。

1. 分支定界法

整数线性规划对应的优化变量全部为整数，而混合和整数线性规划，其优化变量中既含有整数变量又含有连续变量，常常采用分支定界的方法或切割平面的方法并结合单纯形法进行求解，分支定界法是混合整数线性规划常用的求解方法。

混合整数线性规划的标准形式如式（7–64）所示。

$$\begin{cases} \max C^{\mathrm{T}} x \\ \text{S.T.} \qquad Ax = B \\ x_{\min} \leqslant x_i \leqslant x_{\max} \qquad i \in I \\ x_j \in \{0,1,2,3,4,\ldots\} \qquad j \in J \end{cases} \tag{7–64}$$

式中 $\max C^{\mathrm{T}} x$ ——最优目标函数；

S.T. ——等式约束；

x_i ——连续变量；

x_j ——整数变量；

A、B、C——常量。

分支定界法是求解整数规划和混合整数规划问题最经典的方法。分支定界方法示意图如图7–4所示，分支定界法是一种搜索与迭代的方法，选择不同的分支变量和子问题进行分支。分支定界算法始终围绕着一颗搜索树进行的，将原问题看作搜索树的根节点，从这里出发，分支的含义就是将大的问题分割成小的问题；大问题可以看成是搜索树的父节点，那么从大问题分割出来的小问题就是父节点的子节点了；分支的过程就是不断给树增加子节点的过程；而定界就是在分支的过程中检查子问题的上下界，如果子问题不能产生一比当前最优解还要优的解，那么砍掉这一支；直到所有子问题都不能产生一个更优的解时，算法结束。

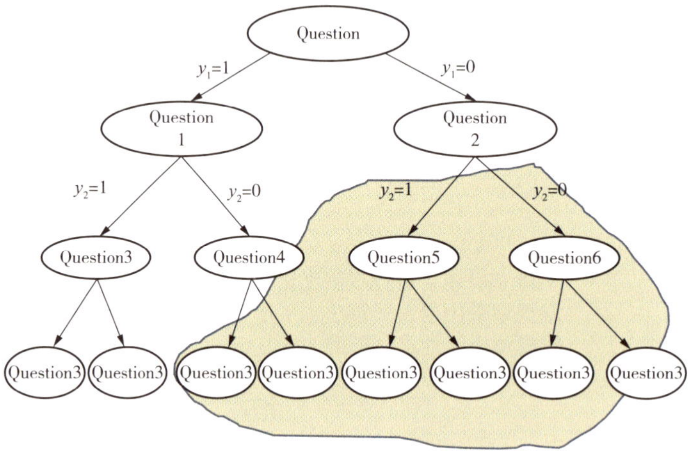

图 7–4 分支定界方法示意图

2. 粒子群优化算法

粒子群优化算法（particle swarm optimization algorithm，PSOA）是通过模拟鸟群觅食行为而发展起来的一种基于群体协作的随机搜索算法，是群集智能（swarm intelligence，SI）的一种，由 Eberhart 和 Kennedy 博士于 1995 年发明。算法中每个优化问题的解都是搜索空间“粒子群”中的一个“粒子”，所有的粒子都有一个由被优化函数决定的适应度值（fitness value），每个粒子还有一个速度决定他们每次迭代更新的方向和距离。举例第 i 个粒子在第 k 次迭代计算中遵循以下原则：

（1）粒子现在所处 N 维搜索空间中的位置为 $X_i^k=(x_1^k,\dots,x_n^k,\dots,x_N^k)$，其中的每个维度值 x_n 都有设定的上界值 u_n 和下界值 l_n。

（2）粒子的速度为 $V_i^k=(v_1^k,\dots,v_n^k,\dots,v_N^k)$，其中每个维度的速度值 v_n 也以设定的最大值 $v_{\max,n}$ 和最小值 $v_{\min,n}$ 为边界。

在第 k 次迭代到第 $k+1$ 次迭代的过程中，粒子速度更新和位置更新方式为

$$V_i^{k+1}=\alpha V_i^k+c_1r_1(pbest_i^k-X_i^k)+c_2r_2(gbest^k-X_i^k) \tag{7-65}$$

$$X_i^{k+1}=X_i^k+V_i^{k+1} \tag{7-66}$$

式中 $pbest_i^k$ ——第 i 个粒子的局部最优位置；

$gbest^k$ ——整个粒子群到第 k 次迭代计算为止找到的全局最优位置，所谓最优位置即粒子位置使被优化目标函数值最大化；

X_i^k ——第 i 个粒子第 k 次迭代的位置；

V_i^k ——第 i 个粒子第 k 次迭代时的速度。

其粒子迭代位置与速度更新示意如图 7-5 所示。

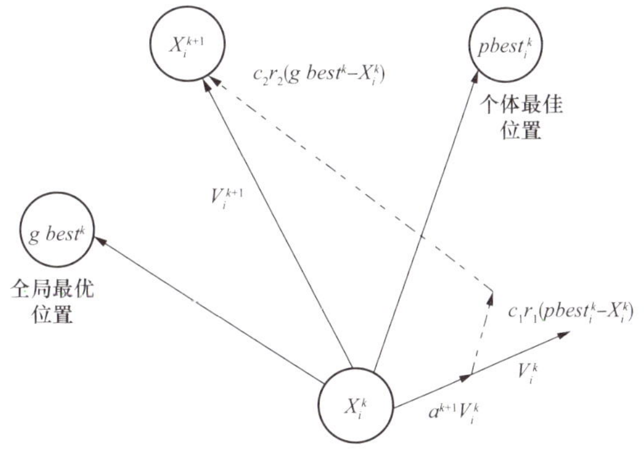

图 7-5 粒子位置与速度迭代进化示意图

其中，初始 $pbest_i$ 定义为粒子初始位置 X_i^1，第 k 次迭代计算时如果 $f(X_i^1)\leqslant f(X_i^k)$，则粒子的局部最优值被取代 $pbest_i=X_i^k$，否则保持原值不变；而全局最优值 $gbest$ 取值于局部最优值：

$$\begin{aligned}&gbest\in\{pbest_1,\dots,pbest_i,\dots,pbest_m\}\\&f(gbest)=\max\{f(pbest_1),\dots,f(pbest_i),\dots,f(pbest_m)\}\end{aligned} \tag{7-67}$$

式中 f ——优化目标函数；

m ——粒子个数；

c_1、c_2——加速因子，控制粒子在一次迭代中移动的距离；

r_1、r_2——取自两个 0 和 1 之间的随机向量 $rand$ [0, 1] 的随机数；

α ——惯性因子，初始化值也取自 $rand$ [0, 1]。

惯性因子α对粒子群优化算法的搜索行为有重要影响，为保证搜索结果更加准确，对α动态赋值被证明是有效的方法，较大的α初值($\alpha \approx 1$)有利于开始阶段的全局搜索，此后慢慢减小α使搜索范围渐渐收缩到较窄的可行空间。一般采用线性减小的方式在迭代过程中对α动态赋值：

$$\alpha^{k+1} = \alpha_{\max} - \frac{\alpha_{\max} - \alpha_{\min}}{k_{\max}} k \tag{7-68}$$

式中 $\alpha_{\max}$——α初始随机向量 $rand$ [0, 1] 中的最大值；

$\alpha_{\min}$——α初始随机向量 $rand$ [0, 1] 中的最小值；

$k_{\max}$——优化过程设定的最大迭代次数。

7.2.4 求解流程

智慧综合能源系统规划求解过程大致可分为三个阶段。首先是规划对象分析，主要包括负荷的计算和处理、多能耦合系统拓扑结构的分析、市场及环境信息分析、设备参数信息分析等；其次是规划模型的搭建，主要包括单目标或多目标函数模型的搭建，以及系统约束和运行约束模型的搭建；最后是模型优化方法的确定，主要有数学规划优化方法和启发式双层优化的方法。综合能源系统求解架构图如图 7-6 所示。

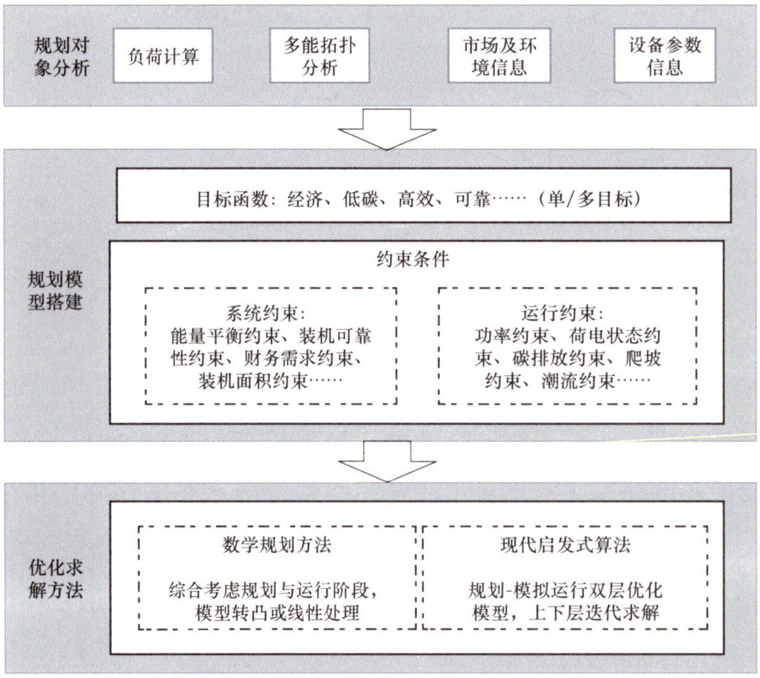

图 7-6 综合能源系统求解架构图

1. 数学规划求解流程

采用数学规划方法求解综合能源系统线性规划问题的流程图如图 7–7 所示。首先对规划对象的输入进行建模处理，包括负荷、财税、气象等信息处理；然后搭建各个设备的能耗、投资等计算模型以建立系统的目标函数，搭建系统约束及运行约束，并对目标函数和约束条件中非线性部分线性处理；最后调用求解器进行求解，得到最优配置方案。

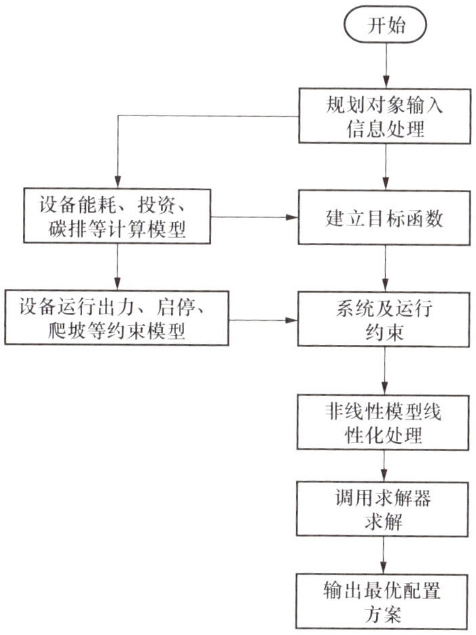

图 7–7 综合能源系统线性规划求解流程图

2. 基于启发式算法的双层优化规划求解流程

双层优化算法将综合能源系统优化求解模型分为了规划和运行两层，对综合能源系统供给和存储设备的类型和容量进行优化。上层规划层基于规划区域内综合能源整体负荷和水平，在备选综合能源供给和存储设备中，针对多种优化规划目标，考虑全寿命周期的优化运行工况，提出园区的制冷、制热、发电和储能装置的最优组合方案；下层运行层对综合能源系统设备的运行调度进行优化。分别在不同能源需求期下，基于典型日或全年逐时负荷需求曲线，考虑能源供给和存储设备的系统运行约束和供需平衡约束，对应上层的优化目标给出运行方案；下层的运行调度优化服务于上层的综合能源系统规划优化，从调度优化的结果，可以得到某一规划方案下系统运行的经济性和环保性指标，成为综合能源系统规划指标的重要组成部分，具体双层优化规划求解流程可描述为如图 7–8 所示。

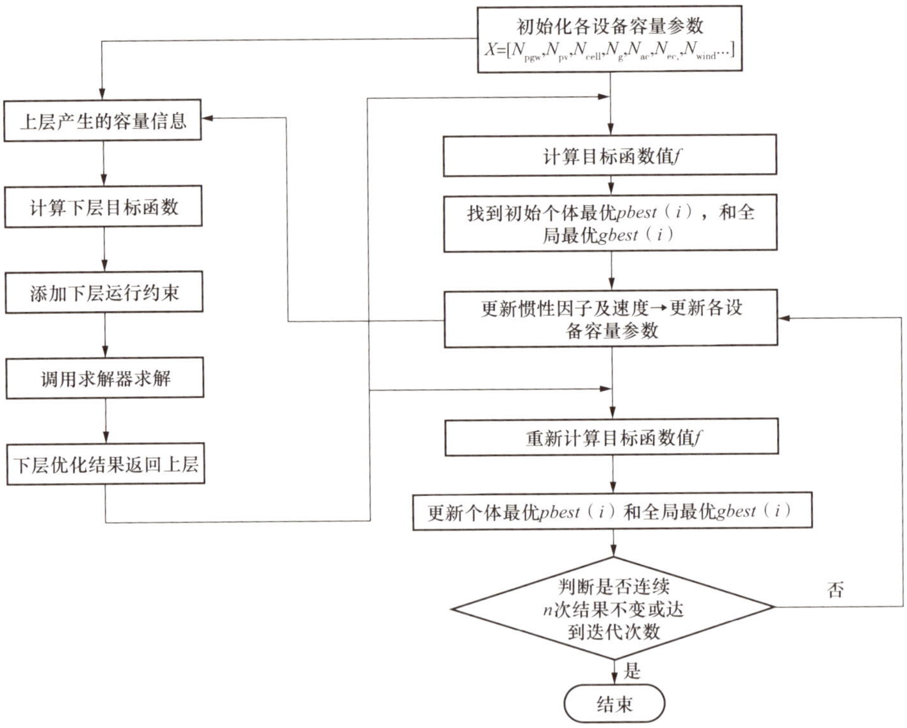

图 7–8　双层优化规划求解流程

7.3　规划决策辅助软件及应用

7.3.1　软件功能与架构

本节以 NEPS2000 智慧综合能源系统规划决策辅助软件为例介绍相关内容。该软件面向办公、商业、住宅、酒店、医院、学校等建筑楼宇、园区以及工业用户，针对电、气、冷、热、生活热水、蒸汽等多能系统开展规划设计，采用科学、实用的优化算法实现规划方案的智能寻优，提供负荷计算、配置优化、运行仿真、技术经济性分析、敏感性分析、报告生成等服务，为用户新建或改造项目精准投资提供辅助决策支撑。

综合能源系统规划决策辅助软件 NEPS2000 提供 3 大类功能服务：①提供民用建筑多能规划、公共能源站多能规划 2 大核心业务；②提供气象数据查询、典型负荷查询、能源价格查询、政策补贴查询、设备参数查询、碳排放计算等 6 种查询实用功能；③提供“我的项目”“我的报告”“我的参数”“我的消息”“我的账号”等个人中心管理功能。

综合能源系统规划辅助决策软件 NEPS2000 功能架构如图 7–9 所示。

一、核心业务

NEPS2000 软件的核心业务功能是实现不同业务场景下的多能系统规划，当前支持民用建

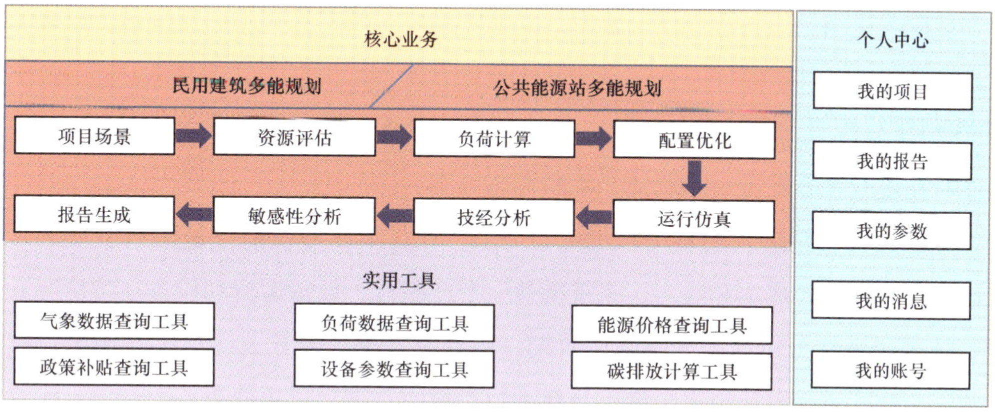

图 7-9 综合能源系统规划辅助决策软件 NEPS2000 功能架构图

筑、公共能源站 2 大业务场景。

按照多业务流程，多能规划又可划分为项目场景、资源评估、负荷计算、配置优化、运行仿真、技术经济性分析、敏感性分析、报告生成 8 个功能子模块，用户需依次操作。

（1）项目概况：用户填写项目信息、方案名称，实现项目和方案的创建。

项目信息包括：项目名称、项目地址、项目类型、项目单位、项目联系人、联系电话、项目简介等信息；方案与项目关联，一个项目可以关联多个方案；同一个项目下的方案不允许重名。

（2）资源评估：支持资源禀赋查看、财税参数设置、能源价格参数设置和节能环保参数设置。

资源禀赋展示项目所在地区的辐照、温度、风速、浅层地热、天然气热值，及光伏、光热、地源热泵的安装条件；财税参数设置支持项目经济目标、项目建设和运营参数、税率参数的设置；能源价格参数包括电、天然气、自来水、集中供热的购买价格和电、冷、热、生活热水、蒸汽的销售价格；节能环保参数展示电力排放指标、天然气排放指标参数。

（3）负荷计算：用户输入电负荷、空调冷热负荷、热水负荷、蒸汽负荷等基础负荷信息，系统计算年逐时负荷。

其中：民用建筑多能规划支持电负荷、空调负荷、热水负荷计算；公共能源站多能规划支持电负荷、冷热负荷、热水负荷、蒸汽负荷计算。

NEPS2000 软件支持多种负荷数据输入方式，可通过设置供能面积、最大负荷、用电（冷热）量、购电（气）费，利用机器学习、相似曲线 2 种符合计算方法，计算生成全年 / 逐月 / 典型日负荷曲线，并允许用户手动调整负荷曲线。

（4）配置优化：软件利用智能算法计算供能设备容量并自动寻优，输出多能系统最优配置方案。

NEPS2000 软件支持理论优化、工程优化、手动选型 3 种方式进行系统配置。理论优化是基于数学意义上的最优系统配置优化，输出的设备容量在市场上可能没有对应的产品；工程优化是基于理论优化结果的工程寻优，输出的是能够满足实际工程应用的系统最优配置方案；手动选型是用户基于软件产品库，手动搭建系统配置方案。

NEPS2000 软件支持迭代优化功能，若用户对上述 3 种优化结果不满意，可通过“迭代优化”功能对系统配置方案进一步调整，不断调整方案。

（5）运行仿真：根据多能系统最优配置方案，软件展示各供能设备的典型日逐时出力策略，能耗和产能情况、成本和收入、系统能效、节能减排、设备运行和设备运维情况。

（6）技术经济性分析：计算静态回收期、内部收益率等财务关键指标，输出总投资估算表、流动资金估算表等财务报表，供用户对项目投资收益进行量化分析。

（7）敏感性分析：用户通过设置负荷、能源购销价格等敏感性分析参数，对配置方案重新进行财务分析，量化评估敏感性因素变化引起的财务指标波动。

（8）报告生成：将用户输入的负荷数据、供能设备参数、能源价格参数，以及系统输出的配置方案、运行方式、财务分析、敏感性分析结果，按照模板一键生成 word 版本规划方案报告，支持用户查看和分享。

二、实用工具

1. 气象数据查询

气象数据查询包括用户选择“省 – 市 – 区县”地理位置，软件自动展示该地理区域的“全年辐照强度”“全年气温”“全年体感温度”“全年风速”“全年风向”“全年湿度”“全年降水量”“全年气压”“全年能见度”等 9 项气象指标的 8760h 曲线。NEPS2000 软件提供全国 3152 个区县的气象数据查询功能。

2. 负荷数据查询

负荷数据查询包括用户选择地理位置（省 – 市 – 区县）和建筑类型，可查询电负荷、空调负荷信息。NEPS2000 软件展示该区域电负荷、空调负荷的 8760h 曲线。

3. 能源价格查询

能源价格查询包括用户选择地理位置（省 – 市 – 区县），可查询该区域的电价、天然气价格、自来水价格。

4. 政策补贴查询

政策补贴查询功能用户选择设备种类、地理位置（省 – 市 – 区县），可查询该区域相关的补贴政策。

NEPS2000 软件以列表的方式展示该区域的补贴信息，包括：建筑依次性补贴、建站规模补贴、度电补贴、度电补贴年限等。

5. 设备参数查询

设备参数查询功能包括用户按照设备种类和设备类型，以及品牌 / 国别 / 型号、设备容量范围、设备单价范围，可查询软件产品库中的综合能源系统供能设备详细参数。

6. 碳排放计算

碳排放计算包括用户输入煤炭类、油类、天然气类等一次能源的年消耗量，以及网购热量、网购电量，软件展示用户年二氧化碳排放量。

三、个人中心

1. 我的项目

“我的项目”模块以列表方式展示用户当前账号下所有的项目；支持按照项目名称、项目地址、项目录入时间查询项目；支持对项目名称的编辑；支持项目删除操作。

2. 我的报告

“我的报告”模块以列表方式展示用户当前账号下所有的报告；支持按照报告名称、项目名称、报告生成时间查询报告；支持对报告名称的编辑；支持报告下载、删除操作。

3. 我的参数

“我的参数”模块用于用户查看当前账号下的供能设备参数、能源价格参数等信息；支持对相关参数的查询、新增、修改、删除操作。

4. 我的消息

“我的消息”模块用于推送用户系统消息、优化操作结果等信息。

5. 我的账号

“我的账号”模块用于用户账户信息查看、登录密码修改。

7.3.2 软件工作原理

NEPS2000 软件根据项目属地的风、光、温度、地热等自然禀赋开展资源分析，依据用户输入的负荷数据进行用能需求计算，然后通过多目标优化算法，实现能源系统设备选型和定容、系统运行优化、经济评估分析、规划报告生成等功能，NEPS2000 软件工作原理如图 7-10 所示。

一、数据输入

用户输入地理位置、负荷数据、能源购售价格等信息，为软件优化计算提供基础数据。

（1）获取项目信息，读取项目所在区域的地理位置，关联该区域的辐照、温度、风速、地热资源等能源资源信息；关联该区域的购电、购气、购水、集中购热等价格信息；关联该区域的政策补贴信息。

（2）获取用户的负荷信息，包括电负荷、冷负荷、热负荷、生活热水、蒸汽负荷的功率、用量、费用等数据及建筑信息，为后续设备选型定容提供依据。

（3）获取电、冷、热、生活热水、蒸汽的销售价格；获取项目基本信息，包括建设期、运

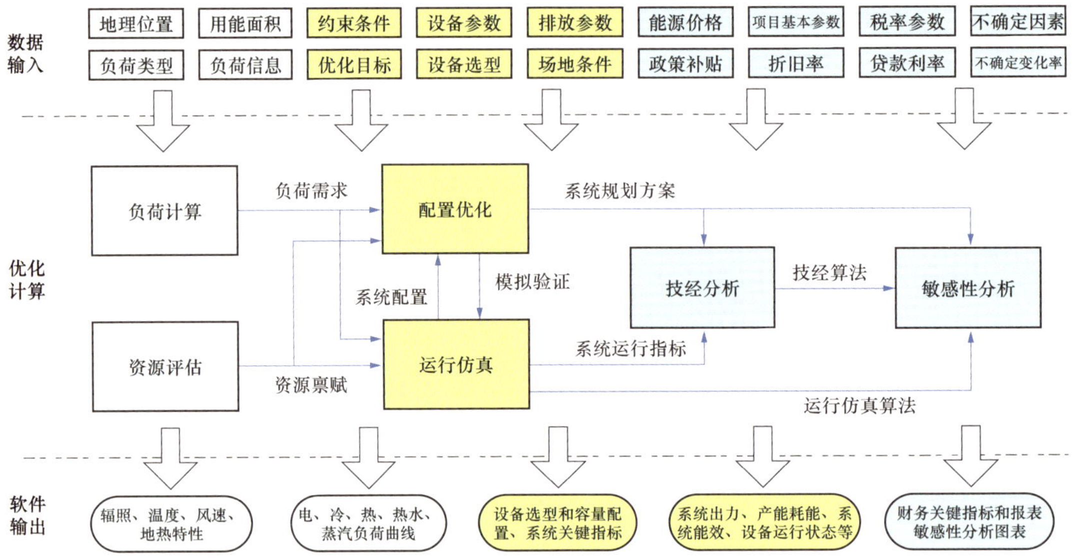

图 7-10　NEPS2000 软件工作原理图

营期、基准收益率、折现率等信息。

（4）获取电力排放指标、天然气排放指标参数。

（5）获取税率参数、贷款参数等信息。

（6）获取优化目标，包括经济、高效、低碳目标，支持用户单选或多选。

（7）获取约束信息，包括场地条件、投资约束、供能设备种类约束等。

（8）获取设备参数信息，包括设备的额定功率、额定效率、购置成本、运维成本、使用年限等信息。NEPS2000 软件提供 17 种供能设备模型，包括：光伏、风电、电储能、变压器；直燃机、地源热泵、空气源热泵、冷水机组、电锅炉、燃气锅炉、集中供暖；燃气三联供系统；太阳能热水器、燃气生活热水锅炉、电生活热水锅炉；燃气蒸汽锅炉、电蒸汽锅炉。

上述所有的信息，除去项目地址、负荷信息外，软件都提供默认数据供用户参考使用。

二、优化计算

在信息输入部分的基础上进行负荷计算、配置优化、运行仿真、技术经济性分析、敏感性分析等一系列优化或计算操作，基于上述输入的数据，在一定目标设定和约束条件限制下给出最优的设备配置方案；并对该方案进行运行模拟和经济效益及敏感性的分析，让提高用户对规划方案在经济运行和抗风险能力等方面有直观的直观认识，具体包含负荷计算、配置优化、运行仿真、技术经济性分析、敏感性分析等等优化计算步骤。

（1）负荷计算。负荷计算指根据输入的建筑或建筑群的地理位置、规模、用途等信息以及用户采用的负荷数据输入方式，软件自动匹配单位面积指标法、历史数据外推法、数值模拟预测法等负荷计算方法，计算生成该建筑或建筑群的冷、热、电、热水、蒸汽等负荷全年 8760h 的逐时曲线。

（2）配置优化。配置优化指根据用户输入的当地资源、市场、财税和计算负荷等参数信息，以经济、低碳、高效为优化目标，计及用能可靠性需求、投资限制额、场地限制等约束信息，通过基于大规模混合整数线性规划的优化算法对系统进行优化配置，得出最优的装机种类及容量等设备配置信息；优化配置时可以实现设备的配置方案和运行策略的同步优化求解，确保每个配置方案都是形成于在其最优运行策略下优化出的。

（3）运行仿真。运行仿真指根据针对配置优化优化出的最优所得配置方案或用户输入的配置方案，对开展该能源系统进行的运行仿真模拟，运行仿真同样支持以经济、低碳、高效为优化目标，涵盖考虑机组启停、功率平衡、机组出力特性等约束条件，计算形生成该方案下各设备各个典型月份下的全年 8760h 的逐时出力曲线，并对评估全年各设备用能、产能、碳排等指标进行评估。

（4）技术经济性分析。技术经济性分析指根据运行仿真结果，结合标准工程技术经济性分析计算方法，计算分析项目全生命周期的投资净现值、内部收益率、回收期等关键财务指标，并生成 12 张关键财务报表。

（5）敏感性分析。敏感性分析指通过改变负荷、投资、价格等输入参数数据，分析各输入参数变化对系统经济性的影响规律，量化其影响程度。

三、软件输出

软件输出包括：负荷全年逐时曲线；设备最优配置方案；系统最优运行方式；技术经济性关键指标及财务报表；敏感性分析结果等。

（1）负荷全年逐时曲线。负荷全年逐时曲线包括：电负荷、冷负荷、热负荷全年 8760h 曲线；热水负荷、蒸汽负荷典型日逐时曲线；各种负荷的全年总额和最大值。软件输出的某项目空调负荷全年逐时曲线如图 7-11 所示。

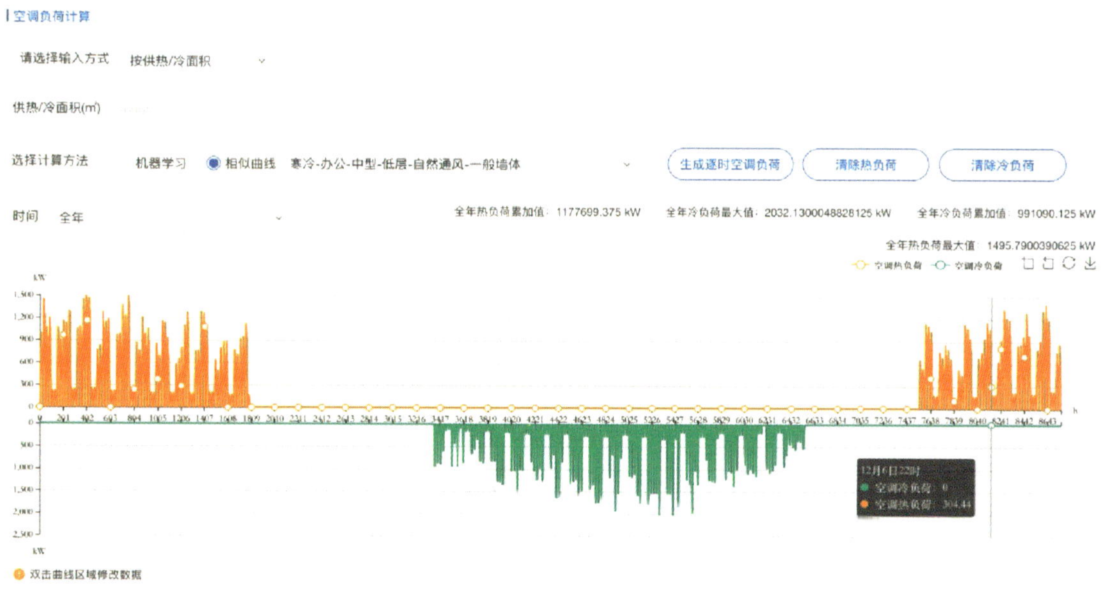

图 7-11　软件输出的某项目空调负荷全年逐时曲线

（2）设备最优配置方案。设备最优配置方案包括供能设备功率、品牌型号、安装数量；系统中电 / 冷 / 热 / 生活热水 / 蒸汽相关设备的总装机容量等。软件输出的某项目设备配置方案列表如图 7–12 所示。

配置列表

序号	系统配置	电总装机容量 kW	冷总装机容量 kW	热总装机容量 kW	热水总装机容量 kW	建设投资 万元	内部收益率 %	投资回收期 年	项目周期内净现值 万元	一次能源利用率 %	年CO_2排放量 吨
1	变压器-干式无励磁调压,1080kVA，1台 空气源热泵-离心式变频,665.0kW(冷)/700.0kW(热)1台 冷水机组-变频螺杆式,640kW，1台 水蓄能-开式（非承压）,52m³，1台 光热-真空集热管,14m²，1台 电生活热水锅炉-电热水锅炉（电阻）,175kW，1台 ...收起	1080	1305	700	175	279.92	27.02	4.44	309.19	37.44	1964.2377
2	变压器-干式无励磁调压,1500kVA，1台 冷水机组-变频螺杆式,1385kW，1台 电锅炉-电热水锅炉（电阻）,816kW，1台 电生活热水锅炉-电热水锅炉（电阻）,175kW，1台 ...收起	1500	1385	816	175	283.97	11.65	7	55.6	32.97	2230.3154
3	变压器-ABB干式无励磁调压-500,500.0kVA，3台 冷水机组-变频螺杆-特灵-1389,1389.0kW，1台 电锅炉-电阻-双良-882,882.0kW，1台 电生活热水锅炉-电阻-正泰铭远-175,175.0kW，1台 ...收起	1500	1389	882	175	182.44	29.88	4.21	248.82	34.96	2103.175

图 7–12　软件输出的某项目设备配置方案列表

（3）系统最优运行方式。系统最优运行方式包括：设备逐时出力优化策略；系统产能耗能、设备产能耗能情况；系统成本、收入情况；系统能效分析；系统污染物年均排放总量，及相对传统供能方案的节能减排情况；系统供能可靠性分析；设备利用率、设备负载率、设备更换等运行维护情况分析。软件输出的某项目设备逐时出力图如图 7–13 所示，软件输出的某项目多维指标分析结果如图 7–14 所示。

（4）系统经济性分析。包括财务关键指标和财务报表两部分。

财务关键指标包括：项目总投资、营业收入、综合成本、年均利润、所得税等指标；项目内部收益率、净现值、投资回收期、投资收益率、盈亏平衡点等盈利能力指标；利息备付率、偿债备付率、资产备付率等偿债能力指标。软件输出的某项目财务关键指标示例如图 7–15 所示。

财务报表包括：总投资估算表；流动资金估算表；项目总投资使用计划与资金筹措表；营业收入、税金及附加和增值税估算表；总成本费用估算表；固定资产折旧费估算表；利润及利润分配表；项目投资现金流量表；项目资本金现金流量表；财务计划现金流量表；借款还本付息表；资产负债表。软件输出的某项目总成本费用估算表如图 7–16 所示。

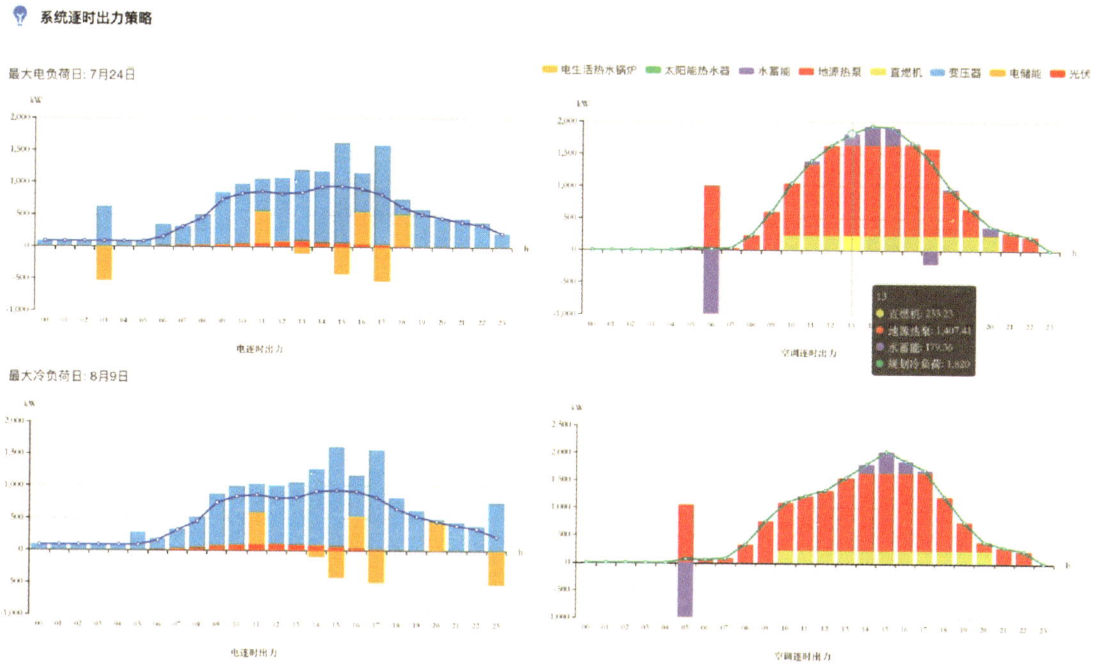

图 7–13　软件输出的某项目设备逐时出力图

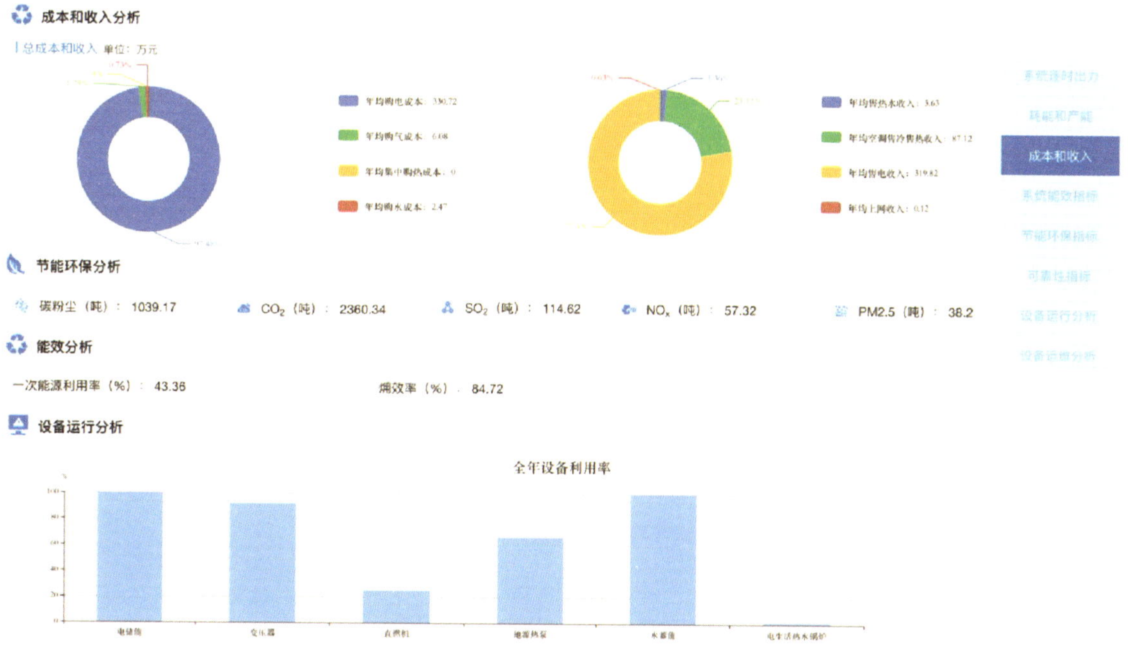

图 7–14　软件输出的某项目多维指标分析结果

另外，还可对系统进行各种因素的敏感性分析，如负荷、能源购销价格、建设投资等对优化结果的影响程度。敏感性分析结果示例：空调负荷为不确定因子的敏感性分析输出如图 7–17 所示。

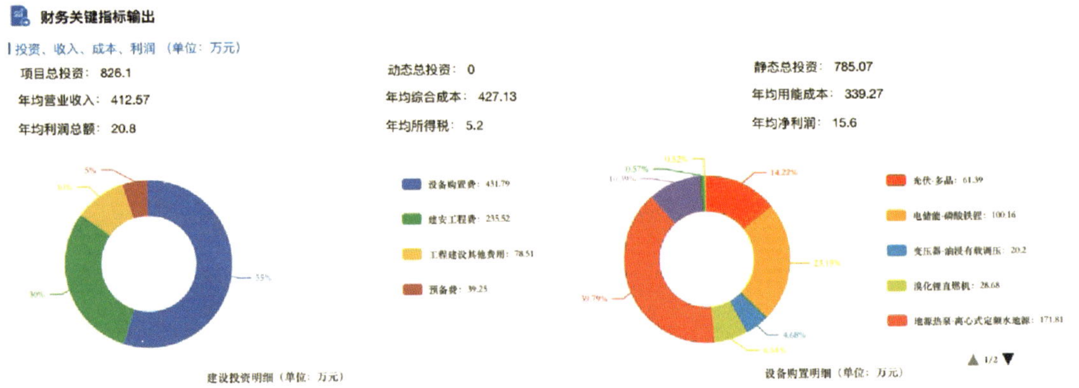

图 7-15　软件输出的某项目财务关键指标

5.总成本费用估算表（单位：万元）

序号	项目	合计	建设期							运
			1	2	3	4	5	6	7	8	
1	燃料及动力费（1.1+1.2+1.3+1.4）	1925.38		128.36	128.36	128.36	128.36	128.36	128.36	128.36	12
1.1	购电成本	433.07		28.87	28.87	28.87	28.87	28.87	28.87	28.87	28
1.2	购气成本	1492.31		99.49	99.49	99.49	99.49	99.49	99.49	99.49	99
1.3	购热成本	0		0	0	0	0	0	0	0	
1.4	购水成本	0		0	0	0	0	0	0	0	
2	工资及福利费	0		0	0	0	0	0	0	0	
3	修理费	304.24		20.28	20.28	20.28	20.28	20.28	20.28	20.28	20
4	其他费用	0		0	0	0	0	0	0	0	
5	经营成本（1+2+3+4）	2229.62		148.64	148.64	148.64	148.64	148.64	148.64	148.64	14
6	折旧费	1083.24		129.1	129.1	129.1	129.1	129.1	129.1	129.1	12
7	利息支出	0		0	0	0	0	0	0	0	
8	总成本费用合计（5+6+7）	3312.86		277.74	277.74	277.74	277.74	277.74	277.74	277.74	27
	其中：可变成本	1925.38		128.36	128.36	128.36	128.36	128.36	128.36	128.36	12
	固定成本	1387.48		149.38	149.38	149.38	149.38	149.38	149.38	149.38	14
	盈亏平衡点（BEP）%			97.53	97.53	97.53	97.53	98.52	98.94	98.94	98

图 7-16　软件输出的某项目总成本费用估算表

7.3.3　软件特点

（1）科学性：针对综合能源系统规划多场景、多目标、多约束问题，提供多目标优化智能求解方法，对规划复杂问题解耦，确保规划容量求解的科学性。

（2）专业性：提供精细全面的财务关键指标分析、财务报表输出、敏感因素分析技术手段，多维度、全方位为精准投资提供专业的技术经济性分析。

（3）实用性：提供全国气象资源、能源价格及补贴、典型建筑负荷、主流厂商设备参数等

▾ 空调负荷

不确定变化率	内部收益率	静态回收期（年）	敏感度系数
-20%	13.21%	7.37	0.39
-15%	13.49%	7.27	0.39
-10%	13.77%	7.18	0.38
-5%	14.05%	7.09	0.38
0%	14.32%	7.01	0
5%	14.58%	6.93	0.37
10%	14.83%	6.85	0.36

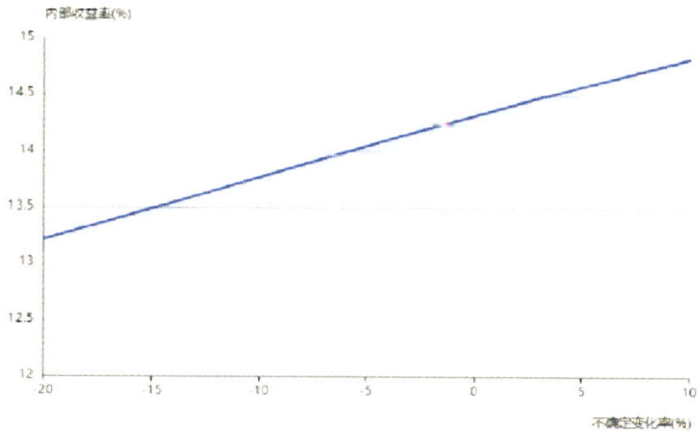

图 7-17　敏感性分析结果示例：空调负荷为不确定因子的敏感性分析输出

基础数据，解决规划前期收资耗时且困难的问题。

（4）灵活性：具备灵活便捷的人机交互手段，通过高度灵活的参数设置，满足用户多场景、多目标、个性化的用能需求。

（5）易用性：提供流程式设计手段，逐步引导用户完成规划工作，简单易理解，确保软件易用易上手。

8 智慧综合能源系统工程

智慧综合能源系统工程打破单一能源品种和单一用能技术，实现能源、信息、社会等系统深度融合。在国家绿色经济、低碳技术兴起及相关政策扶持、能源体制改革、能源信息技术飞跃等多重因素影响下，智慧综合能源系统工程已逐步显示高效、绿色、共享等多种优势，是实现“双碳”目标的一个有效支撑手段，成为众多企业竞逐的新热点和新市场。当前建设运营智慧综合能源系统工程最缺的是团队和经验，需要知政策、懂技术、跨专业的复合型人才队伍。本章通过已实施的工程案例，对智慧综合能源系统工程的规划设计、技术路线选用、建设方案、设备选型、项目报批及备案、采购与施工管理等环节工作进行总结，供智慧综合能源系统相关从业人员参考。

8.1 工程设计要点与关键技术

智慧综合能源系统多样，架构复杂。能源形式、各子系统参数匹配、系统运行稳定性、可靠性、运行经济性、工程设计等方面是工程建设的关键点。智慧综合能源工程设计一般先完成工艺、电气能源系统搭建与匹配，然后进行系统智能化的深化设计，最后完成配套设计。本节就工程设计过程中主要系统的设计要点及关键技术进行介绍。

8.1.1 工程设计流程

一、工程建设条件

智慧综合能源系统的工程设计要以项目能源资源禀赋为依托，结合能源实际用能需求，构建协同的能源综合利用系统，要充分利用可再生能源资源，优化能源结构，较好地提升能效，降低输入能源消费的总量。因此首先需要落实项目的建设条件、周边资源情况、气象参数等，为后续项目负荷分析、综合能源系统方案提供支撑。

二、负荷分析

智慧综合能源系统在方案设计、初步设计阶段，条件不具备的情况下，可采用热、冷、电负荷指标进行必要的估算，施工图阶段应进行冬季热负荷、夏季冷负荷、全年电负荷计算、分析。

（1）空调区的夏季计算得热量，应根据下列各项确定：

1）围护结构传入的热量。

2）外窗进入的太阳辐射热量。

3）人体散热量。

4）照明散热量。

5）设备、器具、管道及其他内部热源的散热量。

6）食品或物料的散热量。

7）渗透空气带入的热量。

8）伴随各种散湿过程产生的潜热量。

（2）空调区的夏季计算散湿量，应根据下列各项确定：

1）人体散湿量。

2）渗透空气带入的湿量。

3）化学反应过程的散湿量（一般民用建筑不计算此项）。

4）各种潮湿表面、液面或液流的散湿量。

5）食品或气体物料的散湿量。

6）设备的散湿量。

7）地下建筑围护结构的散湿量。

确定散湿量时，应根据散湿源的种类，分别选用适宜的人员群集系数、同时使用系数以及通风系数。

（3）空调系统的冬季热负荷，应根据下列各项确定：

1）通过围护结构的传热量。

2）由于室外空气侵入而散失的热量。

3）加热新风所需的热量。

（4）当建筑物有内外分区时，建筑物内区的冬季冷负荷宜按下列原则确定：

1）当建筑物内外区有隔墙分隔时，室内照明功率、人员数量、设备功率等宜与夏季取值相同。

2）当建筑物内外区无隔墙分隔时，室内照明功率、人员数量、设备功率等的取值宜比夏季有所减少，并应根据内区面积、送风方式等因素综合确定。

（5）建筑全年电负荷，应根据下列各项确定：

1）空调系统全年用电量。

2）动力系统全年用电量。

3）照明插座全年用电量。

4）其他设备全年用电量。

（6）下列情况宜采用计算机模拟软件进行全年动态负荷计算：

1）需要对空调方案进行能耗和投资等经济分析时。

2）利用热回收装置回收冷热量、利用室外新风作冷源来调节室内负荷、冬季利用冷却塔提供空调冷水等节能措施而需要计算节能效果时。

3）采用蓄冷蓄热蓄电装置，需要确定装置的容量时。

三、冷热电“源”的选择原则

供暖空调冷热源的选择，应根据建筑物规模、功能、建设地点的能源禀赋、结构、价格、节能减排和环保政策的相关规定等，通过综合论证确定，并应符合下列规定：

有可供利用的废热或工业余热的区域，热源宜采用废热或工业余热。当废热或工业余热的温度较高、经技术经济论证合理时，冷源宜采用吸收式冷水机组；在技术经济合理的情况下，冷热源宜利用浅层地能、太阳能、风能等可再生能源。当受到气候等原因的限制无法保证供冷供热效果时，应设置辅助冷热源。

若地区无可利用的废热、工业余热或可再生能源时，但有城市或区域热网的地区，集中式空调系统的供热热源宜优先采用城市或区域热网；空调系统的冷源宜采用电动压缩式机组或采用燃气锅炉、燃气热水机供热或燃气吸收式冷（温）水机组供冷、供热。

若地区不具备以上条件，可采用燃煤锅炉、燃油锅炉供热，蒸汽吸收式冷水机组或燃油吸收式冷（温）水机组供冷、供热；夏季室外空气设计露点温度较低的地区，宜采用间接蒸发冷却冷水机组作为空调系统的冷源。

若地区天然气供应充足，且建筑的冷、热、电负荷能较好匹配、能充分发挥冷、热、电联产系统的能源综合利用效率并经济技术比较合理时，宜采用分布式燃气冷热电三联供系统。

在分时电价、峰谷电价差较大的地区，经技术经济比较，采用低谷电价能够明显起到对电网“削峰填谷”和节省运行费用时，宜采用蓄能系统供冷供热。

符合下列条件之一，可考虑采用电直接加热设备作为空调系统的供暖热源和空气加湿热源：①建筑以供冷为主、供暖负荷非常小，且无法利用热泵或其他方式提供供暖热源，若冬季电力供应充足，夜间可利用低谷电进行蓄热、且电锅炉不在用电高峰和平段时间启用时；②无城市或区域热网，且天然气、煤、油等燃料受到环保或消防严格限制的建筑；③利用可再生能源发电，且其发电量能够满足直接电热用量需求的建筑；④冬季无加湿用蒸汽源，且冬季室内相对湿度要求较高的建筑。

电源的选择应遵循“保证系统可靠、稳定的同时，优先利用可再生能源”，因此对光照资源良好的项目，应优先利用建筑屋顶、地面空地、建筑外立面，建设光伏发电系统；有较好风资源条件的项目，可根据项目条件，建设风力发电系统；同时如果周边具有大型集中式风电、光伏项目，可遵循国家相关政策，直接接入其所发绿电。

根据可再生能源发电系统存在出力不均匀、不稳定的特点，项目需配置稳定的电源，对电力资源丰富的地区，可采用直接接入市政电源的方式提供稳定电源；对有条件建设燃气三联供系统、生物质发电系统的项目，可采用其作为稳定电源，同时由市政电源作为补充。

在峰谷电价差较大的地区，经技术经济比较合理的，可采用电储能系统，即可起到“削峰填谷”的作用又可实现可再生能源发电的存储、移峰，同时可作为区域电力系统应急电源、“黑启动”电源。

四、系统配置

由于智慧能源系统向用户直接供能，当用户负荷需求变化时，存在用户负荷的热（冷）电比与系统热（冷）电比保持不一致的问题。从满足负荷需求的角度考虑，有 4 种常用的系统配置方法：采用补电子系统集成方法、采用补热子系统集成方法、电 – 热转换集成方法和采用蓄能手段的集成方法。

当热电比相对较小或用户电负荷大于发电机功率时，可以采用并网补充电能或使用可再生能源补充电能；当智慧能源系统的供热容量不能满足需求时，则采用补热子系统供热。此外，当用户热（冷）电比大于系统输出比时，可以采用电 – 热转换，将热需求转换为电需求；当用户需求存在峰谷差时，将蓄能手段引入智慧能源系统，可有效缓解非同步引起的供需矛盾，提高系统变工况调节能力。

根据公共电网接入方式的不同可分为 3 种配置模式：孤岛运行模式、并网不上网模式、并网上网模式。孤岛运行模式下，能源系统处于独立运行模式，与公共电网之间不架设连接线路，适用于具有丰富风能或太阳能等可再生能源地区，可为公共电力网络尚未覆盖完全的偏远地区和海岛等场景提供多种能量保证；第二种为并网不上网模式，即发电全部自用，不足时从公共电网购买，已被广泛应用于大型工业园区、新型住宅区以及医院等人流量较高的场所，是最为典型的冷热电多联供系统应用模式；第三种为并网上网模式，不仅可从电网购电，也可将富余电力出售给电网以获取收益。此种模式对电能质量、稳定性及安全性要求高，且控制系统设计也较为复杂。

五、运行策略

智慧能源系统的运行策略将直接影响系统的性能。最常用的运行策略为以下 4 种：

（1）以热定电：系统首先满足用户的热需求，发出的电提供给用户，如果电量不足或剩余，则从电网补充或上网售电。

（2）以电定热：系统首先保证满足用户的电需求，所发出的热量提供给用户以满足热需求，如果热量不足，则采用锅炉补燃，如果热量过剩则废弃或采用一个蓄热罐储存。

（3）持续运行：系统在预定时间内持续运行，不考虑能源需求的变化，这种运行策略适用于原动机不能够灵活调节功率的情况，如果系统所生产的能源能满足覆盖用户的需求，则余电长期上网，反之，则长期从电网购电。

（4）调峰运行：系统仅在负荷高峰期间运行，以降低用能高峰期间从电网购得的电能。

8.1.2 工程设计深度

工程设计深度应遵循《建筑工程设计文件编制深度规定》（2016 年 11 月）以及《市政公用工程设计文件编制深度规定》（2013 年版）的要求执行。

一、可行性研究阶段

在可行性研究阶段，设计文件应包含项目概况的介绍（工程建设背景、建设规模、工程内容、项目所在地概况、建设的必要性、建设范围等），冷热电负荷分析（负荷指标、年耗能量、负荷供需平衡分析等），冷热电“源”的方案（设备选型、站房选址、平面规划、系统配置等），能源管控系统、建筑与结构等配套系统，主要工程量及材料表，环境保护，节约能源，劳动安全与工业卫生，项目实施，投资估算与经济评价等，同时需附能源系统工艺流程图、平面布置图、电气主接线图等。

二、初步设计阶段

在初步设计阶段，设计文件应包含概述（工程概况、自然条件、编制依据、设计范围等）、负荷情况（负荷统计资料、计算统计表、全年耗热量、负荷的平衡情况等）、供能情况（供能介质、能源调节等）、工艺系统设计方案（站房位置、平面布置方案、主要设备选择、规格、数量、技术参数）、电气系统设计方案（负荷等级、供电电源、电压、系统情况、防雷接地等）、能源管控系统（管控系统的结构形式、冷热电源的监测、控制方案及功能描述、系统智能化）、站房的建筑结构情况、工程量汇总、环境保护、节约能源、消防、劳动安全与工业卫生等；同时需附主要材料及设备表、工程概算书、工艺流程图、平面布置图、供配电系统图、检测和控制系统原理图、建筑物平、立、剖面图等。

三、施工图阶段

在施工图阶段，设计文件应包含设计说明书（工程概况、设计依据、设计范围、设计参数、设计条件、主要设计方案等）、主要设备及材料表、工艺设计图（工艺流程图、设备布置图、工艺管线平面、剖面图）、电气设计图（光伏布置图、其他发电设备布置图、变配电系统图、配电室平面布置图、动力线路布置图、照明系统布置图、防雷与接地系统布置图）、自控与仪表设计图（自控与仪表工艺流程图、控制室平面布置图、电缆敷设平面图）、弱电设计图（综合布线、安防监控、能源管控系统等系统图、平面图）、总图设计图（总平面图、竖向布置图、综合管线布置图等）、建筑设计图（建筑平面图、立面图、剖面图等）、结构设计图（基础平面图、基础详图、结构平面图、剖面图、节点图、构件详图等）、采暖、通风、给水排水设计图（平面布置图、系统图等）。

8.1.3 工程设计标准

智慧综合能源工程设计文件的编制通常需要依据以下 4 类内容：相关法律法规、有关的建设文件、有关的规划文件、相关标准和规范。

一、相关法律法规

智慧综合能源工程设计常用的法律法规文件如下：

《中华人民共和国节约能源法》

《中华人民共和国可再生能源法》

《中华人民共和国电力法》

《中华人民共和国建筑法》

《中华人民共和国清洁生产促进法》

《民用建筑节能管理规定》（中华人民共和国国务院令第 530 号）

《交通行业实施〈中华人民共和国节约能源法〉细则》

二、有关的建设文件

《绿色建筑创建行动方案》，建标〔2020〕65 号

《分布式发电管理暂行办法》，发改能源〔2013〕1381 号

《关于开展分布式发电市场化交易试点的通知》，发改能源〔2017〕1901 号

《关于 2021 年新能源上网电价政策有关事项的通知》，发改价格〔2021〕833 号

《关于报送“十四五”电力源网荷储一体化和多能互补工作方案的通知》，国家能源局

《关于推进电力源网荷储一体化和多能互补发展的指导意见》，发改能源规〔2021〕280 号

其他有关建设文件。

三、有关的规划文件

《中华人民共和国国民经济和社会发展第十四个五年规划和 2035 年远景目标纲要》

地方性规划如：《中共北京市委关于制定北京市国民经济和社会发展第十四个五年规划和二〇三五年远景目标的建议》《河北雄安新区规划纲要》《河北雄安新区总体规划（2018—2035 年）》等。

四、相关标准和规范

GB 55015—2021《建筑节能与可再生能源利用通用规范》

GB 50378—2019《绿色建筑评价标准》

GB 50189—2015《公共建筑节能设计标准》

GB/T 33599—2017《光伏发电站并网运行控制规范》

GB/T 19939—2005《光伏系统并网技术要求》

GB 50797—2012《光伏发电站设计规范》

JGJ 203—2010《民用建筑太阳能光伏系统应用技术规范》

GB/T 33589—2017《微电网接入电力系统技术规定》

GB/T 34930—2017《微电网接入配电网运行控制规范》

GB/T 51341—2018《微电网工程设计标准》

T/CEC 146—2018《微电网接入配电网测试规范》

T/CEC 147—2018《微电网接入配电网运行控制规范》

T/CEC 148—2018《微电网监控系统技术规范》

T/CEC 151—2018《并网型交直流混合微电网运行与控制技术规范》

T/CEC 5005—2018《微电网工程设计规范》

GB 51131—2016《燃气冷热电联供工程技术规范》

CJJ 145—2010《燃气冷热电三联供工程技术规程》

GB/T 36160.1—2018《分布式冷热电能源系统技术条件　第 1 部分：制冷和供热单元》
DB11/T 1456—2017《热电联产（燃气）单位产品能源消耗限额》
GB/T 33593—2017《分布式电源并网技术要求》
T/SCSS 018—2017《智慧园区规划导则》
Q/GDW 1564—2014《储能系统接入配电网技术规定》
T/CEC 101.1—2016《能源互联网　第 1 部分：总则》
T/CEC 104—2016《电力企业能源管理系统设计导则》
DB31/T 758—2016《分布式供能系统工程调试规程》
GB 50736—2012《民用建筑供暖通风与空气调节设计规范》
GB 50019—2015《工业建筑供暖通风与空气调节设计规范》
GB 50366—2005《地源热泵系统工程技术规范》
JGJ 158—2018《蓄能空调工程技术标准》
CJJ/T 185—2012《城镇供热系统节能技术规范》
GB 50028—2006《城镇燃气设计规范（2020 年版）》
GB 50243—2016《通风与空调工程施工质量验收规范》
GB/T 51161—2016《民用建筑能耗标准》
GB 50033—2013《建筑采光设计标准》
GB 3096—2008《声环境质量标准》
GB 50217—2018《电力工程电缆设计标准》
GB 50052—200《供配电系统设计规范》
GB 50054—2011《低电压配电设计规范》
GB 50053—2013《20 kV 及以下变电所设计规范》
GB 50055—2011《通用用电设备配电设计规范》
GB 50034—2013《建筑照明设计标准》
GB 51348—2019《民用建筑电气设计标准》
GB 50057—2010《建筑物防雷设计规范》
GB 50016—2014《建筑设计防火规范（2018 年版）》
GB 51251—2017《建筑防烟排烟系统技术标准》
GB 50015—2019《建筑给水排水设计标准》
GB/T 8175—2008《设备及管道绝热设计导则》
GB 50168—2018《电气装置安装工程电缆线路施工及验收标准》
GB 50275—2010《风机、压缩机、泵安装工程施工及验收规范》

GB 50222—2017《建筑内部装修设计防火规范》

GB 50345—2012《屋面工程技术规范》

GB 50037—2013《建筑地面设计规范》

GB 50223—2008《建筑工程抗震设防分类标准》

GB 50068—2018《建筑结构可靠度设计统一标准》

GB 50009—2012《建筑结构荷载规范》

GB 50011—2010《建筑抗震设计规范（2016 年版）》

GB 50010—2010《混凝土结构设计规范（2015 年版）》

GB 50108—2008《地下工程防水技术规范》

GB/T 50046—2018《工业建筑防腐蚀设计标准》

及其他同类规范、地方标准等。

8.1.4 工程设计关键点

一、燃气三联供系统

1. 机组形式选择

对于兆瓦级以下的园区智慧能源项目，适用的天然气发电机组主要有内燃机、微型燃气轮机、燃料电池。

燃料电池发电效率高、环保性能强，但设备价格昂贵、尚处于实验室示范阶段，未进行商业化推广，不适用一般项目。

微型燃气轮机成本高、发电效率低、维护成本高、商业化程度较低。

内燃机具有发电效率较高、成本较低、发电出力衰减受特殊恶劣地理环境影响小、应用成熟等优点，广泛应用于中小型园区冷热电分布式能源系统。

最终选定机组时，需综合考虑对比容量配置、运维管理、便宜安装、降本增效等方面。

2. 系统布置及运输

燃气内燃机和吸收式溴化锂机组的布置均按照三联供建设标准。建议室内安装视频监视装置和降噪脱硝装置。

在三联供系统建设中，尤其是对于改造项目，需尤其注意设置运输情况，在设计之初应考虑完善的设备运输方案及日后检修运输路线。以北京市某科研产业单位办公园项目（参见 8.2 节）为例，由于原直燃机房无预留运输通道，根据原设计图纸及现场踏勘情况，与建筑工程专业人员沟通落实后，设备运输方案建议于窗井外墙处进行开挖，并拆除窗井外墙，待设备运输完成后，进行恢复。

3. 热力系统

三联供系统驱动能源以燃气或沼气等为主，通过燃料燃烧，产生热量，三联供系统重在通过适合的负荷匹配，利用不同的主机对能量进行梯级利用，提高能源利用率。因此三联供系统主要包括主机系统和余热利用系统，主机系统主要产生电力，以内燃机为主机的余热利用系统主要包括烟气余热及高温水余热；以微型燃气轮机为主机的余热利用系统主要余热源为高温烟气余热。

（1）烟气系统。根据负荷品质的不同，余热利用主机形式不同。单纯具有热负荷需求的项目，通常利用余热锅炉回收烟气余热，兼具冷、热负荷的项目，通常选用吸收式溴化锂机组回收烟气余热。

以北京市某科研产业单位办公园区项目（参见 8.2 节）为例，利用燃气内燃机为三联供系统主机，园区同时具有冷热负荷。该烟气系统主要由燃气内燃机系统和吸收式溴化锂系统构成。为了保证燃气轮机运行的安全性及运行灵活性，燃气轮机烟道经脱硝后进入溴化锂机组，最后进入烟囱，溴化锂机组余热烟气进出口设置联通，作为燃气轮机直排烟道；溴化锂机组设置补燃系统烟道，根据烟气量计算烟道管径，直径为 273mm。需要注意的是，燃气轮机排烟温度较高，经余热回收设备利用后，烟气温度通常为 100℃左右，工程设计时，需根据不同耐温性能选择管道材质和保温材料，兼顾经济性与安全性。

（2）热水系统。热水系统主要针对燃气内燃机三联供系统。

内燃机热水系统分为高温缸套水系统和中冷水系统。燃气内燃发电机高温缸套水系统由两个系统组成，即缸套水余热利用系统与缸套水散热系统，通过三通阀进行切换。燃气内燃发电机高温缸套水系统需优先保证缸套水进入发电站的水温满足机组要求。

以某发电功率为 330 kW 级内燃机为例，其缸套水余热可利用能量约为 161 kW。单台燃气内燃机缸套水供回水温度为 90℃ /80℃，工质为 37% 的乙二醇溶液，流量为 14.1t/h；通过烟气热水型吸收式溴化锂机组，利用缸套水余热，实现冬季供热、夏季供冷。

溴化锂机组不运行时，高温缸套水经屋顶散热器散热，达到发电机组允许的回水温度后，返回燃气内燃机组。

缸套水系统需设置循环水泵，系统设计中，建议选用两台缸套水循环泵，一用一备。水泵扬程的选择需综合考虑燃气轮机内部阻力、溴化锂机组内部阻力或远程散热器阻力、沿程阻力。

中冷水的温度品质较低且体量较小，其热利用通常受制于是否具有匹配的低温热负荷。目前多数燃气内燃机三联供系统中，中冷水通常经屋顶散热器散热。若有低温负荷，可进一步回收中冷水余热，提高综合能源利用率。

（3）补燃系统。当项目烟气余热量不足以满足最大冷、热负荷，其负荷具有较大波动时，建议采用补燃型烟气余热利用设备，如补燃型余热锅炉、补燃型溴化锂机组。在机组选型设计上，尽量满足烟气余热承担基荷，补燃机组承担调峰负荷。通过补燃系统，可以提高设备利用和供能保证。

（4）脱硝系统。由于三联供机组通常以燃气为主要能源，燃烧产物中硫份很少，满足相关排放要求。根据相关要求，NO_x 排放应满足国家相关规范及当地政策要求。

内燃机组原始 NO_x 的排放浓度通常分为 250/500mg/m^3（标准状态）两种规格。但 250mg/m^3（标准状态）排放浓度通常会造成较大的发电效率损失，综合考虑发电效率损失与脱硝效率提高引起的建造运行成本增加，通常考虑选用 500mg/m^3（标准状态）排放标准，提高烟气后处理能力，满足排放要求。

三联供机组烟气后处理技术通常采用 SCR 选择性催化还原法对烟气进行脱硝。SCR 系统是目前国内主流脱硝技术系统，在各类燃气内燃机组的应用较为广泛。SCR 原理是在催化剂的作用下，以氨为还原剂，在高温下有选择性地与烟气中的 NO_x 反应生成无毒无污染的氮气和水。目前常采用的还原剂为液氨、氨水和尿素，考虑到工艺及使用的安全性，宜选择尿素溶液作为还原剂进行设计。

在脱硝系统设计中，由于催化剂具有适用温度限制，需主要烟气余热利用工艺与脱硝工艺的匹配性，避免脱硝段烟气温度过高或过低。

在脱硝设计中，建议一次性预留催化剂填料层，满足后续排放标准提高后的改造需求。

4. 发电系统

根据已有项目经验，出于简化项目审批流程的需要，目前国内分布式能源类三联供项目通常采用并网不上网的运行方案，三联供系统中燃气内燃发电机所发的电能全部供园区内部消纳，在完成设计后并网方案需报电网公司审批备案。

在设计过程中，需注意燃气内燃机应设置完善的保护测控功能，至少包括以下四个方面：功率控制功能、电力测量计量功能、自动同步（并机）功能、保护功能，方可满足三联供机组发电系统不同工况下稳定运行的基本条件。

二、地源热泵系统

1. 浅层地源热泵技术

浅层地源热泵使用地域范围相对于空气源较大，最佳使用区域在夏热冬冷地区，北方地区在山海关以南区域也可适当使用。以北京市为例，浅层地源储量可供供暖面积为 70000 万 m^2；截至 2017 年底，浅层地热能热泵应用面积 4794.9 万 m^2。在天津，河北等典型地区，均具备比较丰富的、开发价值较高的地热资源。

结合浅层地源热泵技术特点，将系统优缺点列于表 8–1。

表 8-1　　浅层热泵供热系统优缺点

优点	缺点
（1）节能效果明显。 （2）地埋式换热器无须除霜，减少了冬季除霜的能耗。 （3）土壤具有较好的蓄能特性，又可与太阳能或其他热能形式联用改善冬季运行条件。 （4）地埋换热器在地下静态地吸放热，减小了空调系统对地面空气的热污染及噪声污染。 （5）属可再生资源。 （6）分布广泛	（1）地源热泵技术的推广离不开岩土钻掘工程，岩土钻掘工作量大，地下系统的投资较大。 （2）浅层地源热泵选址需要根据地质勘察情况判断。 （3）土壤冷热平衡要求高

综上所述，浅层地源热泵适用于具备地热资源和具备足够打井空间，并且冷热负荷较为平衡的区域；设计前需要对项目所在地进行地热资料勘察，同时需要注意土壤的冷、热平衡，避免冷岛和热岛效应。

在目前工程实践中，浅层地源热泵建设规模主要受制于地热资源，通常供热范围在 $20 \times 10^4 m^2$ 以上。

2. 深层地源热泵技术

深层地热，指传统意义上的地热资源。地热有多种类型，其中地热水是集“热、矿、水”三位一体的宝贵的自然资源，是一种清洁可持续利用的能源。深层地热源热泵系统由热源侧水系统、热泵机组以及用户侧水系统组成，该系统与常规地源热泵系统以及目前存在的提取中深层地下水作为热泵机组低温热源的供热系统相比，最主要的区别在于其热源侧采用封闭式换热器，从地下 2~3km 深、温度在 70~90℃甚至更高范围的岩石中，提取蕴藏其中的地热能作为热泵系统的低温热源。

深层地热源热泵系统组成如图 8-1 所示。

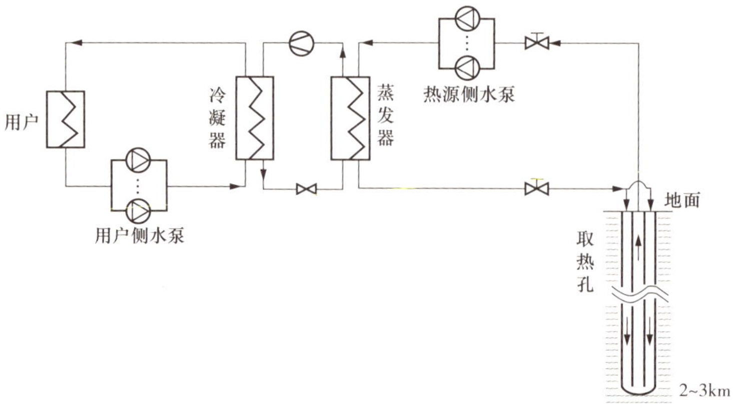

图 8-1　深层地热源热泵系统示意图

从图 8-1 可以看出，为了保证地下换热装置的结构稳定性，通常采用套管结构。该技术热源侧采用封闭式换热器，不提取地下水，对地下环境影响较小，可以保证系统长期稳定运行。此外，由于中深层地热能温度较高，只能作为热源用于冬季供热，无法作为夏季排热的冷源，这也是该系统与常规地源热泵系统的区别。

结合深层地源热泵技术特点，其系统优缺点见表 8-2。

表 8-2　　深层地源热泵技术优缺点

优点	缺点
（1）储量巨大。 （2）可以高效、稳定、连续地供应，不受气候条件影响。 （3）出水温度较高，可以实现梯级利用。 （4）分布广泛	（1）深层地源开发审批手续较为严格。 （2）深层地热建设规模受打井间距要求的影响，且打井费用较高，项目初始投资较高。 （3）出水温度较高，难以作为夏季供冷的冷源。 （4）深层地热资源分布不均匀，即使在同一地区，分布差异仍然较大

深层地源热泵使用范围相对于浅层源来讲，其影响因素较小，使用区域也较大，土壤衰减较小，最佳使用区域需要进行深层地热勘探，同一地区不同位置勘探结果差别较大。目前，深层地源热泵在西安和甘肃等西北区域应用较多。

综上所述，深层地源热泵对于具备地热资源和政策支持的区域均可使用，单井出力较大，但造价较高。深层地源热泵主要使用的适用规模主要取决于深层地源的地热情况，装机规模浮动很大。

3. 冷热平衡计算

地埋管地源热泵系统设计时，应通过项目场地状况调查和对地能资源的勘察，确定地埋管换热系统实施的可行性与经济性；当应用建筑面积在 5000m^2 以上时，应进行岩土热响应试验，并应利用岩土热响应试验结果进行地埋管换热器的设计；地埋管的埋管方式、规格与长度，应根据冷（热）负荷、占地面积、岩土层结构、岩土体热物性和机组性能等因素确定。

地埋管换热系统设计应进行全年供暖空调动态负荷计算，最小计算周期宜为 1 年。计算周期内，地源热泵系统总释热量和总吸热量宜基本平衡，并分别按供冷与供热工况进行地埋管换热器的长度计算。当地埋管系统最大释热量和最大吸热量相差不大时，宜取其计算长度的较大者作为地埋管换热器的长度；当地埋管系统最大释热量和最大吸热量相差较大时，宜取其计算长度的较小者作为地埋管换热器的长度，采用增设辅助冷（热）源，或与其他冷热源系统联合运行的方式，满足设计要求。相差不大，是指总冷热不平衡率在 0.8~1.25，此时无需对地埋管系统进行冷热不平衡处理，靠土壤自动恢复能力可保证地埋管换热系统在一年的周期运行中冷热基本处于动态平衡状态；如不平衡率较大，则应有其他辅助补热或排热措施，保证土壤热平衡。

地埋管敷设时，需综合考虑水力平衡需求，建设成本及稳定性保证，最终确定地埋孔分组数量；地埋管水平管敷设时，同组连管应尽量保持同程设计。

三、空气源热泵系统

由于空气源热泵机组运行受环境温度和出水温度影响较大，冬季能效比会有一定的衰减，运行成本性对较高，在北方园区综合能源系统建设中，建议作为调峰机组使用，不建议承担基础负荷。

空气源机组布置较灵活，可布置于建筑屋顶或地面空闲处。但工程设计时，需考虑电气配套、管线路由、现状建筑物荷载情况及机组噪声对周边区域影响。

四、水蓄能系统

在综合能源系统中，根据各能源子系统的运行特点合理规划运行时间段，可以取得更好的运行收益。因此，建设蓄能系统，调节经济运行时间与逐时负荷波动不匹配的冲突，很有必要；同时，蓄能系统也可作为应急的供能保证，提高供能安全性。

水蓄能系统的设计，需要综合考虑建设空间条件、蓄能规模、建设成本与蓄能形式。

水蓄能装置的形体可以根据工程的具体情况确定，通常情况下为了提高蓄能装置的利用率，降低造价，蓄能装置多是圆形和矩形；平底圆筒形的水槽外表面积与体积之比小于同样容积的矩形槽，前者的热量损失小于后者，所以工程中宜采用圆形罐。目前水蓄能装置通常有卧式和立式两种，主要通过水在不同温度下密度的差异，使得热水在上、冷水在下，实现自然分层。在蓄能装置的顶部和底部均布置有散流器，来引入和引出冷热水。

民用建筑空调系统内水蓄能装置多为常压式。多层建筑宜采用蓄能装置内的水直接供冷供热，高层建筑宜用板式换热器将蓄能系统和末端系统的水隔开，但应注意控制水温损失。当蓄能装置水面标高低于负荷侧水系统时，负荷侧水系统应采用通过换热器与蓄能装置间接连接的闭式系统，或蓄能装置采用承压式。

五、光伏发电系统

1. 光伏组件选型

由于智慧综合能源系统通常依托园区进行建设，因此需根据园区特点、地理位置等条件，合理选择光伏发电设备。

当前光伏发电系统采用的光伏组件主要有多晶硅、单晶硅、薄膜电池三种类型，三种技术各有千秋。其中单晶硅组件发电效率较高；多晶硅组件价格较低；薄膜太阳能电池具有衰减低、重量轻、材料消耗少等特点，但价格较晶硅组件高且发电效率不如晶硅组件。

对于太阳能资源条件、场地条件均较好的园区通常采用单晶硅光伏组件，确保提供更多电能的同时，获得较好收益；对于场地条件较差的园区，则需要根据具体情况进行方案比选，确保系统稳定的同时合理回收投资；对于有创新性要求或造型要求的项目，则可以采用薄膜组件，建设建筑光伏一体化（building integrated photovoltaic，BIPV）光伏发电系统。

2. 逆变器选型

目前，光伏并网逆变器按照容量和类型可分为 50~230 kW 的组串型逆变器，500、630、1250、3125 kW 的集中式逆变器、集散式逆变器；按照冷却方式可分为液冷和风冷方式。通常单机容量大的逆变器单位成本低，但理论上同光伏阵列中所用逆变器 MPPT 数量越多，追踪精度越高，系统效率也越高，因此逆变器选型是一个综合效益最大化的选择，不能仅取决于逆变器的某一项技术参数。三种逆变器方案优缺点对比见表 8-3。

表 8-3　　三种逆变器方案优缺点对比

优缺点	集中式方案	组串式方案	集散式方案
主要优点	（1）逆变器数量少，便于管理。 （2）逆变器元器件数量少，可靠性高。 （3）谐波含量少，直流分量少电能质量高。 （4）逆变器集成度高，功率密度大，成本低。 （5）逆变器各种保护功能齐全，电站安全性高。 （6）有功率因素调节功能和低电压穿越功能，电网调节性好。 （7）工程实际经验多，初始成本低	（1）MPPT 数量最多，减少光伏电池组件最佳工作点与逆变器不匹配情况，发电效率高。 （2）MPPT 电压范围宽，组件配置更为灵活；在阴雨天，雾气多的部区，发电时间长。 （3）体积小、重量轻，搬运和安装都非常方便。 （4）自耗电低、故障影响小、更换维护方便	（1）逆变器数量较少。 （2）逆变器元器件数量少，可靠性高。 （3）谐波含量少，直流分量少，电能质量高。 （4）逆变器 MPPT 数量较多。 （5）直流侧电压高，减少电缆损耗。 （6）组串级之路电子开关，对应组串高精度电流检测。 （7）三级主动式断路保护措施
主要缺点	（1）组件配置不灵活。 （2）逆变器安装需要专用的机房和设备。 （3）逆变器自身耗电以及机房通风散热耗电较高。 （4）MPPT 不能监控到每一路组件的运行情况，在阵列布置不一时影响系统的发电量。 （5）集中式并网逆变系统中无冗余能力，如有发生故障停机，整个系统将停止发电	（1）电子元器件较多，系统监控难度较大。 （2）不带隔离变压器设计，电气安全性稍差。 （3）多个逆变器并联时，会产生一定的谐波。 （4）设备初始投资稍高，整体造价基本持平	（1）直流侧电压高，安全性、稳定性需要实际工程检验。 （2）升压汇流箱存在大量熔丝，boost 升压产生更大热量。 （3）自耗电高。 （4）设备初始投资介于集中和组串之间

集中式、组串式和集散式逆变器都能满足电网接入的指标要求，在可靠性方面，组串逆变器较高；初始投资方面，集中式逆变器方案稍低；三种逆变器方案均可实现电站智能化管理系统。

通常，对于建设场地较为平整，且周围无高大建筑等大型遮挡物，场地环境均一性较好的项目，如开阔平原、大型厂房屋顶等，光伏组件出现不均匀遮挡情况较少，可采用集中式逆变器；对建设场地较大，但地形复杂，组件光照条件一致性差的项目，如山地、森林等，可采用集散式逆变器；对场地有限、周边条件复杂的项目，如民用建筑屋顶，园区地面等，可采用组串式逆变器。同时对于各类型项目，建议对不同逆变器选型进行方案对比，对方案合理性、经济性、可靠性等进行全面论证后，择优选择逆变器型式。

3. 组件串并联方案

光伏组件串联数量应利用 GB 50797—2012《光伏发电站设计规范》中的公式进行计算，串联数量需同时满足式（8–1）和式（8–2）要求。

$$N \ll \frac{V_{\mathrm{dc\,max}}}{V_{\mathrm{oc}} \times \left[1+(t-25)\times K_{\mathrm{v}}\right]} \tag{8–1}$$

$$\frac{V_{\mathrm{mppt\,min}}}{V_{\mathrm{pm}} \times \left[1+(t'-25)\times K'_{\mathrm{v}}\right]} \ll N \ll \frac{V_{\mathrm{mppt\,max}}}{V_{\mathrm{pm}} \times \left[1+(t-25)\times K'_{\mathrm{v}}\right]} \tag{8–2}$$

式中 V_{dcmax} ——逆变器允许最大直流输入电压，V；

$V_{\mathrm{mppt\,min}}$——逆变器 MPPT 电压最小值，V；

$V_{\mathrm{mppt\,max}}$——逆变器 MPPT 电压最大值，V；

V_{oc}——光伏组件开路电压，V；

V_{pm}——光伏组件工作电压，V；

K_{v}——光伏组件开路电压温度系数；

K'_{v}——光伏组件工作电压温度系数；

t'——光伏组件工作条件下的极限最高温度，℃；

t——光伏组件工作条件下的极限最低温度，℃；

N——光伏组件串联数（N 取整）。

4. 系统设计及发电量测算

光伏系统设计需确认组件安装方式、组件倾角、前后间距、组件朝向，在以上条件确认后，进行光伏组件布置，确认系统装机容量并进行发电量测算。

光伏组件安装方式可采用固定倾角支架、可变倾角支架、自动追踪支架，其中固定倾角支架结构最为简单、维护量少，但发电效率低于另外两类；可变倾角支架成本稍高，每年需要多次调整支架角度，维护量较大，发电效率有所提升；自动追踪支架成本最高，并且荷载较大，场地适应性差，维护量大，发电效率提升最高。

对于屋顶改造类光伏，光伏通常采用固定倾角支架安装，节省投资的同时，减少对屋顶结构、防水层的影响；另外可优先选择较小安装倾角，虽然效率略低，但可以提高装机规模及发电量。对于新建屋顶或地面光伏，可灵活选择支架形式。

选定支架后，需根据场地条件对比不同组件倾角、前后间距、组件朝向的系统发电量及经济性，并择优确定建设方案。

其中组件南北间距要满足冬至 09：00~15：00（当地时间）不发生阴影遮挡，此段时间之外，由于光线较弱，系统出力较小，可不考虑遮挡。计算最小间距的原理如图 8–2 所示。

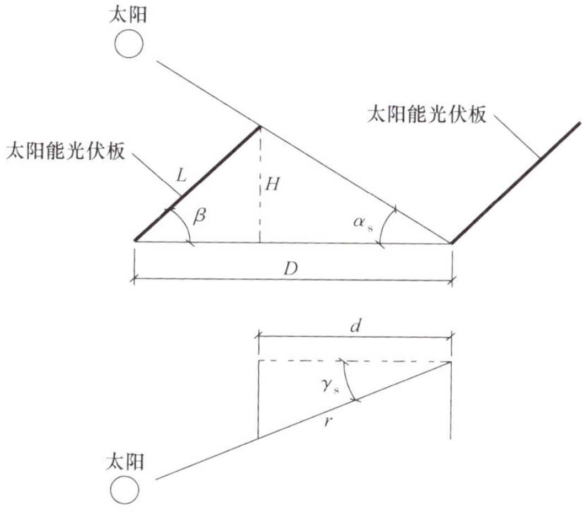

图 8–2　计算组件支架最小间距的原理图

L—光伏板斜面长度；D—两排支架之间距离；β—方阵倾角；α_s—太阳高度角；γ_s—太阳方位角

光伏方阵阵列间距或可能遮挡物与方阵底边垂直距离不应小于 D。

$$D=L\cos\beta+L\sin\beta(\cos\omega\tan\psi-\tan\delta)/(\tan\delta\tan\psi+\cos\omega) \tag{8-3}$$

式中　L——组件斜面长度；

D——两排方阵之间的距离；

β——方阵倾角；

ψ——纬度，场区中心纬度 36.73°；

δ——太阳赤纬，冬至日 $\delta=-23.45°$；

ω——时角，09:00 和 15:00 对应的 ω 分别为 45° 和 –45°。

光伏系统发电量可采用 PVSYST 软件进行计算，PVSYST 是国际上光伏电站设计工作中使用较为广泛的系统仿真及设计软件。

其中光伏组件的不同倾角、朝向在设计阶段需进行综合对比，评估不同方案的投资、发电量、经济性等内容，在比选出最优方案后方可进行后续设计。

六、电储能系统

1. 储能系统选择

电储能主要分为机械储能、电磁储能、电化学储能。其中，机械储能包括抽水蓄能、压缩空气储能、飞轮储能等；电磁储能包括超导储能、电容储能等；电化学储能包括铅酸电池、锂电池、液流电池等。智慧综合能源系统中通常采用电化学储能及电容储能等技术。

2. 方案设计

电化学储能系统设计规范目前主要参考 GB 51048—2014《电化学储能电站设计规范》，但伴随着储能行业的发展，相关国家及行业规范正在逐步更新完善，本章节仅就当前阶段电储能系统设计中的重点事项作相关总结表述。

（1）场站选址。场站选址应遵循以下原则：

选址、布局应合理；站址选择应满足防火防爆、防洪防涝、防尘防腐的要求；站址不得贴邻或设置在生产、储存、经营易燃易爆危险品的场所；不得设置在具有粉尘、腐蚀性气体的场所；不得设置在可能积水的场所，必要时应设置挡水排水设施或采取抬高措施；不得设置在重要电力设施保护区内。

锂离子电池设备间（舱）不得设置在人员密集场所，不得设置在（经常有人生产生活的）建筑物内部或其地下空间；电化学储能电站宜设置在市政消防管网覆盖区域或靠近可靠水源。

根据 GB 51048—2014《电化学储能电站设计规范》，电池设备舱（室）与生产建筑、生活建筑之间的防火间距不应小于下列值：与甲类生产建筑不小于 12m；与乙类生产建筑不小于 10m；与丙、丁、戊类生产建筑且耐火等级为一、二级的不小于 10m；与丙、丁、戊类生产建筑且耐火等级为三级的不小于 12m；与其他生活建筑耐火等级为一、二级的不小于 10m，耐火等级为三级的不小于 12m。

（2）储能电池。储能电池应遵循以下原则：

电池单体及模组安全应符合现行国家标准并检测合格，具有防止反接、短路、过充等保护功能。

储能电池在设备选型阶段应进行充分论证，在建设安装阶段应进行进场验收或检验检测。

新建电化学储能电站，不得选用三元锂电池、钠硫电池，不得选用梯次利用动力电池。

电池组回路应配置直流断路器、隔离开关等开断、保护设备；电池簇应设置簇级断路器（或接触器、继电器）。

（3）BMS 系统。BMS 系统应具备电池的过电压保护、欠电压保护、过电流保护、短路保护、绝缘保护等电量保护功能，以及过温保护、气体保护等非电量保护功能，并能发出分级告警信号或跳闸指令，实现就地故障隔离。

（4）消防系统。消防系统应遵循以下原则：

储能电站内建筑物耐火等级不低于二级、体积不超过 3000m^3 且火灾危险性为戊类时可不设消防给水；不满足条件时应设置消防给水系统，消防水源应有可靠保证。

应根据储能电站的选址布局、装机容量、安装形式、燃烧特性、电池性能等因素，合理评估设置灭火冷却系统、事故通风排烟和自动报警、可燃气体探测报警等系统，保证持续控火、降温、排烟，防止电池复燃和易燃易爆气体聚集发生爆炸事故。

电池设备舱（室）等重点部位应配置火灾自动报警系统；无人值守储能电站应将火灾报警信号上传至上级有关单位。

电池设备室（舱）火灾自动报警系统应联动跳开相应储能单元的 PCS 及交直流断路器、簇级断路器。

磷酸铁锂电池设备舱（室）内应设置可燃气体探测装置，联动断开舱级断路器、簇级继电器，联动启动通风系统；铅酸 / 铅炭、液流电池室内应设置可燃气体探测装置，并联动启动通风系统。

铅酸 / 铅炭、液流电池室内应设置独立的防爆型通风系统，排风口设置在上部，风道应单独设置；通风系统宜具备远程强制启动功能。通风空调设备采用防爆型。

七、微电网系统设计

微电网系统应立足园区用能需求，通过智慧能源管控平台，将分布式发电、供冷供热能源站、电化学储能、可调节负荷资源等元素进行系统优化设计与整合，为终端提供高品质的电、热、冷等清洁能源产品以及能源智能管控、需求侧管理等综合服务。

微电网主要需满足以下要求：提升园区能源利用效率，降低用能成本；通过将冷热负荷和电负荷的综合需求响应作为优化运行调节手段，在提高综合能源利用效率和供能可靠性的同时，实现不同运行场景下微能网的协同调度算例，建设能源互联网形态下多元融合的高弹性微能网。

智慧综合能源系统一般均为联网型微电网，其设计时应优先满足以下要求：

（1）与公共配电网具有单一并网点，应能实现联网和孤岛两种运行模式，根据所在地区资源特点、负荷特性以及电网需求和架构，可以具备 4.6.1 章节并网型微电网的一种或多种功能。

（2）微电网接入 10 kV 公共配电网，并网点的交换功率应小于或等于 6 MW，微电网接入 400 V 公共配电网，并网点的交换功率应小于或等于 500 kW。

（3）储能装置的有效容量由所希望实现的功能、负荷的日分布特性、孤岛运行时间以及电网调峰需求决定，应根据实际情况设计。

（4）在具备天然气资源的条件下，可应用天然气分布式能源系统，作为微电网快速调节电源，为消纳高比例、大规模可再生能源发电提供快速调节能力。

（5）具有从发电到用电的智能能量管理系统，具有用户用能信息采集功能和远程通信接口。

（6）微电网与公共配电网并网，应符合分布式发电接入电力系统的相关技术规定；微电网供电范围内的供电安全和电能质量亦应符合相关电力标准。

八、智能化系统

智慧综合能源系统中，智能化的实现主要依赖集成管控系统，系统通过对电、气、热（冷）等数据自动采集、综合分析和多能源协同优化控制，实现能源优化配置，提高可再生能源消纳能力和系统综合能效。

设计选型时对集成管控系统的总体要求是：可利用光伏发电、冷热电三联供等清洁能源实时出力，结合储能、电动汽车等技术及需求侧响应等调控手段，综合考虑系统能量与容量平衡、用户差异化供电可靠性要求、综合能效等要素，制定多能源优化调度策略，协调控制电力、热力、燃气等能源流向，满足终端用户的冷、热、电、气等多种能源需求，提升园区能源利用效率，降低园区能源成本支出，促进清洁能源消纳利用。

8.2 智慧综合能源实证工程案例

8.2.1 工程概况

工程所在园区为北京市某科研产业单位办公园区，占地面积 21691m^2，建筑面积 18434m^2。园区建筑分 A、B 两座写字楼，地上三层，地下一层为食堂、停车场、配电室、空调机房等；大楼外区域包括地面停车场、绿化带、篮球场、自行车棚等；园区日均常驻职工数量 600 余人。

园区空调设备老化严重，已运行 12 年，原溴化锂机组大修后制冷效率显著降低，制冷效果差，员工夏季工作舒适度欠佳；配电柜无数据采集、自控装置；暖通空调控制均为现场手动；值班环境差，无自控手段，管理效率低；园区无电动汽车、电动自行车充电桩，员工多次反映电动车充电需求无法满足；园区环境有待进一步改善。

园区用途为企业办公场所，有数据机房，用能规律且稳定。屋顶空间较多、且园区内草坪、空地较多，便于改造增添设备。园区供电为一般工商业电价，峰谷电价差达到 0.9861 元 /kWh；有稳定的天然气供应，供气价格为 2.49 元 /m^3；所在地区能源政策利好，北京市出台政策鼓励地源热泵利用。

基于园区上述条件，规划将其建设成为具有综合能源、多能互补、智慧用能、负荷调控、智能台区等多理念融合的园区。该项目建设原则是以电为核心，构建含电、气、水、冷 / 热等多种能源形式的智慧能源系统，为园区智慧能源相关技术提供实证仿真环境，支撑相关产品研制，提供产品展示、技术培训等服务；实现园区供能设备改造升级，解决园区供能设备老旧、损坏问题，提升用能管理水平，提高能源利用效率，降低用能成本，改善员工办公环境。

8.2.2 负荷预测

一、冷热负荷预测

园区建筑面积 18434m^2，其中地下一层 5247m^2。园区建筑分 A、B 两座写字楼，地上三层为办公区域，地下一层为食堂、停车场、配电室、空调机房、库房等。冷、热负荷主要集中于白天，项目改造前冷热源采用两台直燃型溴化锂吸收式冷水机组，单台制冷量 756 kW、制热量 583 kW，制冷供回水温度 7℃ /12℃，供热供回水温度 60℃ /50℃，制冷机房、空调冷水机组、分集水器及冷水循环泵置于地下一层。园区空调水系统分成两个支路：一路连接南区空调系统，一路接北区空调系统。2019 年溴化锂机组年耗气量约为 20 万 m^3，主要集中于夏季和冬季。

根据原暖通图纸资料，建筑设计冷负荷为 1311.5 kW，热负荷为 1049 kW；此次利用已有资料采用 Dest 软件模拟，计算结果为冷负荷 1375.5 kW、热负荷 949 kW，基本与原建设设计图纸负荷吻合。

因现有冷热源系统设计未设热量表、测量仪表失效等原因，园区实际运行冷热负荷未知，故按照原有设计资料以及现有可采集数据进行推测。园区实际运行情况为风机盘管正常运行，新风机组一直未投运，但已可满足园区日常冷热负荷需求。按原图纸资料说明，风机盘管总制冷量为 1143 kW，新风机组总制冷量为 420 kW（考虑到风机盘管、新风机组额定制热量大于制冷量，无参考意义，故不列出），因此扣除未开启的新风机组总制冷量后，评估园区现实际运行最大冷负荷为 1048 kW、最大热负荷为 850 kW 是较为合理的。

此次冷热源系统改造负荷估算，根据设计冷负荷 1311.5 kW、设计热负荷 1049 kW 进行机组选型及配置，三联供、地源热泵、空气源热泵及水蓄能系统最大制冷量为 1239.1 kW，最大制热量为 1349.4 kW，能满足设计负荷以及实际运行最大冷热负荷，冷热负荷评估表见表 8–4。另考虑到后期若增开新风机组，本系统也可满足最大冷热负荷需求。

表 8–4　冷热负荷评估表

场景	冷负荷（kW）	热负荷（kW）
原图纸资料	1311.5	1049
此次改造 Dest 模拟	1375.5	949
现实际运行：风机盘管运行 + 新风机组停开	1048	850
后期可能运行：风机盘管运行 + 新风机组增开	1311.5	1049

二、电负荷预测

园区现有供电系统为两回 10 kV 进线，单母线分段接线，接两台 10 kV/0.4 kV、630 kVA 变压器，两段 400 V 母线，单母线分段接线，共 74 路负荷出线，每段母线装有无功功率补偿并联电容器 1 组。

根据从供电公司获取的逐时负荷（2018 年 5 月 ~2019 年 7 月、2020 年典型日）统计分析，1 号变压器（201 进线）工作日平均负荷波动区间为 120~250 kW；2 号变压器（202 进线）工作日平均负荷波动区间为 170~300 kW，休息日工作负荷约为工作日的 50 %~60 %。

综上，现阶段园区最大用电负荷约 595k W，最小用电负荷约 210 kW，夏季负荷高于冬季负荷，夏季冬季用电高峰集中于 10 : 00 ~ 19 : 00。

本次改造中新增电力负荷主要分为基本负荷（控制系统、机房暖通及环境）、季节性冷暖负荷（三联供、地源热泵、空气源热泵等）、随机性负荷（充电桩等）及其他负荷（电化学储能、实验负荷等）。

另外目前园区内入驻职工不断增加，以 2019 年数据计平均月度用电量相较 2018 年同期增长约 6%，考虑到未来新增人员需求，按最大负荷的 8%~10% 计负荷增长，该因素引起的负荷增长值暂列 50 kW。

综上，园区电力负荷预测数据见表 8–5。

表 8–5　园区电力负荷预测表

项目	冬季、夏季负荷（kW）			春季、秋季负荷（kW）		
现有负荷	最低负荷	高峰负荷	平均负荷	最低负荷	高峰负荷	平均负荷
	240.00	595.00	380.00	210.00	330.00	300.00
建设新增负荷	基本负荷	季节性冷暖负荷	随机负荷	基本负荷	季节性冷暖负荷	随机负荷
	28.68	169.94	139.00	28.68	—	139.00
园区入驻自然增长		50.00			50.00	
负荷预测数据	318.68	814.94	—	288.68	408.68	—

注　1. 由于电动汽车充电具有很强的随机性，且园区采用电动汽车有序充电的充电策略，对园区峰值负荷影响较小，所以在进行电负荷预测时暂不考虑电动汽车充电的影响。
2. 电化学储能主要采用削峰填谷运行模式，对负荷上限无影响，未纳入预测范围。

依据负荷预测数据，该项目改造后现有两台 630 kVA 变压器可满足园区日常用电需求，另外根据园区冷、热、电负荷特点和改造后新增电负荷情况，供冷、供热典型季节单台变压器母线电负荷将达到 400 kW 左右，结合市场内燃机各型号容量，本工程选用的燃气内燃机发电机组功率范围建议不大于 357 kW。

三、供能时间

根据北京区域气象参数，该项目夏季空调供冷时间暂定为5月20日~10月10日，共143天；冬季空调供热时间暂定为11月15日~次年3月15日，共123天。冷热负荷供能时间表见表8–6。

表8–6 冷热负荷供能时间

序号	建筑	工作时间	周工作时间
1	园区内办公楼	07：00~21：00	周一至周五，共计5天

根据项目所在地区特性，夏季供冷100%负荷典型日天数为5天，75%负荷典型日天数为44天，50%负荷典型日天数为57天，25%负荷典型日天数为37天；冬季供热100%负荷典型日天数为60天，50%负荷典型日天数为63天。

四、负荷预测结论

综合以上数据，改造前园区实际日最高用电负荷约为595 kW，全年累计用电量约为2636160 kWh，典型日负荷曲线图如图8–3所示。

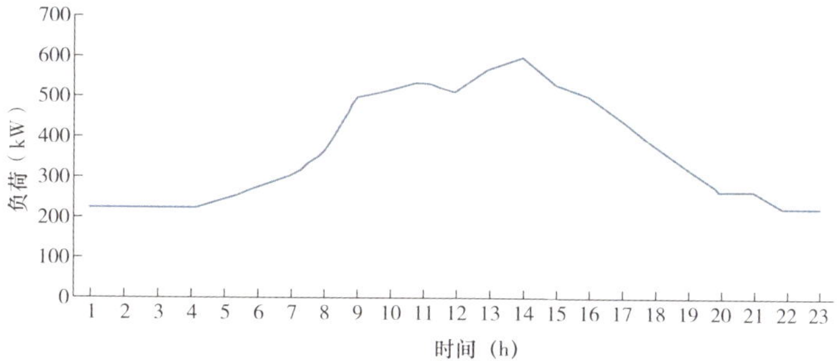

图8–3 典型日负荷曲线图

改造前估算全年累计冷/热负荷最大值为1048 kW/850 kW，估算全年累计冷/热负荷约为597984 kWh/684893 kWh，全年逐时动态负荷曲线图如图8–4所示。

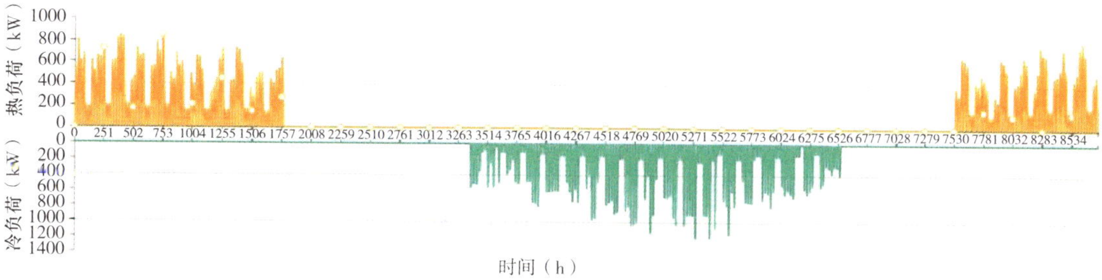

图8–4 全年逐时动态负荷曲线图

8.2.3 资源禀赋

一、气象数据

工程建设区域水文气象条件见表 8–7。

园区所在地区温度情况如图 8–5 所示。

表 8–7 工程建设区域水文气象条件表

供暖室外计算温度	℃	–7.6
冬季通风室外计算温度	℃	–3.6
冬季空气调节室外计算温度	℃	–9.9
冬季空气调节室外计算相对湿度	%	44
夏季空气调节室外计算干球温度	℃	33.5
夏季空气调节室外计算湿球温度	℃	26.4
夏季通风室外计算温度	℃	29.7
夏季通风室外计算相对湿度	%	61
夏季空气调节室外计算日平均温度	℃	29.6
夏季室外平均风速	m/s	2.1
夏季最多风向	—	C SW
夏季最多风向的频率	%	18 10
夏季室外最多风向的平均风速	m/s	3.0
冬季最多风向的频率	%	19 12
冬季室外平均风速	m/s	2.6
冬季最多风向	—	C N
冬季室外最多风向的平均风速	m/s	4.7
年最多风向	—	C SW
年最多风向的频率	%	17 10
冬季日照百分率	%	64
最大冻土深度	cm	66
冬季室外大气压力	hPa	1021.7
夏季室外大气压力	hPa	1000.2
设计计算用采暖期日数	日	123
采暖期平均温度	℃	–0.7
极端最高温度	℃	41.9
极端最低温度	℃	–18.3

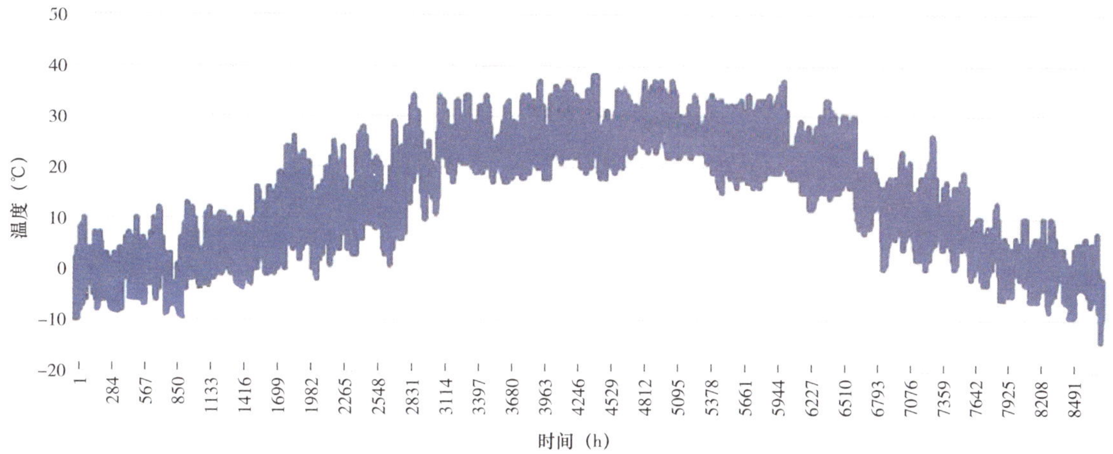

图 8–5　园区所在地区温度趋势图

二、能源数据

该项目执行北京市城区工商业 1~10 kV 峰谷电价标准，见表 8–8。峰谷电价时段划分为：高峰时段（10 : 00~15 : 00；18 : 00~21 : 00），平段（07 : 00~10 : 00；15 : 00~18 : 00；21 : 00~23 : 00），低谷时段（23 : 00~07 : 00）；夏季尖峰时段（7~8 月 11 : 00~13 : 00 和 16 : 00~17 : 00）。

表 8–8　北京市城区非居民用销售电价表

电压等级	电度电价（元 /kWh）			
	尖峰	高峰	平段	低谷
1~10 kV	1.4167	1.2884	0.7697	0.3023

园区现状直燃机房燃气最大供气压力为 0.08 MPa，天然气热值按 33.93 MJ/Nm^3 考虑。园区所在地区由北京燃气公司供应，按照《北京市发展和改革委员会关于调整本市非居民用天然气销售价格的通知》（京发改〔2019〕454 号）文件规定，北京市非居民用管道天然气销售价格标准见表 8–9。

表 8–9　北京市非居民用管道天然气销售价格表

用气类别		采暖季浮动价格（元 /m^3）	采暖季后价格（元 /m^3）
发电用气		2.57	2.29
供暖制冷用气	城六区	2.75	2.47
	其他区域	2.51	2.23
工商业用气	城六区	3.15	2.87
	其他区域	2.91	2.63

注　1. 采暖季浮动价格执行时间为 2019 年 11 月 15 日 ~2020 年 3 月 15 日。
2. 采暖季后价格自 2020 年 3 月 16 日起执行。

园区由市政供水管网引接 1 根 DN200 供水管道，满足园区全部生活用水，供水压力 0.18 MPa，最高日用水量 200 m^3。

8.2.4 智慧综合能源实证工程整体建设方案

该项目综合考虑园区各方面的需求以及资源禀赋等条件，确定智慧综合能源实证工程整体建设方案，系统整体规划示意图如图 8–6 所示，建设要素包括多类型光伏发电系统、电储能系统、电动汽车有序充放电系统、燃气三联供系统、地源热泵系统、空气源热泵系统、水蓄能系统、园区配电系统和园区智慧能源管控系统。

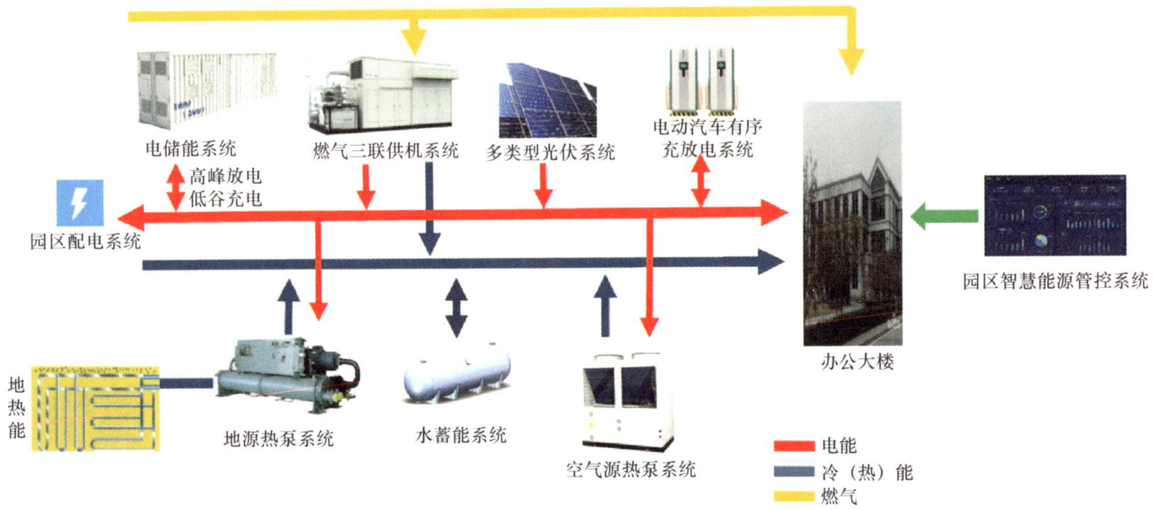

图 8–6 系统整体规划示意图

（1）多类型光伏发电系统。多类型光伏发电系统含 96 kW 单晶硅光伏发电系统 1 套、23.2 kW 多晶硅光伏发电系统 1 套、40 kW 硅基异质结 SHJ 光伏发电系统 1 套、5 kW 透光双波薄膜光伏发电系统 1 套。基于多类型光伏发电系统可以开展分布式光伏发电预测、运行控制、智能运维、运行评价等技术研究，实现可再生能源利用，降低园区用能成本。

（2）电储能系统。电储能系统包含 250 kW/500 kWh 磷酸铁锂电池 1 套。基于电储能系统可以开展相关运行控制、BMS、智能运维等技术研究，支撑电池的技术验证，同时降低园区用电成本，提高电能质量。

（3）电动汽车有序充放电系统。电动汽车有序充放电系统包含电动汽车充放电桩 14 台，包括 60 kW 直流充电桩 1 台、60 kW V2G 充电桩 1 台、7 kW 交流充电桩 12 台，支撑有序充电、V2G 等技术研究和产品展示，同时满足园区职工电动汽车充电需求。

（4）燃气三联供系统。燃气三联供系统包含 357 kW 内燃机，642 kW 补燃型溴化锂机组以及脱硫、脱硝、消音装置等。通过燃气三联供系统可以实现能源梯次利用，提升能源利用效率，并可在孤网条件下为园区提供稳定的电力和冷 / 热负荷，支撑园区综合能源多能源耦合控制策略研究与实证仿真，提高园区清洁能源占比，降低用能成本。

（5）地源热泵系统。地源热泵系统的制冷量 433 kW、制热量 376 kW。采用高效的地源热泵技术可以为园区冷 / 热负荷提供基础支撑能力，支持园区智慧能源协调控制实证仿真，降低园区用能成本。

（6）空气源热泵系统。空气源热泵系统的制冷量 147 kW、制热量 138 kW。通过可灵活调节的空气源热泵可以补充燃气三联供、地源热泵系统供冷 / 热能力不足，支撑园区综合能源协调控制实证仿真。

（7）水蓄能系统。水蓄能系统容量为 $104m^3$。水蓄能系统可以利用电价低谷时段蓄能，电价高峰时段放能，支撑园区智慧能源协调控制实证仿真，降低园区用能成本。

（8）配电系统。改造园区配电系统，可以满足分布式光伏、电化学储能、电动汽车充电桩、燃气三联供接入要求；满足园区用电需求，提高园区配电管理水平。

（9）园区智慧能源管控系统。园区智慧能源管控系统包含主控软件、通信网络、边缘物联代理、感知汇集器和测控装置等。园区智慧能源管控系统可以实现对燃气三联供、光伏、储能、地源 / 空气源热泵 / 水蓄能等系统的运行情况监测，预测分析间歇性供能出力和负荷需求，对园区能源系统进行调节和控制，实现“源网荷储”协同运行；可实现能源流、信息流、数据流的深度融合，支撑园区多能流监控、能效分析、节能优化、智慧运维等业务，提升可再生能源消纳能力和园区能效管理水平。

系统整体规划内容见表 8–10。通过本系统可以实现园区电 – 热 – 气等多种能源系统的耦合和优化控制，进一步实现园区智慧能源的高效利用和用能成本的降低，支撑智慧能源领域相关产品的研制与试验。

表 8–10 系统整体方案配置表

序号	建设内容	建设规模
1	多类型分布式光伏发电系统	162.8 kWp
2	磷酸铁锂电储能系统	250 kW / 500 kWh
3	电动汽车充放电系统	214 kW，其中 V2G 桩 60 kW
4	燃气三联供系统	发电 357 kW，补燃制冷 / 热量 750 / 642 kW
5	地源热泵系统	制热 / 冷量 376 / 433 kW
6	空气源热泵系统	制热 / 冷量 138 / 147 kW
7	水蓄能系统	$104m^3$
8	园区智慧能源管控系统	含主控系统、物联感知系统
9	其他建设内容	三联供机房、地源热泵机房、主控室及实验房间装修，电气、通风、给排水、装饰装潢、参观展示等

此外，园区智慧能源实证仿真环境不仅要满足现有需求，还需考虑后续发展。因此，本次改造应适度增加配置容量，在配电室预留进出线开关位置，同时预留模拟风机、电动汽车无线充电等新型设备或集装箱等安装空间。

8.2.5 燃气三联供系统

该项目利用燃气三联供系统提高园区能源利用效率、降低用能成本，增强园区供能自主性，减小对电网依赖，满足园区孤岛运行时园区的基本负荷供应；实现冷热、电、气等多种能源的耦合，支撑多能互补、用能规划、智慧运营等多种关键技术研究。经过对燃气内燃机、燃气轮机、微型燃气轮机三种技术路线对比分析，考虑到内燃机在容量配置、运维管理、安装调整、降本增效、示范推广等方面更具优势，决定选用燃气内燃机驱动的发电机组。

一、发电机组选型

根据园区冷、热、电负荷特点和改造后新增电负荷情况，供冷、供热典型季节单台变压器母线电负荷将达到 400 kW 左右，并结合市场内燃机各型号容量，本工程选用单台发电量 357 kW 级燃气内燃机发电机组。燃气内燃机发电机组参数表见表 8–11。

表 8–11　燃气内燃机发电机组参数表

电功率输出（kW）	357
电压（V）	400
转速（r/min）	1500
频率（Hz）	50
电效率（%）	38.8
冷却方式	水冷
发电机组外形尺寸（最大尺寸，mm × mm × mm）	4000 × 1700 × 2200
质量（kg）	5000
燃气耗量（m^3/h）	100
燃气压力（kPa）	8~20

内燃机内部流程图如图 8–7 所示。内燃机由空气、燃气、润滑油、冷却水、气缸、排气等部分构成：空气及燃气混合后由喷嘴喷入气缸，通过电火花点燃后稳定燃烧膨胀做功，通过发电机输出电能，排出废气；机组在运转过程中部分机械能转化为热能，通过冷却水带走该部分热量。内燃机冷却水系统分为高温缸套水与低温中冷水两个系统，分别设置或者合并设置散热水箱，高温缸套水温度较高，通常可通过余热设备进行余热利用，提高机组的能源利用率；

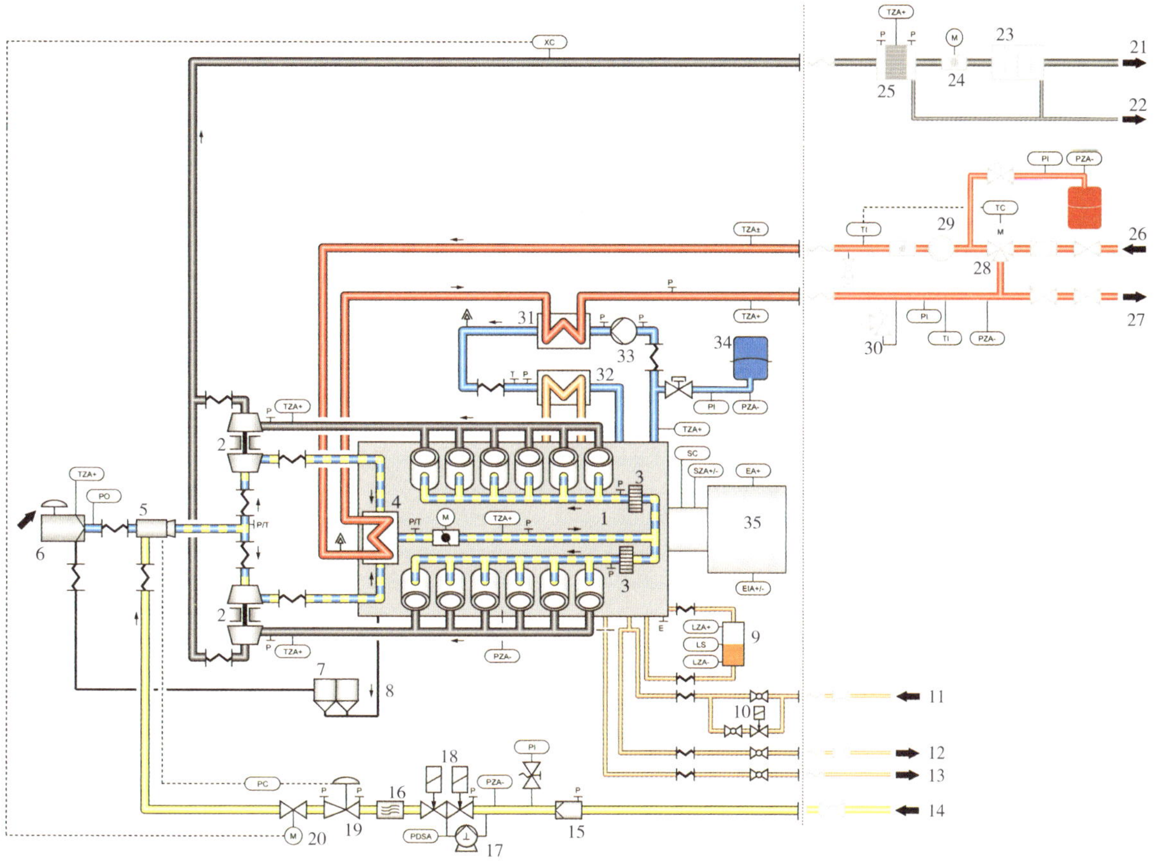

图 8-7　内燃机内部流程图

1—燃气发动机；2—涡轮增压器；3—阻火器；4—混合冷却器；5—燃气空气混合器；6—空气过滤器；7—油气分离器；8—曲轴箱通气管；9—润滑油水平显示；10—润滑油液位电磁阀；11—润滑油入口；12—润滑油出口；13—喷雾器；14—燃气入口；15—燃气过滤器；16—防爆器；17—阀门泄漏监测装置；18—电磁阀；19—零压阀；20—λ 调节阀门；21—烟气排放口；22—冷凝水排水管；23—排气消音器；24—排气蝶阀；25—催化转换器；26—热水进口；27—热水出口；28—回水温度调节；29—冷却水泵；30—安全阀；31—板式换热器；32—冷油器；33—冷却水泵；34—膨胀水箱；35—发电机

低温中冷水通常温度较低，一般直接通过散热水箱散热，不进行余热利用。

二、溴化锂机组选型

根据本园区采用内燃机发电机组特点和园区冷热负荷需求情况，为了充分利用排烟及热水余热，同时保证内燃机组停止运行时，正常供冷、供热，需采用烟气热水补燃型溴化锂机组。所采用溴化锂机组参数见表 8-12。

表 8-12　　溴化锂机组参数表

外形尺寸（最大尺寸）(mm)	5500 × 3400 × 3200
制冷量（全补燃）(kW)	748
制冷量（余热）(kW)	399
供热量（全补燃）(kW)	642

续表

供热量（余热）（kW）		359
供冷供热	制热供回水温度（℃）	50~40
	制冷供回水温度（℃）	7~12
	流量（m^3/h）	129/92
	压力降（kPa）	47/10
	接管直径（DN）（mm）	150

溴化锂机组热力流程如图 8–8 所示。

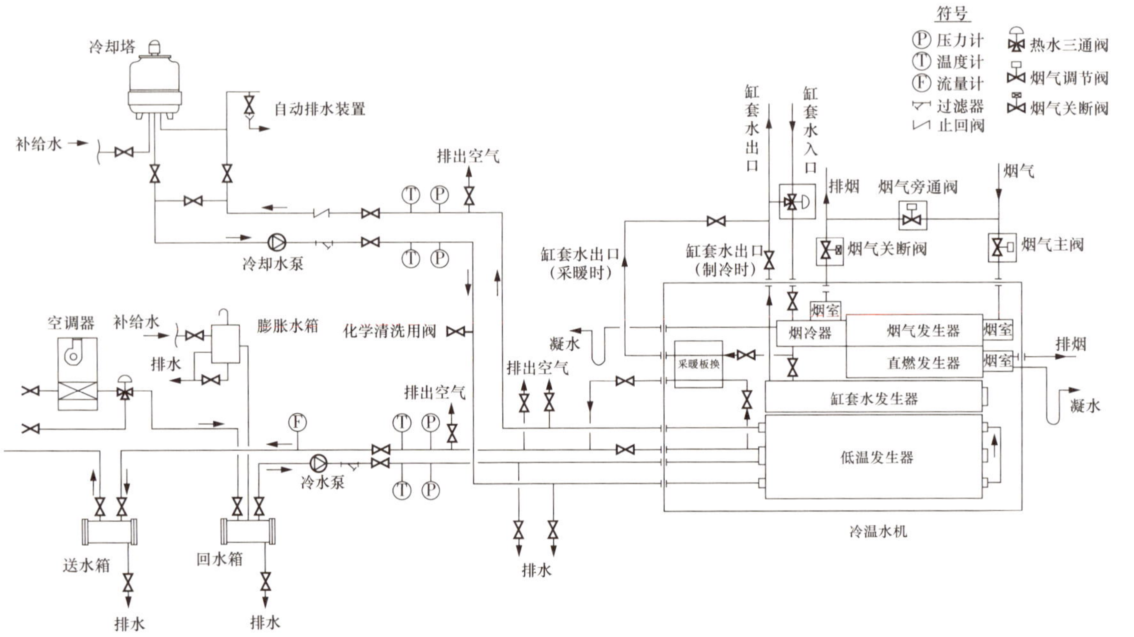

图 8–8　溴化锂机组热力流程图

溴化锂机组工作时，烟气及缸套水分别进入烟气发生器及缸套水发生器，热量被吸收用于制热或制冷后，烟气对外排放，缸套水循环回内燃机重新吸热。机组对外供水管通过阀组的切换，夏季供冷水，冬季供热水，实现一管两用。

三、设备布置

燃气内燃机和吸收式溴化锂机组的布置均按照三联供系统标准建设。室内安装视频环境监视系统和降噪脱硝装置，燃气三联供系统布置如图 8–9 所示。

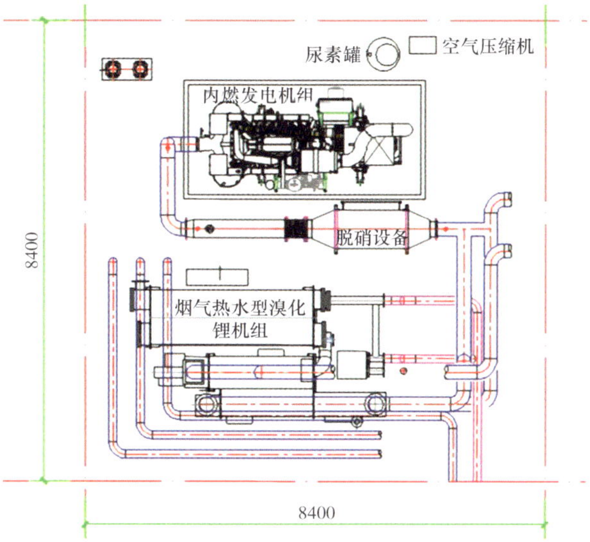

图 8-9 燃气三联供系统布置图（单位：mm）

四、热力系统

该项目选用的燃气内燃机发电效率较高，其燃料热力的 37% 用来做功发电，约 35% 通过烟气散热，还有约 30% 通过缸套水、中冷水及辐射热损失。通过对烟气和缸套水进行余热回收利用，三联供系统综合能源利用效率可达 80% 以上。燃气三联供系统结构如图 8-10 所示。

1. 烟气系统

燃气内燃机排烟温度约 540℃，单台燃机排气量达 1784kg/h。燃气轮机烟道出口直径为 159mm，经变径后烟囱直径变为 273mm，进入烟气脱硝系统，该项目采用低污染物排放的燃

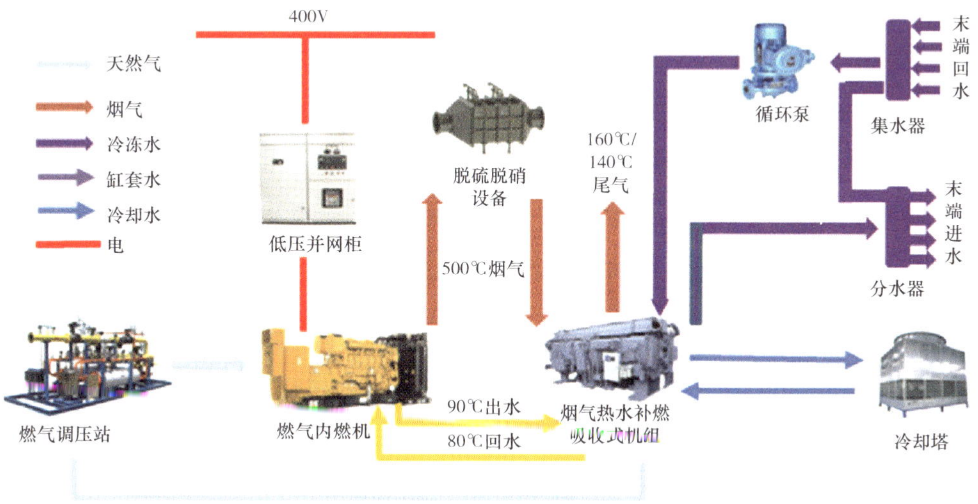

图 8-10 燃气三联供系统图

气内燃发电机组，尾部烟气拟采用SCR脱硝技术，使氮氧化物排放量小于或等于30mg/m³（标准状态）。燃气内燃机排出的高温烟气经脱硝处理后，经烟道三通调节阀分为两路；内燃机组与溴化锂机组联供时，经脱硝处理后的烟气首先进入吸收式溴化锂机组入口烟道，热交换后烟气回到原烟道排放；当溴化锂机组出现故障或停运时，将经脱硝处理的高温烟气直接通过内燃机烟道进入烟囱排入大气；溴化锂机组的补燃烟气通过单独烟道及烟囱排放。本工程溴化锂机组选用低氮燃烧器，运行补燃工况时，溴化锂机组燃烧排烟 NO_x 排放小于或等于30mg/m³（标准状态）。

由于内燃机排放烟气温度高达540℃，而溴化锂机组直燃排烟温度为150℃，所需烟道材质、壁厚不同，两者烟囱不能共用，需设置两根烟囱。

2. 缸套水系统

燃气内燃发电机高温缸套水系统由两个系统组成，即缸套水余热利用系统与缸套水散热系统，两者通过三通阀进行切换。燃气内燃发电机高温缸套水系统需优先保证缸套水进入发电站的水温满足机组要求。

本系统缸套水在内燃机内依次流经润滑油冷却系统、缸体及一级中冷器，因此缸套水余热包含了全部润滑油余热、缸体余热及部分中冷器余热。缸套水余热可利用能量约为161 kW。单台燃气内燃机缸套水供回水温度为90/80℃，工质为37%的乙二醇溶液，流量为14.1t/h。通过烟气热水型吸收式溴化锂机组，利用缸套水余热，可以实现冬季供热、夏季供冷。

溴化锂机组不运行时，高温缸套水经屋顶散热器散热，达到发电机组允许的回水温度后，返回燃气内燃机组。

该工程选用1台高温冷却水泵用于发电机组高温热水循环系统散热，主要技术参数为：流量 $Q=20m^3/h$，扬程 $H=0.28$ MPa，电动机功率 $N=3$ kW。

3. 中冷水系统

燃气内燃发电机的低温中冷水经屋顶散热器散热后，由低温冷却水泵送入燃气内燃机组。中冷水的散热功率约为67 kW，中冷水额定流量为20m³/h，中冷水进水温度为40℃。

该工程选用2台低温冷却水泵，单台发电机组配1台。低温中冷水循环泵技术参数为：流量 $Q=24m^3/h$，扬程 $H=0.2$ MPa，电动机功率 $N=2.2$ kW。

4. 烟气余热利用

本工程中内燃机组的烟气余热利用通过溴化锂机组来实现。当溴化锂机组运行制冷工况时，吸收烟气余热约为184 kW；当溴化锂机组运行制热工况时，吸收烟气余热约为198 kW。

制冷工况下排烟温度为160℃；制热工况下排烟温度为140℃。

5. 园区燃气现状评估

园区所在地区由北京燃气公司供应，现有直燃机房燃气最大供气压力为 0.08 MPa。经评估，园区现有燃气调压站可满足新建三联供系统使用需求，无须改造。

五、脱硝系统

该项目采用管道天然气，燃烧产物中硫份很少，满足相关排放要求。根据 CJJ 145—2010《冷热电三联供工程技术规范》中规定，三联供系统的烟气排放中大气污染物排放值应符合 GB 13271—2014《锅炉大气污染物排放标准》；同时根据 DB 11/1056—2013《固定式内燃机大气污染排放标准》中的 NO_x 排放标准，内燃机组烟气经处理后 NO_x 排放浓度小于或等于 75mg/m^3（标准状态）；根据 DB 11/139—2015《锅炉大气污染物排放标准》，溴化锂机组 NO_x 排放浓度小于或等于 30mg/m^3（标准状态）。

该项目选用的燃气内燃发电机组，其 NO_x 的原始排放浓度在 500mg/m^3（标准状态）左右。

项目采用 SCR 选择性催化还原法对烟气进行脱硝，最终实现 30mg/m^3（标准状态）的要求数值。

排放数据见表 8-13。

表 8-13　排放数据表

废气成分	催化剂入口处（mg/m^3，标准状态）	催化剂出口处（mg/m^3，标准状态）
NO_x	500	≤ 30

注　基准氧含量按 5% 考虑。

8.2.6　地源热泵系统

2019 年 1 月，北京市发展改革委联合市规划和自然资源委等八个委办局发布了《关于印发进一步加快热泵系统应用推动清洁供暖实施意见的通知》（京发改规〔2019〕1 号），意见指出地源热泵系统是可再生能源，经济性高，将加大政策支持力度，积极推广浅层地源热泵系统应用。经前期调研，本园区地质条件适合建设地源热泵系统。

一、系统选址与布置

如图 8-11 所示，考虑园区场地情况和布局合理性，地埋井建设在园区南侧草坪下，地源热泵机房设置于地下一层，利用原杂物间改造成机房；通过对绿地内树木现场定位，避开树冠、尽量减少室外地面车位占用，按 4~5m 间距布孔。地埋管供回水母管设置在草坪北侧分集水器检查井内，然后进入热泵机房内。

本次共建设地埋管 56 口，有效埋深 150m，地源热泵系统供热负荷为 376 kW，供冷负荷为 433 kW，满足园区冷热负荷需求，并应用于园区智慧能源技术实验验证。地源热泵系统如图 8-12 所示。

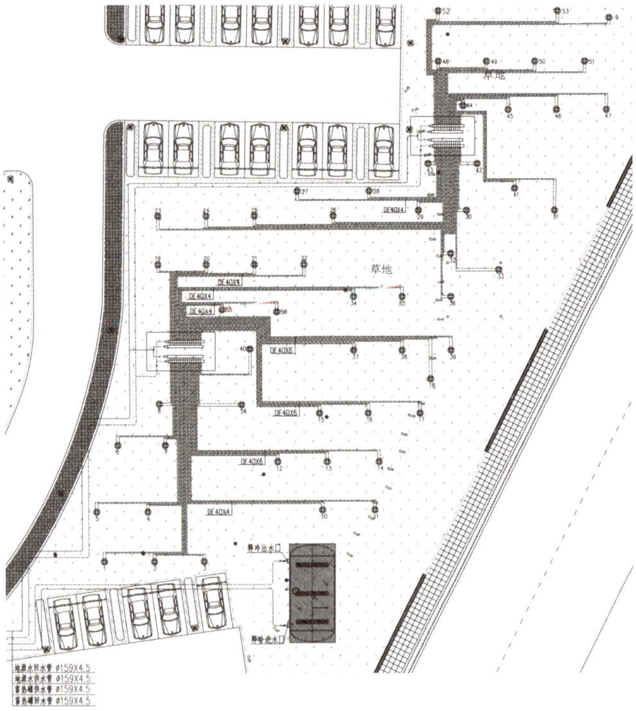

图 8-11　地埋管平面布置图

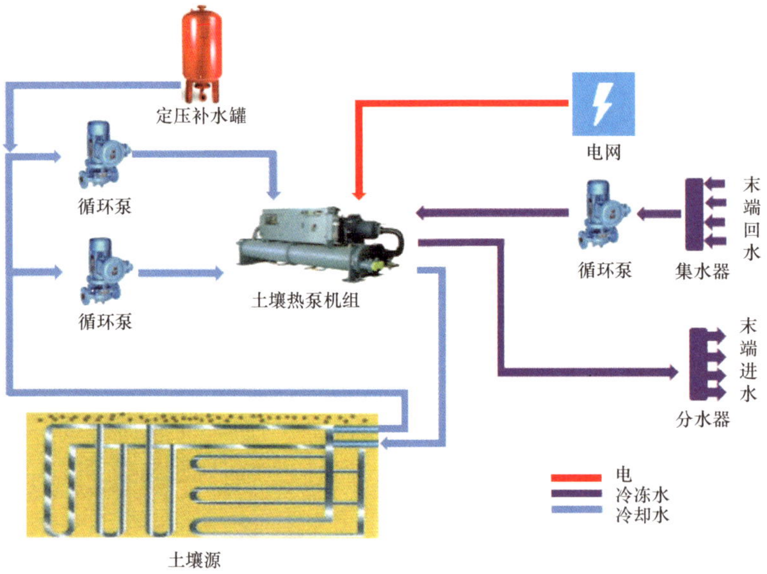

图 8-12　地源热泵系统图

二、地源热泵主机系统

该项目可埋管场地较小，地源热泵机组装机容量受限，综合经济性和现场实际情况，选用螺杆式地源热泵机组一台。地源热泵制冷工况供回水温度拟定 7℃ /13℃，制热工况下供回水温度为 46℃ /40℃。地源热泵机组设计工况制冷 / 热参数见表 8-14。

表 8-14 地源热泵机组设计工况制冷 / 热参数 （kW）

功率名称	功率数值
额定制热功率	376
制热工况电功率	90
额定制冷功率	433
制冷工况电功率	83

三、地埋管系统

地埋管系统主要包括地埋井、地埋侧循环泵和地埋侧定压补水设备等。

根据岩土热响应测试数据，考虑园区室外场地面积有限，该项目拟定地源井有效埋深为150m，总计 56 口，其中 2 口具备地温监测功能、3 口为备用井。地埋井参数见表 8-15。

表 8-15 地埋井参数

基本参数	井深（m）	150
	钻孔直径（mm）	140~152
	空间距（m×m）	4.5×4.5 或 5×5
	管材	DN32 双 U 形 PE 管
冬季参数	地埋侧供回水温度（℃）	10/5（冬季）
	每延米孔深换热量（W/m）	34.98
夏季参数	地埋侧供回水温度（℃）	30/35（夏季）
	每延米孔深换热量（W/m）	65

8.2.7 空气源热泵系统

园区通过空气源热泵与三联供系统、地源热泵系统共同满足建筑物供冷、供热需求，并实现三种冷热源互为备用。在三联供系统检修、维护等情况下，空气源热泵将与地源热泵系统共同满足建筑物大部分的冷、热供应。在园区冷热负荷高峰时段，空气源热泵实现园区冷热供给的灵活调峰。根据园区冷热负荷需求、主流产品单机功率及机组互备要求，配置制冷 / 制热量 138 kW/147 kW 空气源热泵机组 1 台，空气源热泵系统图如图 8-13 所示。

空气源热泵机组设计工况参数表见表 8-16。

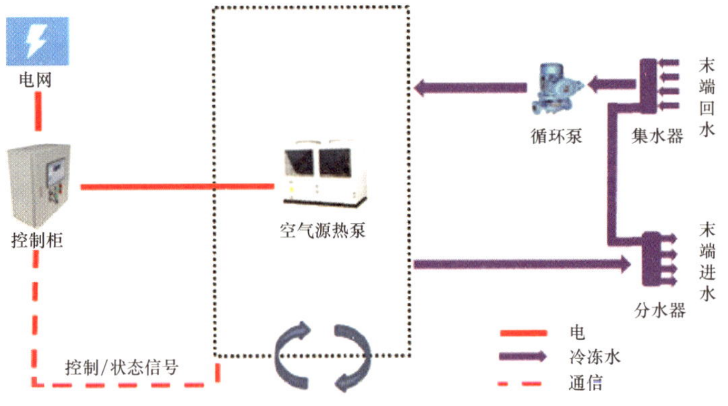

图 8–13　空气源热泵系统图

表 8–16　空气源热泵机组设计工况参数表

制热量（kW）	147
制热电功率（kW）	43.1
制热供（℃）/ 回温度（℃）	46/40
制冷量（kW）	138
制冷电功率（kW）	44.6
制冷供（℃）/ 回温度（℃）	7/13

8.2.8　水蓄能系统

通过建设水蓄能系统构建完整的热能源网荷储系统，降低园区能源系统的运行成本的同时，支撑园区能源规划和运行相关研究。水蓄能系统供冷季供 / 回水温度为 7℃ /13℃，供暖季供 / 回水温度为 46℃ /40℃，总蓄冷（热）量为 728.9 kWh。本工程设计蓄热温差较小，工质运行参数较低，且紧邻市政道路与居民区，因此选用高度较低的卧式闭式承压蓄能罐，承压设计 1.0 MPa。水蓄能系统结构如图 8–14 所示。

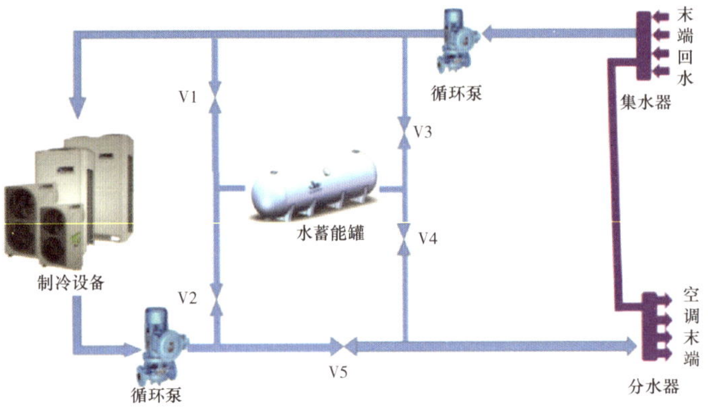

图 8–14　水蓄能系统结构图

该项目蓄热罐整体参数为直径 4m，总长度 8.98m，单罐蓄水体积 104m^3，其中有效容积 89m^3；蓄热系统采用闭式循环水系统，管网设计压力为 1.0 MPa。冬季供热时，由地源热泵、空气源热泵或燃气三联供系统制取 46℃热水储存在蓄水罐中，当需要用热时，将热水释放至暖通管网分水器对外供热；夏季蓄冷时，制取 7℃冷冻水储存在蓄水罐中，当需要用冷时，将冷水释放至暖通管网分水器对外供冷。

8.2.9 多类型分布式光伏发电系统

1. 太阳能电池和逆变器选型

基于园区用电需求、智慧园区业务场景应用，及支撑实验仿真及产品验证需要，该项目特选用单晶硅太阳能组件、多晶硅太阳能组件、SHJ 硅基异质结太阳能电池组件、薄膜太阳能电池组件构成多类型分布式光伏发电系统参与园区智慧能源实证仿真环境建设，单晶组件单块容量选择 320 Wp，多晶组件单块容量选择 290 Wp，硅基异质结（silicon hetero-junction，SHJ）组件单块容量选择 340 Wp，10 % 透光薄膜组件单块容量选择 92 Wp，各类组件参数如下表所示。

（1）单晶硅太阳电池。项目单晶硅太阳能系统安装面积约 482 m^2，总装机容量为 92.13 kWp，采用 415 Wp 单晶光伏组件，组件效率为 20.6 %，西南向固定倾角 10° 安装；接入 1 台 100 kW 组串式逆变器，出逆变器后经电力电缆接入光伏并网柜和园区微电网系统。

（2）多晶硅太阳电池。项目多晶硅太阳能系统安装面积约 128 m^2，总装机容量为 24 kWp，采用 300 Wp 多晶光伏组件，组件效率为 18.4 %，西南向固定倾角 10° 安装，20 块一串；接入 1 台 20 kW 组串式逆变器，出逆变器后经电力电缆接入光伏并网柜和园区微电网系统。

（3）HDT 双玻高效异质结太阳能电池。项目双玻异质结（hetero junction double-side technology，HDT）组件安装面积约 193 m^2，总装机容量为 40.8 kWp，采用 340 Wp 双玻组件，西南向固定倾角 10° 安装；接入 1 台 40 kW 组串式逆变器，出逆变器后经电力电缆接入光伏并网柜和园区微电网系统。

HDT 双玻组件采用高效单晶异质结太阳能电池技术，具备双面发电、高转换效率、高稳定性以及优异的高温特性，其结构是在 N 型单晶硅片上沉积 P 型薄膜硅和№型薄膜硅，并在 N 型单晶硅衬底之间加入一层非掺杂（本征）氢化硅薄膜。该工艺改变并提升了 PN 结的性能，使得 HDT 双玻组件太阳能电池按单位面积计算的发电量比单面电池组件可增加 18 % 以上，其中正面组件效率可达 20.13 %，背面组件效率可达 16.10 %，是目前商业化中最具性价比的高效太阳能电池之一。

（4）碲化镉（CdTe）薄膜太阳能电池。碲化镉薄膜太阳能电池简称 CdTe 电池，是一种以 p 型 CdTe 和 n 型 CdS 的异质结为基础的薄膜太阳能电池。该项目采用 78 块 1200 mm × 600 mm 规格的碲化镉薄膜太阳能组件，单片透光率 20 %、发电功率为 76 Wp，组件平均效率达 13%，在兼顾美观度要求的基础上具有较高的转化效率和出色的发电能力。

2. 光伏组件串并联方案

利用 GB 50797—2012《光伏发电站设计规范》中组串计算方法，参见式（8–1）和式（8–2），结合项目所选择的组件参数和项目所处地区的气象信息，经计算，单晶硅、多晶硅、硅基异质结 SHJ 光伏系统按 20 块电池板组成一串；透光薄膜光伏系统按 6 块电池板组成一串。

3. 光伏布置

该项目推荐采用 10° 倾角安装，北京地区光伏系统最佳发电倾角为 33°，两种方案对比论证如下：

因 A 座建设条件较好，选取 A 座光伏系统按 33° 倾角设置，经排布并计算组件间遮挡，可安装单晶硅光伏板 160 块，总安装容量为 51.2 kWp。经 PVsyst 模拟，在此条件下，A 座光伏系统首年发电量约为 65.8 MWh，远低于 10° 倾角下光伏系统首年发电量 120.2 MWh，项目收入相差巨大；同时 33° 倾角下，首年发电小时数约 1285 h，10° 倾角下，首年发电小时数约 1233 h，可见 10° 倾角下效率损失并不严重，不至对资金回收产生较大影响。综上，在采用 10° 倾角时，项目总收益远高于 33° 倾角，同时其效率损失较小，因此该项目光伏组件按 10° 倾角安装。

屋顶光伏系统进出线采用桥架沿建筑外立面敷设，由配电室窗井引至屋顶，避免对屋顶防水层造成影响，同时各组光伏组串间预留检修通道，方便后期运行管理。

A 座主入口处天棚建设 BIPV 建筑光伏一体化透光薄膜发电系统，共安装 78 块 1200 mm × 600 mm 规格的碲化镉薄膜太阳能组件，单片透光率 20 %、发电功率为 76 Wp，组件平均效率达 13 %。

光伏系统一次系统详细方案如图 8–15 所示。

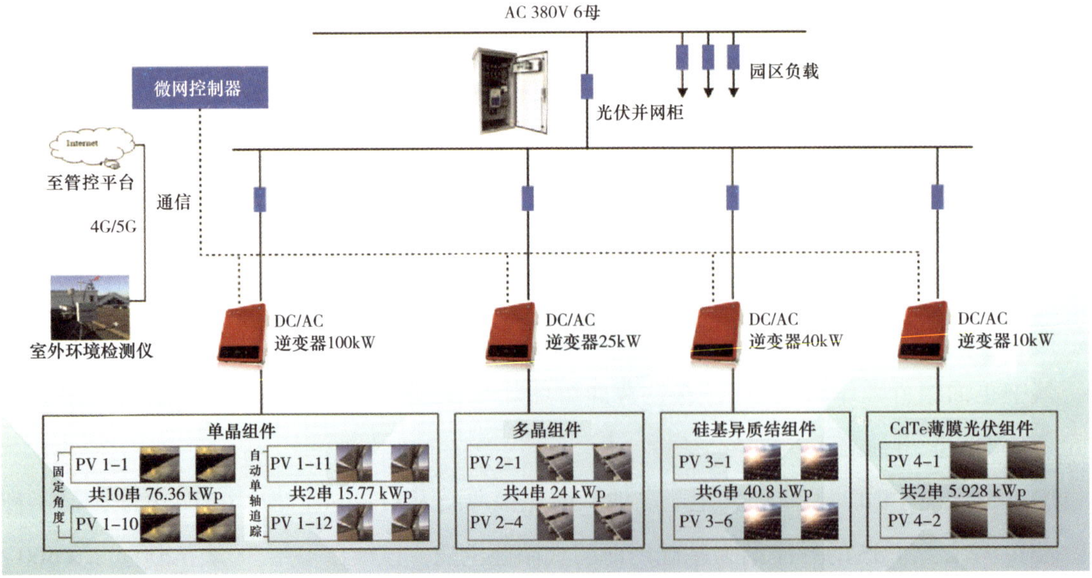

图 8–15　光伏系统一次系统详细方案图

8.2.10 电化学储能系统

该项目建设 250 kW/500 kWh 磷酸铁锂电池储能系统 1 套，接入新建 0.4 kV 母线，作为园区微电网的重要组成部分。储能设备安装于 20 英尺集装箱内，布置于园区南侧草坪，距离建筑楼宇 35m 以上。集装箱式电池储能系统包含电池系统、BMS 系统、PCS 系统、消防系统、集装箱辅助系统等，不设单独的储能 EMS 系统，而通过园区智慧能源管控系统实现。

1. 储能集装箱结构

电化学储能系统采用定制集装箱结构，集装箱本体应具备良好的防腐、防火、防水、防尘（防风沙）、防震、防紫外线、防盗等功能。集装箱外壳结构、隔热保温材料、内外部装饰材料等全部使用阻燃材料；箱体顶部不积水、不渗水、不漏水，箱体侧面不进雨，箱体底部不渗水；集装箱的进、出风口和设备的进风口加装可方便更换的标准通风过滤网；在运输和地震条件下集装箱及其内部设备的机械强度不出现变形、功能异常、震动后不运行等故障；集装箱内外材料的性质不会因为紫外线的照射发生劣化、不会吸收紫外线的热量等，集装箱防护等级为 IP54。

磷酸铁锂电池储能系统布置如图 8-16 所示。

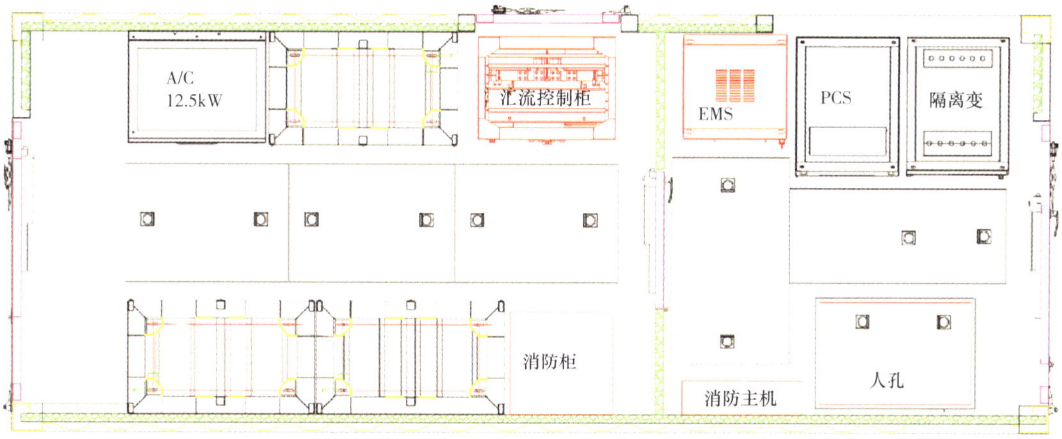

图 8-16　磷酸铁锂电池储能系统布置图

2. 电池系统

电池系统采用 120 Ah 磷酸铁锂电芯，选用江苏海基新能源股份有限公司生产的磷酸铁锂电池，规格参数见表 8-17。

电芯采用 2P12S（2 并 12 串）的方式组合成电池模组，电池模组配置为 38.4 V/240 Ah（0.5C）；电池模组通过 1P19S（1 并 19 串）的方式组成电池簇，电池簇配置为 729.6 V/240 Ah（0.5C），电压范围为 638.4~809.4 V，额定总电量为 175.104 kWh；3 个电池簇并联接入控制汇流柜，组成完整的电池系统，电池系统总电量为 525.312 kWh（可根据电池厂家参数微调）；

表 8-17　　磷酸铁锂电池规格参数表

<table>
<tr><th>序号</th><th colspan="2">名称</th><th>指标</th><th>备注</th></tr>
<tr><td>1</td><td colspan="2">额定放电功率（kW）</td><td>250</td><td></td></tr>
<tr><td>2</td><td colspan="2">额定充电功率（kW）</td><td>250</td><td></td></tr>
<tr><td>3</td><td colspan="2">额定储能容量（kWh）</td><td>525.312</td><td></td></tr>
<tr><td>4</td><td colspan="2">电芯额定容量（Ah）</td><td>120</td><td>标准放电</td></tr>
<tr><td>5</td><td colspan="2">电芯最小容量（Ah）</td><td>120</td><td>标准放电</td></tr>
<tr><td>6</td><td colspan="2">工作电压（V）</td><td>2.5~3.65</td><td></td></tr>
<tr><td>7</td><td colspan="2">内阻（Ac. 1 kHz）（mΩ）</td><td>≤ 1</td><td>出厂时 30% SOC</td></tr>
<tr><td rowspan="2">8</td><td rowspan="2">充电时间</td><td>标准充电（h）</td><td>~4（0.25C）</td><td rowspan="2">参考值</td></tr>
<tr><td>快速充电（h）</td><td>~1（1C）</td></tr>
<tr><td>9</td><td colspan="2">推荐 SOC 使用窗口（%）</td><td colspan="2">10~90</td></tr>
<tr><td rowspan="2">10</td><td rowspan="2">工作温度</td><td>充电温度（℃）</td><td>0~45</td><td></td></tr>
<tr><td>放电温度（℃）</td><td>−20~55</td><td></td></tr>
<tr><td>11</td><td colspan="2">电池质量（kg）</td><td>1.78 ± 0.1</td><td></td></tr>
<tr><td>12</td><td colspan="2">壳体材料</td><td>铝</td><td></td></tr>
<tr><td rowspan="2">13</td><td colspan="2" rowspan="2">贮存温度（℃）</td><td>−20~25</td><td>标准贮存温度</td></tr>
<tr><td>−20~45</td><td>绝对贮存温度</td></tr>
<tr><td>14</td><td colspan="2">贮存相对湿度（%）</td><td>< 70</td><td></td></tr>
</table>

电池簇经过控制汇流柜汇流后，接入 1 台 250 kW 的储能变流器 PCS，经过逆变后接入园区微电网系统。

为提高储能系统在现场的安全可靠运行，在模组内集成特征气体检测模块，对磷酸铁锂电池模组内的一氧化碳、烃类等特征气体进行检测。特征气体检测模块采用 24 V 供电，外部具备 CAN 接口，采用成熟通信规约。

电池模组（2P12S）参数见表 8-18。

表 8-18　　电池模组（2P12S）参数表

序号	名称	规格	备注
1	模组尺寸 （mm × mm × mm）	箱体尺寸：不含接插件 468（W）× 642（D）× 202（H） 产品外尺寸：27（W）× 676（D）× 202（H）	± 2mm
2	标称容量	120Ah@1C，25℃	

续表

序号	名称	规格	备注
3	标称电压（V）	38.4（12cells）	
4	工作电压范围（V）	33.6~43.2	
5	最大持续充电倍率	1C@25℃	240A
6	最大持续放电倍率	1C@25℃	240A
7	质量（kg）	86	± 1kg
8	标称能量（kWh）	9.216	
9	绝缘标准（GΩ）	电池箱绝缘电阻值大于或等于 1（1000V DC）	参考 GB 36276—2018《电力储能用锂离子电池》
10	耐压标准（mA）	2830V DC，无击穿现象，漏电流小于 10	参考 GB 36276—2018《电力储能用锂离子电池》
11	单体最大充电电压（V）	3.65	任一只电芯
12	单体最小放电电压（V）	2.5	任一只电芯
13	放电过电流保护电流	300A@5S	
14	充电高温保护（℃）	45	模组电池温度
15	放电高温保护（℃）	50	模组电池温度
16	充电低温保护（℃）	0	模组电池温度
17	放电低温保护（℃）	–20	模组电池温度
18	使用环境	室内、干燥、恒温	
19	防水等级	IP21	
20	存储温度范围（℃）	–30~45	
21	储存环境相对湿度（%）	5~95	
22	工作环境相对湿度（%）	≤ 85	
23	工作效率（%）	≥ 92	

电池簇性能参数见表 8–19。

表 8–19 电池簇性能参数表

序号	名称	规格	备注
1	电池架尺寸（mm × mm × mm）	1086（宽）× 730（深）× 2270（高）	± 5mm
2	标称容量	240Ah@1C，25℃	
3	标称电压	729.6V（228cells）	

续表

序号	名称	规格	备注
4	工作电压范围（V）	638.4~809.4	
5	最大持续充电倍率	1C@25℃	240A
6	最大持续放电倍率	1C@25℃	240A
7	质量（kg）	＜ 1850	
8	额定能量（kWh）	175.104	
9	绝缘标准（MΩ）	电池箱绝缘电阻值大于或等于 500（1000V DC）	参考 GB 36276—2018《电力储能用锂离子电池》
10	耐压标准	2830V DC，无击穿现象，漏电流小于 20 mA	参考 GB 36276—2018《电力储能用锂离子电池》
11	单体最大充电电压（V）	3.65	任一只电芯
12	单体最小放电电压（V）	2.5	任一只电芯
13	放电过电流保护电流	300A@5S	
14	充电高温保护（℃）	45	模组内电池温度
15	放电高温保护（℃）	50	模组内电池温度
16	充电低温保护（℃）	0	模组内电池温度
17	放电低温保护（℃）	−20	模组内电池温度
18	最佳运行温度（℃）	25 ± 5	必须保温设计

注 1. 高盐雾、高温、高湿、高紫外线及特殊环境地区，需做出评估后使用。
2. 电池簇每三个月需至少进行一次满充满放。
3. 电池系统禁止处于长期浮充状态，充满应禁止充电，放空应禁止放电。
4. 模组和机架需分开运输，禁止电池簇整体运输。

3. 电池管理系统（BMS）

电池管理系统能够实现电池状态监视、运行控制、绝缘监测、均衡管理、保护报警及通信功能等，通过对电池的状态的实时监测，保证系统的正常稳定安全运行；监测电池的一致性，通过均衡对电池进行在线式维护，保证电池成组的使用效率及寿命。

具备 PACK 级主动火情预警及控制装置，实现储能锂离子电池火灾早期预警功能，在电池明火产生前发出早期预警信号，在锂电池火灾发生时，自动启动灭火装置进行灭火，灭火装置喷射时间大于或等于 3s。灭火剂释放结束后持续抑制 10min，锂电池组无复燃。

磷酸铁锂系统 BMS 主要性能参数见表 8–20。

表 8–20　　磷酸铁锂系统 BMS 主要性能参数表

供电电压	DC 24V（DC 20~28V）
供电功率（W）	45
电池监测节数	单簇 6~480 节（从控支撑 6~16 节电池，主控支持 1~30 从控）
单体电压检测范围（V）	0.5~5.0
单体电压检测精度（mV）	2
电池主动均衡电流（A）	≥ 2
电流检测范围（A）	± 300
电流检测精度（满量程，%）	0.5
温度测量精度（℃）	± 1
输入绝缘阻抗（MΩ）	≥ 10　DC 500V
数据通信接口	RS485、以太网、CAN2.0B、61850
RS485 通信波特率（bit/s）	9600
CAN2.0B 通信速率（kbit/s）	500

注　从控：电池单体管理单元；主控：电池簇管理单元。

4. 储能变流器（PCS）

该项目中磷酸铁锂电池储能系统使用一台 250 kW 储能变流器经隔离变压器接入园区配电网。

按照规划，微电网无缝切换等运行需求由磷酸铁锂储能系统负责响应配合，磷酸铁锂储能变流器应具备多个备用开入接口，支持接入多个并网点接口保护装置发的干接点信号进行模式切换，并可以与固态开关控制器或混合型晶闸管断路器进行快速通信、协调配合的功能。

5. 消防系统

根据规范要求，电池室火灾危险性分类为戊类，耐火等级为二级。

该项目储能集装箱消防系统主要包含探测控制器、灭火装置、消防主机、用户开关、报警装置和泄压装置等部分，在检测到火情时启动，减小损失；探测控制器布置于电池架上方，灭火装置、消防主机和用户开关安装于集装箱一角，报警装置和泄压装置安装于集装箱体。

探测控制器具备火灾全周期监测功能，内部集成烟雾、温度、气体等传感器，可在热失控前期就检测到烟雾、气体，并结合温度及其他特征参数综合判定电池系统是否发生热失控；有效识别火灾信号，实现早期火灾发现和预警的功能，并根据火情过程分为多级报警。探测控制器具备灭火器启动功能，可响应消防主机下发的指令启动灭火器。探测控制器具备硬件诊断、传感器故障诊断、故障保护、灭火器连接状态诊断、异常数据备份和离线下载等功能，满足设备运行周期安全使用。

灭火装置采用柜式七氟丙烷灭火装置，具有清洁、低毒、绝缘性良好、对臭氧层无损害及灭火效率高等优点；七氟丙烷主要以物理方式的降温冷却，及化学方式的分解产生活性自由基，捕捉燃烧中活性基来实现灭火。

消防系统应具备自动和手动两种启动方式，当消防系统处于自动模式，检测到预警信号并确认发生火情，消防主机可启动站内 / 站外报警装置，并进行相应的设备联动，延迟启动灭火装置，并打开放气指示；当消防系统检测到手动启动开关按下一段时间后，视手动启动信号有效，启动站内 / 站外报警装置，并进行相应的设备联动，延迟启动灭火装置，并打开放气指示。在灭火装置启动后，可通过用户开关的紧急停止按钮、报警显示器上的紧急停止按钮等方式中止灭火装置。

6. 集装箱辅助系统

集装箱内照明灯具有防爆功能，管理人员可在现场用手动开关控制照明灯。集装箱内配有应急照明灯。集装箱空调采用嵌入式工业空调，空调靠集装箱侧壁安装，空调提供的风量需校验，空调通风口进行特殊设计，避免沙尘堵塞。集装箱设置门禁系统 1 套，安装枪型摄像机 2 个，以对射的方式安装在集装箱两侧，对集装箱内部情况实施监控并实时上传视频信息至园区智慧能源管控平台。集装箱配置烟雾传感器、温度传感器、湿度传感器、水浸传感器、应急灯、门磁开关、灭火器、防雷器等必不可少的安全设备，烟雾传感器、温控传感器和系统的控制开关形成电气连锁，一旦检测到故障和告警性，能通过声光报警和远程通信的方式通知用户，同时切掉正在运行的电池系统。

8.2.11 电动车充放电系统

园区共有停车位 127 个，职工电动汽车数量不断增加。考虑当前使用需求、变压器容量情况、支撑有序用电、V2G 等技术研究，该项目配套建设 60 kW 一体式双枪充电桩 1 台、60 kW 一体式 V2G 充电桩 1 台、7 kW 交流有序充电桩 12 台。为满足电动自行车充电需求，另建设 10 kW 电动车充电系统 1 套。

项目中电动汽车有序充电系统由 12 台南瑞集团有限公司研发的 CEV1107-P1 A200 型交流有序充电桩、2 台 ECT-9100 型能源控制器、园区智慧能源管控平台及手机 App 组成，有序充电系统整体架构图如图 8-17 所示。

能源控制器为台区智能管理单元，实现台区负荷数据收集，执行对充电桩的智能控制，引导其低谷充电（或高峰放电），削峰填谷，提升电网设备利用率；有序充电桩内部包含能源路由器，该设备基于新一代智能电能表设计，可实现对充电桩的数据感知、采集和控制；充电桩

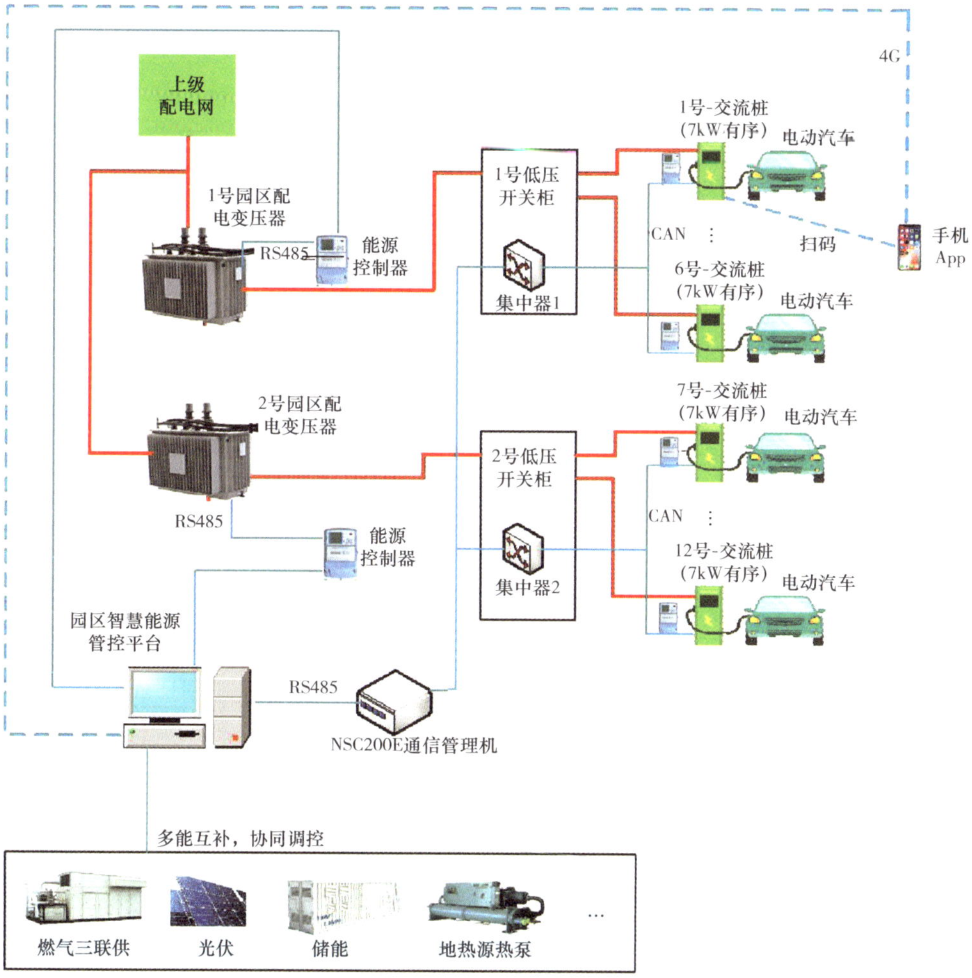

图 8–17　有序充电系统整体架构图

根据能源路由器指令，实现充电启停、功率调节及放电操作。集中器与充电桩之间通信采用 CAN 总线通信，与南瑞车联网平台主站通信采用运营商 4G 专网；集中器另有一路 RS485 接口接入园区智慧能源管控系统，供园区做设备运行监视，但不含控制功能。在图 8–17 中没有画出云端的车联网平台。

项目在设计过程中预留空间及容量，为后期发展电动汽车无线充电、超大功率充电、集群集控充电等技术试点预留基础条件。

8.2.12　微电网系统

该项目利用新建设备和园区原有配电系统，构建了 2 个微电网，包括 1 个光储微电网，1 个同步发电机微电网，两网可合并运行。可开展异构微电网 / 微电网群控制保护、微型能源互联网优化调度研究等。微电网满足以下要求：提升园区能源利用效率，降低用能成本；支持开展微电网实证试验，验证微电网优化控制策略；将冷热负荷和电负荷的综合需求响应作为优化运行调节手段，在提高综合能源利用效率和供能可靠性的同时，实现不同运行方式下微能网的协同调度。

一、微电网系统架构

微电网系统一次拓扑图如图 8-18 所示。

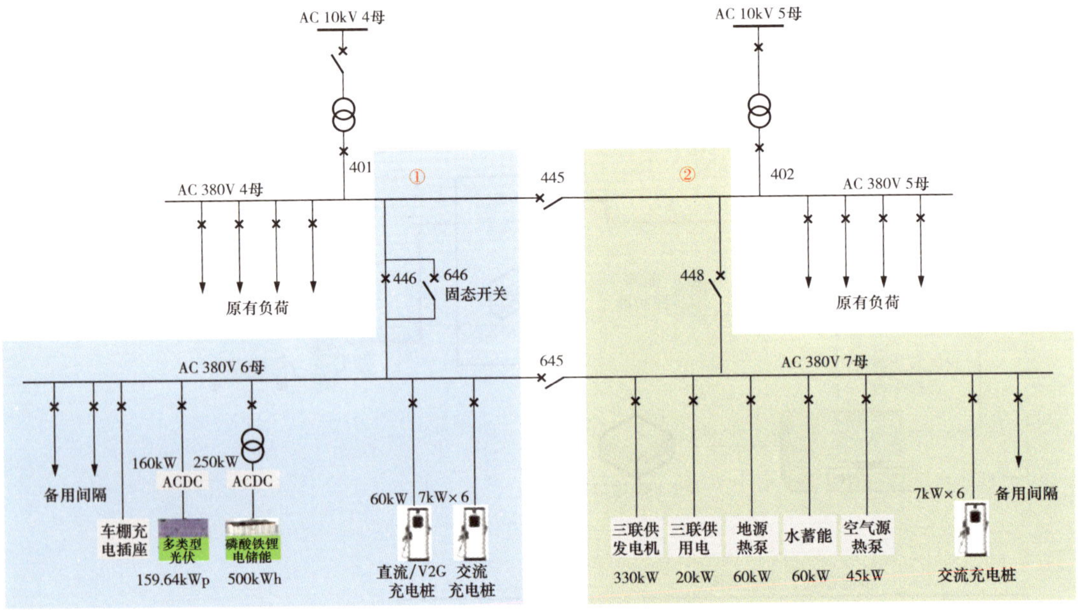

图 8-18 微电网系统一次拓扑图

由地下一层配电室内原 0.4 kV 系统 4 母通过封闭母线引至新建的 0.4 kV 系统 6 母，6 母进线处配置 446 断路器及 646 固态开关，构成 1 号微电网。固态开关动作速度很快，以利于并离网无缝切换。1 号微电网新建的 0.4 kV 6 母接入的负荷包括：分布式光伏发电系统、磷酸铁锂电池储能系统、V2G 充电桩、交流充电桩、直流充电桩、车棚充电系统及部分迁转负荷等。用电设备安装功率 440.97 kW，计算有功功率 297.40 kW，发电设备安装功率 520 kW。

由配电室内原 0.4 kV 系统 5 母通过封闭母线引至新建的 0.4 kV 系统 7 母，7 母进线处配置 448 断路器，构成 2 号微电网。2 号微电网新建的 0.4 kV 7 母接入的负荷包括：三联供系统、交流充电桩、三联供用电负荷、地源热泵用电负荷、水蓄能负荷、可编程交流负载、事故通风及部分迁转负荷等。用电设备安装功率 503.56 kW，计算有功功率 340.93 kW，发电设备安装功率 357 kW。1 号微电网和 2 号微电网之间由断路器 645 连接。

二、控制保护配置方案

1. 微电网运行控制器

该项目中，微电网的运行控制功能由微电网运行控制器协调就地测量执行元件完成，核心在于实时稳定微电网电压、频率。微电网运行控制器在实现光伏发电、储能、负荷监测控制的同时，接受能源管控平台调度指令，完成恒定潮流控制及自平衡控制、微电网启停控制、运行模式切换、上网功率控制、稳定控制等功能，实现微电网系统的自主协调运行。

2. 微电网并网点保护

微电网并网点采用微电网并网接口装置完成并网点测控保护功能（包括频率保护、电压保护、复压闭锁方向过电流、逆功率保护等），同时满足断路器同期合闸需求（包括差频合闸、差压合闸和无压合闸等）。

该项目在 446、448、645 断路器处配置并网接口装置，共计 3 台。

3. 微电网区域保护

微电网区域控制保护装置可实现区域内、区域间、区域出线三个区域的测控和保护功能。该项目在新建的 0.4 kV 6 母及 7 母的馈出线路上设置区域控制保护装置，共计 5 台；另外，在 401、402 低电压总进线柜处，配置逆功率保护装置。

三、系统运行方式

1. 并网运行方式

系统具有多种并网运行形态，常用的并网运行模式有如下三种。

（1）双网分列并网模式。1、2 号微电网分列并网模式是指在分列并网运行方式下，445、645、446/646 断路器分位、其他断路器合位，以下简称“模式一”。模式一：1、2 号微电网分列并网模式如图 8-19 所示。1 号微电网内储能 PCS 处于 P/Q 模式，光伏 AC/DC 处于 MPPT 模式，并网点处根据需求可以实现定功率、限功率等运行策略；2 号微电网内三联供系统处于 P/

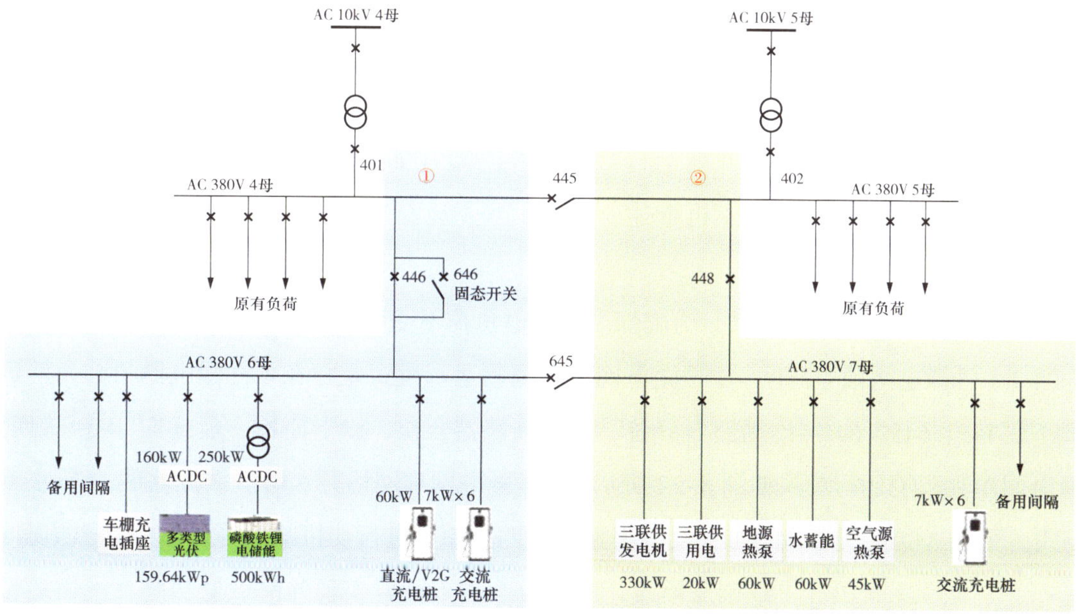

图 8-19　模式一：1、2 号微电网分列并网模式

Q 调度模式，匹配负荷需求可以实现并网点处功率自平衡运行策略。

（2）双网并列运行接 4 母并网模式。双网并列运行接 4 母并网模式是指在 1、2 号微电网并联接 4 母运行方式下，445、446/646、448 断路器分位、其他断路器合位，以下简称“模式二”。模式二：1、2 号微电网并列运行接 4 母并网模式如图 8–20 所示。磷酸铁锂储能 PCS 处于 PQ 模式，光伏 AC/DC 处于 MPPT 模式，三联供系统处于 P/Q 调度模式，匹配负荷需求可以实现并网点处功率自平衡运行策略。

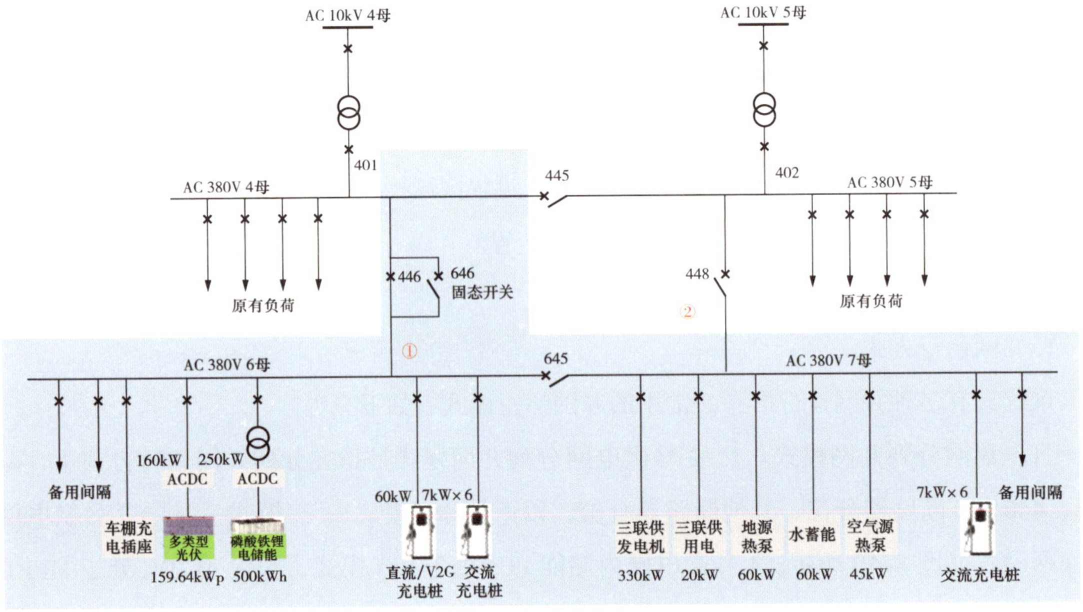

图 8–20　模式二：1、2 号微电网并列运行接 4 母并网模式

（3）双网并列运行接 5 母并列模式。双网并列运行接 5 母并列模式指在 1、2 号微电网并联接 5 母运行方式下，445、446、446/646 断路器分位、其他断路器合位，以下简称“模式三”。模式三：1、2 号微电网并列运行接 5 母并网模式如图 8–21 所示。类似于 1、2 号微电网并联接 4 母的运行方式，不再赘述。

2. 离网运行方式

系统具有多种离网运行模式，为确保原有供电负荷不受影响，仅考虑四种运行方式。

（1）1 号微电网独立离网。1 号微电网单独离网运行模式是指在 1 号微电网单独离网运行方式下，445、645、646/446 断路器分位、其他断路器合位，以下简称“模式四”。模式四：1 号微电网单独离网运行模式如图 8–22 所示。1 号微电网离网运行，磷酸铁锂储能 PCS 处于 V/F 模式，光伏 AC/DC 处于 MPPT 模式，根据源荷匹配原则进行切机减载等操作；2 号微电网并网运行，三联供系统处于 P/Q 调度模式，匹配负荷需求可以实现并网点处功率自平衡运行策略；两个微电网之间不产生功率交互。

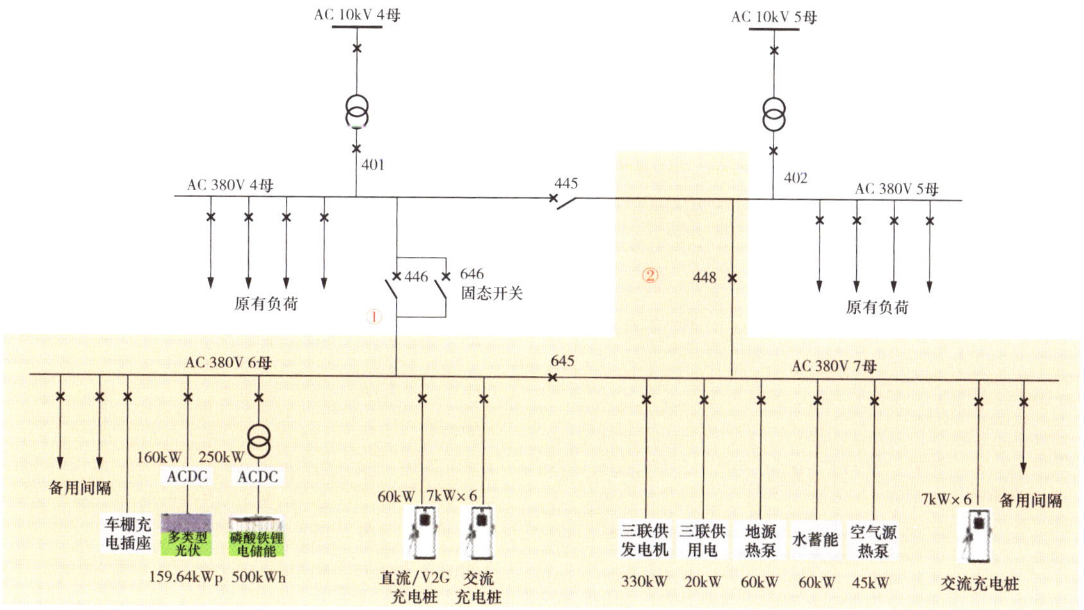

图 8-21　模式三：1、2 号微电网并列运行接 5 母并网模式

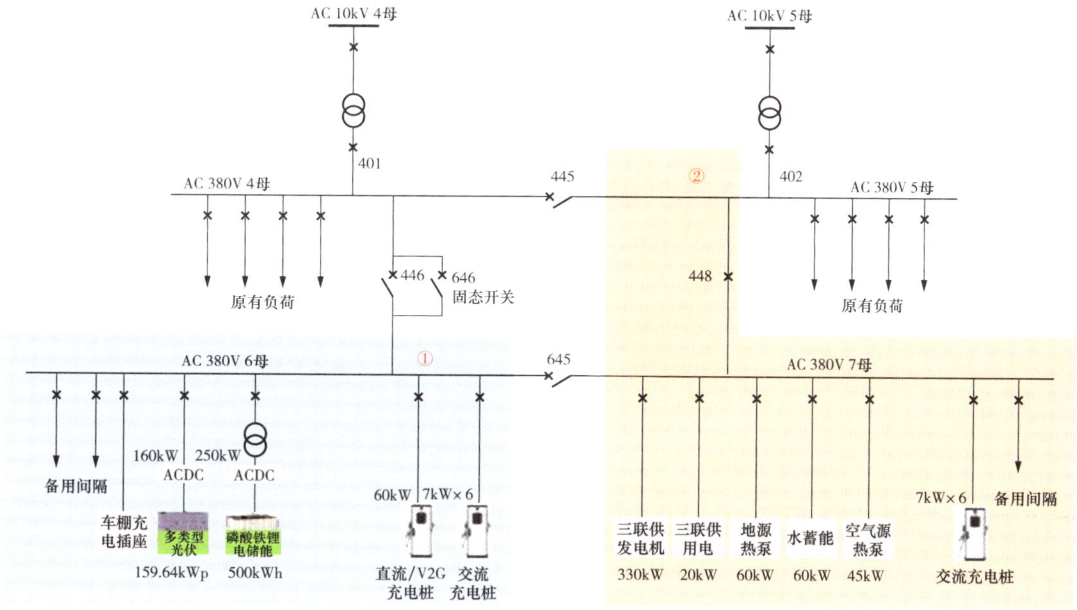

图 8-22　模式四：1 号微电网单独离网运行模式

（2）2 号微电网单独离网。2 号微电网单独离网运行模式在 2 号微电网单独离网运行方式下，445、645、646/446、448 断路器分位、其他断路器合位，以下简称“模式五”。模式五：2 号微电网单独离网运行模式如图 8-23 所示。1 号微电网并网运行，磷酸铁锂储能 PCS 处于 P/Q 模式，光伏 AC/DC 处于 MPPT 模式，并网点处根据需求可以实现定功率、限功率等运行策略；2 号微电网内三联供系统处于 V/F 调度模式，根据源荷匹配原则进行减载等操作。两个微电网之间不产生功率交互。

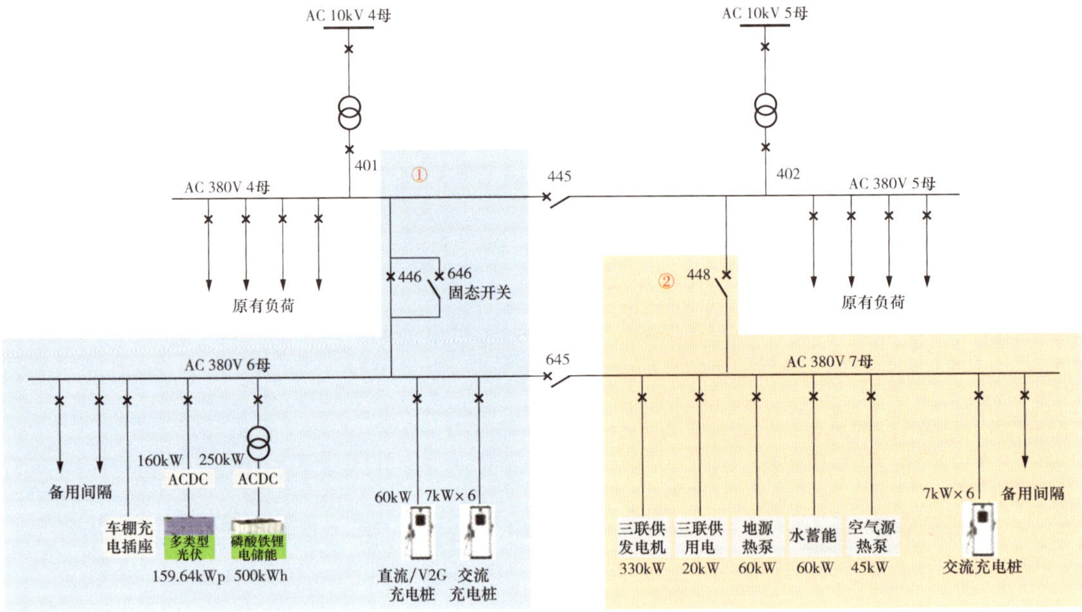

图 8-23　模式五：2 号微电网单独离网运行模式

（3）1、2 号微电网分列离网。1、2 号微电网各自独立离网模式是指在 1/2 号微电网独立离网运行方式下，445、645、646/446、448 断路器分位、其他断路器合位，以下简称“模式六”。模式六：1、2 号微电网各自独立离网模式如图 8-24 所示。1 号微电网内磷酸铁锂储能 PCS 处于 *V*/*F* 模式，光伏 AC/DC 处于 MPPT 模式，离网情况下主 PCS 提供电压和频率基准，根据源荷匹配原则进行切机减载等操作；2 号微电网内三联供系统处于 *V*/*F* 调度模式，根据源荷匹配原则进行减载等操作。

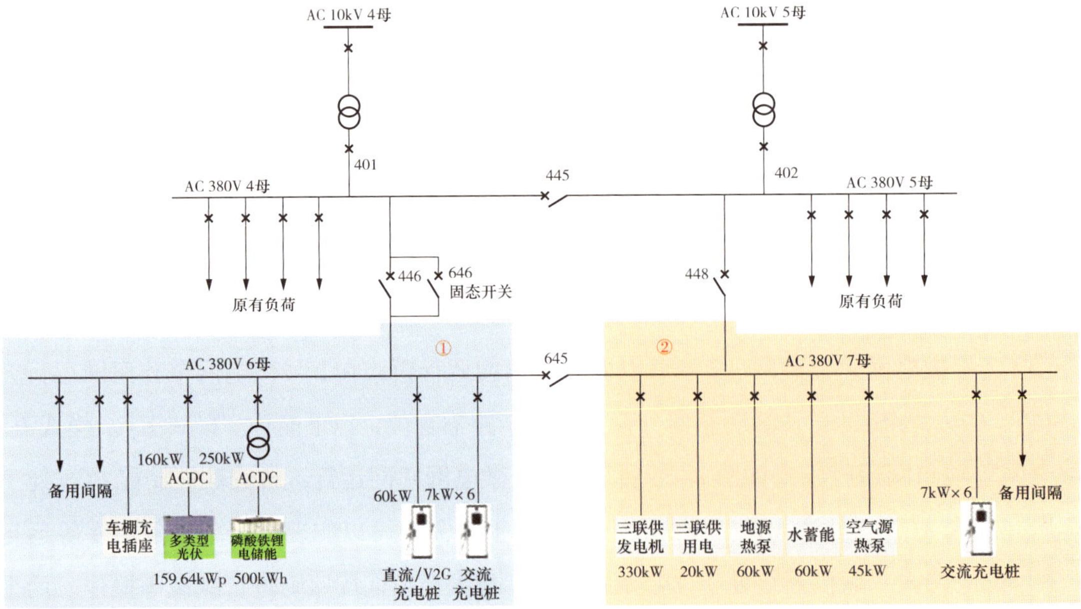

图 8-24　模式六：1、2 号微电网各自独立离网模式

（4）1、2 号微电网并联离网。1、2 号微电网并联离网运行模式是指在 1、2 号微电网并联离网运行方式下，445、446/646、448 断路器分位、其他断路器合位，以下简称“模式七”。模式七：1、2 号微电网并联离网运行模式如图 8-25 所示。磷酸铁锂储能 PCS 处于 P/Q 模式，光伏 AC/DC 处于 MPPT 模式，三联供系统处于 *V/F* 模式，提供电压和频率基准；离网运行下，储能和光伏匹配负荷的稳态波动需求，负荷的瞬时波动由三联供系统支撑，必要时切机减载。

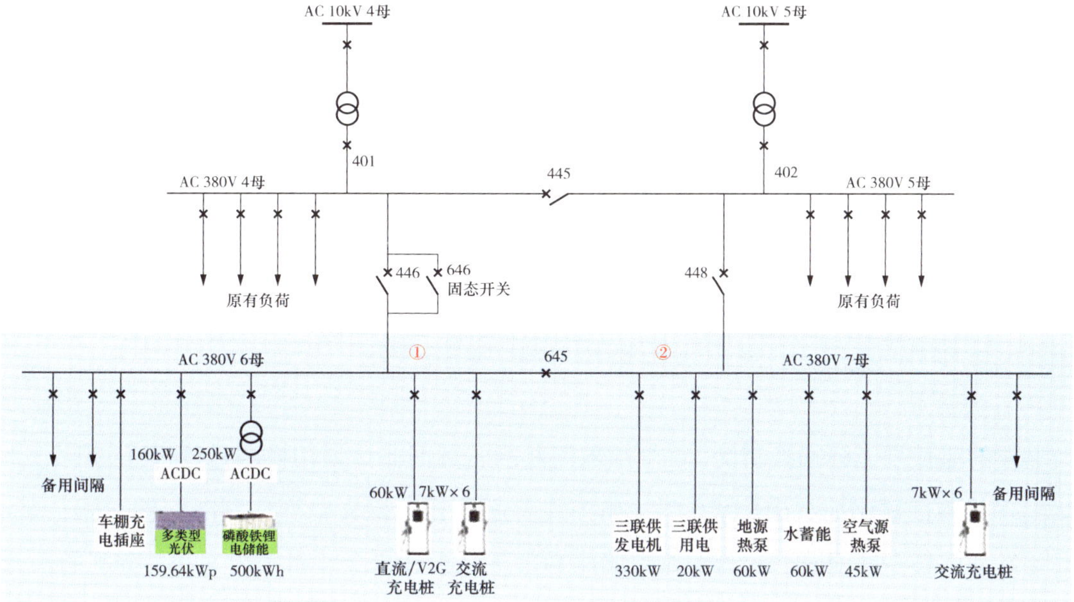

图 8-25　模式七：1、2 号微电网并联离网运行模式

四、并离网切换

微电网运行方式切换分为计划性切换和非计划性切换，计划性切换指令由主站下发，微电网运行控制器执行；非计划性切换由外部条件或继电保护动作触发，由微电网运行控制器自行判断处理。

1. 计划性并离网切换

微电网运行方式计划性切换指令共有 14 种（下图中数字序号），微电网运行方式计划切换路径如图 8-26 所示。

2. 非计划性离网

非计划性切换有多种情形，以下以 1 号微电网并网转离网非计划性无缝切换做介绍。1 号微电网非计划并网转离网无缝切换如图 8-27 所示。

1 号微电网并网转离网非计划切换，要实现无缝切换，需要配置快速断路器（固态开关），本项目中 646 配置为固态开关，同时配置固态开关集控装置，与磷酸铁锂储能 PCS 交互实现 1

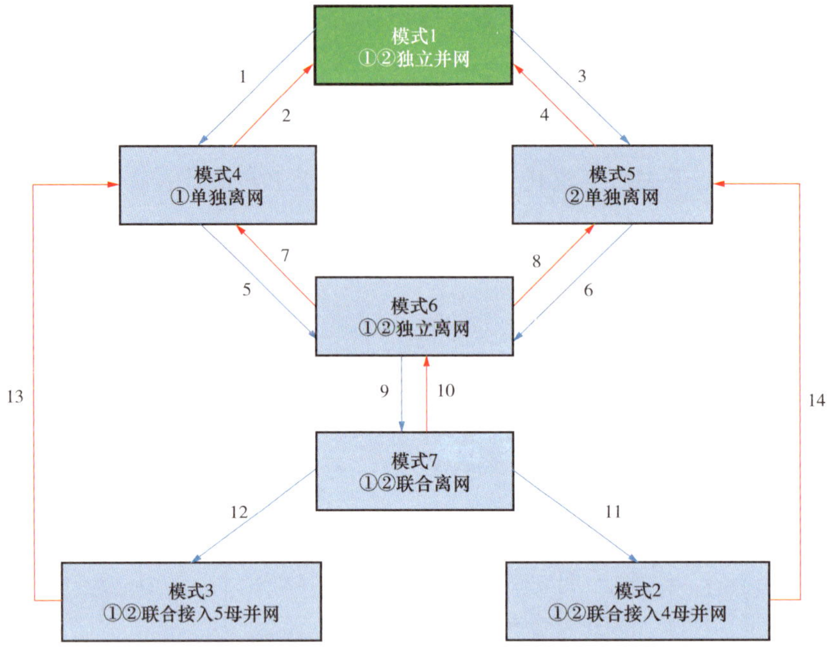

图 8–26　微电网运行方式计划切换路径图

1~14—数字为计划性切换指令编号

号微电网的非计划无缝切换功能。1 号微电网并网转离网非计划切换的具体过程如下：当 401 突然出现故障而跳闸时，646 固态开关集控装置通过智能检失电算法判断网侧故障，在给固态开关发分闸指令的同时，向磷酸铁锂储能 PCS 下转模式指令，由于固态开关分闸的快速性，整个过程可以实现无缝切换（20ms 以内）。

3. 黑启动

以 1 号微电网并网转离网然后黑启动为例说明。当 401 突发故障时，1 号微电网处于停运状态，此时 446 处的并网点接口测控保护装置检测到电网侧失电，断开 446 断路器，同时由微电网运行控制器实施黑启动运行策略：先无载启动磷酸铁锂储能 PCS，工作于 V/f 模式，然后启动光伏、投入一定容量的负荷，整个微电网经历停运 – 黑启动 – 离网运行状态。2 号微电网并网转离网时同理，不再详述。

8.2.13　系统运行效果分析

1. 系统可靠性分析

该项目设计热负荷为 1049 kW，冷负荷为 1311.5 kW。本次改造冷热源主要包含三联供机组、地源热泵机组及空气源热泵机组。多种供热形式联合使用，当单一热源进行设备检修、停用或故障时，系统可满足的冷热负荷情况如下：

（1）当燃气轮机停运时，本工程选用溴化锂机组具备全补燃工作能力，因此燃气轮机停运

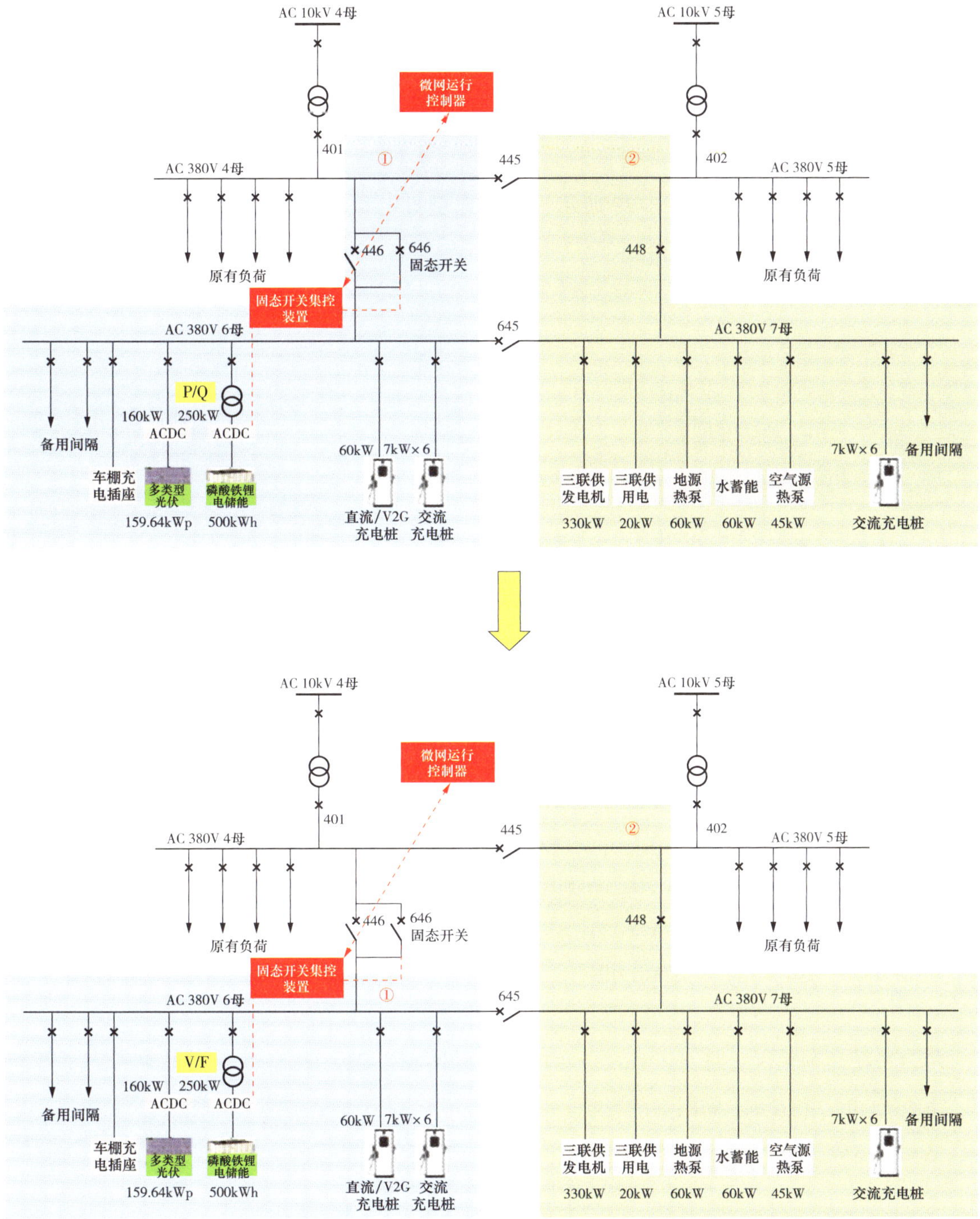

图 8-27　1 号微电网非计划并网转离网无缝切换

不影响供能能力。

（2）当溴化锂机组停运时，地源热泵及空气源热泵最大供热功率能满足最大热负荷的 45.2%，最大供冷功率可满足最大冷负荷的 44.4%。

（3）当地源热泵机组停运时，溴化锂机组运行补燃工况，溴化锂机组及空气源热泵最大供热功率能满足最大热负荷的 70.1%，最大供冷功率可满足最大冷负荷的 67.6%。

（4）当空气源热泵机组停运时，溴化锂机组运行补燃工况，溴化锂机组及地源源热泵最大供热功率能满足最大热负荷的 96.6%，最大供冷功率可满足最大冷负荷的 90.89%。

2. 运行效果分析

通过测算可以得到项目在典型日的运行策略，夏季典型日电负荷出力图如图 8–28 所示，夏季典型日冷负荷出力图如图 8–29 所示，冬季典型日电负荷出力图如图 8–30 所示，冬季典型日热负荷出力图如图 8–31 所示。

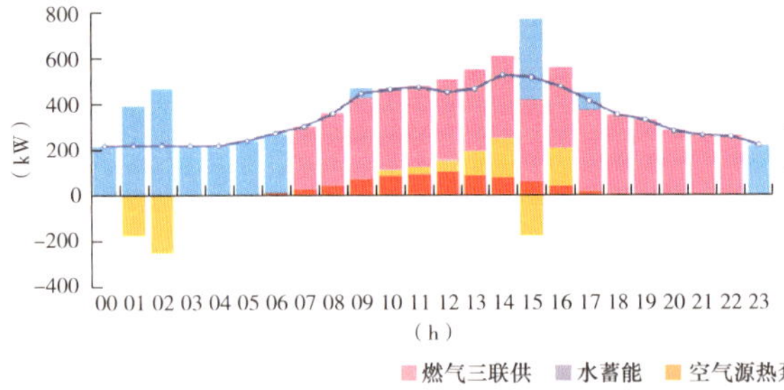

图 8–28　夏季典型日电负荷出力图

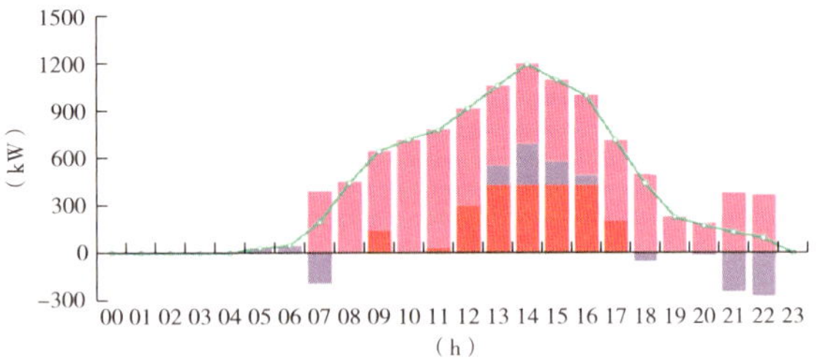

图 8–29　夏季典型日冷负荷出力图

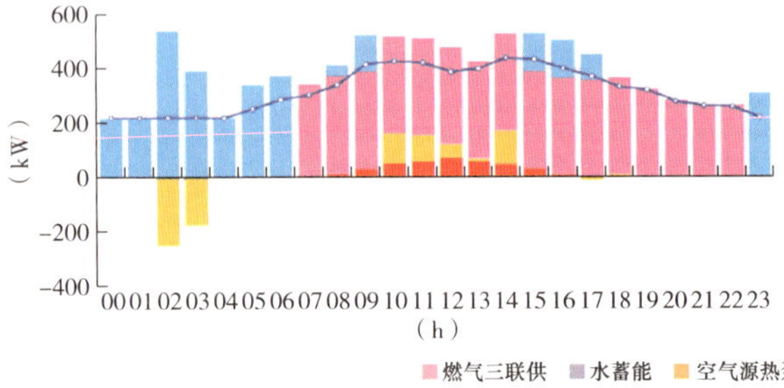

图 8–30　冬季典型日电负荷出力图

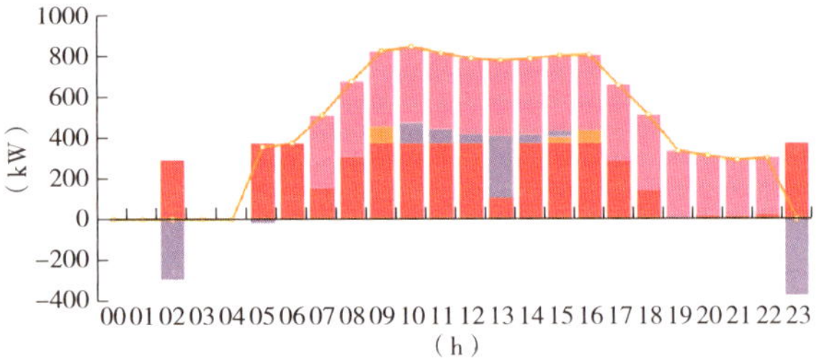

图 8–31　冬季典型日热负荷出力图

结合系统负荷情况，计算了各设备年出力情况见表 8–21，表 8–21 中的数据考虑了气候温度、系统 COP、光照等不同因素的影响。

表 8–21　各设备年度耗能及产能情况表

设备名称	年均耗电量（kWh）	年均耗气量（m^3）	年均耗热量（kWh）	年均空调耗冷量（kWh）	年均耗水量（m^3）	年均发电量（kWh）	年均空调制热量（kWh）	年均空调制冷量（kWh）
光伏	—	—	—	—	—	229751	—	—
电储能	155792	—	—	—	—	143578	—	—
市电	890471	—	—	—	—	840067	—	—
地源热泵	38577	—	—	—	—	—	133998	33759

续表

设备名称	年均耗电量（kWh）	年均耗气量（m^3）	年均耗热量（kWh）	年均空调耗冷量（kWh）	年均耗水量（m^3）	年均发电量（kWh）	年均空调制热量（kWh）	年均空调制冷量（kWh）
空气源热泵	14	—	—	—	—	—	55	0
水蓄能	—	—	63974.11	45716.12	—	—	54378	38858
燃气三联供	—	416167.56	—	—	—	1622817	561331	572614

8.3 工程建设经验总结

8.3.1 项目报批及备案

智慧综合能源建设项目需按规定向政府管理部门报批或备案，涉及部门主要有规划、建设、消防和环保部门，此外还要向电力公司申请供电接入或发电上网，向燃气公司申请燃气供应等。需办理的相关手续较多，本节结合北京地区某园区智慧综合能源项目建设经历，介绍项目报批备案相关政策和要求。

该项目建设地点位于北京，建设内容主要包括多类型分布式光伏发电系统、混合电储能系统、电动车充放电系统、燃气三联供、地源热泵、空气源热泵、水蓄能和园区智慧综合能源集成管控系统等。项目为设备改造项目，详细内容参见 8.2 节。有关报批报建与备案情况如下。

1. 规划审批申请

主管部门为地方政府规划与自然资源委员会，经咨询了解，涉及国土空间利用或变更的建设工程须通过规划审批。对低风险等级，地上建筑面积不大于 10000m^2，建筑高度不大于 24m，功能单一、技术要求简单的社会投资新建、改扩建项目及内部装修项目，可按“低风险工程建设项目”申请办理建设工程规划许可；对设备安装类工程不需要地方政府规划与自然资源委员会审批，该项目建设范围主要为设备安装，不涉及园区建筑主体结构变更，无新建建筑，也不涉及市政基础设施建设，不在规划审批范围内。

2. 施工许可证办理

主管部门为地方政府住房和城乡建设委员会。一般较大规模的建设工程都需要办理施工许可证，根据《施工许可证申请表》内容要求，需先确定施工总包、监理、施工、勘察、设计等单位，然后按规定办理。该项目主要建设内容为设备安装，不是土建、市政、建筑装修等工程建设，不符合办理施工许可证的条件，因此无须在区建委办理施工许可手续。

3. 消防报批

消防审批职责由地方政府住房与城乡建设委员会负责，对需要地方政府住房与城乡建设委员会办理施工许可证的项目，由地方政府住房与城乡建设委员会负责消防审批和验收，如果不需要办理施工许可证的项目，则不需要办理消防审批和验收手续；在改变主体结构、改变原建筑用途、装饰装修面积达 300m^2 以上需要办理消防报批手续。该项目属于机电设备安装工程，整个项目建设过程中，不改变主体结构、不改变原建筑用途，地源热泵机房、主控室等装饰装修面积未超过 300m^2，不需要再次办理消防审批和验收手续。

4. 环境影响评价手续办理

主管部门为地方政府生态环境局，经过咨询答复，该项目建设内容除燃气内燃机外，其他设备都不在环评目录中，不需要做环评手续。本次建设的内燃发电机组为原有燃气设备更新，若新建设备排放总量在原设备建设时环评报告批准的排放总量范围内的，则不需要重新办理环评手续。根据项目设计和设备选型，本次建设的内燃机排放总量小于原有机组，因此不需要进行环评。

5. 分布式光伏发电系统报备及并网

主管部门为地方政府发展改革委员会，入网审批及办理单位为属地供电公司。分布式光伏发电系统如果需要并网申请补贴，需先在发展改革委员会办理固定资产投资备案，审批通过后到属地供电公司办理入网审批手续。在发展改革委员会办理备案手续后，可以先自行建设，完成设计方案和设备选型后到供电公司签订协议，光伏系统接入市电部分由供电公司负责施工，或自行施工后供电公司进行相关验收。若光伏自发自用，可以不用报备。该项目光伏发电系统首先在发展改革委员会作了备案，后申请并网，经协商采用自发自用模式，光伏并网不上网。

6. 储能报备

中华人民共和国国家发展和改革委员会、国家能源局 2021 年 7 月 15 日发布了《关于加快推动新型储能发展的指导意见》(发改能源规〔2021〕1051 号)，积极支持用户侧储能多元化发展，鼓励围绕分布式新能源、微电网、大数据中心、5G 基站、充电设施、工业园区等其他终端用户，探索储能融合发展新场景。

就北京地区而言，在 2021 年 4 月 16 日北京集美家居大红门储能电站发生爆炸事故之前，储能项目可以在发展改革委办理固定资产投资项目备案，与光伏项目类同，光储充一体化项目可以一体备案。4・16 事故发生后，北京地区所有储能项目紧急停工，该项目储能部分当时正在施工，也在其列。2021 年 8 月底，储能项目复工政策出台，要求按照《在建和未投入建设储能电站安全风险评估工作指南》的评估方法，依托具备资质的专业机构或相关行业领域专家，对本单位在建和未投入建设储能电站进行评估，确定具体储能电站的风险等级，形成风险评估报告并以本单位名义明确是否开工或继续建设的意见，报国家发展改革委。安全风险评估内容包括规划与选址、设计与平面布置、建筑与结构、储能系统安全、消防系统与安全设施、安全与应急管理，具体评估标准参照工作指南要求实施。2021 年底，北京市发布地方标准 DB11/T 1893—2021《电力储能系统建设运行规范》，自 2022 年 4 月 1 日起实施。

7. 地源热泵系统报批

北京市鼓励加快热泵系统高质量发展，提升新能源和可再生能源开发利用规模，推动清洁供暖，市发展改革委会同市规划自然资源委、市城市管理委、市住房城乡建设委、市生态环境局、市水务局、市科委、市统计局共 8 个部门联合制定了《关于进一步加快热泵系统应用　推动清洁供暖的实施意见》于 2019 年 1 月正式印发实施。

根据北京市上述“实施意见”，在自有场地建设地源热泵系统不需要审批手续，并可向政府申请一定标准的补贴。根据规定，对于申请 30% 市政府固定资产投资支持的热泵系统项目，需由甲级资质的咨询单位编制项目建议书，由区级发展改革委核准，市发展改革委审批资金申请报告；项目建成后，项目须安装在线监控监测系统（系统建设费用 10 万 ~20 万元）并将监测数据传输到北京市新能源和可再生能源监管服务平台，在领取地源热泵系统项目投资额的 30% 市政补贴后方可办理项目竣工验收工作；竣工验收后市节能环保中心按年度组织评估公示，不符合的收回建设资金。

该项目根据实际情况，考虑到申请补贴会影响项目正常进度安排，增加了后续接受监管的工作量，也无明显经济效益，未申请补贴。

8. 燃气三联供机组报备

我国出台了多项政策文件，明确要求加快发展天然气分布式能源。从 2011 年以来，国务院颁布《关于促进天然气协调稳定发展的若干意见》，国家发展改革委会同 13 部委印发《加快推进天然气利用的意见》，国家发展改革委、财政部、住房和城乡建设部、国家能源局印发《关于发展天然气分布式能源的指导意见》等，从发展目标、规划指导、政策支持、管理体系、自主创新等方面，对发展天然气分布式能源做出了系统全面的顶层设计和制度安排。

天然气分布式能源有包括区域式和楼宇式两大类。区域式天然气分布式能源项目发电装机一般在 50~200 MW，所发电力全部上网与电网公司结算。项目前期需要完成规划、土地审批，项目往往注册独立法人公司，按照独立能源站设计。由于天然气发电在我国属于发电成本较高的发电形式，可能直接影响各省用电成本，目前各省的核准比较谨慎，核准程序与天然气热电联产项目相似。

楼宇式天然气分布式能源项目发电装机一般在 500~50000 kW，所发电力全部与单个项目协议用户结算。项目前期需要完成规划审批。项目多利用用户土地或地下空间建设能源站，工业用电用户多按照独立能源站设计。因为能源管理部门不需要协调楼宇式天然气分布式能源的上网电价，所以各省均鼓励楼宇式分布式能源项目，有些省份甚至下放审批权限给地级能源管理部门。

燃气三联供项目入电网、用燃气需要与电力公司和燃气公司对接，需执行其相关管理规定。

本章示例项目的燃气三联供机组发电功率为 357 kW，属楼宇式天然气分布式能源。办理审批时，经咨询北京市政务中心发展改革委窗口，自 2017 年以来，北京市未再批准过冷热电三联供机组建设手续。按照国家电网有限公司《关于促进分布式电网并网管理工作的意见（修订版）》，其政策内容中包括对天然气三联供的支持和办理相关手续的要求。结合该项目光伏发电系统采用自发自用模式、机组容量较小、负荷较重要等情况，经与供电公司协商，建议三联供系统采用 380 V 并电网，采用自发自用模式，在配电室 10 kV 母线实现平衡。与北京市燃气公司的对接较为顺利，该项目原有稳定用气需求，仅涉及用气设备改造，按燃气公司非家庭用户拆改申请和施工委托要求办理即可。

8.3.2 设计采购施工管理经验

1. 节能设计要在建设过程中一以贯之

一般工程设计多考虑标准要求，容易忽视节能设计的理念，特别在改造项目中，因前期已运行设备及系统的衰减情况和运维检修情况无法准确把握，容易导致设计取值更多地考虑满足基本运行要求的充裕性，而放弃了部分节能要求。在实际施工时，施工单位为确保系统能够正常运行，会在设备采购和选型时进一步放大这种充裕性的要求，以避免出现系统运行无法满足基本要求，这就导致最终系统裕量与节能要求产生了较大偏离。这也从侧面反映了绿色建筑认证在国内多为设计与新建工程认证，而对在用建筑的运行与维护却极难实现认证。因此，项目建设单位应对项目设计、采购及施工全过程进行管控，才可能让项目最终实现预期节能目标。

2. 复杂系统联合运行要充分论证

多种供能设备共同运行的暖通系统在管路设计时首先要充分论证，如采用一级泵系统还是二级泵系统；是否符合末端管路要求等。一级泵系统要计算分析联合运行及单系统投运、退出时的水力平衡情况，避免出现因瞬时水力平衡差导致的其他系统机组故障。其次，不同用能设备启动特性要充分了解，每种设备在什么时间段运行经济合理也要结合实际情况进行充分论证，良好的运行策略才能实现节能高效的运行目标。

3. 设备材料的采购和使用要加强检查

用于项目的设备、材料进场前都要进行各方共同检查，仔细核对设备铭牌参数、材料规格型号等与设计文件是否一致，防止错用、代用等情况。常规暖通工程中，管道通常比较单一，一般为普通碳钢，但是在冷热电三联供系统中，燃气发电机的排烟管道工作温度可以达到 500℃以上，普通碳钢是无法使用的，通常需要采用不锈钢或耐热钢等材质，所以烟气管道、弯头、消音器、法兰以及焊接用的焊材都要仔细核对，防止用错，如果用普通碳钢材质代替了高温工作部件，长期使用会带来一定的安全隐患。

4. 利用建筑信息模型（building information modeling，BIM）等技术做好三联供设备施工前的机房规划

对于冷热电三联供这种较为复杂的系统，除冷热管道外，还包含内燃机的缸套水、中冷水系统、烟气系统、燃气供应系统、脱销系统、溴化锂机组的冷却水系统、机房送排风系统、消防系统、种类繁多，错综复杂。在施工前，可以利用BIM技术进行实物建模，合理布置好设备、管道、桥架、配电柜等主要设施的位置，这有利于施工安装工作的顺利开展。特别是在一些改造增容工程中，机房通常空间较为受限，若不预先对机房进行合理规划布置，在施工过程中，极有可能出现错、漏、改、碰等返工，甚至没有空间安装这类情况。